炼油核心装置大作业系列丛书

炼油总流程专家培训班大作业选集

（第一期）

赵日峰　主编

中国石化出版社

内 容 提 要

本书精选自中国石油化工股份有限公司炼油事业部组织的第一期炼油总流程专家培训班5名优秀学员的大作业，主要涉及总流程规划过程中各方面分析和企业总流程的拓展计算，包括总流程设计思路和原则、单个工艺装置技术路线选择说明、物料平衡计算、产品调和计算、项目公用工程消耗计算、总流程项目投资和技术经济计算等内容。大作业是这些学员经过较为系统的专业理论培训后返回工作岗位完成的，历经专家指导、教师批改和学员答辩。

本书内容翔实、实用性强，是很好的炼油总流程工艺计算范例，可供炼油行业的技术人员、设计人员和管理工作者参考使用。

图书在版编目(CIP)数据

炼油总流程专家培训班大作业选集 / 赵日峰主编 .
—北京：中国石化出版社，2021. 3
(炼油核心装置大作业丛书)
ISBN 978-7-5114-6166-7

Ⅰ. ①炼… Ⅱ. ①赵… Ⅲ. ①石油炼制-生产流程
Ⅳ. ①TE624

中国版本图书馆 CIP 数据核字(2021)第 042843 号

中国石化出版社出版发行

地址：北京市东城区安定门外大街 58 号
邮编：100011　电话：(010)57512500
发行部电话：(010)57512575
http://www.sinopec-press.com
E-mail：press@sinopec.com
北京富泰印刷有限责任公司印刷

*

787×1092 毫米 16 开本 22.75 印张 563 千字
2021 年 3 月第 1 版　2021 年 3 月第 1 次印刷
定价：198.00 元

《炼油总流程专家培训班大作业选集》

编 委 会

主编 赵日峰

编委 李 鹏 刘灵丽 李 锐 赵建炜 袁忠勋

前　言

近年来，面对恒力石化、浙江石化等大型民营炼化一体化企业的崛起和国家对太阳能、风能等新能源产业的政策支持，传统炼油行业面临严峻的效益和经营压力，需要培养一批具有高度石化行业战略发展眼光的全流程优化人才。而在大部分炼油厂的人员结构中，往往缺乏专门负责炼油厂总流程规划优化的人员。

中国石油化工股份有限公司炼油事业部通过借鉴陈俊武院士首创的集中授课–企业研修–结业答辩的“三段回归式培训模式”，开办了第一期炼油总流程专家培训班。该模式在过去四年已经成功运用于炼油单装置培训班当中。通过此次培训，旨在让学员了解炼油及相关产业宏观形势、发展动态；了解中国石化炼油上下游业务关系、科技未来发展规划，开拓视野；掌握总流程所需的系统思维方法，实现知识结构和思维方式从单装置向全厂、公司一体化转变。

第一期炼油总流程专家培训班共有学员 25 人，全部来自中国石化。其中生产企业 19 人(炼油一线 7 人，生产经营 9 人，发展规划 3 人)；设计院 2 人，研究院 4 人。第一期炼油总流程专家培训班共邀请老师 43 人，其中院士 1 人，局级领导 6 人，研究院、设计院专家 28 人，企业及其他专家 8 人。

培训班班主任团队共由 4 位中国石化集团公司高级专家组成，分别为：中国石化石油化工科学研究院李锐、中国石化工程建设有限公司袁忠勋，中石化洛阳工程有限公司赵建炜、中国石化经济技术研究院刘灵丽。本期培训班于 2019 年 3 月 5 日开学，学员系统学习了总流程及优化原则知识、总流程工艺计算知识、总流程经济评估知识、智能化炼油厂知识、炼油一体化发展知识和相关专业基础知识等，并开展了北海炼化、镇海炼化、恒力石化、茂名石化等公司 10 余项总流程案例研讨，2020 年 1 月 25 名学员顺利毕业。

根据陈俊武院士“三段式”教学理念，在完成集中授课环节后，要求每位学员根据所学所思形成一份大作业。2021 年中国石化出版社把第一期炼油总流程专家培训班优秀学员的大作业汇编成册，编辑出版，这样既可以把专家班培训成果传承保存下来，又可以作为后期专家培训班培训的教学案例。

本书由第一期炼油总流程专家培训班5名优秀学员的大作业汇编而成，学员分别是徐彬(金陵石化)、王文涛(海南炼化)、庄肃青(洛阳工程)、张忠海(镇海炼化)、张永奎(石家庄炼化)。每篇大作业均包含10.0Mt/a模拟炼油厂规划设计和本企业优化思路计算两部分，主要涉及总流程规划过程中各方面分析和本企业总流程的拓展计算，具体包括：总流程设计思路和原则、单个工艺装置技术路线选择说明、物料平衡计算、产品调和计算、项目公用工程消耗计算、总流程项目投资和技术经济计算等，可供炼油行业的技术人员、设计人员和管理工作者参考使用。

总 目 录

10.0Mt/a炼油厂规划方案和金陵石化总流程优化方案研究

完成人：徐彬
单　位：中国石化金陵石化公司

目　录

第一部分 模拟炼油厂的规划设计

1 方案设计条件和要求

1.1 基础条件

规模：原油加工量10.0Mt/a。

1.1.1 原料

1.1.1.1 原油

本项目设计油种为科威特原油，原油评价数据见表1-1。

表1-1 科威特原油基本性质

项目	数值	项目	数值
API	29.9	钒含量/(μg/g)	31.1
相对密度(60/60)	0.8765	钠含量/(μg/g)	3.3
密度/(kg/dm^3)	0.876	倾点/℃	<-36
*K*值	11.84	盐含量/Ptb	10.5
硫含量/%(质)	2.65	蒸气压/kPa	26.2
硫化氢/(μg/g)	<1	运动黏度/cSt	
氮含量/(μg/g)	930	15.5	27.02
碱氮/(μg/g)	372	20℃	22.73
沥青质/%(质)	2.5	37.8℃	12.36
蜡含量/%(质)	3.8	40℃	11.41
铁含量/(μg/g)	0.7	50℃	8.88
镍含量/(μg/g)	10.1	60℃	6.89

1.1.1.2 天然气

天然气组成及边界条件：

温度：40℃；

压力：3.0MPa(表)；

甲烷：99.87/%(摩)；

乙烷：0.02/%(摩)；

氮气：0.10/%(摩)；

氧气：0.01/%(摩)；

硫化氢：<0.1mg/m^3。

1.1.1.3 外购氢气

温度：40℃；

压力：2.8MPa(表)；

数量：2.62Mt/a×10^4/a。

乙烯氢组成见表1-2。

表 1-2　乙烯氢组成

组成	数值/%(体)	组成	数值/%(体)
H_2	95	H_2O	≤2μL/L
CH_4	4.9	H_2S	≤1μg/g
$C_2H_4+C_2H_6$	0.1	合计	100
$CO+CO_2$	≤5μL/L		

1.1.1.4　外购碳四

外购碳四组成见表 1-3。

表 1-3　外购碳四组成

组分	数值/%(质)	组分	数值/%(质)
丙烷	0.56	反丁烯-2	8.86
异丁烷	6	顺丁烯-2	5.53
异丁烯	46	1，3-丁二烯	<30μg/g
正丁烯-1	30.09	水	500μg/g
正丁烷	2.91	合计	10591 kg/h

1.1.2　储运条件

水路运输条件(工厂距离码头的管道当量距离 2.5km)：

1）30Mt/a 原油码头 1 座；

2）10Mt/a 成品油码头 1 座；

3）7Mt/a 煤码头码头 1 座；

4）2Mt/a 成品油码头 1 座；

5）1Mt/a 化工品码头 1 座；

管道运输条件：汽、柴油顺序输送，能力 5.0Mt/a；

铁路运输条件：2.0Mt/a 成品油及化工品出厂能力；

公路运输条件：2.0Mt/a 成品油及化工品出厂能力；

供水条件：最大供水量 8000m^3/h；

供电条件：双 220kV 电源各两回路供电；

排水条件：满足 GB 31570 的要求。

1.2　产品方案要求

1）生产满足 GB 30220—2017 质量标准的乙醇汽油组分油；

2）生产满足 GB 19147—2016 质量标准的车用柴油；

3）生产不少于 1.5Mt/a，满足 GB 6537—2018 质量标准的 3#航空煤油；

4）柴汽比不大于 1；

5）生产 1.0Mt/a，满足 GB 17411—2015 质量标准的低硫船用燃料油；

6）1.5Mt/a 蒸汽裂解原料(包括但不限于气体、LPG、石脑油等)。

2　设计原则

1）原油评价为总流程选择的基础，本项目在确定科威特原油为设计油种下开展后续设计方向。

2）在分析、掌握、了解可供项目选用工艺技术的发展与应用状况的基础上，结合物料性质，选择合理的工艺技术方案。

3）选定各馏分加工的工艺技术方案后，做好全厂物流安排，保证上下游装置合理衔接、是否稳定，做好油品物料平衡、氢、硫、燃料等关键组分和物料的平衡，明确原材料、辅助材料、燃料、公用工程等资源条件。

4）结合产品品种及质量要求，通过不同加工方案的对比分析，找出各方案的特点，存在的问题。

5）计算方案的投资、效益，主要技术经济指标，得出结论性意见，提出推荐方案，使得满足产品方案的要求同时实现经济指标最优。

6）项目总流程设计和单装置技术路线选择，包括辅助安全环保装置必须满足当前最新的安全、环保相关法律法规要求，并在装置规模和技术上留有余量，以满足日趋严格的安全环保要求。

3 本项目总流程设计思路

原油加工的核心问题是蜡油和渣油加工工艺的选择，是影响炼油厂技术经济指标最关键的因素。随着油品质量升级的需要和原油变重变劣的趋势，现有的加工流程很难满足清洁化生产和清洁油品的需要。为了适应加工含硫原油或高硫原油，大多炼油厂建有渣油固定床加氢装置。近年来，随着加工原油多样性、重质化和劣质化，有些炼油厂采用了延迟焦化装置+渣油加氢的组合，增强进料互补性，加强了加工原油的适应性。本项目设计油种为科威特原油，其 API、K 值、硫含量适中，渣油方面采用渣油加氢（RDS）+重油催化裂化（RFCC）工艺，该流程适合加工高硫和中等金属含量的原油：

1）渣油加工全部走固定床渣油加工路线。根据科威特原油重蜡油和减压渣油收率确定渣油加氢负荷在 4. 0Mt 以上，可掺入少量直馏轻蜡油和催化柴油，最后确定渣油加氢负荷在 4. 4Mt（双系列）。

2）催化裂化负荷根据渣油加氢精制渣油收率，减去低硫船燃调和需要的精制渣油量，确定催化裂化负荷在 3. 0Mt，同时安排滤后凝缩油浆与催化裂化新鲜进料混合进入反应喷嘴回炼。配套 60Mt/a 气体分离装置。催化负荷太高容易带来两个问题：一是总流程没有设置延迟焦化装置，油浆产量除了调和低硫船燃以外，剩余油浆无法消化；二是催化柴油过多容易带来柴油池十六烷值不合格。

3）蜡油的加工工艺的选择基本上与炼油厂的产品类型有关。在常减压直馏航煤组分产量（126.12×10^4t）确定的情况下，本项目要求成品航煤产量不低于 150Mt/a，剩余 24×10^4t 航煤必须由加氢裂化提供，所以加氢裂化负荷根据此缺口和自身航煤收率，确定为 150Mt/a。加氢裂化装置催化剂方案为多产重石脑油方案，以做大重整负荷，控制柴油产量。

4）连续重整负荷尽量做大，预加氢除了处理直馏石脑油，同时处理柴油加氢、渣油加氢石脑油，设置预加氢负荷 150Mt/a。根据精制料产量和加氢裂化重石脑油产量，重整反应负荷确定在 150Mt/a。设置抽提和产品分离，便于灵活调整调和汽油组分和出芳烃产品。

5）柴油加氢根据直馏柴油和渣油加氢柴油产量，考虑一定富裕度，设置 200Mt/a 处理能力。

6）催化柴油改质根据催化柴油产量，设置 70Mt/a 处理能力。

7）航煤加氢根据直馏航煤产量设置 130Mt/a 处理能力。

8）轻烃加工遵循分子炼油理念，细分轻烃各组分，区别利用。设置 150Mt/a 轻烃回收、30Mt/a 干气回收、30Mt/a 烷基化和 6Mt/a 叠合装置。

4 单个工艺装置技术路线选择说明

主要装置技术来源及参考装置见表 1-4。

表 1-4 主要装置技术来源及参考装置一览表

序号	模型装置	参考装置	技术来源
1	10.0Mt/a 常减压装置	金陵Ⅳ常减压	公知技术
2	3.0Mt/a 催化裂化装置	金陵Ⅲ催化裂化	中国石化石油化工科学研究院
3	2.0Mt/a 加氢裂化装置	扬子Ⅱ加氢裂化	中石化洛阳工程公司
4	1.5Mt/a 轻烃回收装置	金陵轻烃回收	南京金凌石化工程公司
5	1.5Mt/a 连续重整装置	金陵Ⅲ连续重整	中国石化石油化工科学研究院
6	$13\times10^4m^3/h$(标准)PSA 装置	金陵Ⅰ-PSA	成都华西化工研究所
7	200Mt/a 柴油加氢精制装置	金陵Ⅳ柴油加氢	中石化洛阳工程公司
8	440Mt/a 渣油加氢脱硫装置	金陵Ⅱ渣油加氢	中国石化工程建设有限公司
9	60Mt/a 气体分馏装置	金陵Ⅲ气体分离	南京金凌石化工程公司
10	70Mt/a 催化柴油改质装置	金陵Ⅰ加氢裂化	中国石化抚顺石油化工研究院
11	130Mt/a 煤油加氢装置	茂名航煤加氢	中国石化石油化工科学研究院
12	150Mt/a S-Zorb 装置	金凌Ⅰ S-Zorb	中国石化工程建设有限公司
13	200t/h 污水汽提装置	金陵Ⅲ污水汽提	南京金凌石化工程公司
14	1000t/h 溶剂再生装置	茂名溶剂再生	茂名瑞派石化工程有限公司
15	13×3Mt/a 硫黄回收装置	金陵 IV 硫黄回收	南京金凌石化工程公司
16	30Mt/a 干气回收装置	中科干气回收	中国石化北京化工研究院
17	30Mt/a 烷基化装置	中科烷基化	美国杜邦公司
18	6Mt/a 叠合装置	中科叠合装置	中国石化工程建设有限公司

4.1 常减压装置

4.1.1 原料与产品

10.0Mt/a 常减压装置加工科威特原油，由中国石化洛阳石油化工工程公司设计，加工高硫原油[酸值：0.11mgKOH/g，硫含量：2.65%(质)]。装置的主要产品有含轻烃石脑油、煤油、柴油、轻蜡油和减压渣油。

考察科威特原油的可替代性，选取两种原油对其主要性质进行拟合，并与科威特原油性质进行比较。其中密度拟合按体积比，其他性质按质量比，API 度计算方法如下：

首先根据公式 $d_{15.6}^{15.6}=d_4^{20}+\frac{1.598-d_4^{20}}{176.1-d_4^{20}}$ 计算出 15.6℃的原油密度；

再根据 $API=\frac{141.5}{d_{15.6}^{15.6}}-131.5$ 计算出原油 API 度。

原油性质拟合结果见表 1-5。

表 1-5　类科威特原油调和方案

项目		科威特	调和油			相似度/%
			巴士拉轻	沙中	混合原油	
质量比例/%		100	65	35	100	
体积			73.90	40.41	114.31	
体积比例/%		100	64.65	35.35	100	
计算 *API* 度		29.80	29.14	31.64	30.02	99.28
特性因数 *K*		11.84	11.7	11.8	11.74	99.11
密度(20℃)/(g/cm^3)		876	879.6	866.1	874.83	99.87
密度(15.6℃)/(g/cm^3)		877.25	880.85	867.35	876.08	
硫含量/%		2.65	3.09	2.27	2.80	94.54
酸值/(mgKOH/g)		0.11	0.12	0.39	0.21	51.28
残炭/%(质)		7.13	7.58	5.1	6.71	94.14
氮/(mg/kg)		930	579.7	1230.8	807.59	86.84
含盐/(mg/L)		10.5	14	10.5	12.78	82.19
金属含量/(μg/g)	Fe	3.8	3.6	3.8	3.67	96.58
	Na	3.3	5.6	2.1	4.38	75.43
	V	31.1	47.3	26.2	39.92	77.92
	Ni	10.1	13.9	9.7	12.43	81.26
收率						
重整料收率/%(初馏点~160)		15.28	15.02	17.5	15.89	96.17
航煤组分油收率/%(160~240)		11.84	10.68	12.3	11.25	94.99
柴油收率/%(240~350)		19.23	17.73	18.87	18.13	94.27
蜡油收率/%(350~520)		21.61	20.98	23.58	21.89	98.72
渣油(520 以上)	收率/%(质)	30.54	34.72	26.77	31.94	95.62
	Ni/(μg/g)	31	39.7	28	35.61	87.07
	V/(μg/g)	105	138.6	76.7	116.94	89.79
	残炭/%(质)	19.44	20.03	18.35	19.44	100.01
	硫/(μg/g)	5.06	5.66	4.2886	5.18	97.68

选取了巴士拉轻和沙中原油以 65：35 的质量比进行拟合，得到的混合原油硫含量、*API* 和各馏分收率等主要性质与科威特原油性质相似度达到 95%以上。说明该项目原料适应性较强，在装置实际运行过程中，可根据性价比灵活调整原油采购方案。

4.1.2　装置组成

装置主要由换热部分、电脱盐部分、初馏部分、常压蒸馏部分和减压蒸馏部分等各部分组成。

4.1.3　产品切割方案说明

常减压产品切割按照原油评价报告给定的各个窄馏分收率对其实沸点收率曲线进行拟

合，如图 1-1 所示。

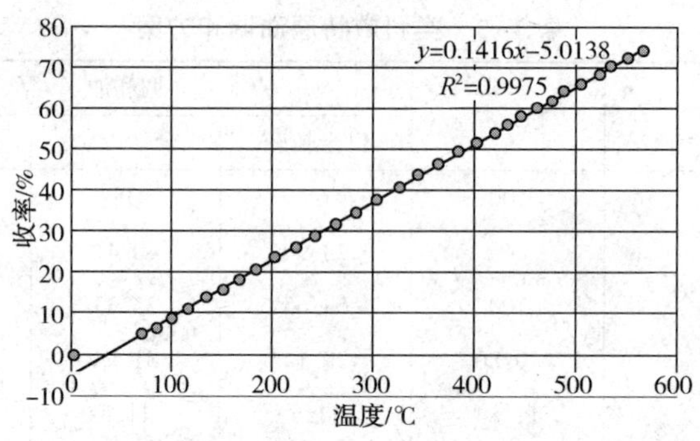

图 1-1　原油收率曲线拟合

在原油评价报告中，150~245℃的航煤组分冰点为-46.8℃，比成品航煤指标高 0.2℃，因此，调整航煤组分切割点为 150~240℃；同时，航煤组分收率用图 1-1 拟合公式 $y=0.1416x-5.0138$ 计算需要在原收率上减少 0.708%，相应加到柴油组分中，切割方案调整见表 1-6。

表 1-6　常减压产品切割方案

侧线名称	切割点	产品收率/%(质)
三顶气		0.04
液化气	C_3~C_4	1.37
轻石脑油	C_5~70℃	4
重石脑油	70~150℃	9.92
航煤组分油	150~240℃	12.612
柴油	240~345℃	15.788
轻蜡油	345~460℃	17.24
重蜡油	460~565℃	13.22
减压渣油	>565℃	25.71
损失		0.1

4.1.4　工艺技术方案

装置为大型燃料型蒸馏装置，根据装置原油含硫高的特点及对产品品种和质量的要求，通过采用先进的工艺技术和设备技术，以保证装置在适应性、可操作性、总拔出率、产品品种及质量、能耗指标、环境保护、安全卫生和长周期运转等方面均达到较高水平。主要采用的工艺技术方案如下：

1）采用初馏塔提压操作，以满足装置无压缩机回收轻烃的工艺方案。

2）减压塔中采用规整填料可以有效降低全塔压降。

3）应用“窄点”换热网络优化技术和采用强化传热设备。

4）采用低温热回收技术回收装置的低温余热。

5）减压塔控制拔出率，460℃以上的重蜡油与渣油混合供渣油加氢，节省瓦斯消耗。

4.2　渣油加氢装置

4.2.1　原料与产品

装置进料主要包含减压渣油、减压重蜡油、减压氢蜡油和催化柴油。减压轻蜡油和催化柴油主要起到适当降低渣油加氢原料残炭和密度的作用，设计加工负荷4.4Mt/a。主要产品为优质的重油催化裂化料(加氢重油)，同时副产柴油和石脑油等。装置原料密度1000kg/m^3，总硫4.67%，残炭14.65%，镍加钒100μg/g，原料性质较差。主要性质拟合见表1-7。

表1-7 渣油加氢原料拟合

项目	减压轻蜡油	减压重蜡油	减压渣油	催化柴油	混合原料	渣油加氢原料限制指标
数量/(Mt/a)	22.4	132.2	257.1	10	421.7	
体积/10^4(m^3/a)	24.74	139.72	246.48	10.46	421.4	
密度(20℃)/(kg/m^3)	905.3	946.2	1043.1	956	1000.72	1003.00
总硫/%(质)	2.63	3.7	5.52	0.36	4.67	3.80
总氮/(μg/g)	562.9	1234	2673	50	2047.60	3805.00
铁含量/(μg/g)	0.07	0.16	3.35	0	2.10	12.00
镍含量/(μg/g)	0.09	0.21	42.07	0	25.72	107.00
钒含量/(μg/g)	0.09	0.21	121.8	0	74.33	
钠含量/(μg/g)			13.18	0	8.04	3.00
康氏残炭/%(质)	0.01	1.12	23.45	0	14.65	14.80

4.2.2 装置组成

装置主要由反应部分、分馏部分及公用工程构成，其中反应部分可细分为反应系统、循环氢系统、低压分离系统和补充氢气系统等。反应系统、循环氢系统为220×2×10^{4}t双系列设置，低压分离系统两系列共用。

4.2.3 工艺技术方案

本装置拟采用中国石化抚顺石油化工研究院(FRIPP)(以下简称抚研院)成熟先进的加氢催化剂，工艺上采用中国石化工程建设有限公司(SEI)开发的上流式反应器(UFR)与固定床渣油加氢组合技术。分馏部分采用“汽提塔+分馏塔”双脱流程。

4.3 催化裂化装置

4.3.1 原料与产品

原料为加氢渣油，同时常减压三顶气进催化裂化气压计入口，装置设计规模300Mt/a。产品为液化气、汽柴油和油浆。催化裂化原料为100%加氢渣油，加氢渣油性质参照金陵Ⅱ渣油加氢对原料残炭、硫、氮和金属的脱除率推算而得。原料主要性质见表1-8。

表1-8 催化裂化原料性质

项目	数据	项目	数据
密度(20℃)/(kg/m^3)	938	碳含量/%(质)	87.17
硫/%(质)	0.409	氢含量/%(质)	12.2
氮/(μg/g)	1630	残炭/%(质)	4.5
黏度(100℃)/(mm^2/s)	35	镍含量/(μg/g)	7
黏度(50℃)/(mm^2/s)	200	钒含量/(μg/g)	4
氮含量/(μg/g)			

4.3.2 装置组成

装置由反应再生系统、主风机组及烟气能量回收系统、增压机组、分馏系统、吸收稳定系统、气压机组、产汽及余热回收系统组成。

4.3.3 工艺技术方案

该联合装置反应部分采用石油化工科学研究院(以下简称石科院)的MIP专利技术，再生部分采用洛阳石油化工工程公司的快速床+湍流床烟气串联再生专利技术。

4.4 连续重整装置

4.4.1 原料与产品

装置预加氢主要原料为常减压直馏石脑油，其次还有柴油加氢、渣油加氢石脑油作补充。产品为苯、甲苯、混合二甲苯、C_{9+}芳烃、重芳烃及非芳抽余油。重整反应除了预加氢精制油，还有加氢裂化重石脑油作补充，两者性质参考金陵Ⅲ连续重整和Ⅱ加氢裂化装置。预加氢精制油芳潜31.12%，加氢裂化重石脑油芳潜49%，混合原料性质拟合见表1-9。

表1-9 重整进料性质拟合

项目	预加氢精制油	加氢重石脑油	混合原料
数量/10^4t	109.3	44.3	153.6
密度(20℃)/(kg/m^3)	738.87	735.00	737.8
总硫/(μg/g)	457.00	4.00	326.4
烷烃/%(体)	67.62	47.64	61.9
环烷烃/%(体)	21.02	44.89	27.9
芳烃/%(体)	11.36	6.84	10.1
芳潜/%(体)	31.12	49.04	36.3

4.4.2 装置组成

装置主要组成:

1）预加氢部分设计规模为180Mt/a;

2）重整反应部分设计规模为150Mt/a;

3）催化剂再生部分设计规模为1600kg/h;

4）芳烃抽提装置工程规模为60Mt/a。

4.4.3 工艺技术方案

该装置采用国产超低压连续重整成套工艺技术和国产重整催化剂PS-Ⅵ。芳烃抽提装置以连续重整脱戊烷油为原料，其中抽提蒸馏部分采用SED抽提蒸馏工艺技术，由石科院提供工艺包。

4.5 加氢裂化装置

4.5.1 原料与产品

装置原料主要由常减压轻蜡油组成，也可加工少量催化柴油。装置的主要产品有轻、重石脑油，航煤，柴油和加氢尾油。装置原料密度为905.3kg/m^3，残炭0.01%。主要性质见表1-10。

表 1-10　加氢裂化原料性质

项目	减压轻蜡油	项目	减压轻蜡油
密度(20℃)/(kg/m³)	905.3	钒含量/(μg/g)	0.09
总硫/%(质)	2.63	康氏残炭/%(质)	0.01
总氮/(μg/g)	562.9	酸值/(mgKOH/g)	0.19
碱氮/(μg/g)	165.8	馏程(D1160)	
铁含量/(μg/g)	0.07	初馏点/℃	318.7
镍含量/(μg/g)	0.09	终馏点/℃	533.7

4.5.2　装置组成

本装置主要由反应单元(包括循环氢脱硫)、分馏单元、液化气分馏及脱硫单元、轻烃回收及膜分离单元、溶剂再生单元组成。

4.5.3　工艺技术方案

装置的工艺技术引进荷兰 Shell 公司的工艺包。反应器系统为双列并联，采用热高分和炉后混油流程，分馏部分采用双塔汽提流程，设置分馏进料加热炉。

4.6　航煤加氢

4.6.1　原料与产品

原料为常减压直馏航煤，烟点 25.6mm，冰点-47℃，闪点 62℃。设计加工负荷 130×10^4t，产品为精制航煤。

4.6.2　工艺技术方案

装置的工艺技术采用 RIPP 和 SEI 的工艺包，氢分压 10.5MPa。反应部分采用双剂串联一次通过和部分炉前混氢及热高分流程，分馏部分采用脱硫化氢塔+常压塔出航煤和柴油方案，吸收稳定部分采用重石脑油作吸收剂。

4.7　柴油加氢

4.7.1　原料与产品

本装置原料为来自常减压的直馏柴油，渣油加氢和催化裂化的柴油，混合原料性质见表 1-11，设计加工负荷 200Mt/a。目的产品为精制柴油，同时副产粗石脑油等。原料与产品之间的十六烷值增幅根据直馏柴油增加 3 个百分点，渣油加氢柴油增加 5 个百分点，催化柴油增加 8 个百分点计算。在如下进料配比下，产品柴油十六烷值为 53.6。

表 1-11　柴油加氢原料性质拟合

项目	直馏柴油	催化柴油	渣油加氢柴油	混合原料
数量/(kg/m³)	157.88	0	19.49	177.37
密度(20℃)/(kg/m³)	845.5	956	845.5	845.5
总硫/%(质)	1.56	0.360	0.009	1.4
总氮/(μg/g)	40.4	200	300	68.9
芳烃含量/%(体)	22.9		33.2	24.0
十六烷值	51.4	20.0	42.0	50.4

4.7.2　装置组成

装置主要由原料预处理、反应、汽提、脱硫及公用工程等部分构成。

4.7.3　工艺技术方案

反应部分采用 Dupont Iso-Therming“全液相等温床”加氢专利工艺技术，使反应过程处于“相对等温状态”，无局部过热及床层“飞温”现象。分离部分采用“热低分+冷低分+汽提塔”流程。

4.8　催化柴油改质装置

4.8.1　原料与产品

装置原料为催化裂化柴油和连续重整重芳烃，设计规模 70Mt/a。产品主要有精制汽油和柴油，同时副产部分液化气和气体。张装置原料为 MIP 工艺的催化裂化柴油，密度大，十六烷值低。参考金陵催化柴油改质装置，原料柴油和产品柴油性质对比见表 1-12。

表 1-12　原料和产品柴油性质对比

项目	原料性质	产品柴油
密度(20℃)/(kg/m^3)	956	881.2
硫含量/%(质)	3599	21.6
十六烷值	20	30.0
馏程/℃		
初馏点	205	215.8
10%	242	225.0
50%	274	246.0
90%	334	314.0
终馏点		352.5

4.8.2　装置组成

装置包含反应部分、分馏部分及公用工程构成。

4.8.3　工艺技术方案

本装置选用抚研院催化柴油裂化技术，将催化柴油中的多环芳烃转化成单环芳烃的汽油组分，提高加氢后催化柴油的转化率，多产汽油，同时改善柴油池的十六烷值调和指标。

4.9　S-Zorb 装置

4.9.1　原料与产品

本装置原料为催化裂化汽油，设计处理能力为 150Mt/a。主要产品为精制汽油，去调和符合国ⅥB 标准的乙醇汽油组分。产品性质参考金陵Ⅱ S-Zorb 原料，和产品烯烃含量差 3.55%，具体见表 1-13。

表 1-13　S-Zorb 原料产品性质差值

项目	原料性质	产品性质	差值
密度(20℃)/(kg/m^3)	731.6	730.4	1.2
硫含量/(μg/g)	158	3	155
研究法辛烷值	92.4	91.67	0.73
烯烃含量/%(体)	21.4	17.85	3.55
蒸汽压/kPa	70	67.64	2.36
馏程/℃		0	0

续表

项目	原料性质	产品性质	差值
初馏点	29	30	-1
0.1	46	48	-2
0.5	91	94	-3
0.9	179	180	-1
终馏点	204	206	-2

4.9.2　装置组成

装置包含进料、脱硫反应部分，吸附剂再生部分，吸附剂循环部分，产品稳定部分。

4.9.3　工艺技术方案

装置使用SEI开发的新一代S-Zorb工艺与工程技术，反应器为流化床吸附脱硫反应器，反应物料自反应器下部进入，吸附剂连续再生，闭锁料斗步序控制实现氢氧环境的隔离和吸附剂的输送，具备严密的吸附剂循环输送的步序控制逻辑。

4.10　干气回收装置

4.10.1　原料与产品

装置设计处理能力规模为30Mt/a。原料为催化干气、加氢系列装置干气、轻烃回收干气和PSA解析气。产品为99%纯度的氢气、富C_2气体和以甲烷为主的燃料气。C_2气体送乙烯装置，燃料气去瓦斯管网。原料中轻烃组成传递计算见表1-14。

表1-14　干气回收原料中氢气和甲烷量计算　10^4t

项目	氢气	甲烷	乙烷	乙烯	丙烷	丙烯	丁烷	丁烯	戊烷
催化干气	0.532	3.246	2.122	1.872	0.017	0.098	0.135	0.104	
轻烃回收干气	0.347	1.107	1.684	0.000	0.000	0.000	0.000	0.000	
柴油加氢干气	0.085	0.211	0.427		0.346		0.545		0.091
航煤加氢干气	0.041	0.102	0.207		0.168		0.265		0.044
渣油加氢干气	0.771	1.970	1.650		1.804		1.595		0.348
S-Zorb干气	0.126	0.073	0.050		0.040	0.016	0.370	0.250	0.229
PSA解析气	0.598	3.082	2.984		2.234		1.348		0.201
合计	2.499	9.792	9.125	1.872	4.608	0.114	4.259	0.355	0.913

4.10.2　装置组成

本装置主要由干气回收分离单元、膜分离单元和VPSA单元组成。其中干气回收分离单元主要由碳四吸收部分、碳二提浓气精制部分和汽油吸收部分组成；VPSA单元主要由VPSA部分、氢气升压部分和解吸气升压部分组成。

4.10.3　工艺技术方案

装置采用中国石化北京化工研究院开发的浅冷油吸收技术回收炼油厂干气中的C_{2+}组分，采用天邦膜技术国家工程研究中心有限责任公司的膜分离技术回收富氢气体中的氢气，采用成都华西化工科技股份有限公司的变压吸附(VPSA)技术回收膜分离渗透气中的氢气。

浅冷油吸收技术具有以下特点：

1) 采用浅冷油(10~15℃)吸收工艺脱除干气中的甲烷、氢等组分，得到的碳二提浓气中甲烷含量小于 5%(摩)。

2) 乙烷回收率大于 90%，乙烯回收率大于 90%，达到了国内外同类技术的领先水平。

VPSA 单元采用变压吸附工艺技术提纯氢气，改进后的 VPSA 流程抽真空时间更长，因而吸附剂再生时的传质效果更好，再生更彻底，氢气回收率更高。

4.11 叠合装置

4.11.1 原料与产品

该装置设计规模为年产 6×10^4t 叠合油。原料为气分分离出的碳四组分和外购碳四组分。装置的主要产品有少量瓦斯、叠合油和未反应的碳四组分。原料组分传递计算见表 1-15。

表 1-15 叠合原料组成传递计算 %(质)

叠合原料	数量/10^4t	丙烷	异丁烷	丁烯-1	顺丁烯-2	反丁烯-2	异丁烯	正丁烷
气分碳四	26.94		43.27	24.92	11.61	0.00	8.21	11.98
外购碳四	8.90	0.56	6	30.09	5.58	8.86	46	2.91
合计	35.83	0.14	34.02	26.20	10.12	2.20	17.59	9.73

注：合计数据为两股物料混合后每个组分的加权平均质量分数。

再根据混合原料中异丁烯含量计算叠合汽油的收率为 16.73%。

4.11.2 装置组成

装置主要包括叠合反应单元、产物分离单元、叠合油加氢单元和公用工程元。

4.11.3 工艺技术方案

为了控制选择性叠合过程中异丁烯的多聚反应，防止叠合汽油的干点超标，在反应系统中引入反应调节剂，反应调节剂在反应过程中不消耗，通过分离手段实现反应调节剂在叠合反应单元和产物分离单元的循环，产物分离单元设有脱碳四塔和调节剂回收塔。

叠合汽油加氢单元的主要作用是脱除叠合汽油中的含硫化合物、胶质等，并使烯烃饱和，生产满足国Ⅵ标准的高辛烷值汽油调和组分。

4.12 烷基化装置

4.12.1 原料与产品

装置设计年产 30×10^4t 烷基化油。原料主要来自叠合未反应碳四，用轻烃回收碳四组分来调节进料烷烯比。产品主要有烷基化油和正丁烷、异丁烷。原料组分传递计算见表 1-16。

表 1-16 烷基化装置原料组成计算 10^4t

烷基化原料	丙烷	异丁烷	丁烯-1	顺丁烯-2	反丁烯-2	正丁烷
叠合产物碳四		12.26	9.45	3.65	0.79	3.51
轻烃回收液化气	3.18	3.04				4.78
合计	3.18	15.31	9.45	3.65	0.79	8.29

装置将烷烯比设定在 1.1，反算轻烃回收液化气补入的量为 11Mt/a，再由原料中异丁烷和丁烯含量计算出烷基化油的收率为 68.3%。

4.12.2 装置组成

烷基化装置烷基化单元由原料预处理、反应、制冷压缩、流出物精制和产品分馏、化学处理等几部分组成；废酸单元由裂解、净化、干吸及转化部分组成。

4.12.3 工艺技术方案

以液体酸为催化剂的烷基化工艺可分为硫酸烷基化和氢氟酸烷基化工艺，两种工艺都为成熟的技术，在国内外都有广泛应用。本设计采用的是杜邦公司的硫酸烷基化工艺，该技术具有如下特点：①采用反应流出物制冷工艺；②杜邦公司独有的 STRATCO ®反应器；③反应流出物采用浓酸洗、碱洗、水洗工艺。

废酸再生采用南化集团研究院的废硫酸裂解再生技术。该技术具有废硫酸处理量大，操作弹性大(可以达到 50%~120%)的特点，同时采用封闭酸洗净化，以减少稀酸产出。

4.13 PSA 装置

4.13.1 原料与产品

PSA 装置原料以外购乙烯氢气、部分连续重整氢气和加氢类装置低分气为原料，产品为 99%纯度以上的氢气产品和解析气。原料组成及轻烃组分传递计算见表 1-17。

表 1-17 PSA 原料组成 10^4t

项目	氢气	甲烷	乙烷	丙烷	异丁烷	正丁烷	戊烷
重整氢气	4.800	1.015	1.519	1.316	0.638	0.000	0.125
加氢裂化低分气	0.347	0.352	0.110	0.288	0.338	0.134	0.125
柴油加氢低分气	0.096	0.076	0.077	0.055	0.075	0.000	0.015
渣油加氢低分气	1.260	1.245	0.869	0.738	0.133	0.398	0.000
乙烯氢	1.834	0.757	0.029	0.000	0.000	0.000	0.000
合计	8.338	3.445	2.605	2.397	1.183	0.532	0.266

得到原料后，参考金陵 PSA 产品组成，反算氢气和解析气收率，氢气收率为 44.3%。

4.13.2 装置组成

装置由吸附塔、原料过滤器、原料分液罐、缓冲罐、真空泵、解吸气压缩机、氢气压缩机、一套液压系统组成。

4.13.3 工艺技术方案

装置采用成都华西技术，吸附剂采用四川天一科技股份有限公司 CNA 吸附剂。

4.14 硫黄回收

4.14.1 原料与产品

本装置原料为溶剂再生、酸性水汽提来酸性气。处理能力 3×13Mt/a，其中一个系列备用。主要产品为固体硫黄和液体硫黄。硫黄产品质量符合国标一等品质量指标。

4.14.2 装置组成

装置主要由制硫、尾气处理、酸性气气液分离、溶剂再生、液硫成型及存贮、公用工程等部分构成，其中制硫及尾气处理为三系列设置，其他部分三系列共用。

4.14.3 工艺技术方案

制硫工艺采用部分燃烧法和两级催化反应的 Claus 硫回收工艺。尾气处理工艺采用山东三维石化工程股份有限公司自行开发的“无在线炉硫黄回收及尾气处理工艺”。液硫脱气工艺采用空气氧化脱气法。

4.15 酸性水汽提

4.15.1 原料与产品

装置原料为来自渣油加氢、蜡油加氢、柴油加氢、硫黄回收、常减压、催化重整、催化裂化等装置的酸性水。主要产品为净化水，富 H_2S 酸性气和液氨。

4.15.2　装置规模及组成

装置分为两个汽提系列，分别处理加氢类酸性水和非加氢类酸性水，处理能力共200t/h。分别处理加氢装置排放的酸性水和非加氢装置排放的酸性水。装置共用一套公用氨回收系统。

酸性水汽提装置负荷和产品收率确定方法：

第一步：根据原油带进来的氮和产品(仅考虑低硫船燃，未考虑催化烧焦)带走的氮，计算需要溶解的氨量；

第二步：参考金陵石化加氢类和非加氢类酸性水汽提装置进料氨浓度，计算溶解氨需要的水量；

第三步：计算出酸性水量后，参考金陵酸性水中硫化氢溶解浓度，计算被酸性水带进的硫化氢数量，最终得到酸性水汽提装置的净化水、硫化氢和液氨收率。

具体计算过程见EXCEL表格。

4.15.3　工艺技术方案

针对酸性水中NH_3含量较高的特点，采用双塔加压汽提的工艺方案，共用一套公用氨回收系统，采用浓氨水循环洗涤法+结晶法的工艺精制气氨，气氨经压缩冷凝后制备液氨。

5　物料平衡分析

5.1　渣油组分平衡

常减压装置生产的减压渣油全部供给渣油加氢，产出的加氢渣油首先满足100×10^4t/a低硫重质船燃的调和需要，剩余部分全部进催化裂化装置，具体平衡见表1-18。

表1-18　渣油平衡表　　Mt/a

产出装置和数量		去向和数量		
名称	数量	渣油加氢	低硫船燃	催化裂化
常减压减压渣油	257.10	257.10		
渣油加氢渣油	372.36		82.00	290.36
小计	629.46	257.10	82.00	290.36
合计	629.46	629.46		

5.2　蜡油组分平衡

常减压分出轻重蜡油，轻蜡油首先满足150×10^4t/a加氢裂化装置原料需求，剩余部分进渣油加氢；重蜡油全部进渣油加氢作原料。

催化油浆经过过滤后，净化油浆全部去调和低硫重质船燃，凝缩油浆去煤制氢产氢。

加氢尾油去做乙烯裂解料。具体平衡数据见表1-19。

表1-19　蜡油平衡表　　Mt/a

产出装置和数量		去向和数量				
名称	数量	渣油加氢	乙烯料	低硫船燃	加氢裂化	热电锅炉
常减压轻蜡油	172.40	22.40			150.00	
常减压重蜡油	132.20	132.20				
催化裂化油浆	13.67			12.30		1.37

续表

产出装置和数量		去向和数量				
名称	数量	渣油加氢	乙烯料	低硫船燃	加氢裂化	热电锅炉
加氢裂化尾油	23.36		23.36			
小计	341.63	154.60	23.36	12.30	150.00	1.37
合计	341.63	341.63				

5.3 柴油组分平衡

常减压柴油全部去柴油加氢精制；渣油加氢柴油全部去柴油加氢精制；催化柴油首先满足低硫船燃的黏度调和需要，剩余部分根据柴油池十六烷值调和需要，可以在柴油加氢、催化柴油改质和渣油加氢原料中灵活调整去向和流量；加氢裂化柴油在满足成品柴油十六烷值调和以后，如有余量，可安排生产部分白油；重整重芳烃因外卖价格低廉，安排与部分催化柴油一起作催化柴油改质原料。具体平衡数据见表1-20。

表1-20 柴油平衡表 Mt/a

产出装置和数量		去向和数量					
名称	数量	柴油加氢	渣油加氢	催化柴油改质	低硫船燃	柴油产品	白油产品
常减压柴油	157.88	157.88					
催化柴油	64.85	0.00	10.00	48.85	6.00		
加氢裂化柴油	35.81					20.00	15.81
柴油加氢精制柴油	169.39					169.39	
催化柴油改质柴油	23.11					23.11	
渣油加氢柴油	19.49	19.49					
重整重芳烃	3.15			3.15			
小计	473.68	177.37	10.00	51.99	6.00	212.51	15.81
合计	473.68	473.68					

5.4 汽油组分平衡

常减压石脑油先去轻烃回收作吸收油，然后和柴油加氢石脑油、渣油加氢石脑油一起作为重整预加氢原料，精制重整料和加氢裂化重石脑油一起作重整反应进料。拔头油未设置正异构分离，直接去调和乙烯料，加氢轻石脑油和连续重整戊烷油去调和乙烯料。连续重整设置抽提和分离精制装置，生产的纯苯和混二甲苯直接作为产品出厂，C_9 芳烃全部去调和成品汽油，甲苯根据汽油池辛烷值需求和芳烃含量限制部分调入，剩余量作为产品出厂。乙醇汽油组分油主调组分为经过S-Zorb脱硫的催化汽油，其次为催化柴油改质出的汽油组分，芳烃抽余油在满足 $150×10^4$t/a 乙烯裂解料产量的基础上，剩余部分去调和汽油，此外，项目设置烷基化和叠合装置生产低芳烃低烯烃的汽油调和组分，生产满足国Ⅵ质量标准的乙醇汽油组分油。具体平衡数据见表1-21。

表1-21 汽油(石脑油)平衡表 Mt/a

产出装置和数量		去向和数量						
名称	数量	重整预加氢	连续重整	S-Zorb	乙烯裂解	汽油产品	轻烃回收	芳烃产品
常减压石脑油	139.2						139.2	
轻烃回收石脑油	140.64	140.64						

续表

产出装置和数量		去向和数量						
名称	数量	重整预加氢	连续重整	S-Zorb	乙烯裂解	汽油产品	轻烃回收	芳烃产品
柴油加氢石脑油	5.22	5.22						
渣油加氢石脑油	6.79	6.79						
精制重石脑油	109.34		109.34					
加氢裂化轻石脑油	7.94				7.94			
加氢裂化重石脑油	44.31		44.31					
催化汽油	127.6			127.6				
重整拔头油	41.96				41.96			
催化改质汽油	21.83					21.83		
催化改质轻石脑油	3.05				3.05			
烷基化油	27.83					27.83		
重整戊烷	4.92				4.92			
叠合油	6.03					6.03		
S-Zorb 汽油	126.5					126.5		
芳烃抽余油	28.43				10	18.43		
苯	7.68							7.68
甲苯	27.03					13		14.03
混合二甲苯	30.73							30.73
碳九芳烃	33.8					33.8		
合计	940.83	152.66	153.65	127.6	67.86	247.43	139.2	52.44

5.5 轻烃平衡

全厂生产的轻烃按是否含烯烃划分为饱和轻烃和非饱和轻烃，两者区别加工。

1）饱和烃加工路线。全厂统一设置轻烃回收，回收常减压蒸馏装置、加氢裂化装置、连续重整和柴油加氢改质装置的轻烃，回收的液化气经精制后一部分作为烷基化进料，调节烷烯比，另一部分直接作乙烯料。

2）非饱和烃加工路线。催化裂化液化气经过脱硫精制后去气体分离装置，分离出丙烯直接作为产品出厂，丙烷去作乙烯料，碳四组分与外购碳四原料一起作为叠合装置原料，叠合产出的异辛烷去调和乙醇汽油，未反应碳四作为烷基化原料，烷基化产品中的正异丁烷去调和乙烯料。

具体平衡见表 1-22。

表 1-22　轻烃平衡表　　Mt/a

产出装置和数量		去向和数量					
名称	数量	轻烃回收	气体分离	烷基化	叠合	乙烯料	丙烯产品
常减压液态烃	13.7	13.7					
催化柴油改制液化气	4.88	4.88					
催化裂化液化气	54.19		54.19				

续表

产出装置和数量		去向和数量					
名称	数量	轻烃回收	气体分离	烷基化	叠合	乙烯料	丙烯产品
加氢裂化液化气	4.44	4.44					
连续重整液化气	5.03					5.03	
轻烃回收液化气	25.21			11		14.21	
气体分离丙烷	7.13					7.13	
气体分离丙烯	20.12						20.12
气体分离碳四	26.94				26.94		
烷基化正丁烷	8.31					8.31	
烷基化异丁烷	4.61					4.61	
叠合碳四	29.66			29.66			
外购碳四	8.9				8.9		
合计	213.1	23.02	54.19	40.66	35.83	39.28	20.12

5.6 气体平衡

全厂各装置产出的气体根据其中的C_3+含量确定去向，含液态烃组分的气体先去轻烃回收吸收C_3+组分，分离出的干气和PSA解析气、催化精制干气和加氢系列装置干气等富氢资源气体一起去干气回收装置，回收出高纯氢气作为全厂氢源补充，同时分离出富碳二气体作为乙烯裂解料的补充，剩余气体以甲烷为主，作为炼油厂燃料气管网供加热炉燃烧。具体平衡见表1-23。

表1-23 气体平衡表 Mt/a

产出装置和数量		去向和数量					
名称	数量	催化裂化	轻烃回收	干气提浓	PSA	乙烯料	燃料系统
常减压三顶气	0.40	0.40					
渣油加氢干气	8.14			8.14			
渣油加氢低分气	4.64				4.64		
柴油加氢干气	1.70			1.70			
柴油加氢低分气	0.39				0.39		
催化裂化干气	8.13			8.13			
催化柴油改制干气	1.81		1.81				
航煤加氢干气	0.83			0.83			
加氢裂化干气	3.34		3.34				
加氢裂化低分气	1.70				1.70		
S-Zorb干气	1.15			1.15			
石脑油加氢干气	1.31		1.31				
连续重整干气	0.31		0.31				
轻烃回收干气	3.14			3.14			
干气回收干气	9.95						9.95

续表

产出装置和数量		去向和数量					
名称	数量	催化裂化	轻烃回收	干气提浓	PSA	乙烯料	燃料系统
干气回收富乙烯气	4.35					4.35	
干气回收富乙烷气	16.90					16.90	
PSA 解析气	10.45			10.45			
叠合瓦斯	0.36						0.36
合计	79.00	0.40	6.77	33.54	6.73	21.25	10.31

5.7 氢气平衡

本项目氢气管网系统分为高纯氢和重整氢气系统，压力均为 2.4MPa。消耗重整氢气的装置主要有重整预加氢、柴油加氢、煤油加氢、硫黄回收、叠合和 S-Zorb 装置，消耗高纯氢的装置主要有渣油加氢、蜡油加氢裂化、催化柴油改质和烷基化装置。总流程设置 PSA 装置，回收部分重整氢气和加氢装置低分气，设置干气回收装置，回收催化裂化干气、解析气和加氢系列干气中的氢气资源，产出高纯氢气。高纯氢气除了由 PSA 和干气回收装置供给以外，不足部分通过外购乙烯裂解副产的乙烯氢和煤制氢装置提供的氢气。具体的氢气平衡表和平衡图见表 1-24 和图 1-2。

表 1-24　氢气平衡表

Mt/a

产氢	数量	耗氢	数量
重整氢			
连续重整	12.43	重整预加氢	0.09
		煤油加氢	0.21
		柴油加氢	2.08
		S-Zorb	0.18
		硫黄回收	0.24
		叠合	0.22
		PSA	9.41
合计	12.43		12.43
外购乙烯氢	2.62	PSA	2.62
合计	2.62		2.62
高压氢气			
PSA	8.32	渣油加氢	9.28
外购煤制氢氢气	6.81	加氢裂化	5.21
干气回收分离	2.34	催化柴油改制	2.90
		烷基化	0.09
合计	17.47		17.47

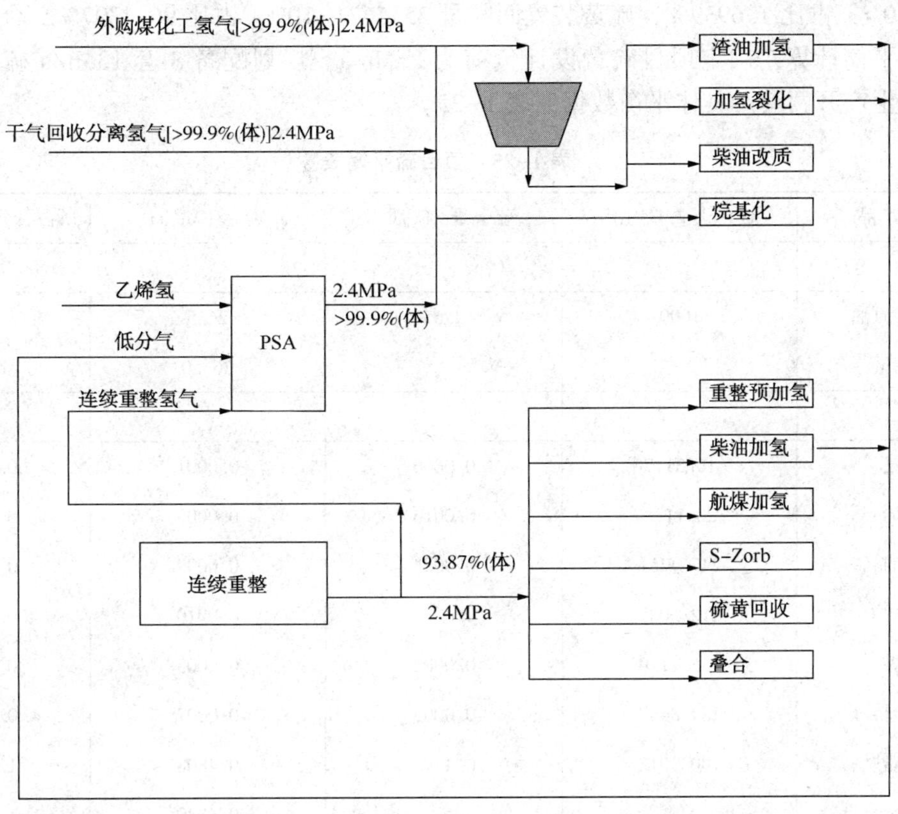

图 1-2　项目氢气平衡图

5.8　硫平衡

硫平衡具体做法：

第一步：根据原油评价报告数据，得到各馏分硫含量，计算混合馏分加权平均硫含量，并与原油硫含量数据对比，有微小误差从产品中找平。

第二步：根据总流程安排的物料走向，拟合出每套二次加工装置的进料硫含量。

第三步：根据不同装置原料和产品间的硫传递系数，确定二次加工装置每个产品的硫含量。

第四步：二次加工装置的酸性气收率处理办法。装置酸性气收率为考虑纯度问题，假设硫化氢纯度为100%，则酸性气中硫含量可以根据氢原子和硫原子的摩尔质量固定为94%，在已知原料硫含量和除酸性气以外的产品硫传递系数后，通过调整酸性气收率来平衡原料和产品的硫元素。

第五步：对各装置产品分布进行微调。因为酸性气收率需要根据原料硫含量来确定，所以之前根据参考装置定的产品分布可能在通过第四步确定酸性气收率后总收率不是100%，需要进行微调以保持装置物料的平衡。

第六步：计算全厂硫分布。

该项目总流程渣油按照全渣油加氢方案设计，特点是硫黄产量高。成品油按照国Ⅵ标准，硫含量很少，唯一带出硫较多的产品是低硫重质船燃，每年带出4800t硫；损耗的硫主要以催化烧焦为主。

经过平衡计算，本项目产品带出硫 0.484×10^4t，占比 1.8264%；催化烧焦等损失的硫

0.4489×10^4t，占比1.6939%，硫黄装置回收量25.5671×10^4t，占比96.4797%，合计100%。根据该硫平衡计算，确定项目硫黄设计负荷为26Mt/a，规划配备3套13Mt/a硫黄回收装置，正常生产开两套。具体平衡数据见表1-25。

表1-25 项目硫平衡表

原料/产品	加工量/产量/10^4t	硫含量/%(质)	硫量/(Mt/a)	所占百分数/%(质)
带入				
科威特原油	1000	2.65	26.5	100.00
硫总量			26.50	100
带出				
干气	10.3117	0.0006	0.0001	0.0003
丙烯	20.1178	0.0016	0.0003	0.0012
汽油	247.4251	0.0004	0.0009	0.0033
柴油	212.5085	0.0005	0.0010	0.0039
航煤	155.1110	0.0002	0.0003	0.0010
乙烯料	134.8448	0.0005	0.0007	0.0025
低硫船燃	100.3018	0.4793	0.4808	1.8143
产品带出合计			0.4840	1.8264
回收				
硫黄	25.5671	100.0000	25.5671	96.4797
排放				
烧焦尾气+损失			0.4489	1.6939
硫总量			26.5000	100.0000

6 产品调和说明

6.1 乙烯料调和

本项目要求乙烯料产量不低于150Mt/a，为了满足乙烯料产能，同时使炼油利润最大化，乙烯料调和量按照要求下限控制。

乙烯料主要调和组分有以下几大类：

1）气体：富乙烯气和富乙烷气。

2）液化气：烷基化正异丁烷、气分丙烷、连续重整液化气和轻烃回收液化气。

3）轻石脑油：加氢裂化轻石脑油、连续重整拔头油、戊烷和非芳、催化柴油改质石脑油；其中戊烷油和拔头油因蒸气压较高，安排全部调入乙烯料，非芳量在满足150×10^4t/a乙烯料产量后，剩余部分调入汽油。

4）尾油：加氢裂化尾油。

具体的调和组分数量见表1-26。

表 1-26 石脑油调和组分 10^4t

项目	数量	项目	数量
干气回收富乙烯气	4.35	加氢裂化轻石脑油	7.94
干气回收富乙烷气	16.9	重整拔头油	41.96
液化气组分		催化柴油改质石脑油	3.05
烷基化正丁烷	8.31	重整戊烷	4.92
烷基化异丁烷	4.61	重整非芳	10
气分丙烷	7.13	尾油	
轻烃回收液化气	14.21	加氢裂化尾油	23.36
连续重整液化气	5.03	合计	151.74
轻石脑油组分			

6.2 汽油调和

6.2.1 成品汽油调和计算方法

线性可加性质量指标应按下式计算：

$$M=M_1P_1+M_2P_2+\cdots+M_nP_n$$

式中 M——调和油的质量指标；

M_1，M_2，…，M_n——分别为组分油的质量指标；

P_1，P_2，…，P_n——分别为组分油在调和油中占的体积或质量分率；

n——组分油数。

含硫量、氧含量的计算中，P_1，P_2，……，P_n 为质量分率；对密度、辛烷值、烯烃含量、芳烃含量、苯含量的计算中，P_1，P_2，……，P_n 为体积分率。

对于非线性可加性质量指标中蒸汽压的计算方法：

调和油的蒸汽压调和指数非常接近于各组分油的体积分率与蒸汽压调和指数乘积的总和。因此可按线性加成法计算，计算公式如下：

$$(\mathrm{VPBI})=V_1(\mathit{VPBI})_1+V_2(\mathit{VPBI})_2+\cdots+V_n(\mathit{VPBI})_n$$

$$\mathit{VPBI}=(\mathrm{RVP})1.25$$

式中 (VPBI)——调和油的蒸汽压调和指数；

V_1，V_2，…，V_n——组分油的体积分率；

$(\mathrm{VPBI})_1$，…，$(\mathrm{VPBI})_n$——组分油的蒸汽压调和指数；

RVP——油品的雷氏蒸气压，kPa。

6.2.2 汽油调和组分和成品汽油质量

汽油调和组分主要有：S-Zorb 汽油、非芳、甲苯、碳九芳烃、催化柴油改质汽油、叠合油和烷基化油。其中，高辛烷值组分优先调入碳九芳烃，其次调入甲苯，叠合油和烷基化油主要调和高标号汽油。调和汽油总量为 247.43Mt/a，按照最大化产高标号汽油为原则，其中 92# 汽油 72Mt/a，95# 汽油 77.83Mt/a，98# 汽油 97.59Mt/a，具体调和情况见表 1-27。

表 1-27 汽油调和表

项目	数量/(Mt/a)	体积/(10^4m^3/a)	研究法辛烷值	马达法辛烷值	抗爆指数	密度/(kg/m^3)	蒸气压/kPa	硫含量/(mg/kg)	苯含量/%(体)	芳烃含量/%(体)	烯烃含量/%(体)
92# 组分油质量指标			90		85.5	720~772	35~58	10	≤0.8	≤38	≤16

续表

项目	数量/(Mt/a)	体积/(10^4m^3/a)	研究法辛烷值	马达法辛烷值	抗爆指数	密度/(kg/m^3)	蒸气压/kPa	硫含量/(mg/kg)	苯含量/%(体)	芳烃含量/%(体)	烯烃含量/%(体)
内控指标			90.2		85.6	720~772	40~56	8	≤0.77	≤36.5	≤14.5
92#成品汽油	72.00	95.43	90.21	81.49	86.19	754.46	55.44	4.22	0.53	36.43	13.16
调和组分											
S-Zorb 汽油	35.00	47.92	92.00	82.00	87.00	730.40	67.60	3.00		26.80	18.85
甲苯	0.00	0.00	108.00	96.00	102.00	866.00	4.89	1.00	0.00	100.00	0.00
C_9 芳烃	7.00	8.01	108.00	96.00	102.00	874.00	4.00	1.00	0.00	100.00	0.00
重整非芳	11.00	16.42	78.00	75.00	76.50	670.00	32.00	1.00	0.13	0.40	8.00
催化改质汽油组分	19.00	23.09	89.00	80.00	84.50	823.00	60.00	9.50	2.10	60.00	9.60
叠合油	0.00	0.00	100.00	97.00	98.50	691.90	5.10	1.00	0.00	0.00	0.00
烷基化油	0.00	0.00	96.00	93.00	94.50	700.00	35.00	1.00	0.00	0.00	0.00
95#组分油质量指标			93.5		89	720~772	35~58	10	≤0.8	≤38	≤16
95#组分油内控指标			93.7		89.1	720~772	40~56	8	≤0.77	≤36.5	≤14.5
95#成品汽油	77.83	103.92	93.72	84.16	89.32	748.94	55.50	2.72	0.08	35.74	14.44
调和组分											
S-Zorb 汽油	55.00	75.30	92.00	82.00	87.00	730.40	67.60	3.00		26.80	18.85
甲苯	0.00	0.00	108.00	96.00	102.00	866.00	4.89	1.00	0.00	100.00	0.00
C_9 芳烃	13.00	14.87	108.00	96.00	102.00	874.00	4.00	1.00	0.00	100.00	0.00
重整非芳	4.00	5.97	78.00	75.00	76.50	670.00	32.00	1.00	0.13	0.40	8.00
催化改质汽油组分	2.83	3.44	89.00	80.00	84.50	823.00	60.00	9.50	2.10	60.00	9.60
叠合油	3.00	4.34	100.00	97.00	98.50	691.90	5.10	1.00	0.00	0.00	0.00
烷基化油	0.00	0.00	96.00	93.00	94.50	700.00	35.00	1.00	0.00	0.00	0.00
98#组分油质量指标			96.5		92	720~772	35~58	10	≤0.8	≤38	≤16
98#组分油质量指标			96.7		92.1	720~772	40~56	8	≤0.77	≤36.5	≤14.5
98#成品汽油	97.59	130.03	96.73	88.91	93.25	750.53	41.49	1.75	0.00	34.01	7.56
调和组分											
S-Zorb 汽油	36.50	49.98	92.00	82.00	87.00	730.40	67.60	3.00		26.80	18.85
甲苯	13.00	15.01	108.00	96.00	102.00	866.00	4.89	1.00	0.00	100.00	0.00
C_9 芳烃	13.80	15.79	108.00	96.00	102.00	874.00	4.00	1.00	0.00	100.00	0.00
重整非芳	3.43	5.11	78.00	75.00	76.50	670.00	32.00	1.00	0.13	0.40	8.00
催化改质汽油组分	0.00	0.00	89.00	80.00	84.50	823.00	60.00	9.50	2.10	60.00	9.60
叠合油	3.03	4.38	100.00	97.00	98.50	691.90	5.10	1.00	0.00	0.00	0.00
烷基化油	27.83	39.76	96.00	93.00	94.50	700.00	35.00	1.00	0.00	0.00	0.00

6.3 柴油调和

6.3.1 柴油调和计算方法

线性可加性质量指标采用公式进行计算：

$$M=M_1P_1+M_2P_2+\cdots\cdots+M_nP_n$$

式中 M——调和油的质量指标；

M_1，M_2，……，M_n——分别为组分油的质量指标；

P_1，P_2，……，P_n——分别为组分油在调和油中占的体积或质量分率；

n——组分油数。

对硫含量、多环芳烃、十六烷指数和十六烷值的计算中，P_1，P_2，……，P_n 为质量分率；对密度的计算中，P_1，P_2，……，P_n 为体积分率。

6.3.2 柴油调和组分和成品柴油质量

柴油调和组分主要有：柴油加氢精制柴油，催化柴油改质柴油和加氢裂化柴油，其中，加氢裂化柴油调入量以满足柴油池密度和十六烷值为准，剩余部分生产白油料。调和生产满足国Ⅵ标准的柴油 212.5×10^4t。具体调和情况见表 1-28。

表 1-28 柴油调和

项目	数量/（Mt/a）	体积/（10^4m^3/a）	密度/（kg/m^3）	硫含量/（mg/kg）	十六烷值	50%馏出温度/℃	90%馏出温度/℃	95%馏出温度/℃
质量指标			810~845	≤10	≥51	≤300	≤355	≤365
内控指标			810~845	≤8	≥51.5	≤300	≤355	≤363
成品柴油	212.51	253.47	838.41	5.16	51.64	280.96	317.06	340.31
调和组分	212.51	253.47						
精制柴油	169.39	203.35	833	4	53.6	281	313	335.9
催化改质柴油	23.11	26.23	881.2	17.3	30	246	314	353
加氢裂化柴油	20	23.88	837.5	1	60	321	355	363

6.4 航煤调和

本项目成品航煤调和组分为加氢裂化航煤和常减压精制航煤，调和组分简单，单个调和组分性质满足成品指标要求。调和情况见表 1-29。

表 1-29 航煤调和

项目	数量/（Mt/a）	密度/（kg/m^3）	10%馏出温度/℃	50%馏出温度/℃	终馏点/℃	闪点/℃	冰点/℃	烟点
质量指标		775~830	≤205	≤232	≤300	≥38	≤-47	≥25
成品航煤	155.11	792.9	181.6	199.7	246	58.5	-48.5	25.6
调和组分	155.11							
加氢裂化航煤	30	797.3	173	204	260	44	-55	25.4
精制直馏航煤	125.11	791.8	183.7	198.7	242.6	62	-47	25.6

6.5 低硫重质船燃调和

本项目低硫重质船燃调和方案采用：加氢渣油+滤后油浆+催化柴油方案。其中，安排滤后油浆全部调入低硫船燃，加氢渣油和催化柴油调入量以满足船燃硫含量、黏度的指标，同时满足低硫重燃100Mt/a的生产能力。

6.5.1 50℃黏度调和

在低硫船燃的调和中，黏度是主要的控制指标。由于液体油品混合物的黏度与组成之间不存在线性关系，且不具有可加性，有时会出现极大值、极小值或者是S形曲线，目前很难预测。根据《中国炼油技术》中相关资料，为了使油料按质量百分数掺和时的运动黏度呈线性关系，采用υ_{50}表示黏度，它是根据50℃运动黏度计算出来的，公式如下：

$$\upsilon_{50}=19.2+33.5\lg\lg(50℃运动黏度，mm^2/s+0.85)$$

式中 0.85——黏度的校正常数。

加氢渣油 $\upsilon_{50}=19.2+33.5\lg\lg(200+0.85)=31.34$

滤后油浆 $\upsilon_{50}=19.2+33.5\lg\lg(724.5+0.85)=34.49$

催化柴油 $\upsilon_{50}=19.2+33.5\lg\lg(3+0.85)=11.41$

上述三个组分计算黏度根据质量加权平均=30.53

调和油50℃黏度=10^{10^[(50℃计算黏度-19.2)/33.5]}=150.98mm²/s

6.5.2 碳芳香指数计算

(1) 首先求得渣油组分15℃的密度

查密度换算系数表 $d_{15.6}=0.994267\times d_{20}+0.009142$，已知渣油20℃密度，计算渣油15℃密度。

(2) 计算组分碳芳香指数

已知组分15℃密度和50℃黏度，可用下面的公式计算组分碳芳香指数：

碳芳香指数$=d_{15.6}\times1000-81-141\times\log[\log(\mu_{50}+0.85)-483\times\log(50+273)/323]$

得到组分碳芳香指数再根据质量分率加权平均计算得到低硫船燃碳芳香指数为816.98。

硫含量根据各组分质量分率加权平均，密度根据体积分率加权平均。具体调和情况见表1-30。

表1-30 低硫重质船燃调和

项目	数量/(Mt/a)	数量/(10^4m^3/a)	密度(20℃)/(kg/m³)	密度(15℃)/(kg/m³)	黏度(50℃)/(mm²/s)	硫含量/%(质)	V_{50}	碳芳香指数
执行指标			≤987.6		≤180.0	≤0.5		≤850
成品船燃	100.3	106.48	942	945.74	150.98	0.48	30.53	816.98
调和组分								
加氢渣油	82	88.46	926.98	930.8	200	0.41	31.34	798.73
滤后油浆	12.3	11.74	1047.7	1050.8	724.5	1.02	34.49	905.48
催化柴油	6	6.28	956	959.7	3	0.36	11.41	911.44

7 低硫船燃存储和装船有关计算

7.1 计算燃料油罐容及个数

根据SH/T 3007—2014《石油化工储运系统罐区设计规范》的规定，燃料油的罐容储存天数近海为20~25d。本次计算按储存天数上限25d考虑。

低硫船燃密度0.942t/m³，储存温度按照50℃假设，查《油品密度温度系数表》换算系数为0.00057，计算50℃密度=20℃密度-(50-20)×0.00057=0.925t/m³。

根据低硫船燃产能100.3×10⁴t计算，25d可生产7.45×10⁴m³船燃，一般储罐的利用系数为0.85，则实际需要的罐容=7.45/0.85=9.11×10⁴m³。

考虑低硫船燃船型为50000t，则需要3个2.5×10⁴m³的成品储罐备货，另需一个2.5×10⁴m³储罐在装船过程中收油，避免边收油边装船。同时，考虑储罐检修，需要另设一台同样大小的储罐安排轮转。故共需要5个储罐，每个2.5×10⁴m³，罐容共计12.5×10⁴m³。

7.2 计算燃料油装船管道压降和管径

限制条件：

1）根据《石油化工储运系统罐区设计规范》4.2.3.2的规定，油品在正常作业状态时，设计流速不宜大于4.5m/s。

2）对于给定的低硫船燃船型为50000t，查《石油化工储运系统罐区设计规范》表7.1.2-3得到5×10⁴t船型净装船时间为12~16h，考虑设计余量和灵活性，本次测算装船时间取上限16h。

计算燃料油装船管道管径：

装船小时输送量=总输送量/燃料油密度/输送时间=50000/16/0.925=3379(m³/h)

设定管道里液体流速为4.5m/s(上限)，根据已算得的小时输送量算出管道直径为515mm，考虑设计余量，管道直径选择600mm，在该管径下，流体流速=小时流量/π/(管道直径/2/1000)^2/3600=3.32(m/s)。

计算燃料油装船管道压降：

利用上述已知条件，同时取管道绝对粗糙度为0.2mm，管线到码头管线长度为2500m，计算管道压降为639.2kPa。计算过程见表1-31。

表1-31 管道压降计算

项目	数值	项目	数值
流量/(m³/h)	3379	系数	0.001
黏度/cP	151	雷诺数1	254562
密度/(kg/m³)	925	雷诺数2	4642065
管道公称直径/mm	600	水力摩擦系数	0.030
绝对粗糙度/mm	0.20	百米管线压损/(kPa/100m)	26
液体流速/(m/s)	3.32	当量长度/m	2500
雷诺数指数	12201	管线压降/kPa	639.2

7.3 计算燃料油装船泵的扬程和功率

查《石油化工储运系统罐区设计规范》6.2.3，泵的额定流量富余量宜为10%，扬程富余量宜为5%~10%，本次测算两者裕量均取10%。在以上测算结果基础上，计算机泵需要的扬程为76m，功率为837.7kW，选用电机功率为900kW。计算表格见表1-32。

表 1-32 装船泵的扬程和功率

项目	数值	项目	数值
流量/(m^3/h)	3379	机泵效率	0.85
计算压差/kPa	639.2	轴功率/kW	761.5
密度/(kg/m^3)	924.9	安全裕量	1.1
计算扬程/m	69.1	需要功率/kW	837.7
安全裕量	1.1	选用电机功率/kW	900.0
需要扬程/m	76.0		

8 项目总工艺流程适应性分析

为考察装置适应性和产品方案的灵活性，在以上设定的基础方案上，对最大化乙醇汽油、最大化柴油和不产船燃的加工方案。

8.1 方案的设定

方案 1：基础方案；

方案 2：最大化乙醇汽油加工方案；

方案 3：最大化柴油加工方案；

方案 4：不产船燃加工方案。

8.2 方案的调整措施设定

8.2.1 最大化乙醇汽油加工方案调整措施

1）加氢裂化尾油由供乙烯裂解料改为进催化裂化，增产汽油；

2）连续重整和非芳组分最大化调和乙醇汽油；

3）渣油加氢柴油与加氢渣油一起全部合并作催化裂化原料，增产催化汽油；

4）减少柴油加氢精制负荷，开满柴油改质装置，增加裂化汽油产量。

8.2.2 最大化柴油加工方案调整措施

1）停掉催化柴油改质，减少裂化汽油产量；

2）为防止催化柴油过多导致成品柴油十六烷值不合格，催化柴油安排 20Mt/a 去加氢裂化加工；

3）加氢裂化提高反应深度，减少尾油产量，增加柴油产量，其柴油全部调入成品柴油；

4）催化柴油停止去渣油加氢回炼，改为去柴油加氢精制。

8.2.3 不产船燃方案的调整措施

1）原调和船燃的催化柴油改进催化柴油改质装置；

2）原调和船燃的加氢渣油改去催化裂化装置加工；

3）原调和船燃的催化油浆改为外卖出厂。

8.3 不同方案下装置负荷变化对比

不同方案下装置负荷变化见表 1-33。

表 1-33 不同方案下装置负荷变化 Mt/a

装置名称	基础方案	方案 2	方案 3	方案 4
渣油加氢	421.7	421.7	411.7	421.7
加氢裂化	150.0	175.0	150.0	160.0

续表

装置名称	基础方案	方案 2	方案 3	方案 4
催化裂化	292.1	335.2	298.3	372.8
催化柴油改质	52.0	54.8	0.0	66.0
连续重整	152.7	152.1	152.5	153.1
柴油加氢	177.4	137.9	176.9	177.4
航煤加氢	126.3	126.3	126.3	126.3
轻烃回收	16.1	19.0	10.7	18.4
气体分离	54.2	62.2	55.3	69.1
S-Zorb	127.6	153.1	130.3	162.8
干气回收	33.5	35.4	33.9	36.8
叠合	6.0	6.3	6.1	6.6
烷基化	27.8	30.8	28.2	33.3
硫黄回收	27.4	26.9	27.3	27.6
溶剂再生	775.0	757.1	772.9	775.5
污水汽提	158.6	158.3	158.1	178.0

8.4 产品结构较基础方案变化对比

最大化产汽油方案(方案 2)：调整后的总流程汽油产量为 308.8Mt/a，比基础方案 247.4Mt/a 增产 61.4×10^4t，柴汽比为 0.64。

最大化产柴油方案(方案 3)：调整后的总流程柴油产量为 259.3Mt/a，比最大化汽油方案多产 62.35×10^4t，柴汽比为 1.11。

不产船燃方案(方案 4:)：取消船燃生产后，汽油、柴油、乙烯料和丙烯产量均明显增加，轻油收率 82.18%，比基础方案提高 6.12%。

原料和产品结构见表 1-34。

表 1-34 原料和产品结构表 10^4t

项目	基础方案	方案 2	方案 3	方案 4
原(料)油名称				
外购水煤浆氢气	6.81	8.09	4.56	7.95
产品汇总				
汽煤柴小计	615.04	660.90	654.10	689.84
汽油	247.43	308.84	234.65	295.82
92#国Ⅵ汽油	72.00	116.00	53.00	72.00
95#国Ⅵ汽油	77.83	76.42	75.00	75.00
98#国Ⅵ汽油	97.59	116.41	106.65	148.82
煤油	155.11	155.11	160.11	157.11
国Ⅵ柴油	212.51	196.95	259.33	236.91
乙烯原料	151.74	124.27	124.13	168.78
白油料	15.81	3.81	0.00	0.00

续表

项目	基础方案	方案 2	方案 3	方案 4
芳烃	52.44	38.75	52.50	45.80
丙烯	20.12	23.08	20.54	25.67
低硫船燃	100.30	102.11	100.56	0.00
硫黄	25.79	25.29	25.67	25.96
油浆				17.45
炼油厂自用	33.39	37.61	34.10	41.19
技术经济指标	指标值/%	指标值/%	指标值/%	指标值/%
综合商品率	96.46	96.05	96.37	95.69
轻油收率	73.76	72.49	73.82	79.88
综合自用率	3.28	3.69	3.36	4.04
催化烧焦率	2.27	2.60	2.32	2.89
柴/汽	0.86	0.64	1.11	0.80

8.5 不同方案下产品调和方案变化情况

8.5.1 最大化产汽油方案产品调和变化

汽油调和：非芳全部调入汽油，受芳烃含量限制，重整戊烷和拔头油不能与芳烃一起调入汽油，调和后高标号汽油占比 62.5%，比基础方案 71%低 8.5%。

柴油调和：因催化改质柴油装置负荷增加，柴油池低十六烷值组分增多，加氢裂化柴油调入成品柴油的量至 32Mt/a，白油料产量减少。

8.5.2 最大化产柴油方案产品调和变化

柴油调和：增产柴油需要，停开柴油改质装置，催化柴油优先去柴油加氢精制装置，受成品柴油十六烷值限制，总流程安排 25Mt/a 催化柴油进加氢裂化加工，加氢裂化柴油全部调入柴油池可使产品柴油指标合格。

相关成品油调和情况见表 1-35～表 1-37。

表 1-35 柴油调和(最大汽油产量方案)

项目	数量/(Mt/a)	体积/($10^4 m^3$/a)	密度/(kg/m^3)	硫含量/(mg/kg)	十六烷值	50%馏出温度/℃	90%馏出温度/℃	95%馏出温度/℃
质量指标			810～845	≤10	≥51.00	≤300	≤355	≤365
内控指标			810～845	≤8	≥51.50	≤300	≤355	≤363
成品柴油	196.95	234.04	841.51	5.76	51.54	281.59	319.99	343.19
调和组分	196.95	234.04						
精制柴油	131.68	158.08	833.00	4.00	54.42	281.00	313.00	335.90
催化改质柴油	33.27	37.76	881.20	17.30	32.00	246.00	314.00	353.00
加氢裂化柴油	32.00	38.21	837.50	1.00	60.00	321.00	355.00	363.00

表 1-36　柴油调和(最大化柴油产量方案)

项目	数量/(Mt/a)	体积/(10^4m^3a)	密度/(kg/m^3)	硫含量/(mg/kg)	十六烷值	50%馏出温度/℃	90%馏出温度/℃	95%馏出温度/℃
质量指标			810~845	≤10	≥51.00	≤300	≤355	≤365
内控指标			810~845	≤8	≥51.50	≤300	≤355	≤363
成品柴油	259.33	310.98	833.93	3.38	51.57	289.33	321.75	341.55
调和组分	259.33	310.98						
精制柴油	205.31	246.47	833.00	4.00	49.35	281.00	313.00	335.90
催化改质柴油	0.00	0.00	881.20	17.30	30.00	246.00	314.00	353.00
加氢裂化柴油	54.02	64.50	837.50	1.00	60.00	321.00	355.00	363.00

表 1-37　汽油调和(最大汽油产量方案)

项目	数量/(Mt/a)	体积/($10^4m^3/a$)	研究法辛烷值	马达法辛烷值	抗爆指数	密度/(kg/m^3)	蒸气压/kPa	硫含量/(mg/kg)	苯含量/%(体)	芳烃含量/%(体)	烯烃含量/%(体)
92#组分油质量指标			90		85.5	720~772	35~58	10	≤0.8	≤38	≤16
内控指标			90.2		85.6	720~772	40~56	8	≤0.77	≤36.5	≤14.5
92#成品汽油	116.00	153.92	90.31	81.48	86.20	753.63	56.59	4.23	0.52	36.01	13.57
调和组分											
S-Zorb 汽油	60.00	82.15	92.00	82.00	87.00	730.40	67.60	3.00		26.80	18.85
甲苯	0.00	0.00	108.00	96.00	102.00	866.00	4.89	1.00	0.00	100.00	0.00
C_9 芳烃	10.00	11.44	108.00	96.00	102.00	874.00	4.00	1.00	0.00	100.00	0.00
重整非芳	16.00	23.88	78.00	75.00	76.50	670.00	32.00	1.00	0.13	0.40	8.00
催化改质汽油组分	30.00	36.45	89.00	80.00	84.50	823.00	60.00	9.50	2.10	60.00	9.60
叠合油	0.00	0.00	100.00	97.00	98.50	691.90	5.10	1.00	0.00	0.00	0.00
烷基化油	0.00	0.00	96.00	93.00	94.50	700.00	35.00	1.00	0.00	0.00	0.00
95#组分油质量指标			93.5		89	720~772	35~58	10	≤0.8	≤38	≤16
95#组分油内控指标			93.7		89.1	720~772	40~56	8	≤0.77	≤36.5	≤14.5
95#成品汽油	76.42	102.21	93.80	84.23	89.41	747.70	55.42	2.60	0.04	35.34	14.52
调和组分											
S-Zorb 汽油	55.00	75.30	92.00	82.00	87.00	730.40	67.60	3.00		26.80	18.85
甲苯	0.00	0.00	108.00	96.00	102.00	866.00	4.89	1.00	0.00	100.00	0.00
C_9 芳烃	13.00	14.87	108.00	96.00	102.00	874.00	4.00	1.00	0.00	100.00	0.00
重整非芳	4.00	5.97	78.00	75.00	76.50	670.00	32.00	1.00	0.13	0.40	8.00
催化改质汽油组分	1.42	1.73	89.00	80.00	84.50	823.00	60.00	9.50	2.10	60.00	9.60
叠合油	3.00	4.34	100.00	97.00	98.50	691.90	5.10	1.00	0.00	0.00	0.00
烷基化油	0.00	0.00	96.00	93.00	94.50	700.00	35.00	1.00	0.00	0.00	0.00
98#组分油质量指标			96.5		92	720~772	35~58	10	≤0.8	≤38	≤16

续表

项目	数量/(Mt/a)	体积/(10^4m^3/a)	研究法辛烷值	马达法辛烷值	抗爆指数	密度/(kg/m^3)	蒸气压/kPa	硫含量/(mg/kg)	苯含量/%(体)	芳烃含量/%(体)	烯烃含量/%(体)
98#组分油质量指标			96.7		92.1	720~772	40~56	8	≤0.77	≤36.5	≤14.5
98#成品汽油	116.41	154.40	96.70	88.92	93.35	753.95	38.44	1.63	0.01	36.53	6.79
调和组分											
S-Zorb 汽油	36.79	50.37	92.00	82.00	87.00	730.40	67.60	3.00		26.80	18.85
甲苯	26.50	30.60	108.00	96.00	102.00	866.00	4.89	1.00	0.00	100.00	0.00
C_9 芳烃	10.71	12.25	108.00	96.00	102.00	874.00	4.00	1.00	0.00	100.00	0.00
重整非芳	8.34	12.45	78.00	75.00	76.50	670.00	32.00	1.00	0.13	0.40	8.00
催化改质汽油组分	0.00	0.00	89.00	80.00	84.50	823.00	60.00	9.50	2.10	60.00	9.60
叠合油	3.32	4.80	100.00	97.00	98.50	691.90	5.10	1.00	0.00	0.00	0.00
烷基化油	30.75	43.93	96.00	93.00	94.50	700.00	35.00	1.00	0.00	0.00	0.00

9 项目公用工程消耗计算

计算方法：

根据《数据汇编》中参考装置的公用工程消耗及对应的加工量，结合项目每个装置的负荷进行折算。

9.1 水耗计算

项目共消耗新鲜水 45.6Mt/a，除盐水 349.4Mt/a，循环水 26244Mt/a，吨油耗水 0.395t/t 原油。分装置耗水计算见表 1-38。

表 1-38 项目水耗计算

项目	模型负荷/(Mt/a)	新鲜水/(Mt/a)	循环水/(Mt/a)	除盐水/(Mt/a)
常减压	1000	0.5	1254.9	40.9
渣油加氢	421.7	0.9	4349.2	29.3
加氢裂化	150	0.0	956.1	7.3
催化裂化	292.1	34.5	6235.3	130.1
催化柴油改质	52	0.7	1276.2	3.4
连续重整	152.7	0.0	1726.5	64.7
柴油加氢	177.4	0.0	988.3	19.7
航煤加氢	126.3	0.0	99.8	0.0
轻烃回收	16.1	0.0	0.6	0.0
气体分离	54.2	0.1	674.7	1.0
PSA	126102.2	0.0	1665.0	3.4
S-Zorb	127.6	0.0	11.7	0.0
干气回收	33.5	0.0	3857.7	0.0
叠合	6	0.0	565.2	0.0
烷基化	27.8	0.0	528.3	21.8
硫黄回收	27.4	8.8	1224.1	27.7

续表

项目	模型负荷/(Mt/a)	新鲜水/(Mt/a)	循环水/(Mt/a)	除盐水/(Mt/a)
溶剂再生	775		473.4	0.0
污水汽提	158.6	0.0	357.6	0.0
合计		45.6	26244.6	349.4

9.2 燃料平衡

经过计算，全厂每年需要燃料气 22.8×10^4/t，其中，炼油厂自产瓦斯量 10.31×10^4/t，缺口 12.49×10^4/t 用外购天然气补充。具体平衡见表 1-39 和图 1-3。

表 1-39 全厂燃料平衡表 Mt/a

装置名称	燃料气产出	燃料气消耗
外购天然气	12.49	
装置产耗		
常减压		4.39
渣油加氢		1.78
加氢裂化		1.10
催化裂化		0.04
催化柴油改质		1.38
连续重整		12.15
柴油加氢		0.51
航煤加氢		0.27
S-Zorb		0.38
干气回收	9.95	0.00
叠合	0.36	0.00
烷基化		0.41
硫黄回收		0.39
合计	22.80	22.80

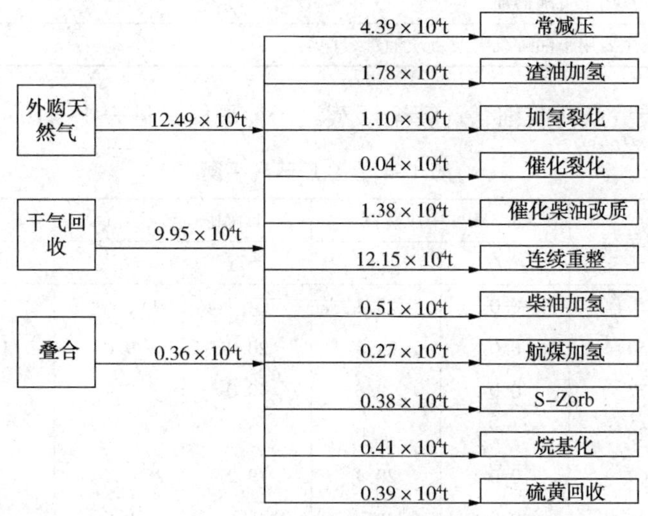

图 1-3 全厂燃料平衡图

9.3 蒸汽平衡

项目蒸汽管网设置3.5MPa、1.0MPa和0.4MPa蒸汽系统，实现蒸汽资源梯级利用，各装置主要产耗汽说明见表1-40。

表1-40 各装置主要产耗汽说明

装置	主要产耗汽说明
催化柴油改质	低压蒸汽消耗3t/h用于脱硫系统再生用，中压蒸汽耗汽用于循环机消耗，透平背压排出
加氢裂化	中压蒸汽用于汽提蒸汽4t/h，汽轮机21t/h；低压蒸汽发汽0.4MPa，发汽12t/h；透平背压蒸汽21t/h，自身消耗1.0MPa蒸汽8t/h，主要用于蒸汽伴热，溶剂再生及抽真空用汽
柴油加氢	汽包产汽16t/h，循环机产低压蒸汽19t/h，循环机耗中压蒸汽19t/h，汽提蒸汽耗低压蒸汽4t/h，循环机小透平耗低压蒸汽4t/h
航煤加氢	低压汽用于重沸器加热
轻烃回收	气压机用3.5MPa蒸汽20t/h，透平背压出1.0MPa蒸汽20t/h。塔底重沸器等用1.0MPa蒸汽11t/h
S-Zorb	低压汽稳定塔重沸器
酸性水汽提	汽提塔塔底重沸器消耗27t/h和氨精馏塔塔底重沸器消耗6t/h
管网	火炬消烟蒸汽
催化裂化	产汽点：中压汽包发中压汽239t/h；装置本身不直接生产低压汽。中压汽经过汽轮机后变成低压汽。耗汽点：汽轮机95t/h(中压汽)，反再分馏用汽40t/h(低压汽)、解析塔底热源蒸汽20t/h(低压汽)、除氧器用汽12t/h(低压汽)
渣油加氢	产汽点：低压汽包产汽15t/h；耗汽点：汽轮机69t/h，汽提塔8t/h；小透平用汽5t/h，分馏用汽提汽10t/h
硫黄回收	产汽点：中压汽包产汽56t/h，低压汽汽包产汽7t/h；耗汽点：加热用中压蒸汽7t/h
溶剂再生	按一吨溶剂消耗100kg低压汽计算
连续重整	循环机C201耗汽32t/h；增压机C202耗汽48t/h，油站透平、抽气器及汽封用汽8t/h，抽提单元用中压汽40t/h，E207用低压汽8t/h，E702用低压汽14t/h
干气回收	低压汽用于重沸器加热
烷基化	低压汽用于重沸器加热
油品储运	蒸汽主要用于油罐维温及重质油管线伴热

根据上述每套装置产耗明细，计算全厂蒸汽产耗平衡，见表1-41。

表1-41 全厂蒸汽平衡 10^4t/a

装置	装置负荷	3.5MPa中压蒸汽		1.0MPa低压蒸汽		0.4MPa低压蒸汽	
		产汽	耗汽	产汽	耗汽	产汽	耗汽
催化柴油改质	55	0.0	28.3	24.7	3.6		
加氢裂化	150	0.0	24.8	20.9	9.0	12.4	
柴油加氢	177	0.0	19.6	40.0	7.7		
航煤加氢	126		7.4				
轻烃回收	169	0.0	20.3	19.2	11.3		
S-Zorb	128	0.0	0.0	0.0	0.5		
酸性水汽提	159	0.0	27.0	0.0	6.3		

续表

装置	装置负荷	3.5MPa 中压蒸汽		1.0MPa 低压蒸汽		0.4MPa 低压蒸汽	
		产汽	耗汽	产汽	耗汽	产汽	耗汽
管网	1	0.0	0.0	0.0	2.2		
催化裂化	292	240.2	96.1	96.1	72.1		
渣油加氢	422	0.0	76.2	83.8	15.2		
硫黄回收	26	56.6	7.0	7.4			
溶剂再生	775						77.5
连续重整	154	28.3	109.1	32.3	30.3		0
干气回收	34	0.0	1.7	0.0	40.9		34.1
叠合	6	0.0	0.0	0.0	0.0		0.1
烷基化	28	0.0	0.0	0.0	16.4		8.0
油品储运	1000	0	0	0	29		
合计		325.1	417.3	324.3	244.4	12.4	119.8
蒸汽缺口计算		92.2		−79.8		107.3	

3.5MPa 中压蒸汽的发汽装置主要有催化裂化和硫黄回收，共可产出 162.27Mt/a 中压蒸汽，在此基础上，全厂中压蒸汽缺口还有 92.2Mt/a；采取直接外购的方式平衡。

1.0MPa 低压蒸汽过剩 79.8Mt/a，采取增上一台发电机组的平衡方案，发电的同时背压产出 0.4MPa 低压蒸汽。

0.4MPa 低压蒸汽缺口 107.3Mt/a，消耗装置主要是溶剂再生和干气回收。缺口一部分由 1.0MPa 蒸汽发电机组背压产生，不足部分通过外购 3.5MPa 中压蒸汽补充，同时增上一台发电机组，背压产生等量 0.4MPa 低压蒸汽来补充。计算过程见表 1-42～表 1-44。

表 1-42　抽背式发电机组（设置抽汽的抽气量按总进汽量的 40%考虑）

序号	进汽参数		抽汽参数		背压参数		汽耗/(kg/kW)
1	12.5MPa	535℃	4.0MPa	395℃	1.27MPa	290℃	11.4
2	12.5MPa	535℃			4.0MPa	395℃	15.7
3	12.5MPa	535℃			1.27MPa	290℃	9.4
4	4.0MPa	395℃			1.27MPa	275℃	17.6
5	4.0MPa	395℃			0.6MPa	215℃	11.7
6	4.0MPa	395℃	1.27MPa	280℃	0.6MPa	220℃	15～16
7	1.27MPa	275℃			0.6MPa	215℃	42.5
8	8.83MPa	535℃	4.31MPa	395℃	1.27MPa	290℃	13.51

表 1-43　富裕 1.0MPa 低压汽发电抽 0.4MPa 低压汽

机组 7	背压量	t/h	79.8
	发电量	kW/h	1878.7
		10^4kW·h/a	1578.078

表 1-44　外购 4.0MPa 中压汽发电抽 0.4MPa 低压汽

机组 5	背压量	t/h	27.5
	发电量	kW·h	2350.3
		10^4kW·h/a	1974.248

合计共外购 3.5MPa 中压蒸汽 119.7Mt/a，补足蒸汽缺口的同时发电 3552.3 10^4kW·h。全厂蒸汽平衡见图 1-4。

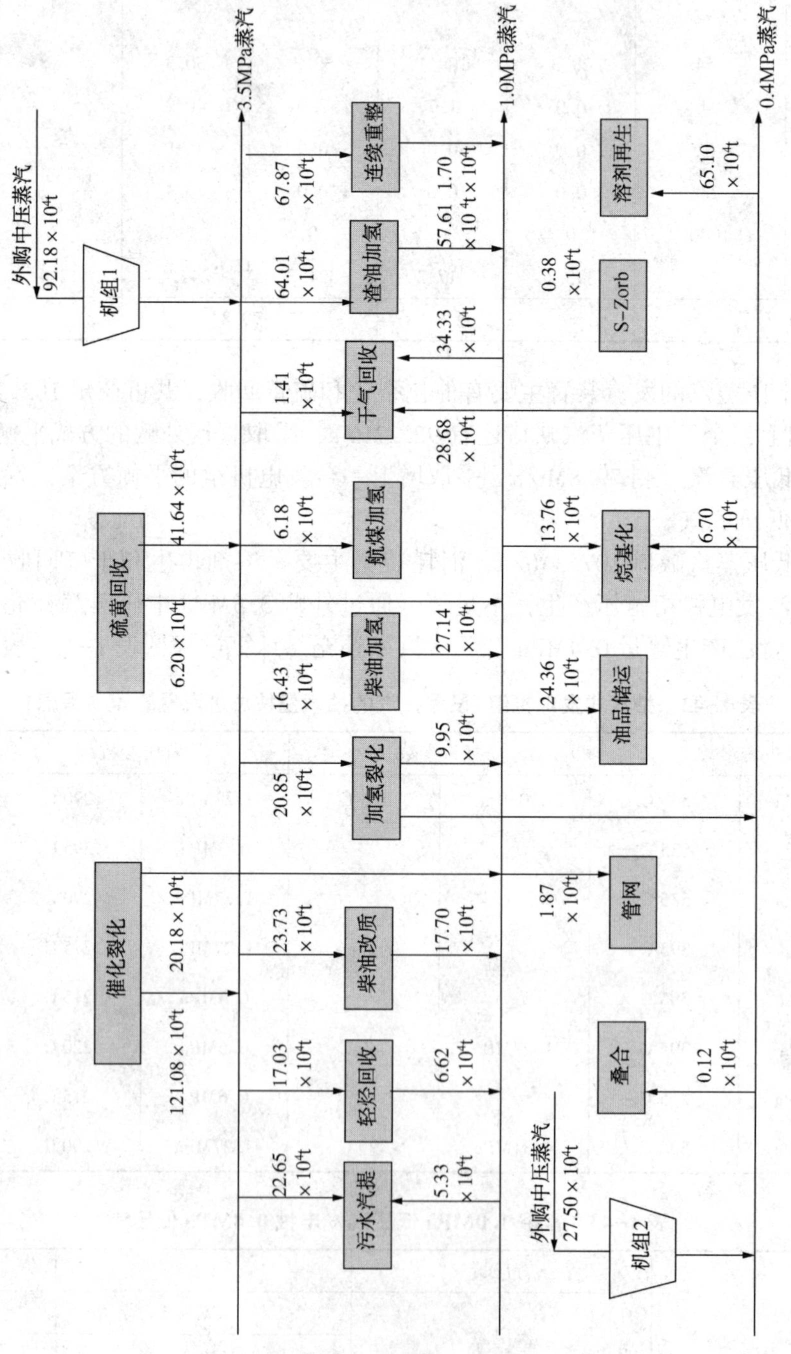

图 1-4　全厂蒸汽平衡图

9.4 电耗计算

项目总电耗 83453.2×10^{4}kW·h(公用工程和油品辅助系统电耗按总电耗 10%估算)，单耗 83.5×10^{4}kW·h/t 原油。根据上述蒸汽平衡计算结果，两台抽背机组发电 3552.3×10^{4}kW·h，还需从外电网购电 79900.9×10^{4}kW·h/a 的电量。具体分装置耗电情况见表 1-45。

表 1-45 项目电耗统计

项目	装置负荷/(Mt/a)(m^3/h)	总电耗/10^{4}kW·h	电单耗/[kW·h/(t·m^3)]
常减压	1000.0	6050.0	6.1
渣油加氢	421.7	16526.4	39.2
加氢裂化	150.0	8503.5	56.7
催化裂化	292.1	8758.2	30.0
催化柴油改质	52.0	4701.4	90.4
连续重整	152.7	8016.2	52.5
柴油加氢	177.4	3529.7	19.9
航煤加氢	126.3	242.6	1.9
轻烃回收	16.1	208.3	12.9
气体分离	54.2	836.2	15.4
PSA	126102.2	6933.9	0.1
S-Zorb	127.6	832.0	6.5
干气回收	33.5	1791.7	53.4
叠合	6.0	419.8	69.6
烷基化	27.8	5272.1	189.4
硫黄回收	27.4	2114.6	77.1
溶剂再生	775.0	236.7	0.3
污水汽提	158.6	134.8	0.8
公用工程		8345.3	
合计		83453.2	83.5

9.5 项目总能耗计算

项目总体公用工程消耗量汇总见表 1-46。

表 1-46 模型装置公用工程消耗汇总(根据参考装置负荷进行线性折算)

项目	模型负荷/(Mt/a)	新鲜水/(Mt/a)	循环水/(Mt/a)	除盐水/(Mt/a)	电耗/10^{4}kW·h	燃料气/(Mt/a)	催化烧焦/(Mt/a)	3.5MPa 中压蒸汽耗汽/(Mt/a)	1.0MPa 低压蒸汽耗汽/(Mt/a)	0.4MPa 低压耗汽
常减压	1000.0	0.5	1254.9	40.9	6050.0	4.4		0.0	0.0	0.0
渣油加氢	421.7	0.9	4349.2	29.3	16526.4	1.8		64.0	-57.6	0.0
加氢裂化	150.0	0.0	956.1	7.3	8503.5	1.1		20.8	-10.0	-10.4
催化裂化	292.1	34.5	6251.7	0.0	8758.2	0.0	23.1	-121.1	-20.2	0.0
催化柴油改质	52.0	0.5	1276.0	3.6	4701.4	1.4		23.7	-17.7	0.0

续表

项目	模型负荷/（Mt/a）	新鲜水/（Mt/a）	循环水/（Mt/a）	除盐水/（Mt/a）	电耗/10^4kW·h	燃料气/（Mt/a）	催化烧焦/（Mt/a）	3.5MPa中压蒸汽耗汽/（Mt/a）	1.0MPa低压蒸汽耗汽/（Mt/a）	0.4MPa低压耗汽
连续重整	152.7	8.4	2135.4	102.3	8016.2	12.2		67.9	-1.7	0.0
柴油加氢	177.4	0.0	988.3	19.7	3529.7	0.5		16.4	-27.1	0.0
航煤加氢	126.3	0.0	99.8	0.0	242.6	0.3		6.2	0.0	0.0
轻烃回收	16.1	0.0	0.6	0.0	208.3	0.0		17.0	-6.6	0.0
气体分离	54.2	1.6	674.7	0.0	836.2	0.0		0.0	0.0	0.0
PSA	126102.2219	0.0	1665.0	3.4	6933.9	0.0		0.0	0.0	0.0
S-Zorb	127.6	0.0	191.4	0.0	832.0	0.4		0.0	0.4	0.0
干气回收	33.5	0.0	3857.7	0.0	1791.7	0.0		1.4	34.3	28.7
叠合	6.0	0.0	565.2	0.0	419.8	0.0		0.0	0.0	0.1
烷基化	27.8	4.3	527.8		5272.1	0.4		0.0	13.8	6.7
硫黄回收	27.4	9.0	1224.7	0.0	2114.6	0.4		-41.6	-6.2	0.0
溶剂再生	775.0		473.4	21.8	236.7			0.0	0.0	65.1
污水汽提	158.6	0.0	358.5	0.0	134.8	0.0		22.6	5.3	0.0
公用工程					8345.3			0.0	24.4	0.0
合计		59.7	26850.3	228.4	83453.2	22.8	23.1	77.4	-68.9	90.2

全厂年耗新鲜水45.6×10^4t，除盐水349.4×10^4t，燃料气22.8×10^4t，电耗83453×10^4kW·h（油品储运部分电耗按全厂电耗10%估算），3.5MPa中压蒸汽消耗7.4×10^4t，1.0MPa低压蒸汽过剩68.9×10^4t，0.4MPa中压蒸汽消耗90.2×10^4t，根据以上消耗，计算全厂能耗为73.74kgEO/t，详见表1-47。

表1-47　项目能耗计算

公用工程项目	能量换算系数/（kgEO/t）	公用工程消耗	综合能耗/（kgEO/t）	全厂综合能耗/（kgEO/t）
新鲜水/（Mt/a）	0.17	45.6	0.01	
循环水/（Mt/a）	0.1	26244.6	2.69	
除盐水/（Mt/a）	2.3	349.4	0.53	
电耗/10^4kW·h	0.23	83453.22	19.19	
燃料气/（Mt/a）	950	22.80	21.66	73.74
催化烧焦/（Mt/a）	950	23.08	21.92	
3.5MPa中压蒸汽耗汽/（Mt/a）	88	77.43	6.81	
1.0MPa低压蒸汽耗汽/（Mt/a）	76	-68.94	-5.24	
0.4MPa低压耗汽	66	90.17	5.95	

10　项目整体情况汇总

10.1　原料和产品结构

本项目加工原油1000Mt/a，商品总量为982.25Mt/a，综合商品率96.46%，综合自用率

3.28%；汽柴油产品可全部满足国Ⅵ质量标准要求，其中汽油产量为247.43Mt/a，柴油产量为212.51Mt/a，柴汽比0.86，煤油产量155.11Mt/a，乙烯料151.74Mt/a，芳烃产品52.44Mt/a，轻油收率76.06%，低硫船燃100.3Mt/a。具体数值见表1-48。

表1-48 原料和产品结构表 10^4t

项目	数量	项目	数量
原料汇总		烷基化异丁烷	4.61
原(料)油名称	1018.33	气分丙烷	7.13
原油	1000	轻烃回收液化气	14.21
科威特	1000	连续重整液化气	5.03
其他	18.33	加氢裂化轻石脑油	7.94
外购碳四	8.9	重整拔头油	41.96
外购水煤浆氢气	6.81	催化柴油改质石脑油	3.05
外购乙烯氢	2.62	重整戊烷	4.92
外购天然气	12.49	重整非芳	10
		加氢裂化尾油	23.36
产品汇总		干气回收富乙烯气	4.35
产品名称	生产量	干气回收富乙烷气	16.9
合计	1018.33	白油料	15.81
商品小计	982.25	芳烃	52.44
自用小计	33.39	苯	7.68
损失小计	2.69	甲苯	14.03
汽煤柴小计	615.04	混合二甲苯	30.73
汽油	247.43	液氨	1.01
92#国Ⅵ汽油	72	丙烯	20.12
95#国Ⅵ汽油	77.83	低硫船燃	100.3
98#国Ⅵ汽油	97.59	硫黄	25.79
煤油	155.11	炼油厂自用	33.39
国Ⅵ柴油	212.51	催化烧焦	23.08
乙烯原料	151.74	燃料气	10.31
烷基化正丁烷	8.31	损失	2.69

10.2 项目主要的技经指标计算

项目主要技术经济指标见表1-49。

表1-49 项目主要技术经济指标

项目	指标值	项目	指标值
商品总量/(Mt/a)	982.25	其中催化烧焦率/%	2.27
综合商品率/%	96.46	柴/汽	0.86
轻油收率/%	73.76	能耗/(kgEO/t)	73.74
综合自用率/%	3.28		

11　项目主要的用能策略和节能方案

首先指出，所有节能措施都是以牺牲装置自由度为代价的，所以在做好节能措施规划的过程中，同时要做好评估和预案。

11.1　总流程层面的节能措施

1）加强全厂物料热直供比例，减少装置产品冷却和原料加热负荷。项目主要的热供流程见表1-50。

表1-50　项目主要的热供料流程

热出装置名称	热供料名称	目前流向	直供温度控制指标/℃
常减压	热渣油出	渣油加氢	≥160
	轻蜡油	Ⅱ加氢	≥120
渣油加氢	精渣	催化裂化	≥160
常减压	直馏柴油	柴油加氢	105
催化裂化	柴油	催化柴油改质	100
催化裂化	汽油	Ⅰ/Ⅱ S-Zorb	65

2）气体加氢、溶剂回收和污水汽提等辅助装置集中负荷集中处理。避免分散处理增加装置能量消耗。

3）做好管线保温管理，项目建设期选用效果好的保温材料，生产期利用热成像仪加强蒸汽管线保温检测，优化蒸汽管理外壁温度<50℃。

4）做好全厂节水工作。采用循环水复合药剂配方和应用节水新技术新设备；加大污水回用，稳定运行污水回用装置，减少新鲜水消耗。

5）做好生产流程优化，合理用能。在不影响项目运行效益的情况下，尽可能使运行装置满负荷生产，同时减少循环物料量。

6）优化换热流程，统筹做好全厂低温热资源利用。

11.2　单装置主要用能策略

1）连续重整装置二甲苯塔和脱庚烷塔塔底人员设计采用3.5MPa中压蒸汽，代替原先的加热炉，可节省40%能源成本。

2）降低加氢、催化装置反应系统压降，减少电耗和蒸汽、瓦斯用量。

3）加热炉设置联合余热回收系统，回收烟气余热，使加热炉综合效率达92%。

4）常减压采用初馏塔提压操作，以满足装置无压缩机回收轻烃的工艺方案。减压塔中采用规整填料可以有效降低全塔压降。应用“窄点”换热网络优化技术和采用强化传热设备。

5）渣油加氢反应部分采用热高分工艺流程，减少反应流出物冷却负荷；反应流出物/反应进料换热器采用双壳、双弓形式，强化传热效果，提高传热效率。原料油换热系统设置注阻垢剂设施，延长操作周期，降低能耗。在热高压分离器和热低压分离器之间设置液力透平回收能量。

6）分馏塔设侧线柴油汽提塔及中段回流发生低压蒸汽，降低塔顶冷却负荷，提高能量利用率，减小分馏塔塔径。

7）装置分馏塔顶冷凝水作为反应注水，节省净化污水用量，降低能耗。

12 项目采取的主要环保方案

2017年中央经济工作会议明确："打好污染防治攻坚战，要使主要污染物排放总量大幅减少，生态环境质量总体改善，重点是打赢蓝天保卫战"。本项目在该背景下，从流程设计到技术选择，将环保理念贯穿到每个环节中，项目采取的主要措施有：

1）源头清洁化：在投资决策管理方面，紧紧围绕油品升级、清洁生产、节能减排等方面开展项目建设，严格执行建设项目"三同时"规定，积极开展能评、环评等工作，及时办理行政报批手续，确保合规合法开展项目建设。为实现绿色生产，在加强优化清洁生产技术和措施、推进能效倍增项目、大力开展节能减排几个方面开展绿色生产工作。

2）优化加热炉及燃煤炉工艺操作，公司积极优化干气流程，增加干气脱硫设施，确保自产燃料气脱后硫含量低于20μg/g。

3）引入由美国环保署（EPA）建立的"设备泄漏检测与修复（Leak Detection And Repair，LDAR）"管控理念，建立"设备泄漏检测与修复管理平台"，建立企业泄漏密封点资料数据库。

4）建设VOCs污染源治理设施，实施油品中间罐区废气治理设施项目、含硫污水罐区废气治理项目、轻油装船环节废气治理项目、轻质油品装车废气治理项目等废气治理等项目。

在治理技术的选择上，选用中国石化青岛安全工程研究院和中国石化大连石油化工研究院自主研发的"低温柴油吸收+碱洗""蓄热式催化氧化（RCO）""脱硫-均化-吸附"和"活性炭吸附脱附"等治理技术对油品装车、装船等装卸尾气、污水处理场集输气、储罐罐顶呼吸气等"点源"进行治理，治理后达到《石油炼制工业污染物排放标准》的要求，见表1-51~表1-53。

表1-51 有组织废气排放监测项目执行标准

排口名称	监测项目	标准限值	执行标准
催化裂化再生烟气排口	二氧化硫	50	《石油炼制工业污染物排放标准》（GB 31570——2015）
	氮氧化物	100	
	颗粒物	30	
硫黄回收焚烧炉排口	二氧化硫	100	
炼油装置加热炉排口	二氧化硫	50	
	氮氧化物	100	
	颗粒物	20	
污水处理场高浓度废气治理设施排口	非甲烷总烃	120	
	苯	4	
	甲苯	15	
	二甲苯	20	
污水处理场低浓度废气治理设施排口	非甲烷总烃	120	
	苯	4	
	甲苯	15	
	二甲苯	20	
VOCs提标改造设施排口	非甲烷总烃	97%	

表 1-52 废水排放监测项目执行标准

监测项目	标准限值	执行标准
pH 值	6~9	石《油炼制工业污染物排放标准》(GB 31570—2015)
化学需氧量	60	
氨氮	8	
石油类	5	
悬浮物	70	
硫化物	1	
挥发酚	0.5	
总磷	1	
总氮	40	
五日生化需氧量	20	
总氰化物	0.5	
苯	0.1	
甲苯	0.1	
邻二甲苯	0.4	
间二甲苯	0.4	
对二甲苯	0.4	
乙苯	0.4	
总有机碳	20	
总钒	1	

表 1-53 无组织废弃排放监测项目执行标准

监测项目	标准限值/(mg/m^3)	执行标准
氨(氨气)	2.0	《恶臭污染物排放标准》(GB 14554—93)
非甲烷总烃	4	《石油炼制工业污染物排放标准》(GB 31570—2015)
苯	0.4	《石油炼制工业污染物排放标准》(GB 31570—2015)
甲苯	0.8	《石油炼制工业污染物排放标准》(GB 31570—2015)
二甲苯	0.8	《石油炼制工业污染物排放标准》(GB 31570—2015)
臭气浓度	30	《恶臭污染物排放标准》(GB 14554—93)
颗粒物	1	《石油炼制工业污染物排放标准》(GB 31570—2015)
硫化氢	0.03	《恶臭污染物排放标准》(GB 14593—1993)
氯化氢	0.2	《石油炼制工业污染物排放标准》(GB 31570—2015)
苯并[a]芘	0.000008	《石油炼制工业污染物排放标准》(GB 31570—2015)
臭氧	0.2	《炼油污水处理场三级生化环评批复的要求》

5）项目配套完备的原油和成品油在线调和设施，一方面减少油品手动调和过程中产生的加工损耗，另一方面减少调和过程中产生的污染源排放。

6）建立了生产区域异味管控平台、在线监控平台，实时监控平台等环保管理信息平台。

7）规范化固废管理。新建危废库，危险废物分类入库，规范暂存。固废污染防治：开展浮渣综合利用、碱渣再生和污泥、油泥减量化处理，工业固体废物综合利用率85%以上，危险废物规范处理处置率100%。

8）水体环境风险。新建完善码头作业水体风险防控，码头管线全部安装快速切断、生产区域双回路供电、事故水向原油罐区转输系统、应急储存罐等项目，提高事故水收集能力。水污染防治：外排工业废水达标率100%，废水COD、氨氮排放强度分别≤47g/万元、≤8.5g/万元。

9）项目配有完善的火炬回收系统。回收后的高压瓦斯气送至气体脱硫装置处理。

10）环境风险管控。动态开展环境风险识别与评估，利用"互联网+"技术，建设重大环境风险源可视化、智能化管理平台。废气、废水排放监测项目执行标准见表1-51~表1-53。

13 投资和技术经济计算

13.1 建设投资估算

建设投资估算范围包括工艺生产装置、厂内外配套的系统工程建设所需要的固定资产投资、无形资产投资、其他资产投资和预备费。

13.1.1 工艺装置投资估算

工艺装置投资估算采用规模系数法，即装置投资=(规划规模/参考规模)^规模指数×参考规模的投资。已知参考装置规模及投资，根据给定的规模指数，代入本项目对应装置规模，计算工艺装置建设投资共759680万元，具体分装置投资明细见表1-54。

表1-54 工艺装置投资金额

项目	规划规模/(Mt/a)	估算金额/万元	参考规模/(Mt/a)	装置投资/万元	规模指数
炼油装置		759680			
常减压装置	1000	66800	1000	66800	0.7
催化裂化装置	300	80053	400	98760	0.73
加氢裂化装置	150	63668	200	79000	0.75
轻烃回收装置	150	13899	200	17000	0.7
连续重整装置	150	78081	200	95500	0.7
柴油加氢精制装置	200	32950	200	32950	0.7
渣油加氢脱硫装置	440	171274	400	158700	0.8
气体分馏装置	60	11702	50	10300	0.7
烷基化装置	30	43650	30	43650	0.63
煤油加氢精制装置	130	12050	150	13320	0.7
Ⅰ硫黄回收装置	13	14642	15	16000	0.62
Ⅱ硫黄回收装置	13	14642	15	16000	0.62
Ⅲ硫黄回收装置	13	14642	15	16000	0.62
S-Zorb装置	150	23302	200	28500	0.7
干气回收分离装置	30	22975	40	28100	0.7
产品精制装置	70	7413	120	10810	0.7
酸性水汽提装置	200	9990	200	9990	0.7
溶剂再生装置	1000	11813	1500	15690	0.7
PSA	13	10754	10	8950	0.7
叠合	8	19433	13	27299	0.7
催化柴油改质	70	35948	200	79000	0.75

13.1.2 公用工程系统投资估算

公用工程系统配套设备投资简化处理，按照工艺装置投资的75%计算，结果为569760.3万元。

13.1.3 工程费用估算

工程费用为工艺装置与系统配套投资之和，工程费计算为1329440.7万元。

13.1.4 固定资产其他费用估算

固定资产其他费用按照工程费用的18%计算，为239299.33万元。

13.1.5 无形资产投资估算

无形资产估算固定70000万元。

13.1.6 其他资产投资估算

其他资产投资按照固定资产投资0.5%计算，为7843.7万元。

13.1.7 预备费估算

基本预备费按(固定资产+无形资产+其他资产)的6%计算，为98795.02万元。

13.1.8 增值税抵扣额估算

增值税抵扣按照建设投资的9%计算，为144113.84万元。

综合以上估算结果，本项目总建设投资1601264.91万元(不含税)。建设投资估算见表1-55。

表1-55 建设投资估算表

项目	金额/万元
固定资产投资	1568740.03
工程费	1329440.70
工艺生产装置	759680.40
炼油装置部分	759680.40
化工装置部分	
系统配套工程及其他	569760.30
固定资产其他费	239299.33
无形资产投资	70000.00
专利及专有技术使用费	70000.00
其他资产投资	7843.70
预备费	98795.02
基本预备费	98795.02
国内部分	98795.02
国外部分	
可抵扣增值税额	144113.84
建设投资(含增值税)	1745378.75
建设投资(不含增值税)	1601264.91

13.2 总成本估算

按40美元价格体系为例计算。

假设生产期为15年，生产期第一年生产负荷按90%考虑，以后各年生产负荷均按

100%考虑。

(1) 原材料成本估算

本项目原料包括科威特原油、外购碳四和外购氢气，根据给定的价格体系，计算 100%负荷下原料成本为 1956776.85 万元，15 年平均为 1943731.7 万元/a。原材料成本估算见表 1-56。

表 1-56 原材料成本估算表

原材料	消耗量/10^4t	价格(不含税价)/(元/t)	增值税率/%	金额(不含税)/万元	进项税额/万元
科威特	1000	1865.85	13.00	1865848.83	242560.35
外购碳四	8.89644	2446.61	9.00	21766.08	1958.95
外购乙烯氢	2.62	5600	13.00	14672	1907.36
外购水煤浆氢气	6.81	8000	13.00	54489.93	7083.69
合计	1018.33			1956776.85	253510.35

(2) 辅助材料成本

辅材成本按照每吨原料油 40 元估算辅材成本在 100%负荷下为 40733.1 万元，15 年平均为 40461.6 万元/a。

(3) 外购动力及燃料成本

本项目主要的外购动力及燃料包括水、电、蒸汽和天然气，根据给定的价格体系，计算动力及燃料成本在 100%负荷为 98422.65 万元/a，15 年平均为 97766.5 万元/a。外购动力及燃料成本计算见表 1-57。

表 1-57 外购动力及燃料成本计算表

名称	价格(不含税价)	消耗量	增值税率/%	金额(不含税)/万元	进项税额/万元
外购动力				59251.8	6861.1
水	2.354 元/t	395×10^4t	9.00	929.8	83.7
电	0.4783 元/kW·h	79886.91×10^4kW·h	13.00	38209.9	4967.3
蒸汽	200 元/t	100.56×10^4t	9.00	20112.1	1810.1
外购燃料				39973.1	3597.6
天然气	3200 元/t	12.49×10^4t	9.00	39973.1	3597.6
合计				99224.9	10458.6

(4) 工资及福利费

工资及福利按照 18 万元/人·年计算，定员 800 人，则总费用为 14400 万元。

(5) 制造费用

制造费用=折旧费+修理费+其他制造费用

折旧费=(建设投资-无形资产-其他资产)×(100%-净残值率)/100%/折旧年限。本项目折旧年限设定为 15 年；预计净残值率 3%，计算出折旧费为 98514.6 万元/a。

修理费=(建设投资-无形资产-其他资产)×修理费费率，本项目修理费费率设定为 3%，计算修理费为 45702.6 万元/a。

其他制造费按定额 3 万元/人·年计算，定员 800 人，计算为 2400 万元/a。

合计制造费用为 146617.2 万元/a。

(6) 管理费用

无形资产摊销。无形资产摊销年限按 10 年计，每年摊销 7000 万元。

其他资产摊销。其他资产摊销年限按 5 年计，每年摊销 1568.7 万元。

土地使用税。项目占地按 $360\times10^4m^3$ 计算，每平方米 3 元，土地使用税为 1080 万元/a。

固定资产保险费。按(建设投资-无形资产-其他资产)×0.4%计取，为 6093.7 万元/a。

其他管理费。其他管理费用定额 5 万元/人．年，定员 800 人，为 4000 万元/a。

安全生产费用。按照建筑安装工程费的 1.5%计取，建筑安装费用按照建设投资的 25%计取，计算为 6004.7 万元/a。

综合以上估算，管理费用为 25747.2 万元/a。

(7) 财务费用

包含长期利息及流动资金利息。本项目建设期三年，建设投资分年投入比例为：20%、50%、30%，计算得到建设期投资和利息总和为 1201031 万元，长期利息取 4.99%，按照 10 年等额偿还；流动资金按照 25 天考虑，流动资金=经营成本×(流动资金周转天数/360)，流动资金利息按照短期贷款利息 4.35%计算，计算得到 15 年平均财务费用为 24475.6 万元/a。

(8) 营业费用

营业费用按照营业收入的 0.05%计算，营业收入=产品收入，计算 15 年平均营业费用为 2300.9 万元。

(9) 总成本费用

总成本费用为以上八项相加之和，为 2295500.5 万元/a。其中可变成本=原料成本+辅材+外购动力及燃料，计算为 2081959.7 万元/a，其余为固定成本 213540.8 万元/a。

(10) 经营成本

经营成本=总成本-折旧-摊销-财务费用，计算 15 年平均经营成本为 2163941.7 万元/a，带入(7)可计算流动资金及利息。

(11) 总操作费用

总操作费用=总成本费用-原材料成本。计算 15 年平均为 351768.9 万元/a。

总成本费用估算见表 1-58。

表 1-58 总成本费用估算表

万元

项目	15 年年均值	项目	15 年年均值
原材料	1943731.7	固定资产保险费	6093.7
辅助材料	40461.6	其他管理费	4000.0
外购动力及燃料	98563.4	安全生产费用	6004.7
工资及福利费	14400.0	财务费用	24475.6
制造费用	146617.2	利息	24475.6
折旧费	98514.6	其他财务费用	
修理费	45702.6	营业费用	2300.9
其他制造费用	2400.0	总成本费用	2296355.9
管理费用	25747.2	可变成本	2082812.6
无形资产摊销	7000.0	固定成本	213543.4
其他资产摊销	1568.7	经营成本	2164794.5
土地使用税	1080.0	总操作费用	352568.7

13.3 总投资估算

本项目总投资包括建设投资、建设期利息和铺底流动资金。其中建设投资已估算完毕。

13.3.1 建设期利息估算

设定建设投资中30%属于自有资金，70%需要贷款，长期贷款利率按照4.99%计算，建设期三年，建设投资分年投入比例为：20%、50%、30%，由以上条件计算建设期利息为80146万元。建设期利息计算见表1-59。

表1-59 建设期利息计算表 万元

项目	第一年	第二年	第三年	合计
建设期投资	1601265			
自有资金	480380			
建设期贷款资金	1120885			
投资额各年分配	20%	50%	30%	
分年投资额	224177	560443	336266	1120885
长期贷款利率	4.99%	4.99%	4.99%	
本金	224177	560443	336266	1120885
建设期利息	5594	25453	49099	80146

13.3.2 流动资金估算

流动资金按照25天考虑，以经营成本为基数，流动资金=经营成本×(流动资金周转天数/360)，计算为150332.95万元/a，铺底流动资金按流动资金30%计算，计算为45099.89万元/a。

总投资(不含税)=建设投资(不含税)+建设期利息+铺底流动资金=1726510.67万元。总投资估算见表1-60。

表1-60 总投资估算表

工程或费用名称	合计/万元	说明
建设投资(含增值税)	1745378.75	
建设投资(不含增值税)	1601264.91	
建设期利息	80145.88	
流动资金	150273.73	
铺底流动资金	45099.89	30%流动资金
总投资(含税)	1975857.58	建设投资+建设期利息+流动资金
报批总投资(不含税)	1726510.67	建设投资+建设期利息+铺底流动资金

13.4 项目总收入计算

根据给定的40美元价格体系下的产品价格，带入总流程产品结构，计算项目产品总收入及进项税额。项目总收入计算见表1-61。

表1-61 项目总收入计算表

产品名称	消耗量/10^4t	价格(不含税价)/(元/t)	增值税率/%	金额(不含税)/万元	增值税额/万元
汽油	247.43				
92#国Ⅵ汽油	72.0	4910.7	13.00	353567.4	45963.8
95#国Ⅵ汽油	77.8	5188.6	13.00	403844.1	52499.7

续表

产品名称	消耗量/10^4t	价格(不含税价)/(元/t)	增值税率/%	金额(不含税)/万元	增值税额/万元
98#国Ⅵ汽油	97.6	5327.6	13.00	519933.6	67591.4
煤油	155.1	2880.8	13.00	446837.3	58088.8
国Ⅵ柴油	212.5	3852.0	13.00	818573.7	106414.6
乙烯原料	151.7			0.0	0.0
烷基化正丁烷	8.3	2287.3	9.00	19001.8	1710.2
烷基化异丁烷	4.6	2287.3	9.00	10536.0	948.2
气分丙烷	7.1	2287.3	9.00	16319.2	1468.7
轻烃回收液化气	14.2	2287.3	9.00	32498.0	2924.8
连续重整液化气	5.0	2287.3	9.00	11494.7	1034.5
加氢裂化轻石脑油	7.9	2301.9	13.00	18265.4	2374.5
重整拔头油	42.0	2301.9	13.00	96585.9	12556.2
催化柴油改质石脑油	3.0	2301.9	13.00	7013.6	911.8
重整戊烷	4.9	2301.9	13.00	11319.5	1471.5
重整非芳	10.0	2301.9	13.00	23018.8	2992.4
加氢裂化尾油	23.4	2255.8	13.00	52685.2	6849.1
干气回收富乙烯气	4.35	2811.13	9.00	12225.7	1100.3
干气回收富乙烷气	16.90	2287.31	9.00	38648.0	3478.3
白油	15.81	3040.76	13.00	48059.2	6247.7
芳烃					
苯	7.7	3632.5	13.00	27906.8	3627.9
甲苯	14.0	3564.1	13.00	49994.9	6499.3
混合二甲苯	30.7	3666.7	13.00	112678.0	14648.1
丙烯	20.1	4008.5	13.00	80643.3	10483.6
低硫船燃	100.3	3332.0	13.00	334205.5	43446.7
硫黄	25.8	637.5	13.00	16443.9	2137.7
液氨	1.01	2000.0	13.00	2014.9	261.9
合计				3564314.6	457732.0

13.5 项目营业税金及附加计算

13.5.1 消费税计算

炼油产品中，需要交消费税的产品主要有汽油、航煤、柴油、燃料油和石脑油，其中航煤暂缓征收，石脑油作原料不征收，因汽油、燃料油和柴油的消费税率不随油价变化而变化，在三个价格体系下项目100%负荷的消费税金额相同，计算见表1-62。

表1-62 消费税计算

项目名称	税率/(元/t)	产量/10^4t	税金/万元
汽油	2109.90	247.43	522042.17
柴油	1411.20	212.51	299891.97
燃料油	1218.00	100.30	122167.55
润滑油	1711.50		944101.69

13.5.2　增值税计算

增值税=产品销项税-原料进项税-公用工程进项税-投资可抵扣增值税，已知不同价体系下产品和原料等增值税，计算净增值税见表1-63。

表1-63　增值税计算表

项目	价格体系		
	40美元	60美元	80美元
产品销项税/(万元/a)	454680.4	589772.9	723697.3
原料进项税(万元/a)	251820.3	369031.3	496792.1
公用工程进项税/(万元/a)	10388.92	10388.92	10388.92
投资可抵扣的增值税/(万元/a)	9607.6	9607.6	9607.6
增值税净值/(万元/a)	182863.58	200745.08	206908.68

13.5.3　项目营业税金及附加计算

项目营业税金及附加包含了消费税本身以及消费税和增值税的教育税金及附加，两者的教育税金及附加比例按照12%计算，本项目不同价格体系下营业税金及附加计算见表1-64。

表1-64　增值税计算表

项目	价格体系		
	40美元	60美元	80美元
消费税/(万元/a)	937807.7	937807.7	937807.7
增值税净值/(万元/a)	182863.58	200745.08	206908.68
营业税金及附加/(万元/a)	1072287.7	1074433.6	1075173.3

13.6　财务分析

13.6.1　盈利能力分析

通过编制项目投资现金流量表进行财务现金流量分析，见表1-65。

本项目税前财务内部收益率和税后财务内部收益率随着油价上涨而上升，税前内部收益率介于20%~30%，税后内部收益率介于17%~26%，均高于行业基准值，说明本项目具有较高的获利能力。

由财务现金流量表可以看出，在三个价格体系下，经营活动现金流入始终大于现金流出，企业通过经营活动、投资活动及筹资活动产生的各年累计盈余资金均大于或等于零，可见企业具有较强的财务生存能力。

由财务现金流量表可以看出，40美元价格下项目投资税后动态回收期在10.7年，60美元价格下项目投资税后动态回收期在8.4年，80美元价格下项目投资税后动态回收期在7.9年以内，项目投资回收期比行业均值短，说明项目盈利能力较强。

表1-65　现金流量表　　万元/a

项目	价格体系		
	40美元	60美元	80美元
现金流入			
销售收入	53108288.0	69026074.2	84743211.1

续表

项目	价格体系		
	40 美元	60 美元	80 美元
残值回收	45702.6	45702.6	45702.6
回收流动资金	150273.7	213109.1	281576.2
现金流入小计	53304264.4	69284885.9	85070489.9
现金流出			
建设投资	1120885.4	1120885.4	1120885.4
流动资金	150273.7	213109.1	281576.2
经营成本	32459124.8	46031567.0	60820462.3
营业税金及附加	16084452.2	16116638.7	16127733.3
税前现金流出	49814736.2	63482200.2	78350657.2
所得税	647832.0	1215939.7	1434132.2
税后现金流出	50462568.2	64698139.9	79784789.4
税前现金流量			
税前净现金流量	3489528.2	5802685.7	6719832.7
税前投资回收期(静态)	7.2	6.0	5.8
税前财务内部收益率	20%	28%	30%
折现现金流量率	12%	12%	12%
折现现金流量	574950.6	1371724.0	1663312.7
税前投资回收期(动态)	9.0	7.3	6.8
税后现金流量			
税后净现金流量	2841696.2	4586746.0	5285700.5
税后投资回收期(静态)	7.8	6.5	6.3
税后财务内部收益率	17%	24%	26%
折现现金流量率	12%	12%	12%
折现现金流量	354398.1	946866.2	1159987.7
税后投资回收期(动态)	10.7	8.4	7.9

13.6.2 财务评价结果

本项目主要财务经济指标见表 1-66。

项目实施后，40 美元价格下年均单位吨油利润为 126.63 元/t，60 美元价格下年均单位吨油利润为 238.2 元/t，80 美元价格下年均单位吨油利润为 281.1 元/t，营业税金及附加贡献 107 亿元/a。财务投资回收周期短，因此项目在经济上是可行的。

表 1-66 财务指标汇总表

项目	价格体系		
	40 美元	60 美元	80 美元
总投资/万元	1726510.7	1745361.3	1765901.4
建设投资	1601264.9	1601264.9	1601264.9

续表

项目	价格体系		
	40 美元	60 美元	80 美元
建设期借款利息	80145. 9	80145. 9	80145. 9
铺底流动资金	45099. 9	63950. 5	84490. 6
盈利能力/万元			
营业收入	3540579. 0	4601778. 4	5649598. 7
营业税金及附加	1072287. 7	1074433. 6	1075173. 3
增值税	2017. 9	3098. 1	3470. 4
总成本	2296355. 9	3203900. 5	4192785. 4
经营成本	2164794. 5	3069624. 0	4055550. 4
总操作费用	352568. 7	355283. 8	358766. 1
利润总额	171935. 4	323444. 3	381640. 0
所得税	42983. 9	80861. 1	95410. 0
税后利润	128951. 6	242583. 2	286230. 0
评价指标			
财务净现值(税前)/万元	3477270. 0	5790630. 1	6707943. 1
财务净现值(税后)/万元	2832512. 2	4577713. 9	5276792. 9
内部收益率(所得税前)/%	19. 5	27. 9	30. 4
内部收益率(所得税后)/%	16. 8	23. 6	25. 5
投资回收期税前(静态)/a	7. 2	6. 0	5. 8
投资回收期税后(静态)/a	7. 8	6. 5	6. 3
投资回收期税前(动态)/a	9. 0	7. 3	6. 8
投资回收期税后(动态)/a	10. 7	8. 4	7. 9
吨油收入/(元/t)	3476. 83	4518. 9	5547. 9
吨油原料成本	1921. 60	2816. 1	3790. 3
吨油毛利	1555. 23	1702. 8	1757. 6
吨油操作费用	346. 22	348. 9	352. 3
吨油利润	1209. 01	1353. 9	1405. 3
吨油税后利润	126. 63	238. 2	281. 1

13.6.3 不同价格体系下吨油利润差分析

同时，计算发现价格体系虽然是分为40美元、60美元和80美元体系，但是吨油利润上升幅度相差很大，60美元价格下吨油利润比40美元时上升111.6元/t，而80美元价格下吨油利润比60美元时仅上升42.8元/t，利润变化相差69元/t。为了查明原因，逐个排查与利润计算有关的因素。计算过程见表1-67。

表1-67 不同价格体系下利润差比较 万元

项目	价格体系				
	40美元	60美元	80美元	(60~40)美元	(80~60)美元
营业收入	3540553	4601738	5649547	1061186	1047809
总成本费用	2295501	3203045	4191930	907545	988885
营业税金及附加	1050587	1050717	1050762	130	45
利润总额	194465	347976	406856	153512	58880

对比发现，构成利润的总成本费用在价格体系更替过程中的变化呈现非线性，查成本费用表构成，发现其中的原料成本变化出现非线性。查科威特原油的成本在 40 美元时是 1865.8 元/t，在 60 美元时是 2766.2 元/t，在 80 美元时是 3749.7 元/t，在 60 美元以下科威特成本比 40 美元时高 900 元/t，80 美元下科威特成本比 60 美元时高 983 元/t，原油成本变化相差 83 元/t。

可见原油成本变化是影响炼油厂效益的重要因素之一，在世界国际基准油价格波动过程中，不仅要看每种原油的波动方向，还要动态关注其波动幅度，不排除因短期供需关系失衡或地缘政治影响导致某油种波动幅度偏离基准油变化行情，如近期市场上的的巴士拉现货、达混油等，贴水上升很快。炼油厂的原油采购要加强对同一个油种的动态跟踪测算，采购策略需要根据市场的变化及时作出调整。

14 方案的优劣势分析

14.1 方案优势

(1) 项目设计油种为中东高硫油，原油适应性强

国内目前对原油对外依存度很高，原料供应潜在风险大，本项目以科威特原油为设计油种，适应性和可替代性强，实际生产可以用中东或南美其他油种调和替代。

(2) 柴汽比灵活调节

本项目设置催化柴油改质装置，且装置负荷设计余量大，调节空间大；同时催化柴油可以灵活调整去渣油加氢或加氢裂化的量；渣油加氢柴油可以直接产成品柴油，也可以停掉渣油加氢分馏塔，与加氢渣油合并去催化产汽油。通过以上措施，可根据市场需求变化灵活调整汽油和柴油产量。

(3) 项目充分优化利用轻烃组分

项目根据轻烃组分氢含量、烯烃含量、碳四比例和组成分别设置了轻烃回收、干气回收、PSA、碳四叠合、气体分离和烷基化装置，分离出高附加值丙烯、氢气产品，同时碳二去作乙烯裂解料，碳四经过叠合和烷基化反应后作优质汽油调和组分，显著提升了轻烃产品利用价值。

14.2 方案劣势分析

(1) 干气回收装置运行经济性问题

本项目要求乙烯料产能不低于 150×10^4t，方案设计的过程中，为了满足产量下限要求，设置干气回收装置分离出干气中富乙烯气和富乙烷气作乙烯裂解料，共回收了 21×10^4t，40 美元体系下价格分别为 2811 元/t 和 2287 元/t，而因回收了碳二组分，全厂燃料气缺口 12.5Mt/a，目前天然气净价均在 3000 元以上，所以在 40 美元价格体系下，干气回收碳二组分并不经济。

(2) 渣油加氢装置原料劣质化严重

本项目设计要求渣油全部走渣油加氢路线，科威特蜡渣油(含轻蜡油)产量在 500×10^4t 以上，残炭 12%左右，性质与中国石化系统内渣油加氢原料性质相近。而项目同时要求航煤产量不低于 150Mt/a，直馏航煤组分油只有 120Mt/a，为达到总航煤产量要求，必须增加一套加氢裂化装置产航煤，需要消耗 100 ~150×10^4t 轻蜡油。在此基础上渣油加氢原料只有减压渣油和重蜡油，残炭在 15%左右，20℃密度>1000kg/m^3，硫含量 4.7%，远远超出中国石化平均水平，对渣油加氢过滤器和反应器平稳运行带来威胁。

(3) 该项目不适应低油价价格体系

该项目设计为全加氢路线，炼油厂最主要的两项成本为原油成本和氢气成本，原油成本随着国际油价波动而起伏，氢气成本相对受制于煤炭和天然气价格，相对稳定在 10000 元/t

以上。对于全加氢炼油厂，当国际油价处于低谷时，氢气成本占比高，而全加氢炼油厂氢气消耗量大，成本上升明显。反观产品端，加氢型炼油厂轻油收率高，汽柴油价格跟随油价同步调整，低油价期间，成品燃油价格低廉，而走脱碳路线的炼油厂耗氢少，同时产品中沥青、石油焦价格下降幅度相比原油小，加氢型炼油厂在低油价价格体系下从原料和产品两端的经济性均显示出竞争弱势。

(4) 汽油池结构不够优化

乙醇汽油组分油中催化汽油达到50%，占比偏高，叠合油和烷基化油占比只有13%，重整类汽油占比25%。

(5) 该项目属于燃油型炼油厂，化工原料增产优化空间不大

乙烯裂解料方面，在项目产量150Mt/a基础上，几乎没有进一步增产空间；苯类产品因受限于连续重整原料来源单一，产量无法进一步增加。在当前成品油市场逐渐过剩饱和的情况下，该项目抵抗风险能力偏弱。

15 结论与建议

(1) 适当调整渣油加氢负荷和原料配比

建议在实际运行过程中，适当降低渣油加氢掺渣比，多余渣油搭配中东其他油种生产30 ~50Mt/a道路沥青，沥青市场在2019年效益表现较好，从未来走势看，国内炼油厂渣油加工路线往加氢型转变大趋势不变，炼油厂沥青产量预计逐年下滑，而沥青市场基本需求还在，预计沥青生产效益持续向好；或者增上一套投资低的延迟焦化工艺，得到的汽油是良好的乙烯裂解原料，既解决了炼油厂为下游乙烯装置提供高质量乙烯裂解料的问题，也为原油进一步劣质化提供可能性。

同时渣油加氢掺渣量下降，可以分流部分蜡油去加氢裂化，为提高加氢裂化负荷创造条件。

(2) 加氢尾油去向优化问题

如果本项目后期未规划乙烯项目，或者放开炼油板块或者化工板块外购乙烯料，则建议加氢尾油去催化裂化多产丙烯和汽柴油，乙烯料可以通过外购石脑油作为补充，作为到炼油化工一体化效益最优。

(3) 建议提高连续重整负荷

连续重整装置其石脑油原料价格在4000元/t左右，产品中苯类产品在6000元/t左右，非芳和戊烷是很好的乙烯裂解原料，是炼油厂从燃油型向化工型转变的纽带装置。在成品油市场有缺口的情况下，苯类和非芳调和汽油效益更是好于直接出苯类产品，副产品氢气稳定保持在10000元/t以上，是目前价格体系下炼油装置中盈利能力最强的装置之一；同时连续重整氢源是唯一不需要以排放二氧化碳为代价的大型工业化产氢方式，属于清洁化生产路线。提高连续重整负荷有两种途径，一种是通过国内或进口渠道增加连续重整原料，一种是增加加氢裂化或柴油加氢裂化负荷将蜡油或柴油转变为石脑油。从效益角度考虑，建议采取第一种方式，因为第二种方式会增加全厂氢耗，重整增产出的氢气又被消耗掉，柴油继续裂化成石脑油的经济性也较差；第一种方式，借助外购的石脑油中含有的氢气，可以减少外购氢气数量，降低氢源对外依存度。

(4) 建议增加石脑油正异构分离，丰富汽油调和组分

本着“宜烯则烯，宜油则油”的原则，连续重整中拔头油和加氢裂化轻石脑油中的正异构烃可以通过增上正异构分离装置进行充分利用，正构烃去作乙烯料，乙烯料缺口用原本去调和汽油的非芳补充；异构烃去调和汽油，其高辛烷值低芳烃低烯烃的特点有助于改善汽油

池结构，进一步增产高标号乙醇汽油调和组分，提高项目盈利能力。

(5) 建议调整低硫船燃生产方案

建议尝试采用采购低硫原油，用其减压渣油搭配催化油浆和催化柴油方案生产船燃，减少装置氢耗，节约出加氢渣油，这样即使在(1)的建议下，渣油加氢负荷下调时仍能保证催化裂化负荷或加氢裂化负荷。

综上，作为燃料型炼油厂，该项目装置布局较为合理，盈利能力较强。但该项目装置类型不适宜向化工型炼油厂转型，后期随着成品油市场竞争日趋激烈，且成品油价格调整机制仍存在不确定性因素，炼油厂抵抗市场风险能力较弱。炼油厂转化油品所能生产的大宗化工原料主要是芳烃原料和裂解原料，重整、加氢裂化、DCC 是油品转化为化工品的核心装置，建议后期优化原油结构，装置改造向炼化一体化方向倾斜，炼化一体化可优化资源配置、产品结构，扩大市场空间，增强应对市场变化能力，提高企业经济效益。

第二部分　本企业优化思路建议

1　企业基本情况分析

1.1　总流程特点

金陵石化公司在产品结构上属于典型的燃料型炼油厂，原油一次加工能力 2100×10^4t，装置结构特点是大催化裂化、小加氢裂化，催化裂化 570Mt/a 处理能力，为中国石化集团公司最高，蜡油加氢裂化处理能力仅占原油加工量的 7.5%，比中国石化集团公司平均水平 13%有较大差距。此外，渣油加氢处理能力为 380×10^4t，比催化负荷低。具体装置结构见表 2-1。

表 2-1　金陵石化公司装置结构　　Mt/a

装置	设计能力	装置	设计能力
常减压蒸馏设备	2100	延迟焦化	180
Ⅱ常减压	300	汽油加氢	425
Ⅲ常减压	800	Ⅱ汽油加氢	20
Ⅳ常减压	800	Ⅲ汽油加氢	55
催化裂化设备	570	Ⅰ汽油加氢	50
Ⅰ催化裂化	120	Ⅰ S-Zorb	150
Ⅱ催化裂化	100	Ⅱ S-Zorb	150
Ⅲ催化裂化	350	柴油加氢	450
加氢裂化设备	250	Ⅲ柴油加氢	200
Ⅰ加氢裂化	100	Ⅲ柴油加氢	250
Ⅱ加氢裂化	150	Ⅳ柴油加氢	300
重油加氢	380	蜡油加氢	260
Ⅰ渣油加氢	180	MTBE	13.5
Ⅱ渣油加氢	200	制氢设备	12.6
重整设备	350	Ⅰ天然气制氢	1.8
Ⅰ连续重整	80	Ⅱ天然气制氢	1.8
Ⅱ连续重整	100	Ⅲ天然气制氢	9
Ⅲ连续重整	150	对二甲苯	60

金陵石化近 10 年一共经历三装置扩能和质量升级改造工程，加工量从 1300×10^4t 提高到 1800×10^4t，改造共分三个阶段：

第一阶段(2010~2012)：1300×10^4t/a 加工量；

第二阶段(2013~2017)：1800×10^4t/a 加工量(1 套渣油加氢，2 套连续重整)；

第三阶段(2018~至今)：1800×10^4t/a 加工量(2 套渣油加氢，3 套连续重整)。

对应以上阶段新上的装置见表 2-2。

表 2-2　近几年新建装置及投产时间

项目	投产时间	项目	投产时间
800Mt/a 常减压装置	2012 年 4 月 25 日	10Mt/a 正丁烷分离	2012 年 7 月 1 日
10Mt/a 硫黄回收装置	2012 年 6 月 29 日	150Mt/a S-Zorb	2012 年 8 月 11 日
催化产品精制	2012 年 10 月 10 日	催化汽油吸附脱硫装置	2014 年 9 月 2 日
50Mt/a 气体分馏装置	2012 年 10 月 10 日	300Mt/a 柴油加氢	2015 年 4 月 22 日
13. 5Mt/aMTBE 装置	2012 年 6 月 14 日	150Mt/a 连续重整装置	2017 年 11 月 20 日
180Mt/a 渣油加氢装置	2012 年 9 月 27 日	200Mt/a 渣油加氢装置	2017 年 8 月 6 日
350Mt/a 催化裂化装置	2012 年 10 月 9 日	60Mt/a 异丁烷装置	2017 年 6 月 19 日
$2\times10^4m^3$/h(标准)轻烃回收装置	2012 年 5 月 15 日	15Mt/a 硫黄回收	2018 年 11 月 14 日

随着新上装置数量增多，装置结构变优，呈现出以下几点变化：

1）原油加工量逐年递增，见图 2-1；

2）不同装置占原油加工量比例变化较大，催化裂化负荷逐年提高，连续重整负荷在第二阶段占比较低，目前占比较高，延迟焦化负荷占比逐年下降，三套延迟焦化目前只有一套运行，渣油加工路线逐渐从脱碳型向加氢型转变，见图 2-2；

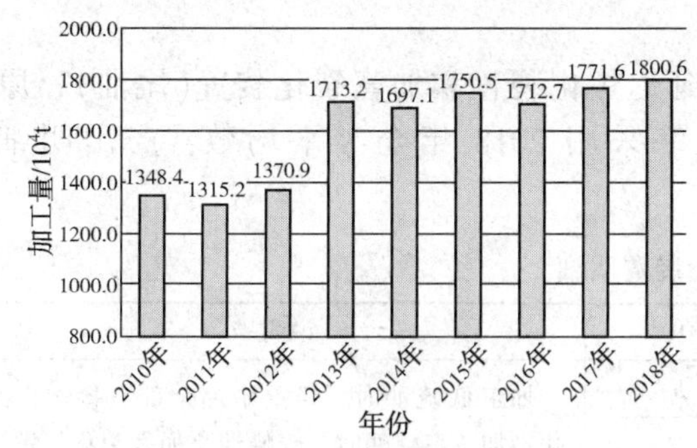

图 2-1　近 10 年原油加工量变化图

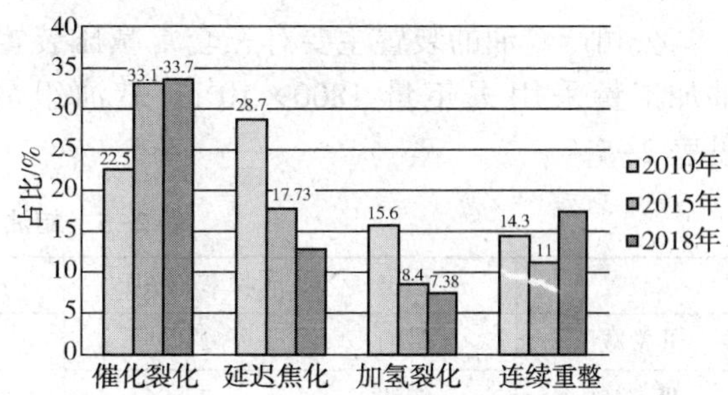

图 2-2　主要装置负荷占原油加工量变化

3）随着连续重整负荷提高，延迟焦化负荷下降，原油整体 API 从 27 提高到 32，原油轻质化明显，采购成本上升，见表 2-3；

4）产品结构发生巨大改变。汽油占加工量比从 2010 年的 15. 78%上升到 26. 4%，产量位居中国石化集团公司第一；航煤产量占比小幅增长；因延迟焦化负荷减半，乙烯料和石油焦产量下降明显，成品柴油产量占比从 32. 1%下降到 23. 1%，柴汽比大幅下降，见表 2-4。

表 2-3　公司近 10 年原油主要性质变化

年份	硫含量/%	*API* 度	酸值/(mgKOH/g)
2010 年	2.12	27.68	0.9
2011 年	2.4	29.82	0.55
2012 年	2.23	30.48	0.42
2013 年	2.01	30.71	0.46
2014 年	2	29.71	0.68
2015 年	2.11	29.97	0.61
2016 年	2.16	30.48	0.47
2017 年	2.14	30.54	0.3
2018 年	2	32.57	0.36

表 2-4　不同阶段产品结构变化

产品名称	2010 年(第一阶段)		2015 年(第二阶段)		2018 年(第三阶段)	
	数量/10^4t	占加工量比例/%(质)	数量/10^4t	占加工量比例/%(质)	数量/10^4t	占加工量比例/%(质)
汽油	215.2	15.78	419.4	23.96	475.7	26.4
航煤	140.2	10.28	242.2	13.83	253.9	14.1
柴油	438.3	32.14	443.7	25.35	416	23.1
石脑油	148.7	10.9	155	8.85	137	7.6
沥青	81	5.94	127.1	7.26	100.4	5.6
石油焦	113.8	8.34	96.7	5.53	76.8	4.3
硫黄	15.1	1.11	22	1.26	24.8	1.4
丙烯	16.7	1.22	35.7	2.04	35.1	1.9

1.2　重油加工路线分析

1.2.1　蜡油平衡

公司产蜡油的装置主要有三套常减压装置、延迟焦化装置和加氢裂化装置(尾油)，原油加工量采用去年量 1800×10^4t，蜡油组分收率采用 2018 年全年平均数，产出明细见表 2-5。

表 2-5　蜡油产出装置明细

装置	产出	收率/%(质)	产量/10^4t	说明
Ⅱ常减压	蜡油	27.55	86.5	加工低硫油时，轻重蜡油全部直接进催化；加工高硫油时，轻蜡油去加氢裂化，重蜡油去蜡油加氢和渣油加氢
Ⅲ常减压	蜡油	22.06	161.4	
Ⅳ常减压	蜡油	23.32	180.8	
Ⅲ延迟焦化	蜡油	12.14	21.9	焦化按设计满负荷运行，焦化蜡油去蜡油加氢
加氢裂化	尾油	9.67	14.5	加氢裂化按设计满负荷运行，尾油直接去催化
合计产出			465.1	

蜡油消耗装置有加氢裂化、蜡油加氢、渣油加氢和催化裂化装置，根据目前的市场行情测算，开满加氢裂化和渣油加氢效益最优，在排产蜡油平衡时，优先将这两套装置开满。具体蜡油消耗装置见表 2-6。

表 2-6　蜡油消耗装置明细

产出	蜡油耗量/10^4t	说明
蜡油加氢	186.3	作为蜡油平衡调节手段
Ⅱ加氢裂化	150.0	按满负荷运行计算
Ⅰ渣油加氢	66.8	按设计掺渣满负荷 180Mt/a 运行计算
Ⅱ渣油加氢	62.0	按设计掺渣满负荷 200Mt/a 运行计算

如果按照上述平衡，蜡油加氢负荷加上渣油加氢负荷 = 186.3+180+200 = 566 万吨，基本能满足催化满负荷运行。但以上平衡是按照渣油加氢满负荷，掺渣达到设计值计算的，而实际生产中渣油加氢受氢气平衡以及本身装置运行波动限制，掺渣无法达到设计值，并且至少有一套渣油加氢需要停工 40 天进行检修换剂，导致蜡油消耗增加，渣油耗量减少，按催化和加氢裂化均满负荷运行，蜡油缺口为 30Mt/a，催化和加氢裂化争抢原料。目前通过提高Ⅱ加氢裂化和连续重整负荷，多产航煤和苯类产品，提供低价氢气，控制催化裂化负荷，但不放空催化掺渣能力。

1.2.2　渣油平衡

金陵石化公司渣油消耗装置主要有Ⅲ延迟焦化、两套共 380×10^4t/a 渣油加氢和催化裂化，高硫渣油部分出沥青。2018 年实际统计数据渣油平衡见表 2-7。

表 2-7　2018 年实际渣油平衡　10^4t

项目	装置	油浆	数量	去向
产出	Ⅱ常减压	减四线	11.2	催化
	Ⅱ常减压	渣油	124.8	焦化、催化、渣油加氢
	Ⅲ常减压	渣油	212.5	渣油加氢
	Ⅳ常减压	渣油	195.0	焦化、沥青
	Ⅰ催化裂化	油浆	7.5	焦化
	Ⅱ催化裂化	油浆	5.8	焦化
	Ⅲ催化裂化	油浆	15.5	焦化
	合计产出		572.3	
消耗	Ⅰ延迟焦化	高硫渣油	63.1	
	Ⅲ延迟焦化	高硫渣油	165.9	
	Ⅰ渣油加氢	含硫渣油	70.9	
	Ⅱ渣油加氢	含硫渣油	129.9	
	Ⅰ催化裂化	低硫渣油	15.2	
	Ⅱ催化裂化	低硫渣油	5.3	
	Ⅲ催化裂化	低硫渣油	19.8	
	沥青	高硫渣油	100.4	
	合计消耗		570.6	

当前渣油平衡面临的问题：

自2018年9月Ⅰ延迟焦化因环保原因停止开工后，公司高硫渣油消耗压力增加，Ⅲ延迟焦化即使全年按设计负荷开满，沥青需出150Mt/a才能平衡渣油产耗。而沥受到季节性影响，冬季需求量不稳定，直接影响整个原油加工负荷。目前原油API因采购部分凝析油，已经比往年升高，原油采购成本上升，渣油负荷不足也严重限制了原油劣质化的能开。同时，随着国家环保对硫含量的限制，5号石油焦市场变差，金陵石化公司因加工高硫油，特别是巴士拉重油，石油焦硫含量长期在6%以上，这也限制了原油进一步劣质化。此外，延迟焦化的负荷降低，带来一系列生产平衡的难题：①乙烯石脑油蒸气压调和困难；②油浆无法平衡，为了保证石油焦的灰分合格，技术部门严格控制焦化掺炼油浆的比例≤15%，按此比例计算，每年要有2×10^4t油浆无法消化，该问题在后续针状焦项目实施后有望缓解；③污油掺炼能力下降，装置日常生产、开停工污油和清罐污油消化困难。

1.3 产品结构及产品质量分析

1.3.1 产品结构

公司2018年产品结构前面表2-4中已经展示，这里不再赘述。

1.3.2 产品质量分析

产品调和组分和调和方式简介：

汽油调和：目前金陵石化公司汽油管道在线调和系统采用华东理工大学自主开发的汽油管道在线调和系统，从而实现汽油管道调和。管道调和，将多组参调的组分油同时通过调和头(静态混合器)，形成湍流，从而达到充分混合的效果，减少加剂循环时间。主要的调和组分油以S-Zorb汽油、甲苯、C_9、非芳、MTBE等为主。主要品种有92#、95#、98#汽油。

柴油调和：目前也是采用了在线调和系统，主要的调和组分有柴油加氢精制柴油、Ⅰ加氢LCO精制柴油、Ⅱ加氢裂化柴油。柴油加氢精制柴油包含常减压直馏柴油、延迟焦化柴油和催化柴油，其中催化柴油控制掺炼比例≤15%。品种主要有国内车用柴油、出口柴油。

航煤调和：目前也是采用了在线调和系统，主要的调和组分有Ⅱ加氢裂化航煤、烷基苯厂高、低闪点返油和精制200#溶剂油。主要品种有3#喷气式燃料、出口航煤、军用航煤和高闪点军用航煤。

石脑油调和：目前共有五个石脑油储罐，收储各装置石脑油，经石脑油管道调和。调和组分油有：Ⅰ、Ⅱ、Ⅲ常减压装置的蒸顶汽油、Ⅳ常减压装置轻石脑油和常一线油，Ⅰ、Ⅱ加氢裂化装置的轻石脑油，Ⅱ重整戊烷，014非芳，重整拔头油，Ⅰ、Ⅱ汽油加氢装置汽油，260×10^4t/a蜡油加氢装置石脑油，Ⅰ渣油加氢装置石脑油、轻烃回收汽油。

1.3.3 产品质量指标过剩情况分析

1.3.3.1 汽油质量过剩情况

辛烷值方面，为了完成抗暴指数指标，研究法辛烷值有一定富裕度；其次，汽油蒸汽压有较大富裕度，在液化气价格较低的情况下，还是应该卡边控制效益最优；汽油硫含量有一定的富裕度，因该指标敏感性强，S-Zorb装置在实际操作中为了防止硫含量超标，往往留出一定余量，在今后优化调整中可以尝试卡边控制，减少辛烷值损失；汽油干点富余量在3℃左右，还有一定优化空间。其余指标如氧含量、芳烃含量上基本做到卡边控制，92#汽油芳烃含量是因辛烷值要求低，有一定富余量。富裕度统计见表2-8。

表 2-8　成品汽油调和富裕度统计

项目	92#汽油			95#汽油			98#汽油		
	内控指标	实际成绩	富余量	内控指标	实际成绩	富余量	内控指标	实际成绩	富余量
密度20℃/(kg/m³)		734.54			748.04			751.348	
辛烷值	≥92.2	92.32	0.12	≥95.2	96.12	0.92	≥98.2	99.114	0.914
抗爆指数	≥87.1	87.28	0.18	≥90.1	90.19	0.09	≥93.1	93.136	0.036
初馏点/℃		31.79			32.79			32.317	
10%馏出温度/℃		48.57			50.25			52.567	
50%馏出温度/℃	≤108	82.49	25.51	≤108	86.43	21.57	≤108	98.157	9.843
90%馏出温度/℃		169.83			170.58			169.672	
终馏点/℃	≤203	200.82	2.18	≥203	200.29	2.71	≤203	199.848	3.152
蒸汽压/kPa	≤83	69.75	13.25	≤83	65.87	17.13	≤83	64.148	18.85
硫含量/(μg/g)	≤8	3.58	4.42	≤8	3.46	4.54	≤8	3.504	4.496
苯含量/%(体)	≤0.75	0.64	0.11	≤0.75	0.56	0.19	≤0.75	0.422	0.328
芳烃含量/%(体)	≤33	26.03	6.97	≤33	30.31	2.69	≤33	30.372	2.628
烯烃含量/%(体)	≤16	11.36	4.64	≤16	11.37	4.63	≤13	10.298	2.702
氧含量/%(体)	≤2.6	1.48	1.12	≤2.6	2.44	0.16	≤2.6	2.446	0.154

1.3.3.2　公司调和乙醇汽油组分油计算

2018 年公司共生产成品汽油 475.7×10⁴t，其中 92#汽油 274.4×10⁴t，95#汽油 146.3×10⁴t，98#汽油 55×10⁴t，高标号汽油占比 42.3%。调和组分中，共消耗 S-Zorb 汽油 244.4×10⁴t，甲苯 42.3×10⁴t，碳九芳烃 41.8×10⁴t，非芳 69.3×10⁴t，Ⅰ加氢汽油 21×10⁴t，MTBE50×10⁴t，烷基化油 6.8×10⁴t。

为了考察公司乙醇汽油调和能力，首先标定各调和组分性质，简单的标定方法：根据统计数据中各标号成品汽油调和组分的量进行调和计算，并将调和计算结果与实际成品汽油分析成绩比对，如差别较大，对分析频次低或者无分析成绩的组分油性质有针对性地微调，使其差别缩小，然后将调整后的组分组分油性质代入乙醇汽油调和计算过程中。

目前如果按乙醇汽油组分油考虑，剔除 50×10⁴t/aMTBE，保持 S-Zorb 和Ⅰ加氢汽油量不变(因为实际调和过程中 S-Zorb 和Ⅰ加氢的汽油量为汽油在线调和基数，其他组分调入量根据两者产量动态调整)，同时保持不同标号汽油产量与 2018 年相同，计算乙醇汽油调和组分变化情况见表 2-9。

表 2-9　乙醇汽油和当前国Ⅵ汽油调和组分对比　Mt/a

项目	92#		95#		98#		合计	
	92#国Ⅵ	92#乙醇	95#国Ⅵ	95#乙醇	98#国Ⅵ	98#乙醇	国Ⅵ汽油	乙醇汽油
S-Zorb 汽油	135.5	146.7	81.9	74.4	27.0	23.3	244.4	244.4
甲苯	20.9	18.7	14.8	20.8	6.6	8.1	42.3	47.6
C_9 芳烃	26.7	29.7	10.7	16.7	4.5	7.5	41.8	53.8
重整非芳	52.6	64.9	15.3	19.8	1.4	2.0	69.3	86.7
Ⅰ加氢汽油	14.5	14.5	5.6	5.6	0.9	0.9	21.0	21.0

续表

项目	92#		95#		98#		合计	
	92#国Ⅵ	92#乙醇	95#国Ⅵ	95#乙醇	98#国Ⅵ	98#乙醇	国Ⅵ汽油	乙醇汽油
MTBE	24.3	0.0	17.7	0.0	8.1	0.0	50.0	0.0
烷基化油	0.0	0.0	0.5	9.1	6.3	13.1	6.8	22.2
合计	274.4	274.4	146.3	146.3	55.0	55.0	475.7	475.7

在各标号成品汽油数量相同的条件下，因为乙醇汽油辛烷值指标比当前国Ⅵ汽油低，重整非芳调入量增加了17.4×10^{4}t，为了控制芳烃含量不超标，调和乙醇汽油需要增加15.4×10^{4}t烷基化油采购量。

1.3.3.3　柴油质量过剩情况

车用柴油受制于十六烷值指标卡边，其密度和95%馏出温度必须有一定的富余量；出口柴油的十六烷指数还有少量富裕；新出口的MGO产品在硫含量和十六烷指数上有较大的富余度，但倾点指标已经卡边。具体见表2-10。

表2-10　柴油产品调和富裕度统计

项目	车用柴油			出口柴油			MGO		
	内控指标	实际成绩	富裕度	内控指标	实际成绩	富裕度	内控指标	实际成绩	富裕度
密度/(kg/m^3)	<844.5	840.02	4.48		844.47			854.33	
10%馏出温度/℃		241.89			237.18				
50%馏出温度/℃	≤298	285.85	12.15		281.15				
90%馏出温度/℃	≤353	336.48	16.52		334.36				
95%馏出温度/℃	≤363	351.89	11.11	≤363	349.97	13.03			
十六烷指数	≥48	55.14	7.14	≥50.5	52.03	1.53	≥42	47.8	5.8
十六烷值	≥51.5	51.78	0.28						
硫含量/(μg/g)	≤8	4.68	3.32	≤8	5.83	2.17	≤480	180.33	299.6
闪点(闭口)/℃	≥62	82.26	20.26	≥68	81.31	13.31	≥62	83.67	21.67
凝固点/℃	≤-2	-4.32	-2.32	2.2~4.3	3.33			3.23	
倾点				≤-2	-5.31	-3.31		-9	
冷滤点/℃	≤3	-2.58	5.58						
多环芳烃/%(体)	≤6	3.67	2.33	≤10	4.69	5.31			
磨痕直径/μm	≤430	406.62	23.38	≤430	396.29	33.71	≤490	431.5	58.5

1.3.3.4　航煤质量过剩情况

民用航煤和军用航煤成品成绩均完成较好，未产生卡边指标。主要因为航煤调和组分相对简单，且数量稳定，生产和调和优化空间不大。具体数据见表2-11。

表2-11　航煤产品富裕度统计

项目	民用航煤			军用航煤		
	内控指标	实际成绩	富裕度	内控指标	实际成绩	富裕度
密度/(kg/m^3)		799.47			794.87	
10%馏出温度/℃	≤203	180.01	22.99	≤203	176	27

续表

项目	民用航煤			军用航煤		
	内控指标	实际成绩	富裕度	内控指标	实际成绩	富裕度
20%馏出温度/℃		186.36			182	
50%馏出温度/℃	≤230	204.23	25.77	≤230	198.1	31.9
90%馏出温度/℃		241.68			238.6	
终馏点/℃	≤295	258.65	36.35	≤295	258.6	36.4
闪点(闭口)/℃	40~53	46.95		40~50	43.92	
冰点/℃	≤-49	-59.58	-10.58	≤-49	-49	0
黏度(-20℃)/(mm^2/s)	≤7.5	4.52	2.98	≥1.3	1.72	0.42
烟点/mm	≥20	24.66	4.66		24.96	
萘烃含量/%(体)	≤2.8	0.1		≤2.8	0.11	
芳烃含量/%(体)	≤23.0	14.17		≤18.0	14.18	
烯烃含量/%(体)	≤4.5	0.9		≤4.5	0.99	

2 金陵公司总流程存在的瓶颈分析

(1) 原油运费高，罐容周转不足

公司2012年油品质量升级改造后，原油加工量从13Mt/a提高到18Mt/a，但相关储运配套设施并未改动。这给原油的分储分炼、机会油种的把握带来了困难，比如近期采购的沙中油，因罐容不足，只能与阿曼油混装，造成常减压进料性质极不稳定；储罐不足同时带来进厂原油无沉降时间，边收边付，给装置安全平稳运行也带来威胁，尤其是渣油加氢装置，近期过滤器屡次出现堵塞现象。

(2) 一、二次加工装置不配套，二次加工装置负荷放空

新上了催化裂化和连续重整后，公司目前主要的物料平衡矛盾集中在两点：①蜡油资源不足。受限于原油总加工量和原油结构的限制，如果开满Ⅱ加氢裂化，三套催化裂化装置只能维持80%负荷运行，影响装置加工费用和公司的利润获得，2019年公司利用加氢渣油生产低硫船燃更加剧了蜡油资源不足的局面。②石脑油资源不足。Ⅲ重整在2017年建成投产后，虽然通过采购$(10\sim15)\times10^4$t凝析油增加重整料的产出，但每月仍有$(6\sim8)\times10^4$t的重整料缺口需要外购获取，资源供应不稳。

(3) 产品结构单一，航煤增产潜力差

公司作为燃料型炼油厂，产品结构单一，汽煤柴收率高达53.84%，化工产品产量偏低。在大型民营企业开工投产后，成品油市场竞争激烈，公司竞争力和盈利能力均不足。成品燃油中只有航空煤油需求量保持稳步增长，而金陵石化公司由于加氢裂化规模小，烷基苯

负荷固定，几乎没有增产航煤的有效手段。

（4）Ⅱ常减压渣油深拔效果差

2018年Ⅱ常减压（焦化沥青方案时）500℃馏出量6.27%，造成重蜡油进入渣油量高达7.8×10^{4}t，若通过深拔改造及操作优化将500℃馏出量降低至3%以下，可实现增产重蜡油4.1Mt/a，建议公司对Ⅱ常减压做深拔改造经济性分析。

（5）催化掺渣品种切换频繁

公司两套渣油加氢设计符合380×10^{4}t/a的要求，催化裂化570×10^{4}t/a，渣油加氢装置因过滤器堵塞，反冲洗频繁，同时受装置原料设防值限制，年均掺渣比达不到设计要求，需要不定期补充低硫原油给催化掺炼，导致催化裂化装置渣油品质来源波动较大，需要频繁调整运行参数，影响效益的同时也不利于装置安稳运行。

（6）蒸汽平衡困难

受新建装置投产影响，公司中压蒸汽用量大幅增加，热电只能通过增加下网电来维持供汽量，同时还需外购部分蒸汽。随着政府控煤力度不断加大，热电装置老化严重，后期开工负荷受到影响，如遇到某台锅炉检修，供热稳定性不足。同时，中压蒸汽用量上升导致背压低压蒸汽过剩，尤其是夏季，低压蒸汽放空成为常态，造成不必要的资源浪费，建议后期将机组筛选出可以改造为电机的机组，节约中压蒸汽用量，减少低压蒸汽过剩量，同时公司热电全年掺烧天然气，天然气每发一吨中压蒸汽成本在240元/t左右，用该成本蒸汽不如直接使用下网电，汽轮机改电机有利于公用工程资源成本的降低。

（7）氢气资源短缺

公司氢气资源主要有连续重整氢气、煤制氢，自产氢气不足以供全厂临氢装置使用，还需要外购部分南化氢气作补充，南化氢气除了供应金陵以外，还供应扬子石化。一方面，从2019年实际运行来看，自身水煤浆装置和南化、扬子氢气管网波动频繁，临氢装置反复提降量，甚至为了平衡氢气资源而紧急停工，严重影响效益和装置本质安全。而另一方面，公司目前多股富氢气体没有经过回收直接进燃料气管网，氢资源没有得到高效利用。

（8）石脑油蒸汽压调和问题

公司1.5Mt/a连续重整装置建成以后，拔头油、戊烷等调和石脑油的轻组分变多，而延迟焦化的负荷不断降低，焦化汽油产量减少，这使得石脑油调和组分整体变轻，同时为了完成中国石化下达的石脑油年度计划任务，轻组分不允许过多调入汽油，近半年经常出现蒸汽压超标现象，2018年石脑油一次调和合格率仅为92.5%。2020年公司C_5、C_6正异构分离装置建成投产后，将加氢裂化轻石和连续重整拔头油中异构碳五分离出来调和汽油，届时应可以解决石脑油蒸汽压调和问题。

（9）固废、浮渣、污油处置问题

机械清罐油渣，生产过程产生的固废、浮渣和开停工过程中产生的污油一直是困扰炼油厂的难题，之前公司主要通过延迟焦化小比例掺炼来处理，随着焦化的负荷越来越小，处置速度和难度加大，浮渣污油占罐现象严重。

下面对以上总结的公司目前总流程面临的问题，设置3个相关的问题，在金陵石化公司炼油总流程的基础上进行计算分析，以缓解当前生产矛盾。问题选取的思路是尽可能选取具有普适性的共性问题，这样计算的结果可以被更多的炼油厂所参考。主要针对氢气资源短缺、蜡油短缺、催化裂化渣油品种切换频繁、低硫船燃生产等问题，具体题目选取如下：

①渣油加氢开工周期经济性评估；②低硫船燃生产方案研究；③炼油厂富氢干气资源的回收利用。

3 渣油加氢开工周期经济性评估

长期以来，针对渣油加氢开工周期的经济性讨论就一直存在，渣油加氢在炼油厂中所起到的作用是改善催化裂化进料性质的同时降低原油采购成本，是催化裂化前加氢装置。一个观点是延长渣油加氢的开工周期，节省催化剂成本和检维修费用，另一个观点是缩短开工周期，同时用足催化剂功能，劣质化进料，降低原料成本。

本次评估，总思路是固定催化剂容金属量，因为影响渣油加氢的运行周期最主要的因素是金属含量上升导致反应器差压和床层径向温差上升。通过调整渣油加氢原料性质，比较两种工况对全厂利润的影响。

金陵石化公司Ⅱ渣油加氢装置以金陵石化Ⅲ常减压装置减压渣油，Ⅳ常减压装置的减压轻蜡油，Ⅱ、Ⅲ、Ⅳ常减压装置重蜡油为原料，于 2017 年 8 月 6 日首次开车成功，2019 年 4 月 15 日按计划降温停工，期间 2018 年 2 月 28 日至 3 月 5 日因晃电造成装置停工 6 日，其余时间均正常平稳运行，累计运行 20 个月，相当于 5 年运行三个周期。第一周期采用抚顺石油化工研究院 FZC 系列催化剂，累计加工新鲜原料 375.8×10^4t，掺炼渣油 212.5×10^4t，掺炼率达到 56.54%。Ⅱ渣油加氢装置周期内整体运行稳定，装置压降、温升、均温等参数稳定，催化剂床层径向温差小。在整个运行周期内各项产品指标基本上能够满足下游装置进料要求。催化剂体系体现了较高的脱杂质活性和加氢活性，尤其在末期脱硫、脱残炭仍然可以维持较高的活性。笔者认为该工况具有较好的典型性，以该装置第一周期运行数据为基础，对渣油加氢开工周期性进行评估。

评估主要考察以下几个部分：①不同的渣油加氢运行周期对全厂产品价值的影响；②渣油加氢检修费用及催化剂费用；③原油采购成本影响。

为了便于比较，评估时间范围设定为 5 年。设置两种工况：

基础工况：Ⅱ渣油加氢第一周期实际运行工况，即运行 20 个月，5 年内运行 3 个周期，检修 3 次。

对比工况：渣油加氢运行 15 个月，5 年内运行 4 个周期，检修 4 次。

评估限制条件：

1）对比工况每个周期的催化剂载金属量与基础工况保持相同；

2）每次停工检修时间相同，检修费用和催化剂费用相同；

3）渣油加氢检修期间，为了保持催化掺渣不放空，需要外购部分低硫原油作为催化掺渣补充。

3.1 金陵Ⅱ渣油加氢催化剂性能分析

3.1.1 装置脱硫情况

本周期原料平均硫含量为 3.29%，装置设计值原料硫含量为 3.38%，运行中后期原料硫含量已超过设计值，最高值已达到 4.5%。加氢常渣的硫含量为 0.43%，平均脱硫率为 87.99%。

3.1.2 装置脱金属情况

第一周期原料及加氢常渣金属（Ni+V）含量性质如图 2 所示。本周期原料金属（Ni+V）含量平均值为 68.696mg/kg，低于限定值 107mg/kg；本周期加氢常渣金属（Ni+V）含量平均值为 12.348mg/kg，低于限定值 15mg/kg，平均脱金属率为 83.49%。

整个运转周期内容金属(Ni+V)量约为 215.54t(其中容金属镍 58.45t、金属钒 157.09t)，容 Fe 量约为 20.17t，容 Ca 量约为 6.12t，容 Na 量约为 1.29t，合计容金属(Ni+V+Fe+Ca+Na)量约为 243.12t，创造了迄今为止 2.0Mt/a 渣油加氢装置最大的容金属能力的纪录。

3.1.3　装置脱残炭情况

本周期原料平均残炭含量为 10.11%，运行中后期原料残炭含量在 11%～12%之间，低于限定值 14.8%；加氢常渣平均残炭含量为 4.09%，低于限定值 7.0%，平均脱残炭率为 62.71%。加氢常渣残炭含量满足指标要求，催化剂脱残炭活性水平发挥正常。

3.1.4　装置脱氮情况

本周期原料氮含量平均值为 2120mg/kg，低于设计值 3805mg/kg；本周期加氢常渣氮含量平均值为 1140mg/kg，低于限定值 2500mg/kg，平均脱氮率为 50.60%。

3.1.5　原料及加氢常渣性质汇总

原料及加氢常渣性质见表 2-12、表 2-13。

表 2-12　金陵Ⅱ渣油加氢装置第一周期原料主要性质

项目	限制值	周期值
密度(20℃)/(kg/m^3)	≤1003	973.1
CCR/%(质)	≤14.8	10.11
运动黏度(100℃)/(mm^2/s)	≤150	61.4
Fe/(μg/g)	≤12	9.925
Na/(μg/g)	≤3	2.333
Ca/(μg/g)	≤4	7.722
Ni+V/(μg/g)	≤107	68.696
S/%(质)	≤3.38	3.29
N/(μg/g)	≤4500	2120
沥青质/%(质)	≤7.22	3.6

表 2-13　金陵Ⅱ渣油加氢装置第一周期常渣主要性质

项目	限制值	周期值
密度(20℃)/(kg/m^3)	≤942	926
CCR/%(质)	≤7	4.09
运动黏度(50℃)/(mm^2/s)		72.9
Fe/(μg/g)		5.154
Na/(μg/g)		2.166
Ca/(μg/g)		6.632
Ni+V/(μg/g)	≤15	12.348
S/%(质)	≤0.65	0.43
N/(μg/g)	≤2500	1140

3.2　计算对比工况日效益

对于评估限制条件第一点，对比工况因设定的运转周期短，如要达到同样的催化剂载金属量，可以通过增加渣油加氢掺渣比来实现。

金陵石化公司走渣油加氢路线的原油主要有阿曼、巴士拉、沙中和沙轻油，其中，以阿曼油金属含量最低，裂解性最好，其次为沙轻、沙中和巴士拉。而阿曼资源属于中国石化限制资源，金陵石化的采购量每月固定$26×10^4$t，沙轻和沙中主要作为阿曼油的补充，巴士拉原油作为金陵石化的主力油种，部分安排延迟焦化或者沥青路线，也有部分与阿曼油混合掺炼给渣油加氢备料。所以，为了增加渣油加氢掺渣比，具有可行性的操作是增加巴士拉原油走渣油加氢路线的数量。

3.2.1 计算对比工况原料金属含量

如上文所述，第一周期结束催化剂容金属(Ni+V)量约为215.54t，用时610天，假设对比方案加工负荷与基础工况相同，同时在15个月(458天)内达到与基础工况相同的载金属量，则原料中Ni+V的含量为91.5μg/g。具体计算见表2-14。

表2-14 对比工况下原料金属含量计算

项目	基础工况	对比工况
总加工量/10^4t	375.8	282.1
日加工量/t	6160	6160
加工天数/d	610	458
催化剂容金属(Ni+V)/t	215.54	215.54
催化剂日容金属(Ni+V)/t	0.35	0.47
催化剂脱金属率/%(质)	83.49	83.49
原料金属含量(Ni+V)/(μg/g)	68.7	91.5

3.2.2 计算巴士拉渣油掺炼增量

查中国石化原油评价委员会办公室编写的《原油评价数据手册》，巴士拉渣油性质见表2-15。

表2-15 巴士拉减压蜡渣油性质

项目	蜡油	渣油
沸点范围/℃	350~540	>540
密度(20℃)/(kg/m^3)	924.6	1037.6
硫含量/%(质)	3.6	6.3
总氮/(μg/g)	1300	4100
黏度(80℃)/(mm^2/s)		>3000
黏度(100℃)/(mm^2/s)	7.09	>3000
四组分分析1%(体)		
沥青质	0	11.2
胶质	2.5	27.9
饱和烃	54.1	7.1
芳香烃	43.4	53.8
Ni/(μg/g)	0	45.7
V/(μg/g)	0	159
凝点/℃	29	35
残炭/%(质)	0.36	23.5

假设渣油加氢原料中蜡油组分没有金属，已知巴士拉镍+钒为204.7μg/g，用巴士拉减压渣油替代部分减压蜡油进渣油加氢，使得混合原料的金属含量达到91.5μg/g。具体测算见表2-16(带公式的表格另附)。

表2-16　巴士拉渣油掺炼增量计算

项目	基础工况混合原料	巴士拉渣油增量	减压蜡油减量	基础工况剩余原料	对比工况混合原料
数量/(t/d)	6160	687	687	5473	6160
金属含量/(μg/g)	68.7	204.7	0	77.32	91.5
金属总量/(t/d)	0.42				

测算结果显示，每天需要用687t巴士拉减渣替换巴士拉减压蜡油，可使混合原料金属含量达到91.5μg/g。Ⅱ渣油加氢装置第一周期原料累计538℃馏出量为55.71%，折算成掺渣率为44.29%，计算掺渣率为56.54%，现在增加687t渣油相当于掺渣比增加11.15%~67.69%，低于设计值69.28%。

3.2.3　计算催化裂化原料性质

下面考察687t减渣进渣油加氢，固定渣油加氢负荷(因为渣油加氢已经满负荷)，替换出687t减压蜡油进蜡油加氢(蜡油加氢常年低负荷，有余量)精制后，也进催化裂化的效益，等于通过劣质化渣油加氢的原料，提高了催化裂化的负荷。之所以未安排多出的减压蜡油去加氢裂化，是因为目前公司加氢裂化已经满负荷运行，而催化负荷还有余量。

(1) 计算渣油加氢精制渣油的量和性质

根据巴士拉蜡渣油性质和基础工况原料性质，拟合对比工况提高掺渣比后的渣油加氢混合原料性质，见表2-17。

表2-17　渣油加氢对比工况混合原料性质拟合

项目	限制值	基础工况原料	对比工况原料
密度(20℃)/(kg/m^3)	≤1003	973.1	985.70
CCR/%(质)	≤14.8	10.11	12.69
Fe/(μg/g)	≤12	9.93	9.93
Na/(μg/g)	≤3	2.33	2.33
Ca/(μg/g)	≤4	7.72	7.72
Ni+V/(μg/g)	≤107	68.70	91.53
S/%(质)	≤3.38	3.29	3.59
N/(μg/g)	≤4500	2120.00	2432.27
沥青质/%(质)	≤7.22	3.6	4.85

根据对比工况原料和装置第一周期对原料杂质脱除率，推算对比工况精制渣油性质，见表2-18。

表2-18　对比工况精制渣油性质推算

项目	对比工况原料	脱除率	对比工况精渣
密度(20℃)/(kg/m^3)	985.70	47.10	938.60
CCR/%(质)	12.69	62.71	4.73

续表

项目	对比工况原料	脱除率	对比工况精渣
Fe/(μg/g)	9.93	83.49	1.64
Na/(μg/g)	2.33	83.49	0.39
Ca/(μg/g)	7.72	83.49	1.27
Ni+V/(μg/g)	91.53	83.49	15.11
S/%(质)	3.59	87.99	0.43
N/(μg/g)	2432.27	50.60	1201.54

但是，渣油加氢混合原料性质的变化必然带来氢耗的变化。为了考察氢耗变化，统计了Ⅱ渣油加氢第一周期分月的原料性质对应的氢气消耗，见表 2-19。

表 2-19　渣油加氢原料性质对应的氢耗

时间	处理量/t	耗氢量/t	氢纯度/%(质)	耗纯氢率/%(质)	原料密度/(kg/m^3)	原料残炭/%(质)
201709	182324	2072	97	0.91	963.2	7.8
201710	185137	3159	97	1.37	968.7	8.3
201711	183734	2945	97.3	1.31	961.8	9
201712	195588	2765	99	1.31	967.8	9.5
201801	191640	3216	98	1.44	977.9	10.1
201802	161755	2164	98.6	1.20	971.9	9.9
201803	157693	2452	97.4	1.28	972.7	8.7
201804	184200	2304	97.3	1.02	967.3	9.3
201805	190971	3196	97.88	1.43	978.6	10.7
201806	186392	3243	97.9	1.49	980.5	11.3
201807	190978	3619	96.7	1.49	978.8	11.3
201808	189960	3884	94.83	1.42	976.3	11
201809	189173	3828	96.06	1.52	974.5	10.2
201810	191578	3540	96.83	1.46	975.2	10.8
201811	190739	3394	96.23	1.35	974.7	11
201812	188652	3677	97.5	1.62	978.3	11.1
201901	186526	3481	97.5	1.55	973.1	10.6
201902	174725	3305	96.76	1.49	982.3	11.7
201903	186880	3657	97.75	1.65	981.3	11.9

渣油加氢氢耗与原料密度和残炭有着较好的正比对应关系(见图 2-3 和图 2-4)，但是如果希望从中找出量化的对应关系则难度较大，氢耗还受原料硫含量、裂解性能等影响，为了推算渣油组分比蜡油组分进渣油加氢增加的耗氢量，采取用蜡油加氢和渣油加氢氢耗来对比计算，两套装置 2018 年氢耗数据见表 2-20。

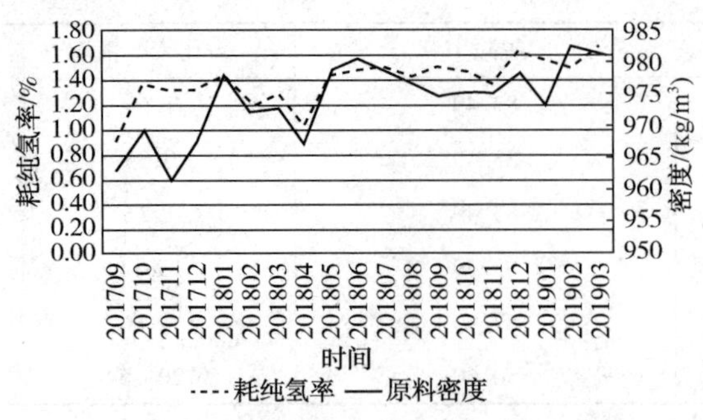

图 2-3 渣油加氢原料密度与氢耗对比图

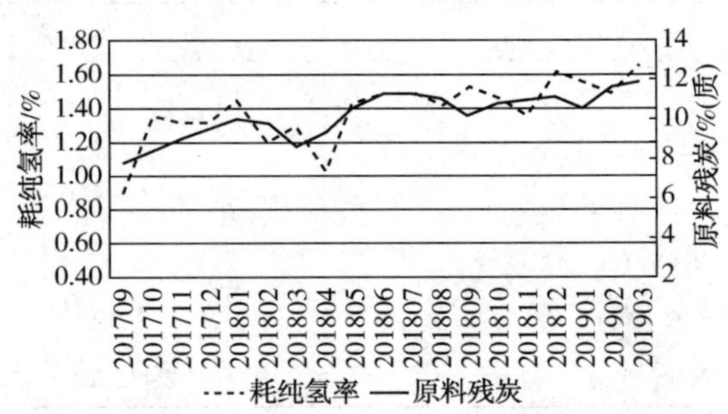

图 2-4 渣油加氢原料残碳与氢耗关系

表 2-20 渣油加氢和蜡油加氢 2018 年氢耗

项目	进料量/t	氢耗量/t	耗氢率/%(质)
Ⅱ渣油加氢	2213731	38517	1.74
蜡油加氢	1820145	18009	0.99

已知Ⅱ渣油加氢掺渣比在 50%，假设渣油加氢原料中纯蜡油氢耗等同于蜡油加氢氢耗，则渣油加氢中纯渣油的氢耗=(1.74-0.99×0.5)=2.49，比纯蜡油氢耗高 2.49-0.99=1.5。则 687t 减压渣油替代等量的蜡油，氢耗多出 687×1.5%=10.305t/d。

(2) 计算蜡油加氢精制蜡油的量和性质

根据《数据汇编》金陵石化公司蜡油加氢 2018 年数据，减压蜡油进蜡油加氢的物料平衡见表 2-21。

表 2-21 蜡油加氢物料平衡

项目	收率/%(质)	数量/t
原料		
氢耗	1	7
蜡油	100	687
合计		694
产品		
气体	3.13	22
石脑油	0.22	2
柴油	8.17	57
精制蜡油	88.38	613
损失	0.10	1
合计		694

将精制蜡油的量和性质与对比工况下的精制渣油混合，拟合出混合料的性质即为对比工况下的催化裂化原料性质，具体见表 2-22。

表 2-22　对比工况下催化裂化混合进料拟合

项目	对比工况催化混合进料	基础工况催化混合进料
密度(20℃)/(kg/m³)	934.82	926.00
CCR/%(质)	4.29	4.09
Fe/(μg/g)	1.48	5.15
Na/(μg/g)	0.35	2.10
Ca/(μg/g)	1.15	6.60
Ni+V/(μg/g)	13.66	12.35
S/%(质)	0.39	0.43
N/(μg/g)	1085.92	1140.00

由表 2-22 数据对比可知，对比工况的催化原料因渣油加氢掺渣比提高后，密度和残炭有一定程度上升，金属因为经过渣油加氢的脱除，两者相差不大。

3.2.4　评估对比工况下的催化裂化原料性质对应的产品分布

由表 2-22 拟合出的对比工况催化混合进料性质可知，因掺渣比的提高，对比工况催化产品分布要比基础工况差。但是因为没有指定的软件计算，两者产品分布具体差别在哪，差值多少，没有理论计算依据。而该差值对计算结果的影响较大，不能忽略，故本文采取参考Ⅲ催化裂化近期实际运行数据，并与计算出的原料性质进行比对，来估算产品分布变化。将 2019 年Ⅲ催化每个月技术月报中的原料性质、催化剂性质及对应的产品分布汇总，见表 2-23。

表 2-23　Ⅲ催化 2019 年原料性质和产品分布

原料性质	2019.1	2019.2	2019.3	2019.4	2019.5	2019.6	2019.7
密度/(kg/m³)	924.54	926.4	924.99	929.86	934.52	931.5	926.36
残炭/%(质)	3.92	4.0	4.07	4.36	4.27	4.56	4.01
产品分布							
脱前干气/%(质)	1.8	1.7	1.9	2.1	2.5	1.8	2.6
脱前液态烃/%(质)	18.1	18.7	18.6	20.2	20.8	20.1	21.0
提升管汽油/%(质)	44.0	45.3	44.4	41.2	40.0	42.2	44.4
柴油/%(质)	23.2	21.1	21.8	23.3	22.6	22.3	18.1
烧焦/%(质)	8.0	8.0	7.9	8.0	8.6	8.1	8.2
油浆/%(质)	4.9	5.0	5.2	5.0	5.5	5.4	5.6
损失/%(质)	0.2	0.2	0.2	0.2	0.2	0.2	0.2
合计/%(质)	100.0	100.0	100.0	100.0	100.000	100.0	100.0
催化剂性质							
微活指数/%	50.39	55.09	51.78	51.67	55.29	53.41	56.83
比表面/(m²/g)	75.14	80.56	82.46	74.26	78.45	74.34	79.93
金属含量 Ni+V+Fe/(μg/g)	14190	12484	12422	13773	13234	14179	13282

原料性质中对产品分布影响最大的是密度和残炭。对比发现，2019 年 3 月的原料性质与本文基础工况的原料密度和残炭几乎相同，而 2019 年 5 月的原料性质与对本文对比工况

的密度和残炭也几乎相同。2019 年 5 月因原料性质差，催化剂金属含量和比表面积下降，通过提高催化剂活性来提高转化率，表现在产品收率上是汽油收率下降，柴油、液化气和干气收率上升，符合实际生产的经验规律。故使用这两组数据中的产品分布，具体见表 2-24。

表 2-24　Ⅲ催化裂化不同工况产品分布

产品	基础工况收率/%(质)	对比工况收率/%(质)
脱前干气	1.9	2.5
脱前液态烃	18.6	20.8
提升管汽油	44.4	40
柴油	21.8	22.6
烧焦	7.9	8.6
油浆	5.2	5.5
损失	0.2	0.2
合计	100	100

3.2.5　计算对比工况下全厂日效益

相对于基础工况，对比工况从总流程上做出如下调整：

1）根据 1.2.2 计算结果，将Ⅱ渣油加氢的掺渣量提高至 687t/d，同时装置负荷保持 6160 不变，从渣油加氢置换出的蜡油去蜡油加氢精制后给催化裂化供料；

2）因渣油加氢掺渣比提高，根据 1.4.1 计算结果，将Ⅱ渣油加氢氢耗从 1.74%提高到 1.91%，氢气多耗 10.3t/d；

3）因催化原料性质劣质化，根据 1.4.2 计算结果，对对比工况催化裂化产品分布按述表 2-24 进行调整；

4）渣油平衡方面，渣油加氢多消耗的巴士拉渣油，通过降低延迟焦化负荷来平衡，保持沥青产量不变，因为沥青效益好于延迟焦化。

对比工况和基础工况效益对比见表 2-25。

表 2-25　全厂效益计算对比

项目及产品	基础工况			对比工况		
	产品商品量/t	不含税价/(元/t)	总价/万元	产品商品量/t	不含税价/(元/t)	总价/万元
产品产量						
汽油合计	13298.9	4337.3	5768.1	13129.1	4337.3	5694.4
煤油合计	6724.0	4307.1	2896.1	6723.1	4307.1	2895.7
柴油合计	11170.4	4250.0	4747.4	11234.3	4250.0	4774.6
化工轻油			0.0			0.0
外供乙烯料	3277.5	3510.8	1150.7	3205.9	3510.8	1125.5
苯类产品			0.0			0.0
纯苯	393.8	4106.2	161.7	393.5	4106.2	161.6
混二甲苯	1458.6	4856.8	708.4	1457.4	4856.8	707.8
重芳烃	180.1	3864.4	69.6	180.0	3864.4	69.6

续表

项目及产品	基础工况			对比工况		
	产品商品量/t	不含税价/(元/t)	总价/万元	产品商品量/t	不含税价/(元/t)	总价/万元
变压器油	399.0	4688.6	187.1	399.0	4688.6	187.1
沥青合计	3713.0	2787.5	1035.0	3713.0	2787.5	1035.0
石油焦	1395.0	772.0	107.7	1204.9	772.0	93.0
气体合计			0.0			0.0
液化气	2382.5	3627.5	864.2	2538.5	3627.5	920.8
干气	1924.6	3091.2	594.9	1948.9	3091.2	602.4
丙烯	834.6	6316.0	527.1	914.0	6316.0	577.3
丙烷	291.0	3523.3	102.5	320.2	3523.3	112.8
硫黄	628.5	748.5	47.0	637.6	748.5	47.7
其他轻油			0.0			0.0
轻液蜡	699.1	4653.7	325.3	702.1	4653.7	326.7
重液蜡	238.5	4453.7	106.2	239.5	4453.7	106.7
催化烧焦	1018.9	1824.0	185.8	1099.1	1824.0	200.5
合计			19585.1			19639.2
原料油量	50404.6			50421.1		
原油加工量	50000.0			50000.0		
鲁宁	5000.0	2865.9	1433.0	5000.0	2865.9	1433.0
巴士拉	17333.3	3336.3	5782.9	17333.3	3336.3	5782.9
沙中	2000.0	3390.9	678.2	2000.0	3390.9	678.2
沙重	5000.0	3266.4	1633.2	5000.0	3266.4	1633.2
卡斯蒂利亚	2000.0	3082.1	616.4	2000.0	3082.1	616.4
萨哈林	3333.3	3619.9	1206.6	3333.3	3619.9	1206.6
阿曼	8666.7	3429.4	2972.2	8666.7	3429.4	2972.2
沙轻	6666.7	3452.5	2301.7	6666.7	3452.5	2301.7
达混	0.0	3377.8	0.0	0.0	3377.8	0.0
多巴	0.0	3577.3	0.0	0.0	3577.3	0.0
外购原料油			0.0			0.0
外购氢气	404.6	12783.0	517.1	421.1	12783.0	538.3
合计			17141.3			17162.4
单位可变费用		125.4 元/t			124.7 元/t	
单位固定费用		156.0 元/t			156.0 元/t	
吨油利润		207.3 元/t			214.6 元/t	
总利润		1036.6 万元/d			1073.1 万元/d	

3.2.6 计算结果说明

1）因金陵石化公司汽煤柴均有出口，且出口汽煤柴价格低于国内，所以价格体系中汽煤柴全部取出口价格。

2）单位可变费用根据2019年上半年财务平均数据和模型中各装置负荷计算得到。

3）原料成本分析：因对比方案未对原油结构进行调整，故原油成本不变，对比方案氢耗增加14.5t/d，主要是渣油加氢提高掺渣、蜡油加氢提高负荷以及催化负荷提高带来催化柴油改质加氢负荷的提高所致。

4）产品价值分析：除汽油外，因催化负荷提升，与催化相关的柴油、液化气、丙烯等产量上升，催化汽油因其原料劣质化，收率降低，汽油产量不增反降；焦化负荷大幅下降，石油焦产量降低。

5）日效益方面，受益于产品价值提升，对比方案比基础方案效益提升36.5万元/d。

3.3 渣油加氢停工增加的成本计算

以上计算是从对比工况对总流程物料走向和产品产量的影响进行的评估，对全厂贡献了正效益。此外，因为对比工况比基础工况多停工一次，所以付出的成本也要高于基础工况，下面针对这部分成本做一个估算。

该成本主要包含三部分：

1）检修费用。通过与机动处对接，2019年4月检修共支付催化剂费用4500万元，检维修费用650万元。

2）增加原油采购成本。因渣油加氢停工期间，需要外补一定量的低硫原油，保证催化裂化的掺渣，由此带来的原油采购成本增加。

3）因渣油加氢停工，催化掺渣比下降，相比而言提高了延迟焦化的负荷，降低了催化裂化的负荷，影响全厂产品结构。

下面对渣油加氢检修对全厂效益影响做评估。

相对于基础工况，对渣油加氢检修工况做如下调整：

1）将Ⅱ渣油加氢处理量降为0；

2）调整原油结构，增加低硫油数量。

Ⅱ渣油加氢第一周期掺渣比为56.54%，掺炼渣油212.5×10^4t，折合掺炼3483.6t/d。根据实际的生产经验数据，渣油加氢可以将催化裂化的掺渣比提高一倍，如果渣油加氢停工，为了保证催化掺渣不放空，需要外补3483.6/2=1741.8(t/d)低硫渣油，低硫油选取达混，渣油收率50.5%，计算需要3450t/d达混油，替换等量的沙中、沙轻和巴士拉油种。

3）因催化掺渣下降，蜡油不足，导致催化负荷下降，模型选择停掉Ⅱ催化裂化，开满Ⅰ、Ⅲ催化裂化，两个催化裂化掺渣比分别为22%和42%。

4）蜡油平衡方面，固定加氢裂化负荷，用蜡油加氢负荷调节，渣油平衡方面，因沥青效益好于焦化，所以，渣油靠多出沥青来平衡。

计算渣油加氢检修工况日效益与基础工况对比，见表2-26。

表2-26 全厂效益计算对比

项目及产品	基础工况			渣油加氢检修工况		
	产品商品量/t	不含税价/(元/t)	总价/万元	产品商品量/t	不含税价/(元/t)	总价/万元
产品产量				48965.0		
汽油合计	13298.9	4337.3	5768.1	12390.6	4337.3	5374.2
煤油合计	6724.0	4307.1	2896.1	6511.1	4307.1	2804.4

续表

项目及产品	基础工况			渣油加氢检修工况		
	产品商品量/t	不含税价/(元/t)	总价/万元	产品商品量/t	不含税价/(元/t)	总价/万元
柴油合计	11170.4	4250.0	4747.4	11012.3	4250.0	4680.2
化工轻油			0.0			0.0
外供乙烯料	3277.5	3510.8	1150.7	3323.1	3510.8	1166.7
苯类产品			0.0			0.0
纯苯	393.8	4106.2	161.7	395.0	4106.2	162.2
混二甲苯	1458.6	4856.8	708.4	1462.9	4856.8	710.5
重芳烃	180.1	3864.4	69.6	180.7	3864.4	69.8
变压器油	399.0	4688.6	187.1	399.0	4688.6	187.1
沥青合计	3713.0	2787.5	1035.0	5317.8	2787.5	1482.4
石油焦	1395.0	772.0	107.7	1506.6	772.0	116.3
气体合计			0.0			0.0
液化气	2382.5	3627.5	864.2	2253.5	3627.5	817.4
干气	1924.6	3091.2	594.9	1746.2	3091.2	539.8
丙烯	834.6	6316.0	527.1	781.1	6316.0	493.3
丙烷	291.0	3523.3	102.5	287.5	3523.3	101.3
硫黄	628.5	748.5	47.0	503.0	748.5	37.7
其他轻油			0.0			0.0
轻液蜡	699.1	4653.7	325.3	667.0	4653.7	310.4
重液蜡	238.5	4453.7	106.2	227.6	4453.7	101.4
催化烧焦	1018.9	1824.0	185.8	980.3	1824.0	178.8
合计			19585.1			19333.8
原料油量	50404.6			50274.7		
原油加工量	50000.0			50000.0		
鲁宁	5000.0	2865.9	1433.0	5000.0	2865.9	1433.0
巴士拉	17333.3	3336.3	5782.9	15333.3	3336.3	5115.6
沙中	2000.0	3390.9	678.2	0.0	3390.9	0.0
沙重	5000.0	3266.4	1633.2	5000.0	3266.4	1633.2
卡斯蒂利亚	2000.0	3082.1	616.4	2000.0	3082.1	616.4
萨哈林	3333.3	3619.9	1206.6	5333.3	3619.9	1930.6
阿曼	8666.7	3429.4	2972.2	8666.7	3429.4	2972.2
沙轻	6666.7	3452.5	2301.7	5216.9	3452.5	1801.1
达混	0.0	3377.8	0.0	3449.8	3377.8	1165.3
多巴	0.0	3577.3	0.0	0.0	3339.1	0.0
外购原料油			0.0			0.0
外购氢气	404.6	12783.0	517.1	274.7	12783.0	351.2
合计			17141.3			17018.6

续表

项目及产品	基础工况			渣油加氢检修工况		
	产品商品量/t	不含税价/(元/t)	总价/万元	产品商品量/t	不含税价/(元/t)	总价/万元
单位可变费用		125.4 元/t			115.2 元/t	
单位固定费用		156.0 元/t			156.0 元/t	
吨油利润		207.3 元/t			191.8 元/t	
总利润		1036.6 万元/d			959.2 万元/d	

计算结果说明:

1）价格体系中原油高低硫价差设定为 2 美元/桶，汽煤柴全部取出口价格。

2）原料成本分析：因渣油加氢停工期间增加了低硫油采购，成本上升 43.26 万元/d，但渣油加氢停工也节约了高价氢气，综合来看，原料成本比基础工况下降了 122.7 万元/d。

3）产品价值分析：因催化负荷大幅下降，汽柴油产量下降明显，增量主要集中在沥青产量，产品价值下降 251 万元/d。

4）变动费用方面，因Ⅱ催化停工，全厂变动费用降低 10 元/d。

5）日效益方面，渣油加氢停工期间日效益损失 77.38 万元/d。

3.4 效益计算汇总

效益对比汇总见表 2-27。

表 2-27 效益对比汇总

项目	基础工况	对比工况	说明
渣油加氢运行期间全厂效益计算			
总天数/d	1825	1825	5 年×365 天
正常运行天数/d	1666	1613	
正常运行每天效益/万元	1036.6	1073.1	
总效益/万元	1726975.6	1730910.3	每天效益×天数
渣油加氢检修期间全厂效益计算			
渣油加氢检修天数/d	159	212	检修天数×检修次数/万元
检修期间每天效益/万元	959.2	959.2	
总效益/万元	152512.8	203350.4	每天效益×检修天数
检修支出			
检修费/万元	650	650	
催化剂费用/万元	4500	4500	
检修次数/次	3	4	
检修支出总费用/万元	15450	20600	费用×检修次数
5 年总效益/万元	1864038.4	1913660.7	
效益差/万元	49622.3		

通过以上计算，以 5 年为周期，基础工况，即 5 年停工三次的工况，虽然在检维修、催化剂成本等方面节约了 5150 万，降低了渣油加氢停工检修对原油成本上升和产品结构带来的不利影响，但是对比工况因在短时间劣质化渣油加氢原料，降低了延迟焦化负荷，减少了

石油焦，提高了柴油、丙烯等高附加值产品的产量。综合对比，5 年 4 个检修周期比 5 年 3 个检修周期能够给炼油厂多创造 4.96 亿元的利润，折合每年近 1 亿元，炼油厂在日常生产过程中，应该遵循渣油加氢短周期运行模式。

思考：

因渣油加氢在炼油厂中所起到的作用是提高催化掺渣比，同时允许炼油厂采购高硫原油给催化备料，降低了低硫原油的需求量。所以渣油加氢在炼油厂发挥的效益与高低硫原油价差相关；此外，渣油加氢需要消耗大量的氢气，而氢气的价格相对固定在 10000 元/t 以上，成本较高，如果原油价格较低，则氢气在原料中成本占比升高，而渣油加氢和催化裂化的产品价值仅与原油挂钩，所以在油价过低的市场下，渣油加氢在炼油厂发挥的效益会受到较大的遏制。

4 金陵石化公司低硫船燃生产方案规划建议

目前中国石化系统内生产重质低硫船燃的方案主要分为两种，一种是利用渣油加氢的加氢渣油为主，调入少量滤后油浆；另一种是利用常减压直馏减渣与部分柴油组分调和而成。

第一种方案在金陵石化公司已经在生产上调和成功，2019 年共调和两批次 16000t180# 低硫重质船燃，调和配方均为 90%加氢渣油+10%滤后油浆，具体见表 2-28。

表 2-28 金陵石化低硫船燃调和成绩

项目	执行指标	成品
密度(15℃)/(kg/m^3)	≤991	946.1
密度(20℃)/(kg/m^3)	≤987.6	942.6
黏度(50℃)/(mm^2/s)	≤180.0	170.2
碳芳香度指数	≤870	816
硫含量/%(质)	≤0.5	0.4526
闪点(闭口)/℃	≥60	>90.0
酸值/(mgKOH/g)	≤2.5	0.67
倾点/℃	≤30	3
沥青质/%(质)		0.95
钒/(mg/kg)	≤350	3.3
钠/(mg/kg)	≤100	<1.0
Al+Si/(mg/kg)	≤60	<15.0
钙/(mg/kg)	≤30	<3.0
锌/(mg/kg)	≤15	<1.0
磷/(mg/kg)	≤15	<1.0

第二种方案是将原油经过常减压，拔出减压渣油后与油浆或柴油组分进行调和。该方式在青岛石化已做出调和优化方案，用卢拉、多巴和帕兹佛洛原油的渣油与柴油进行调和生产 380# 船燃。金陵石化公司也在 2018 年用达混减渣与部分油浆和催柴进行调和试验，可以产出合格的 180# 船燃。

不同的炼油厂可根据自身现有的总流程特点，来选择不同的船燃生产方案。下面以金陵石化总流程为基础，考察以上方案的可行性和经济性。

4.1 低硫船燃调和计算

第一种方案因已有工业生产经验，无需进行计算验证可行性。

第二种方案，用减压渣油生产低硫船燃，原油首先要具备的条件是超低硫，因为只有超低硫原油的渣油硫含量不会超过低硫船燃的要求上限 0.5%，西非常见的低硫原油如杰诺、蒙都等原油的渣油硫都接近 1%，本次评估选取达混合多巴原油，一方面两者硫含量低，达混油硫含量 0.12%，多巴油硫含量 0.059%；另一方面，采购该类原油主要使用其减压渣油，这两种原油渣油收率高，尤其是达混渣油收率超过 50%，这给调和低硫船燃带来便利。

减压渣油调和低硫船燃基本思路：

1）金陵石化每年采购 1.5Mt 左右的鲁宁混合油，价格低廉，但其渣油硫含量高，为 1.59%，为了降低生产成本，在硫含量允许的情况下，最大比例与达混或者多巴原油混合加工去调船燃；

2）考虑 2020 年金陵石化针状焦项目即将投产，届时油浆资源将短缺，所以不再考虑减压渣油与催化油浆调和，而是直接与催化柴油调和。

渣油 50℃黏度的计算：

因渣油性质重，50℃黏度无法直接测得，通常的原油评价报告只提供 100℃渣油黏度，需要进行换算。

已知达混原油 100℃黏度 = 864.3mm²/s，鲁宁油相对于达混油油品黏度比达混低，假设鲁宁油 100℃黏度为 600mm²/s，黏度使用下面公式计算：

$$\mu=19.20+33.5\mathrm{LgLg}(\nu+0.85)$$

$$\mu_{50}=\mu+\varepsilon$$

$$\mu'_{50}=\mu_{50(1)}W_1+\mu_{50(2)}W_2+\cdots+\mu_{50(n)}W_n$$

$$\mu'=\mu'_{50}-\varepsilon$$

式中 μ——给定温度下的计算用黏度；

ν——油品给定温度下的运动黏度，mm²/s；

ε——温度校正值(见表 2-29)；

μ'_{50}——调和油 50℃时的计算用黏度；

μ'——计算温度下的调和油计算用黏度。

燃料油黏度调和计算温度校正值见表 2-29。

表 2-29 燃料油黏度调和计算温度校正值表

温度/℃	ε	温度/℃	ε
-20	-12.2	75	4.0
-10	-10.3	80	4.4
0	-8.4	90	8.8
10	-6.6	95	7.0
20	-4.9	100	7.2
25	-4.7	110	8.5
30	-3.2	120	9.8
35	-1.9	130	11.1
40	-1.6	140	12.3
50	0	150	13.5
60	1.5	160	14.6
70	3.0	170	15.8

首先，计算组分油未做温度校正前的 $\mu=19.20+33.5\mathrm{lglg}(\nu+0.85)=34.88(\mathrm{mm^2/s})$；

查温度校正表，查出校正值 $\varepsilon=7.2$，按相关公式计算出相应的 $\mu_{50}=34.88+7.2=42.08$ (mm^2/s)；

同样方法计算得到鲁宁油的 $\mu_{50}=41.27mm^2/s$；

在已知两种渣油比例的情况下，可以用公式计算出调和油的 μ'_{50}；用表 2-29 作温度校正，查出校正值 ε，按公式得出计算温度下的 μ；用公式反算调和油 50℃温度下的黏度。

碳芳香指数计算法：

首先求得渣油组分的 15℃密度，查密度换算系数表 $d_{15.6}=0.994267\times d_{20}+0.009142$，已知渣油 20℃密度，计算渣油 15℃密度。

计算组分碳芳香指数：

已知组分 15℃密度和 50℃下黏度，可用下面的公式计算组分碳芳香指数 $=d_{15.6}\times1000-81-141\times\log[\log(\mu50+0.85)-483\times\log(50+273)/323]$。

上述算式未直接给出结果，是因为混合渣油需要和催化柴油再次进行调和计算 50℃黏度、密度、硫含量、酸值、碳芳香指数等指标，所以达混合鲁宁的混炼比例在与催化柴油调和前无法确定。利用以上公式，输入到催化柴油和混合渣油的调和表格中，计算达混渣油、鲁宁渣油和催化柴油的调和结果，见表 2-30。

表 2-30　低硫重质船燃调和(达混方案)

项目	比例/%	密度(20℃)/(g/cm³)	密度(15℃)/(g/cm³)	黏度(50℃)/(mm²/s)	硫含量/%(质)	ν_{50}	碳芳香指数	酸值/(mgKOH/g)
执行指标		≤987.6		≤180.0	≤0.5		≤850	<2.5
成品船燃	100	0.96	0.96	171.69	0.48	30.90	828.94	2.23
调和组分								
达混渣油	47	0.9610	0.9646	55890.91	0.16	41.86	788.25	4
鲁宁渣油	17	0.9971	1.0005		1.56			2.07
催化柴油	36	0.95	0.95	3.00	0.40	11.41	901.58	0.00

计算得到的达混合鲁宁减压渣油 50℃黏度为 55890.9mm²/s，比去年金陵Ⅱ常减压取样分析推导出的 50℃黏度高，主要原因可能是本文计算使用的 100℃黏度取自评价报告，对应的是>530℃的减压渣油，Ⅱ常减压拔出率低，减压渣油混入了部分蜡油组分，使得实际化验分析推导数值偏低。

同样方法计算得到多巴原油调和方案见表 2-31。

表 2-31　低硫重质船燃调和(多巴方案)

项目	比例/%	密度(20℃)/(g/cm³)	密度(15℃)/(g/cm³)	黏度(50℃)/(mm²/s)	硫含量/%(质)	ν_{50}	碳芳香指数	酸值/(mgKOH/g)
执行指标		≤987.6		≤180.0	≤0.5		≤850	<2.5
成品船燃	100	0.96	0.96	152.08	0.49	30.55	831.29	0.72
调和组分								
多巴渣油	50	0.9461	0.9498	6835.14	0.11	38.76	801.32	0.61
鲁宁渣油	20	0.9971	1.0005		1.56			2.07
催化柴油	30	0.95	0.95	3.00	0.40	11.41	901.58	0.00

自此，方案3和方案4的调和比例得到确定。

4.2　方案计算

4.2.1　方案设置

根据以上低硫船燃调和计算，设置四个对比方案：

方案1：不生产低硫船燃；

方案2：采取加氢渣油∶滤后油浆=9∶1，生产100Mt/a低硫船燃；

方案3：采取达混渣油∶鲁宁渣油∶催化柴油=47∶17∶36，生产100Mt/a低硫船燃；

方案4：采取多巴渣油∶鲁宁渣油∶催化柴油=50∶20∶30，生产100Mt/a低硫船燃。

基础方案1装置总流程设置如下：

1）原油加工量固定1800Mt/a。Ⅱ常减压安排加工鲁宁管输油和巴士拉，渣油安排走延迟焦化路线，加工量252Mt/a；Ⅲ常减压加工沙重、巴士拉、萨哈林、卡斯原油，渣油安排走延迟焦化和沥青路线，加工量648Mt/a；Ⅳ常减压加工阿曼、沙轻、沙中、巴士拉原油，渣油安排走渣油加氢路线，加工量900Mt/a。

2）石脑油平衡。常减压蒸常顶全部进连续重整。

3）航煤组分平衡。200#溶剂油全部进Ⅱ柴油加氢精制，精制油调和航煤，航煤组分油全部进烷基苯加氢脱蜡，返油全部调和航煤。

4）柴油平衡。直馏柴油、延迟焦化柴油和渣油加氢柴油全部进柴油加氢精制；催化柴油固定去柴油加氢和渣油加氢回炼数量，用催化柴油改质装置平衡催化柴油。

5）装置掺渣比安排。装置掺渣比根据生产实际能力安排，Ⅰ/Ⅱ渣油加氢安排掺渣比64%，Ⅰ、Ⅱ催化裂化安排掺渣35%，Ⅲ催化裂化安排50%掺渣比。

6）蜡油平衡。固定Ⅱ加氢裂化负荷4200t/d，Ⅰ、Ⅱ渣油加氢负荷为5500t/d和6000t/d，高硫蜡油优先满足加氢裂化负荷，再根据渣油加氢掺渣比要求去渣油加氢，剩余高硫蜡油去蜡油加氢。催化油浆全部去延迟焦化。

7)渣油平衡。Ⅳ常减压负荷以满足两套渣油加氢负荷为准，渣油全部进渣油加氢，固定Ⅲ延迟焦化负荷在4800t/d，剩余Ⅲ常减压渣油去生产沥青。Ⅱ常减压减四线全部去催化掺炼。

方案2(加氢渣油产船燃)总流程设置：

1）所有馏分平衡原则参照方案1，增加Ⅱ常走低硫油路线单元。

2）增加低硫船燃调和单元，从延迟焦化进料拿出10Mt/a催化油浆，从催化裂化拿90Mt/a加氢渣油去调和低硫船燃。

3）催化保持9000t/d负荷和50%掺渣不变，因蜡油不足，Ⅱ催化停工待料，同时为满足Ⅰ催化裂化掺渣，按掺渣比25%(比方案1低是因为考虑掺炼低硫直馏渣油因素)，安排采购36Mt/a达混油进Ⅱ常减压走催化裂化路线，Ⅰ催化负荷4036t/d。

方案3(达混渣油产船燃)总流程设置：

1）增加Ⅱ常走低硫船燃路线单元。

2）根据方案3的低硫船燃调和方案，将36×10^4t催化柴油从催化柴油改质原料改入低硫船燃。

3）需要47×10^4t达混渣油和17×10^4t鲁宁渣油，根据达混和鲁宁渣油收率分别为51%和42.59%，计算需要92.16×10^4t达混原油和39.92×10^4t鲁宁原油进Ⅱ常减压走低硫船燃路线。鲁宁油基础方案已有，修改加工方案即可，达混需外购，同时为了保持总原油加工量不变，减少等量的现货巴士拉采购量。

方案4(多巴渣油产船燃)总流程设置：

1）增加Ⅱ常走低硫船燃路线单元。

2）根据方案4的低硫船燃调和方案，将30×10^4t催化柴油从催化柴油改质原料改入低硫船燃。

3）需要50×10^4t多巴渣油和20×10^4t鲁宁渣油，根据多巴和鲁宁渣油收率分别为39.52%和42.59%，计算需要126.52$\times10^4$t多巴原油和46.96$\times10^4$t鲁宁原油进Ⅱ常减压走低硫船燃路线。鲁宁油基础方案已有，修改加工方案即可，多巴需外购，同时为了保持总原油加工量不变，减少等量的现货巴士拉采购量。

4.2.2　方案效益比对

按照以上调整原则，设置不同船燃调和方式下的总流程方案。并对各方案的原油结构和产品结构进行价值化分析，得出生产船燃的效益以及理论上生产船燃的最佳方式。

4.2.2.1　装置负荷对比

装置负荷对比见表2-32。

表2-33　装置负荷对比　　Mt/a

装置名称	方案1	方案2	方案3	方案4
Ⅱ常减压(焦化方案)	252.0	216.0	140.1	133.0
Ⅱ常减压(船燃方案)	0.0	36.0	132.1	173.5
Ⅲ常减压	648.0	648.0	627.8	593.5
Ⅳ常减压	900.0	900.0	900.0	900.0
Ⅰ催化裂化	127.8	147.3	133.0	138.4
Ⅱ催化裂化	88.1	0.0	91.3	91.3
Ⅲ催化裂化	328.5	328.5	328.5	328.5
催化裂化总负荷	544.3	475.8	552.8	558.1
Ⅲ延迟焦化	175.2	175.2	175.2	175.2
Ⅱ柴油加氢	77.6	76.0	73.0	72.9
Ⅲ/Ⅳ柴油加氢	401.5	401.5	401.5	401.5
催化柴油改质	62.8	47.1	22.5	29.2
Ⅱ加氢裂化	153.3	153.3	153.3	153.3
Ⅰ渣油加氢	200.8	200.8	200.8	200.8
Ⅱ渣油加氢	219.0	219.0	219.0	219.0
蜡油加氢	158.0	151.6	129.7	120.1
硫黄回收	30.2	29.2	29.6	29.6
连续重整	297.3	291.2	281.6	282.6

1）催化裂化负荷：方案2催化负荷最低，主要因为90Mt/a加氢渣油调入船燃所致，方案3和方案4催化负荷比方案1略高，主要是采购的达混合多巴蜡油组分比替换掉的巴士拉收率高。

2）催化柴油改质装置负荷：方案2负荷低主要是催化负荷下降所致，方案3和方案4

负荷低是因为部分催柴改入低硫船燃。

3）蜡油加氢负荷：方案 3 和方案 4 负荷低是因为有低硫直馏蜡油无需经过蜡油加氢精制，直接进催化裂化。

4）连续重整负荷：方案 2、方案 3、方案 4 比方案 1 低主要是采购的达混合多巴油石脑油收率低所致。

4.2.2.2　原油成本比较

(1) 原油价格体系计算

计算选取的产品价格体系按照 2019 年 1~9 月份产品均价。对应的原油价格选 1~9 月份基准价均价+贴水+运费进行计算。

2019 年原油基准价见表 2-33。

表 2-33　原油基准价　美元/桶

基准油	基准价	基准油	基准价
迪拜	63.387	布伦特	65.576
迪拜	63.765	高低硫价差	2
DME 阿曼	64.095		

根据以上基准价，美元汇率取全年平均值 6.873，吨桶比取实际采购吨桶比，计算各油种价格见表 2-34。

表 2-34　原油价格计算

油种	挂靠油种	基准价/(美元/桶)	一程运费/(美元/桶)	二程运费/(元/t)	贴水/(美元/桶)	吨桶比	汇率	吨单价/(元/t)
鲁宁	迪拜	63.387	0.00	106	-3.64	6.721	6.873	2865.9
巴士拉	(迪拜+阿曼)/2	63.576	1.19	100	0.963	7.164	6.873	3336.3
沙中	(迪拜+DME 阿曼)/2	63.741	1.43	100	0.68	7.271	6.873	3390.9
沙重	(迪拜+DME 阿曼)/2	63.741	1.34	100	0.02	7.077	6.873	3266.4
卡斯	布伦特	65.576	到岸条款	120	-0.86	6.659	6.873	3082.1
萨哈林	迪拜	63.387	到岸条款	120	1.89	7.801	6.873	3619.9
阿曼	迪拜	63.387	1.35	100	1.553	7.308	6.873	3429.4
沙轻	(迪拜+DME 阿曼)/2	63.741	1.56	100	1.35	7.319	6.873	3452.5
达混	布伦特	65.576	到岸条款	120	3.02	6.91	6.873	3377.8
多巴	布伦特	65.576	到岸条款	120	5	7.127	6.873	3577.3

原油吨价格最高的是凝析油萨哈林，其次为多巴和达混低硫油，还有沙轻、阿曼，走渣油加氢路线的原油成本相对较高。

(2)原油成本比较

将上述原油价格代入各方案原油结构，计算原料成本对比，见表 2-35。

表 2-35 原料成本比较

原油	单价/(元/t)	方案 1		方案 2		方案 3		方案 4	
		加工量/(Mt/a)	总价/万元	加工量/(Mt/a)	总价/万元	加工量/(Mt/a)	总价/万元	加工量/(Mt/a)	总价/万元
鲁宁	2865.9	180.0	515865.4	180.0	515865.4	180.0	515865.4	180.0	515865.4
巴士拉	3336.3	624.0	2081837.1	588.0	1961731.1	531.8	1774376.2	497.5	1659737.2
沙中	3390.9	72.0	244147.4	72.0	244147.4	72.0	244147.4	72.0	244147.4
沙重	3266.4	180.0	587948.6	180.0	587948.6	180.0	587948.6	180.0	587948.6
卡斯蒂利亚	3082.1	72.0	221908.0	72.0	221908.0	72.0	221908.0	72.0	221908.0
萨哈林	3619.9	120.0	434389.1	120.0	434389.1	120.0	434389.1	120.0	434389.1
阿曼	3429.4	312.0	1069987.1	312.0	1069987.1	312.0	1069987.1	312.0	1069987.1
沙轻	3452.5	240.0	828607.9	240.0	828607.9	240.0	828607.9	240.0	828607.9
达混	3377.8	0.0	0.0	36.0	121600.5	92.2	311286.6	0.0	0.0
多巴	3577.3	0.0	0.0	0.0	0.0	0.0	0.0	126.5	452595.9
小计			5984690.5		5986185.0		5988516.3		6015186.6
外购原料油									
外购氢气	12783.0	16.2	207317.1	15.3	195937.0	14.0	179086.6	14.2	182032.1
合计			6192007.7		6182122.0		6167602.9		6197218.7

1）原油成本：原油成本基本与低硫油采购量相关，低硫油采购量为：方案 1<方案 2<方案 3<方案 4，所以原油成本依次为：方案 1<方案 2<方案 3<方案 4。

2）氢气成本：氢气成本与催化柴油改质负荷正相关，外购氢气成本与原油采购成本顺序相反：方案 1>方案 2>方案 3>方案 4。

3）原料总成本：综合来看，原料采购成本最低的是方案 3（达混方案），最高为方案 4（多巴方案）。一方面达混油价格低于多巴，另一方面达混渣油收率高，总的低硫油用量低于多巴。

4.2.2.3 产品产量和价值对比

产品价格体系采用 2019 年 1~9 月份均价。其中低硫船燃价格按照=（500μg/g 出口柴油价格×柴油吨桶比-80）×汇率计算，查得 2019 年 1~9 月份 500μg/g 出口柴油价格为 77.52 美元/桶，吨桶比为 7.45，代入公式计算得到低硫船燃价格为 3419.48 元/t（不含税）。

方案 2、3、4 均比方案 1 多产 100Mt/a 船燃，同时产品总量基本保持不变，根据每个方案各装置负荷变化，相应减少其他产品。总体产品价值是不产船燃最高。具体情况为：

1）加氢渣油产船燃方案对催化裂化负荷影响最大，直接表现是汽油和丙烯等高附加值产品产量最低，这直接导致方案 2 产品价值最低；

2）方案 3 和方案 4 因采购重质低硫油，直馏石脑油和航煤组分油偏低，导致连续重整和烷基苯对应的苯类产品和石蜡产品产量下降，拔头油减少导致乙烯裂解料也同步下降，同时重整负荷下降还减少了调和汽油组分，使得虽然方案 3 和方案 4 即使催化负荷高于方案 1，但是汽油总量偏低；

3）因调和船燃需要大量的加氢渣油或者低硫减压渣油，在固定总原油加工量和延迟焦化负荷前提下，沥青产量下降明显，尤其方案 3 和方案 4 直接用减压渣油调和船燃，沥青减产最多。

4）综合全厂产品总价值，不产船燃的产品结构最优，其次为多巴减渣产船燃，再次为达混减渣产船燃，产品价值最低为加氢渣油产船燃方案。具体各方案产品产量和价值明细见表2-36。

表2-36 产品价值对比

项目	单价/(元/t)	方案1		方案2		方案3		方案4	
		产量/10^4t	总价/万元	产量/10^4t	总价/万元	产量/10^4t	总价/万元	产量/10^4t	总价/万元
汽油合计	4651.5	490.7	2282680.0	447.4	2080859.8	468.1	2177151.7	474.1	2205419.2
煤油合计	4275.1	242.7	1037771.6	239.4	1023482.4	233.6	998593.7	234.1	1000817.0
柴油合计	4251.7	391.7	1665448.6	384.3	1633786.3	372.6	1584087.3	375.8	1597618.0
外供乙烯料	3510.8	117.4	412257.7	116.2	407962.1	114.3	401133.5	114.4	401729.6
苯类产品									
纯苯	4106.2	14.2	58267.3	13.9	57191.9	13.5	55503.5	13.6	55671.4
混二甲苯	4856.8	52.6	255250.9	51.6	250540.2	50.1	243143.6	50.2	243878.9
重芳烃	3864.4	6.5	25082.3	6.4	24619.4	6.2	23892.6	6.2	23964.8
变压器油	4688.6	14.6	68282.5	14.6	68282.5	14.6	68282.5	14.6	68282.5
低硫重质船燃	3419.5	0.0	0.0	100.0	341948.2	100.0	341948.9	100.0	341942.4
沥青合计	2787.5	125.8	350539.3	102.1	284575.3	86.9	242370.7	74.7	208296.3
石油焦	772.0	48.9	37734.0	48.9	37734.0	48.9	37734.0	48.9	37734.0
气体合计									
液化气	3627.5	88.8	322256.9	81.6	295831.8	85.8	311194.3	86.7	314332.7
干气	3091.2	73.2	226227.5	70.0	216234.8	71.3	220505.2	71.5	220887.6
丙烯	6316.0	30.8	194385.9	27.2	171615.7	31.2	197266.7	31.5	199100.4
丙烷	3523.3	10.8	37898.5	10.0	35242.9	10.9	38417.3	11.0	38793.9
硫黄	748.5	22.2	16587.2	21.5	16056.7	21.8	16291.9	21.7	16271.7
轻液蜡	4653.7	25.2	117447.4	24.8	115625.5	24.2	112708.8	24.4	113432.4
重液蜡	4453.7	8.6	38348.2	8.5	37753.3	8.3	36801.0	8.3	37037.2
合计			7146465.8		7099342.8		7107027.0		7125210.0

4.3 总效益对比

根据以上原料成本和产品价值，结合装置变动费用和固定费用，计算各方案全厂总效益，见表2-37。

表2-37 生产船燃利润比较

项目	方案1	方案2	方案3	方案4
原料成本/万元	6192007.7	6182122.0	6167602.9	6197218.7
产品价值/万元	7146465.8	7099342.8	7107027.0	7125210.0
单位变动费用/(元/t)	127.0	121.3	121.4	122.2
单位固定费用/(元/t)	156.0	156.0	156.0	156.0
总费用/万元	509358.9	499220.7	499388.7	500710.7
总利润/万元	445099.2	418000.1	440035.4	427280.5

续表

项目	方案 1	方案 2	方案 3	方案 4
吨油利润/(元/t)	247.3	232.2	244.5	237.4
与方案 1 利润差值/万元		-27099.1	-5063.8	-17818.7
低硫船燃产量/10^4t		100.0	100.0	100.0
吨低硫船燃利润/(元/t)		-271.0	-50.6	-178.2

按前述低硫船燃定价规则，全厂总效益不产低硫船燃最高。在产低硫船燃方案中，达混减压渣油产低硫船燃效益最好，其次为多巴减压渣油产低硫船燃，效益最差的是目前正在实施的加氢渣油产低硫船燃。如用方案 2、3、4 与不产船燃方案利润差值除以船燃产量，得到每产一吨船燃利润：达混渣油产船燃方案亏损 50.6 元/t 船燃，多巴渣油产船燃方案亏损 178.2 元/t 船燃，加氢渣油产船燃方案亏损 271 元/t 船燃。但是达混渣油生产低硫船燃在实际生产过程可能面临三个问题：①达混合鲁宁均属于高酸原油，该方案生产的低硫船燃酸值达到 2.37mgKOH/g，已经卡边，实际调和质量无法保证；②该方案需要采购 92Mt/a 达混油，目前达混油贴水一路走高，且 2020 年实施低硫船燃政策后，超低硫原油需求旺盛，贴水可能进一步上升，生产船燃的经济性无法保证；③该方案需要调入 36%的催化柴油，催化柴油和减压渣油性质相差很大，在实际调和过程中可能出现分层问题。

展望：以上测算是基于 2019 年价格体系，以及目前假定的低硫船燃定价公式。实际低硫船燃生产效益与 2020 年船燃市场供需关系，以及国内成品油定价机制调整方案息息相关。从炼油厂的角度来看，生产低硫船燃对丰富炼油厂产品方案，提高炼油厂开工负荷率，缓解成品油市场竞争有着正面意义。金陵石化公司当前主要受制于低硫船燃配套的调和储罐和出厂流程限制，暂时无法做到大量生产船燃，目前正在加快相关改造工作的实施进度，待系统配套完善后，可以进一步提高低硫重质船燃的产能。

5 富氢干气资源的回收利用

5.1 公司的氢气平衡分析

公司目前主要的产氢装置有三套连续重整、水煤浆装置($12\times10^4m^3/h$)、两套制氢装置($3.5\times10^4m^3/h$)和两套 PSA 装置；耗氢装置主要有十余套加氢精制、加氢裂化装置。公司自产氢气不足以满足需求量，正常生产还需外购部分南化氢气作为补充。全厂的氢气产耗平衡见表 2-38。

表 2-38 目前氢气产耗平衡

	装置	氢气量/($10^4m^3/d$)
产氢	Ⅰ重整(进 PSA 后的量)	22000
	Ⅱ重整	46000
	Ⅲ重整(进 PSA 后的量)	63000
	低分气产氢(PSA)	12000
	外购南化氢气	16000
	水煤浆氢气	110000
	合计	269000

续表

	装置	氢气量/(10^4m^3/d)
耗氢	Ⅰ加氢	28000
	Ⅱ加氢	53000
	Ⅳ柴加	23000
	Ⅲ柴加	23000
	Ⅰ、Ⅱ、Ⅲ汽油加氢	7000
	蜡油加氢	23000
	Ⅰ渣油加氢	36000
	Ⅱ渣油加氢	45000
	S-Zorb(两套)	6000
	烷基苯厂	3600
	PX歧化	17000
	重整预加氢	3000
	Ⅰ、Ⅱ、Ⅳ硫黄	1500
	合计	269100

5.2 氢气利用分析

如果在装置开满的情况下，现有的氢气供应存在一定缺口，以2018年全年为例，金陵石化公司外购南化氢1.31×10^4t，付出成本17亿元。在公司产氢装置阶段性检修时，需要开天然气制氢装置作补充，增加成本的同时也增加了炼油厂的加工损失。

金陵石化公司自2012年起，经历原油加工量从13Mt到18Mt的产能扩大，催化裂化负荷达到5.7Mt，为中国石化系统内最大，催化干气产量增加明显；焦化装置停产两套，总负荷下降，临氢装置总加工量不断提高，加氢干气和低分气资源增加明显；同时公司Ⅲ连续重整投产后，新建配套PSA因设计规模偏小，氢气回收率只有91%，比设计回收率低4%。以上富氢资源目前均去瓦斯系统作为加热炉燃料，没有回收利用手段。一边外购高价氢气资源，一边燃烧自产富氢资源，经济损失巨大。此次借鉴北海、茂名等企业的干气回收氢气装置运行情况，对金陵石化公司新上干气提浓装置的必要性和可行性进行评估。

以装置富氢气体实际分析数据为基础，统计分析金陵石化公司干气中氢资源分布情况如下：根据统计数据，全厂富氢气体中共含有纯氢2.37Mt/a，考虑其中延迟焦化氢气质量分数偏低，渣油、柴油加氢干气量有限，回收价值不高，剔除以后有回收价值氢气资源见表2-39。

表2-39 全厂富氢干气氢含量统计

装置	干气量/t	H_2/%(质)	H_2质量/t
Ⅰ催化	50724.72	4.03	2044.21
Ⅲ焦化	109708.8	1.4	1535.92
Ⅰ渣加	5534.64	3.66	202.57
Ⅱ渣加	3283.08	3.66	120.16

续表

装置	干气量/t	H_2/%(质)	H_2 质量/t
Ⅱ催化	37231.56	3.37	1254.7
Ⅲ催化	149647.56	4.15	6210.37
蜡油加氢	4445.76	11.42	507.71
Ⅲ柴加	5269.8	2	105.4
Ⅳ柴加	7194	2.32	166.9
Ⅰ加氢裂化	12875.4	9.42	1212.86
Ⅱ加氢裂化	8796	7.12	626.28
PSA	124536	4.93	6139.62
Ⅲ重整 PSA	46092	7.9	3641.27
合计	565339.32		23767.97

主要由催化干气、PSA 解析气和部分加氢干气组成的富氢气体中，一年有 2.16×10^4t 氢气，超过了去年金陵石化公司外购南化氢气的量。

5.3 新建干气回收装置效益核算

5.3.1 提纯氢气定价计算

氢气成本方面，2019 年外购南化氢气不含税净价为 12784 元/t。水煤浆制氢取的 2019 年 3 月份高负荷生产时的数据，包括变动费用和原料产品数据，固定费用采用全年均值除以 12，成本计算见表 2-40(带公式的计算过程见附件 2)。

表 2-40 水煤浆制氢成本计算(含固定费用)

项目	数量/t	单价/(元/t)	金额/元
原料成本			33563464.1
煤炭	53022.9	633.0	33563464.1
变动费用			24030453.6
外购辅助材料			2113580.3
催化剂			1715477.7
包装材料			398，102.6
外购动力			21553431.5
水/t	400264.0	1.6	642803.0
新鲜水	431809.0	2.0	863，618.0
化学水	-31545.0	7.0	-220815.0
电/kW · h	13761870.0	0.6	7569028.5
蒸汽/t	109180.0	120.0	13101600.0
中压蒸汽	109180.0	120.0	13101600.0

续表

项目	数量/t	单价/(元/t)	金额/元
其他(氮气)	600.0	400.0	240000.0
外购燃料	204.9	1962.8	402131.0
燃料油	4.1	5908.0	24281.9
燃料气	200.8	1882.0	377849.1
转供动力	70344.0	0.6	38，689.2
电公共制造费用	70344.0	0.6	38689.2
固定费用			26080765.0
产品价值			83674682.6
氮气	17325.8	400.0	6930321.2
氢气保本点	7240.0	10600.0	76744361.4

天然气制氢成本计算因实际生产数据没有纯天然气制氢工况，采用的是 2014 年 5 月纯天然气制氢标定数据，天然气价格采用门站基础价 2.04 元/m^3 上浮 19.55%，计算结果见表 2-41。

表 2-41 制氢成本核算(纯天然气)

项目	数量/t	单价/(元/t)	金额/元
处理量	239.60		750530.07
天然气	239.6	3132.43	750530.07
费用指标			609511.83
变动费用			559257.34
辅助材料			0.00
动力	72530.50	5.12	371057.34
新鲜水	0.00	2.00	0.00
循环水	1136.00	0.40	454.40
化学水	1580.00	7.00	11，060.00
电	67143.00	0.58	38942.94
中压蒸汽消耗	1316	120.00	157920.00
中压蒸汽自产	1331	120.00	159720.00
低压蒸汽消耗	24	115.00	2760.00
氮气	0.50	400.00	200.00
燃料	100	1882.00	188200.00
固定费用			50254.49
产品产量			
氢气	125.1	10871.64	
损失	114.5		
折合纯氢成本		12905.28	

通过以上计算可知，主要的氢源中，连续重整氢气成本最低，其次是水煤浆制氢，成本较高的是天然气制氢和外购南化氢气，天然气制氢成本根据冬夏季天然气价格变化而变化，冬天制氢成本高于南化氢气，夏天制氢成本与南化氢气相当。

如果公司新上干气提浓，回收的氢气首先替代的是价格最高的氢气。经过以上测算，得知成本最高的是天然气制氢，其次是外购南化氢气。但公司正常生产情况下天然气制氢基本不开工，不足氢气用南化氢气补充，所以在对干气提浓装置进行效益测算时，氢气价格应采用南化氢气 12783 元/t 定价。

5.3.2　干气分离装置物料效益计算

目前北海炼化有一套干气回收装置，采用成都华西工业气体有限公司的抽真空变压吸附氢提纯技术，从混合气中提纯分离出纯度大于 99.0%（摩）的氢气。根据该装置设计要求，进料氢气体积浓度不低于 31%，金陵石化公司上述原料组成满足要求。设计氢气回收率不低于 80%，实际北海的干气回收氢气回收率在 90%以上。按 90%回收率计算，金陵石化公司每年 43.4×10^4t 的干气可生产 1.95×10^4t 氢气和 41.45×10^4t 燃料气。

而金陵石化公司为缺燃料炼油厂，提纯出的氢气造成的燃料缺口需要增加外购天然气来补充，考虑氢气热值高于天然气，根据热值计算需要补充的燃料气量如下。

在标准状态下，任何气体 22.4L 都含有 1mol（6.02×10^{23}）个分子。1m^3 为 1000L。天然气的主要成分是甲烷，相对分子后量为 16，一个甲烷分子质量约等于 16 个氢原子，也约等于 16 个质子质量，质子质量为 1.6726231×10^{-27}kg。计算天然气密度为：$1.6726231\times10^{-27}\times16\times6.02\times10^{23}\times1000\div22.4=0.7192$（kg/$m^3$）。同理计算在标准状况下氢气密度为 0.0899（kg/m^3）。

每吨天然气体积为：1000/0.7192 = 1390（m^3）。

每吨氢气体积为：1000/0.0893=11200（m^3）。

在 101.325kPa、273.15K 的状态下，甲烷的低热值是 35807kJ/m^3，氢气的低热值是 10779kJ/m^3。

每吨天然气热值为：35807×1390 = 4.98×10^7（kJ/t）。

每吨氢气热值等于 10779×11200=1.2×10^8（kJ/t）。

每吨氢气的热值是天然气的 2.4 倍。则提纯 1.95×10^4t 氢气需要增加外购天然气=1.95×10^4t×2.4=4.68×10^4t。天然气的价格采用门站基础价 2.04 元/m^3 上浮 19.55%，增值税率按 9%，不含税价格=2.04×1.1955/1.09×1390=3110.05（元/t）。

则物料方面的盈利=氢气数量×氢气价格-替代天然气数量×天然气价格=1.95×12783-4.68×3110.05=10371.8（万元）。

5.3.3　变动费用计算

首先根据北海干气回收设计数据计算北海变动费用成本。北海干气回收装置能耗数据见表 2-42。

表 2-42　北海干气回收装置能耗数据

序号	项目	北海设计消耗	物料单价	物料小时总价/（元/t）
1	循环水	934t/h	0.4 元/t	374
2	电	4493kw·h/h	0.58 元/kw·h	2606
3	净化空气	0.258t/h	0.22 元/t	0.1
4	氮气	0.55t/h	400 元/t	220
5	脱盐水	2t/h	7 元/t	14
合计				3214

按照规模指数折算金陵石化变动费用成本=（规划规模/参考规模）^规模指数×参考规模

的成本=(65643/31755)$^{0.7}$×3214=5343.3(元/h)。

则年消耗变动费用=5343.3×8400/10000=4488.4(万元)。

金陵石化新建干气回收的毛利=物料效益-变动费用=10371.8-4488.4=5883.4(万元)

5.3.4 投资估算

北海干气回收装置设计处理原料气 31755m^3/h(标)，操作弹性为50%~110%。共计投资4182万元。

金陵石化原料气流量为65643m^3/h(标)，用规模指数法进行装置投资估算，投资费用=(规划规模/参考规模)^规模指数×参考规模的投资。干气回收分离装置规模指数为0.7。

金陵石化投资费用估算为(65643/31755)^0.7×4182=6952.6(万元)。

5.3.5 结论

1）金陵石化新建干气回收的毛利约5883.4万元；

2）金陵石化新建干气回收的投资约6952.6万元，根据毛利计算，1.2年即可收回成本，建议在有条件的情况下，增上该装置，一方面平衡现有氢气缺口，另一方面，也为后期金陵石化增加渣油加氢或加氢裂化提供更多的氢源。

6 金陵石化炼油厂碳排放量计算

金陵石化主要的碳排放点主要有以下几方面：①自用瓦斯进加热炉或锅炉带来碳排放；②外购的天然气进加热炉或天然气制氢带来的碳排放；③热电用于发汽的燃料煤带来的碳排放；④水煤浆装置产氢消耗的原料煤带来的碳排放；⑤三个催化裂化装置烧焦带来的碳排放。

下面以2018年为例，计算金陵石化一年的碳排放总量。

6.1 各组分碳质量分数计算

(1) 自用干气碳质量分数计算

自用干气碳质量分数计算见表2-43。

表2-43 自用干气碳质量分数计算

项目	平均体积分数/%	摩尔质量/(g/mol)	体积分数×摩尔质量	质量分数/%	碳质量分数/%
空气	12.05	29.00	349.43	20.63	
甲烷	29.25	16.00	468.06	27.64	20.73
二氧化碳	2.32	44.00	101.94	6.02	1.64
乙烯	10.87	28.00	304.36	17.97	15.40
乙烷	9.34	30.00	280.20	16.55	13.24
硫化氢	0.85	34.00	29.03	1.71	
丙烯	0.65	42.00	27.11	1.60	1.37
丙烷	0.05	44.00	2.20	0.13	0.11
异丁烷	0.08	58.00	4.68	0.28	0.23
正异丁烯	0.08	56.00	4.52	0.27	0.23
正丁烷	0.23	58.00	13.38	0.79	0.65
反丁烯-2	0.08	56.00	4.57	0.27	0.23
顺丁烯-2	0.09	56.00	4.91	0.29	0.25
丁二烯	0.00	56.00	0.13	0.01	0.01
碳五	0.40	80.00	31.63	1.87	1.40
氢	33.66	2.00	67.32	3.98	
合计	100.00		1693.48	100.00	55.49

根据自用干气分析数据，计算得到碳质量分数为55.49%。该数值比预想值偏小，主要受两方面影响，一个是干气纯度低，其中有20.63%(质)的空气不含碳；一个是炼油厂干气因未对氢资源进行回收，其中有33.66%(体)[3.98%(质)]的氢气不含碳。

(2) 外购天然气碳质量分数计算

热电发电燃料煤炭质量分数经查lims数据，为40%；

水煤浆产氢煤炭质量分数经查lims数据，为60%；

催化裂化烧焦假设焦中氢为8%，则碳质量分数为92%。

6.2 碳排放量计算

根据以上组分的碳质量分数和2018年各组分实际耗量，计算炼油厂碳排放量见表2-44。

表2-44 炼油厂二氧化碳排放量计算

项目	数量/t	碳含量/%	碳质量/10^4t	CO_2 量/10^4t
热电煤	88.73	40.00	35.49	130.14
水煤浆煤	57.15	60.00	34.29	125.73
自用干气	82.8454	55.49	45.97	168.56
外采天然气	15.5428	72.00	11.19	41.03
催化烧焦	42.9229	92.00	39.49	144.79
合计	287.19		166.43	610.25

经计算，炼油厂2018年全年总碳排放量为6.1Mt。该数值与常规炼油厂相比偏小，分析主要有以下几方面原因(水煤浆吨氢耗煤按8.16计算)：

金陵石化的连续重整装置原料有外购石脑油，2018年共外购58.08×10^4t，该部分石脑油进重整产纯氢3.7×10^4t，节约了水煤浆用煤$=3.7\times10^4\times8.16\times10^4=30.1\times10^4$(t)；

金陵石化用氢除了自身产氢以外，还有部分外购南化氢气，2018年外购量为12870t，该部分外购氢节约了水煤浆用煤10.5×10^4t。

以上两方面因素给炼油厂减少的二氧化碳排放量达到89×10^4t，计算过程见表2-45。

表2-45 节约的二氧化碳排放量

项目	节约煤炭量/10^4t	碳含量/%(质)	碳质量/10^4t	CO_2 量/10^4t
外购石脑油	30.10	60.00	18.06	66.22
外购氢气	10.50	60.00	6.30	23.10
合计	40.60	120.00	24.36	89.32

以上计算的是碳以二氧化碳形式排出的量。金陵石化渣油加氢能力偏小，渣油加工还有延迟焦化和沥青路线，2018年延迟焦化负荷和沥青产量分别为228.9×10^4t和100.4×10^4t，该部分减压渣油与走渣油加氢路线相比(渣油加氢对减渣的纯氢耗假设3%)，节约了氢气消耗约10×10^4t，节约了生产该部分氢气需消耗的煤炭80×10^4t，碳排放减少约200×10^4t。

在碳捕捉技术不成熟和二氧化碳市场利用潜力不大的情况下，为减少炼油厂生产过程二氧化碳的排放量和燃料油品使用过程的二氧化碳排放量，主要思路有：

1) 少使用煤炭，多使用天然气生产氢气，但这会使炼油厂利润下降，同时天然气资源目前没有充足到可以满足炼油厂大幅度减煤的需求；

2) 多采购轻质、优质原油，但这同样会带来炼油厂生产成本的上升；

3）在原料源头碳含量固定的前提下，尽可能避免碳原子以二氧化碳方式排出，可以选择炼油厂由燃油型炼油厂向化工型炼油厂转型，多生产高价值碳含量高的产品。比如多产苯类产品，含碳量也高，也有较好的经济价值；比如生产针状焦作为高端石墨烯原材料。

4）增加氢能源或生物燃油技术的发展，提高发动机的燃油效率，减少油品使用过程中的碳排放。

7　思考题：元素平衡对指导炼油厂原料采购和物料优化的作用

（1）问题背景

炼油厂在日常生产经营活动中，原料的采购和中间物料的加工路线优化是直接关系企业利润的关键所在。当今炼油行业竞争激烈，预计炼油今后长期处于薄利时代，金陵石化公司作为中国石化炼油版块盈利能力第一方阵的炼油厂，2019 年利润也仅仅在(20~30)亿元，作为产品销售收入近千亿的企业，利润率只有 2%~3%，可以说任何的原料采购或者中间物料出现不优化，都会导致炼油厂效益由正转负。严峻形势倒逼炼油厂需要进一步精细化测算和运行。

有些问题必须要去解决：

1）在全世界上百种原油品种中，如何评估某种原油的加工利润？

2）当炼油厂有中间原料缺口时，比如柴油加氢负荷偏低，缺粗柴油，市场同时可以提供常减压直馏柴油、延迟焦化柴油和催化裂化柴油，炼油厂对不同品种的柴油价格底线分别在哪里？拿什么依据来指导半成品原料的采购？

3）中间物料如何优化？比如对于金陵石化这种缺蜡油的企业，蜡油是去加氢裂化好还是去催化裂化好？想得到结果，必须给定中间物料价格，而中间物料价格如何去定？加氢裂化的柴油简单等于成品柴油价格是否合适？和通过催化生产的柴油价差应该在多少？

（2）现有的做法

对于原油采购，通常的做法是使用 pims 软件进行测算。该软件属于线性规划软件，可以对硫含量等简单性质进行传递，但是面对 K 值相差很大的不同原油时，该软件测算的结果误差很大，根据测算经验，性质差的原油测算的效益往往很好，因为性质差(比如 K 值很低)的原油有价格上的优势，但是 pims 并未把该油的某种性质短板反映到产品端，导致计算误差。

对于原料采购，比如粗柴油采购，目前企业的做法基本是在挂靠成品柴油基础上加减一定金额，具体加减多少，缺乏明确的依据。

以上评估的误差是否可以为炼油厂所接受？

（3）启发来源

对于以上问题，是否可以用元素平衡来解决？

通过袁忠勋老师的授课得知，炼油过程可以做如下概括：炼油就是将含有杂质、H/C 低的原油加工成不含杂质、H/C 高的各类清洁产品的过程。原油加工成油品的过程，实质上为三大过程工艺：

1）分离。该过程为物理过程，暂且不考虑成本问题。

2）脱除杂质。成本关系到原料带进来的杂质量。

3）氢转移-脱碳。原油的氢含量低于产品氢含量，氢平衡的过程就是将氢补充到各馏分中，使产品氢含量达到指标要求。

（4）具体思路

原油或中间原料最主要的几大元素：碳、氢、硫、氮和金属。从原料油的元素占比出发

（原油还需知道各馏分的收率），根据该物料进炼油厂的加工路线，找到其对应的成品，分析某种原油进炼油厂加工成产品出厂所要付出的成本。

1）脱除杂质。杂质主要是硫、氮和金属。因为目前炼油厂的清洁产品不含杂质，硫元素最后作为产品硫出厂销售，氮元素如果污水汽提不产液氨产品，则氮作为损失排放掉，金属主要沉积在催化剂中。则原油带来的杂质进炼油厂要付出的成本是用来脱除杂质的少量的氢、辅助装置的建设成本以及公用工程的消耗和加氢催化剂的成本。

2）氢转移。相比成品油，因为制氢的煤炭和天然气价格受原油价格影响很小，所以氢气价格长期居高不下，原料中带入的氢对评估该物料的价格至关重要。

以外购催化柴油为例。

假设炼油厂外购催化柴油硫含量为4000μg/g，氮含量为300μg/g，氢含量为10%（质），金属为0。该柴油进炼油厂走柴油加氢精制路线，则其对应的产品主要是成品柴油。

成品柴油硫和氮均为零，则原料首先根据其硫和氮含量，推算可以产出的硫黄和液氨，其价值要扣除脱除杂质的成本，这一步可以简单计算。

扣除了硫和氮，只剩碳和氢。炼油厂一般为了追逐利润，会把产品按照指标上限或下限卡边控制，如有质量放空也会通过调整调和方案来补充。比如汽柴油的馏程、密度、辛烷值和十六烷值等，这些外在的指标最终较实际出厂的油品参数波动很小，性质平稳的本质是产品的碳氢比恒定，以此可以近似认为炼油厂的成品油碳氢比例恒定不变，可以作为外购料的比较基准。

所以，该外购催化柴油最终会以成品柴油的指标出厂。假设催化柴油的氢含量为10%，成品柴油的氢含量为14.5%，则催化柴油需要再获得4.5%的氢气。这部分氢气可以有两个来源，第一是直接加氢，直至符合成品柴油指标；第二是用高氢碳比的其他柴油调和组分来平衡。而其他高氢碳比的柴油组分也是通过高价采购或者进厂加氢获得的，如果统一用元素守恒标准来衡量每股物料价值，那么高氢碳比的柴油应该根据其氢含量给予高于成品柴油的价格，比如加氢裂化柴油。道理很简单，因为没有加氢裂化柴油，催化柴油调不进成品柴油。所以，知道了需要加入的氢气的量以后，可以根据成品柴油价格、氢气价格倒推出催化柴油采购的保本价格。

关于原油采购保本价格估算：

估算思路与上述催化柴油案例相同，在得到原油的氢含量、硫含量和氮含量等分析数据后，首先剔除掉硫和氮的因素，计算原油中带来的氢含量。

但是原油相对复杂，因为其组分多，加工路线不同，对应的产品不同。初步思路是将原油分解。

第一步：以原油评价报告收率数据为准，将原油从轻到重分为不同的馏分；

第二步：以原油评价报告各馏分性质数据为准，计算出各馏分的元素含量；

第三步：根据每个馏分进炼油厂的加工路线，找到对应的产品（可以不止一种），计算产品的加权平均氢含量；

第四步：根据产品氢含量，推算各馏分需要加入的氢的数量。

原油中的气体、石脑油、航煤和柴油均可以比较简单地找到对应产品。难点在于蜡油和渣油对应的产品不好确定。

初步想法是蜡油可以考虑用本厂加氢裂化的产品的加权平均氢含量为基准计算，渣油需要分加工路线——渣油加氢路线、延迟焦化路线和沥青路线区别对待。

由于时间关系，该案例未能定量计算，计划在近期工作中再进一步完善。

10.0Mt/a炼油厂规划方案和海南炼化总流程优化方案研究

完成人：王文涛
单　位：中国石化海南炼化公司

目　录

第一部分　10.0Mt/a炼油厂规划方案研究报告

1　设计基础条件

1.1　规模

原油加工量10.0Mt/a。

1.2　产品方案要求

1）生产满足GB 30220—2017质量标准的乙醇汽油组分油；

2）生产满足GB 19147—2016质量标准的车用柴油；

3）生产不少于1.5Mt/a，满足GB 6537—2018质量标准的3#航空煤油；

4）柴汽比不大于1；

5）生产1.0Mt/a，满足GB 17411—2015质量标准的低硫船用燃料油；

6）生产1.5Mt/a蒸汽裂解原料(包括但不限于气体、LPG、石脑油等)。

1.3　约束条件

1）流程中采用的所有技术必须是成熟可靠并有工业化的装置；

2）不生产对二甲苯产品；

3）只能配置抽背汽轮机发电机组；

4）环保标准执行GB 31570—2015中特别限值地区排放标准；

5）受环保的要求，不采用海水冷却，也不能进行海水淡化；

6）渣油加工采用固定床渣油加工路线。

1.4　基本原则

1）安全环保执行国家现行最严的政策法规，做到安全可靠、技术先进、经济合理；

2）严格执行国家清洁生产标准，做到有组织排放和密闭排放，力争实现零泄漏；

3）全部采用先进、可靠的工艺技术，确保工艺装置在技术上先进、经济上合理、操作上可靠，全厂各项技术经济指标达到或接近国际先进水平；

4）践行“分子炼油理念”，按照“最大化生产清洁燃料、最优化生产乙烯原料”的目标进行研究，并要有一定的市场灵活性和适应性；

5）严格控制装置设计规模，合理控制总投资。

2　设计思路

2.1　降低柴汽比

1）加氢裂化装置掺炼常三线柴油和催化轻柴油，增产航煤和重整料；

2）催化裂化掺炼渣油加氢柴油，增产汽油、液化气、丙烯等高附加值产品；

3）柴油加氢和加氢裂化预留部分负荷，灵活应对市场变化。

2.2　降低氢气成本

1）做大重整装置，增产低成本重整氢，供应重整氢管网，富余作为PSA原料；

2）各装置低分气集中脱硫后进PSA回收氢气；

3）VPSA集中回收各装置塔顶气、催化干气、PSA尾气中的氢气。

2.3 综合利用轻烃资源

1）饱和液化气集中正异构分离，优化烷基化和乙烯原料；

2）C_5/C_6轻石脑油集中正异构分离，高辛烷值异戊烷去调和汽油，同时优化乙烯原料。

2.4 降低船燃调和成本

1）低价值的催化油浆过滤后作为船燃调和组分；

2）分离低十六烷值的催化重柴油加氢后作为船燃调和组分。

2.5 优化乙烯原料

1）集中回收分离自产干气中的富乙烷气和富乙烯气作为乙烯料；

2）分离丙烷作为乙烯料；

3）分离正丁烷和富正构轻石脑油作为乙烯料；

4）分离催化轻柴油进加氢裂化掺炼，降低对加氢裂化尾油 BMCI 值的影响。

2.6 综合回收和利用能源

1）优化工艺流程和工艺条件，全流程深度热联合，挖掘节能潜力；

2）工艺装置采取新工艺、新技术，积极降低能耗；

3）低温余热回收，一部分用于水加热，一部分用于制备冷媒水为干气分离等装置服务；

4）蒸汽全部利用装置余热产生，设三个等级蒸汽系统，能量梯级利用；

5）清污分流、污污分流、分质处理，水资源循环使用，降低水耗。

3 建设规模和原料性质

3.1 生产规模

一次原油加工能力 10.0Mt/a，加工原油为科威特进口原油。所有工艺装置及公用工程、系统配套均按检修周期四年考虑，年操作时数按 8400h 考虑。

3.2 原料性质

3.2.1 原油性质及分析

3.2.1.1 原油性质

科威特原油 API 为 30.2，20℃的密度为 875.6kg/m^3，硫含量高，为 2.65%，酸值低，为 0.18mgKOH/g，残炭高，为 6.21%，金属 Ni 和 V 的含量较高，分别为 10.9mg/kg 和 31.5mg/kg；原油 *K* 值为 11.84，属于高硫低酸中间基原油。一般性质见表 1-1、表 1-2。

表 1-1 科威特原油基本性质

分析项目	分析结果	分析项目	分析结果
API	30.2	沥青/%(质)	2.5
相对密度 $d_{15.6}$	0.8752	蜡含量/%(质)	3.8
20℃密度/(kg/L)	0.876	铁/(mg/kg)	0.7
特性因数 *K*	11.84	镍/(mg/kg)	10.9
硫含量/%(质)	2.64	钒/(mg/kg)	31.5
硫醇硫/(mg/kg)	135	钠/(mg/kg)	3.3
氮/(mg/kg)	956.2	倾点/℃	<-36
碱氮/(mg/kg)	394.6	盐含量 PTB	10.5
康氏残炭/%(质)	6.11	雷氏蒸汽压/kPa	26.2

续表

分析项目	分析结果	分析项目	分析结果
酸值/(mgKOH/g)	0.18	37.8℃	12.36
运动黏度/cSt		40℃	11.57
15.5℃	27.02	50℃	8.79
20℃	22.65	60℃	6.89

表 1-2　科威特原油实沸点窄馏分切割数据和性质

项目	体积收率/%(体)		质量收率/%(质)		API	相对密度 $d_{15.6}^{15.6}$	15℃密度/(kg/L)	K值
	累计	每馏分	累计	每馏分				
C_2	0.01	0.01	0	0	246.8	0.3740	0.3741	
C_3	0.53	0.52	0.3	0.3	147	0.5081	0.5062	
$i-C_4$	0.91	0.38	0.55	0.25	119.8	0.5631	0.5631	
$n-C_4$	2.14	1.23	1.37	0.82	110.8	0.5840	0.5840	
$i-C_5$	3.2	1.06	2.13	0.76	94.9	0.5250	0.6250	
$n-C_5$	4.84	1.64	3.31	1.18	92.7	0.6311	0.6311	
$n-C_5$~70℃馏分	7.53	2.69	5.41	2.1	79.72	0.6698	0.6686	12.58
70~85℃馏分	9.58	2.05	7.04	1.63	71.38	0.6975	0.6973	12.3
85~100℃馏分	11.75	2.17	8.81	1.77	66.09	0.7161	0.7160	12.14
100~115℃馏分	14.11	2.36	10.79	1.98	62.22	0.7304	0.7302	12.06
115~135℃馏分	17.17	3.06	13.39	2.6	58.32	0.7454	0.7452	11.99
135~150℃馏分	19.4	2.23	15.33	1.94	55.12	0.7582	0.7580	11.95
150~170℃馏分	22.42	3.02	17.98	2.65	52.38	0.7695	0.7692	11.94
170~185℃馏分	24.73	2.31	20.04	2.06	49.65	0.7811	0.7808	11.91
185~205℃馏分	27.86	3.13	22.87	2.83	47.28	0.7915	0.7911	11.9
205~225℃馏分	31.02	3.16	25.78	2.91	45.5	0.7994	0.7991	11.94
225~245℃馏分	34.13	3.11	28.64	2.86	43.02	0.8106	0.8104	11.93
245~265℃馏分	37.22	3.09	31.55	2.91	39.95	0.8253	0.8249	11.86
265~285℃馏分	40.34	3.12	34.56	3.01	36.7	0.8413	0.8408	11.78
285~305℃馏分	43.51	3.17	37.64	3.08	34.5	0.8524	0.8520	11.76
305~325℃馏分	45.64	2.13	40.7	3.06	33.68	0.8566	0.8562	11.83
325~345℃馏分	49.66	4.02	43.72	3.02	30.24	0.8749	0.8744	11.71
345~365℃馏分	52.67	3.01	46.8	3.08	26.58	0.8951	0.8948	11.57
365~385℃馏分	55.67	3	49.89	3.09	25.81	0.9007	0.9001	11.61
385~400℃馏分	57.89	2.22	52.18	2.29	24.78	0.9054	0.9049	11.65
400~415℃馏分	60.03	2.14	54.41	2.23	23.91	0.9105	0.9099	11.67
415~430℃馏分	62.16	2.13	56.64	2.23	22.75	0.9173	0.9168	11.66
430~445℃馏分	64.24	2.08	58.83	2.19	21.76	0.9233	0.9227	11.67
445~460℃馏分	66.25	2.01	60.97	2.14	21	0.9279	0.9273	11.68

续表

项目	体积收率/%(体)		质量收率/%(质)		API	相对密度 $d_{15.6}^{15.6}$	15℃密度/(kg/L)	K值
	累计	每馏分	累计	每馏分				
460~475℃馏分	68.18	1.93	63.03	2.06	20.12	0.9333	0.9327	11.7
475~490℃馏分	70.08	1.9	65.06	2.03	19.09	0.9398	0.9391	11.69
490~505℃馏分	71.91	1.83	67.05	1.99	18.09	0.9459	0.9453	11.69
505~525℃馏分	73.67	1.76	68.96	1.91	17.15	0.9519	0.9513	11.69
525~535℃馏分	75.34	1.67	70.76	1.8	16.27	0.9576	0.9570	11.69
535~550℃馏分	76.92	1.58	72.53	1.77	15.41	0.9632	0.9626	11.69
550~565℃馏分	78.43	1.51	74.19	1.66	14.55	0.9688	0.9682	11.69
565℃+馏分	100	21.57	100	25.9	3.65	1.047	1.0464	11.44
345℃+馏分	100	50.14	100	56.28	13.12	0.9784	0.9778	11.58

3.2.1.2 原油馏分性质分析

(1) C_5~70℃馏分

该馏分收率为4.00%，15℃密度为650.1kg/m^3，烷烃含量为94.4%(体)，环烷烃含量为4.6%(体)，芳烃含量为1.0%(体)，裂解性能好，可以作乙烯裂解原料。

(2) 70~100℃馏分

该馏分收率为3.41%，15℃密度为707.1kg/m^3，烷烃含量为75.9%(体)，环烷烃含量为18.8%(体)，芳烃含量为5.2%(体)，裂解性能较好，可以作乙烯裂解原料。

(3) 100~150℃馏分

该馏分收率为6.51%，15℃密度为744.3kg/m^3，烷烃含量为63.7%(体)，环烷烃含量为24%(体)，芳烃为12.3%(体)，可作乙烯料，也可作重整原料。

(4) 150~245℃馏分

该馏分收率为13.32%，15℃密度为790.8kg/m^3，硫含量为0.198%，酸值为0.02mgKOH/g，冰点为-46.8℃，烟点为25.6mm，，该馏分可加氢精制生产航煤。

(5) 245~345℃馏分

该馏分收率15.08%，15℃密度为836.6kg/m^3，硫含量1.21%，闪点高，为105℃，十六烷指数为51.6，凝点低，为-18.2℃，该馏分经加氢精制后可生产0#车用柴油。

(6) 345~460℃馏分

该馏分收率为17.24%，15℃密度为909.3kg/m^3，总硫2.63%，氮含量为562.9mg/kg，金属含量<0.01mg/kg，胶质为0.57%；*K*值为11.64，残炭为0，该馏分可作为加氢裂化原料。

(7) 460℃+馏分

该馏分密度较大，为1011.5kg/m^3，总硫较高，为4.92%，残炭较高，为15.9%，氮含量2185mg/kg，沥青6%；金属含量高：铁2.26mg/kg，镍27.93mg/kg，钒80.71mg/kg，钠8.88。该馏分可作为渣油加氢原料，精制后作为催化裂化原料。

3.2.2 外购C_4

外购C_4性质见表1-3。

表 1-3　外购 C_4 性质

组　　分	组成/%(质)	组　　分	组成/%(质)
丙烷	0.56	反丁烯-2	8.86
异丁烷	6.00	顺丁烯-2	5.53
异丁烯	46.00	1,3-丁二烯	<30
正丁烯-1	30.09	水	500
正丁烷	2.91	合计	10591kg/h

3.2.3　外购氢气

外购氢气性质见表 1-4。

表 1-4　外购氢气性质

组　　分	组成/%(体)	组　　分	组成/%(体)
H_2	95	H_2O	≤2μL/L
CH_4	4.9	H_2S	≤1μL/L
$C_2H_4+C_2H_6$	0.1	合计	100
$CO+CO_2$	≤5μL/L		

3.3　原油替代方案

根据科威特原油的性质，本着大宗、主要性质相近的原则，选取巴士拉轻、沙轻、沙中 3 种原油按比例调和进行替换。替换方案及性质见表 1-5。

表 1-5　科威特原油替换方案

原油性质及比例	巴士拉轻	沙中	巴士拉轻	沙轻	科威特	备注
	30%	70%	60%	40%		
API	30.54		30.58		30.20	
15.6℃相对密度	0.8733		0.8730		0.8752	
20℃密度(kg/m³)	869.26		869.00		876.50	
硫含量/%(质)	2.64		2.63		2.64	
残碳/%(质)	6.16		5.86		6.11	
氮含量/(mg/kg)	1223.6		780.0		956.2	
酸值/(mgKOH/g)	0.18		0.14		0.18	
铁/(mg/kg)	4.11		5.71		0.70	
镍/(mg/kg)	11.38		9.95		10.90	
钒/(mg/kg)	16.52		21.61		31.50	
收率/%(质)						
石脑油	16.92		15.82		17.11	初馏点~160℃
煤油	12.24		14.08		11.45	160~240℃
柴油	19.73		20.01		17.22	240~360℃
蜡油	11.75		12.15		14.39	360~460℃
减渣	39.36		37.95		39.83	460~终馏点
合计	100.00		100.00		100.00	

注：1. 巴士拉轻、沙中、沙轻采用广州石化公司评价数据；

2. 调和先以硫含量、金属含量等不超设计值为基准，再综合考虑收率；

3. $API=141.5/\rho^{15.6}-131.5$。

4　总加工流程和公用系统平衡

4.1　总加工流程

4.1.1　原油切割方案

4.1.1.1　切割思路

1）石脑油满足重整原料的要求，兼顾航煤质量和收率；

2）常一线满足密度、烟点、冰点等航煤指标的要求；

3）直馏柴油（常二、常三）满足柴油密度、十六烷指数等柴油指标要求；

4）减渣满足固定床渣油加氢原料对金属、残炭的要求。

4.1.1.2　切割方案

（1）原油切割方案

原油切割方案见表 1-6。

表 1-6　原油切割方案

馏 分 名 称	切割温度/℃	馏 分 名 称	切割温度/℃
石脑油	C_3~165	蜡油	360~460
直馏航煤	165~240	减渣	>460
直馏柴油	240~360		

（2）侧线收率计算

1）采用拟合法计算，见图 1-1。

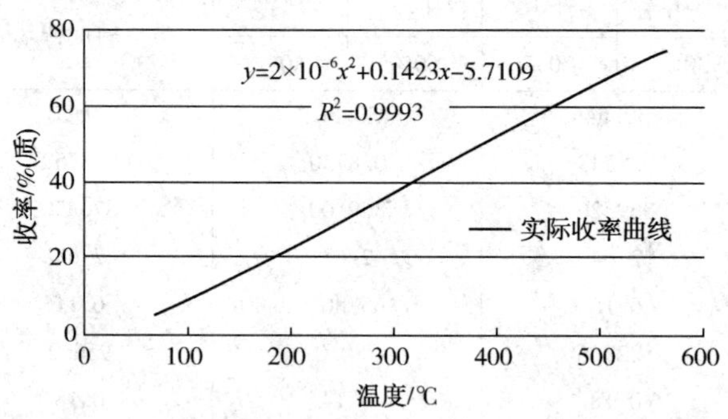

图 1-1　原油收率拟合曲线

2）收率计算结果：

各馏分计算结果，见表 1-7。

表 1-7　各馏分计算收率

馏 分 名 称	切割温度/℃	收率/%（质）	馏 分 名 称	切割温度/℃	收率/%（质）
石脑油	C_3~165	17.52	蜡油	360~460	14.39
直馏航煤	165~240	10.73	减渣	>460	39.83
直馏柴油	240~360	17.22			

注：石脑油收率包含 C_3~C_4，一起进轻烃回收。

4.1.2　蜡重油加工方案

1）常减压产轻蜡油作为加氢裂化装置原料，生产加氢裂化尾油作为乙烯料；

2）常减压产减渣作为渣油加氢原料，生产渣油加氢尾油一部分作为催化原料，一部分作为低硫船调和组分；

3）催化裂化油浆过滤后作为低硫船燃调和组分（计算油浆收率未考虑固含，所以过滤油浆按理论计算量100%调入）。

4）蜡重油物料平衡见表1-8。

表1-8 蜡重油平衡表 10^4t/a

产出			加工去向				
装置	侧线	产量	加氢裂化	渣油加氢	催化裂化	乙烯料	低硫船燃
常减压	轻蜡油	143.90	143.90				
	减渣	398.40		398.40			
加氢裂化	尾油	52.40				52.40	
渣油加氢	加氢重油	372.23			295.08		77.14
催化裂化	油浆	16.00					16.00
	小计	982.93	143.90	398.40	295.08	52.40	93.14
合计	982.93		982.93				

5）蜡重油加工路线见图1-2。

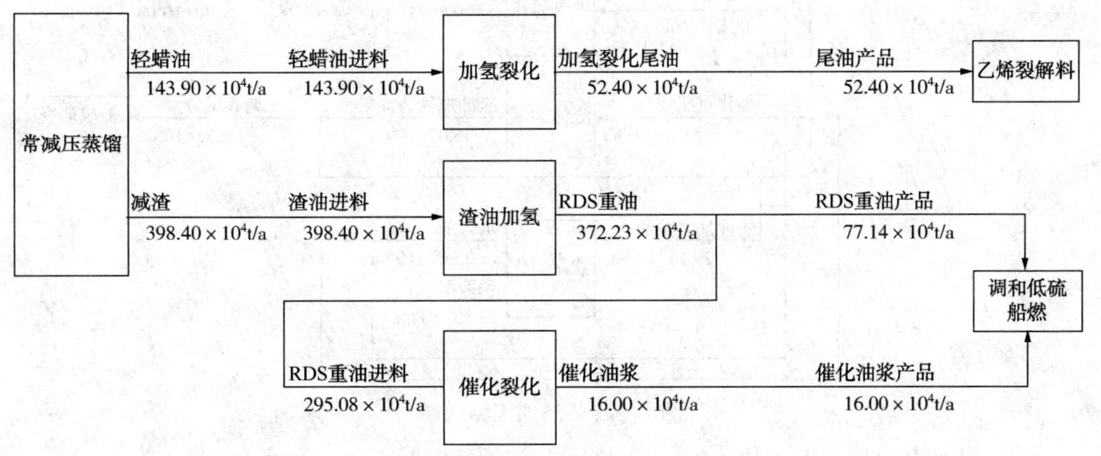

图1-2 蜡重油加工路线图

4.1.3 直柴加工方案

1）常减压产直馏柴油作为柴油加氢原料，生产0#车用柴油产品；

2）部分常三线作为加氢裂化原料，生产重石、航煤等产品；

3）催化轻柴油作为加氢裂化原料，生产重石、航煤等产品；

4）催化重柴油作为渣油加氢原料，加氢精制后部分作为催化裂化原料，部分作为船燃调和组分。

5）柴油加氢预留加工渣油加氢柴油的流程和能力。

6）柴油物料平衡见表1-9。

7）柴油加工路见图1-3。

表 1-9 柴油平衡表 $10^4t/a$

产出			加工去向					
装置	侧线	产量	柴油加氢	加氢裂化	催化裂化	渣油加氢	低硫船燃	柴油产品
常减压	直柴	142.20	142.20					
	常三	30.00		30.00				
柴油加氢	精制柴油	137.21						137.21
加氢裂化	加裂柴油	29.80						29.80
渣油加氢	渣加柴油	36.02			29.16		6.86	
催化裂化	轻柴油	23.83		23.83				
	重柴油	35.00	0.00			35.00	0.00	
	小计	434.06	142.20	53.83	29.16	35.00	6.86	167.01
合计	434.06		434.06					

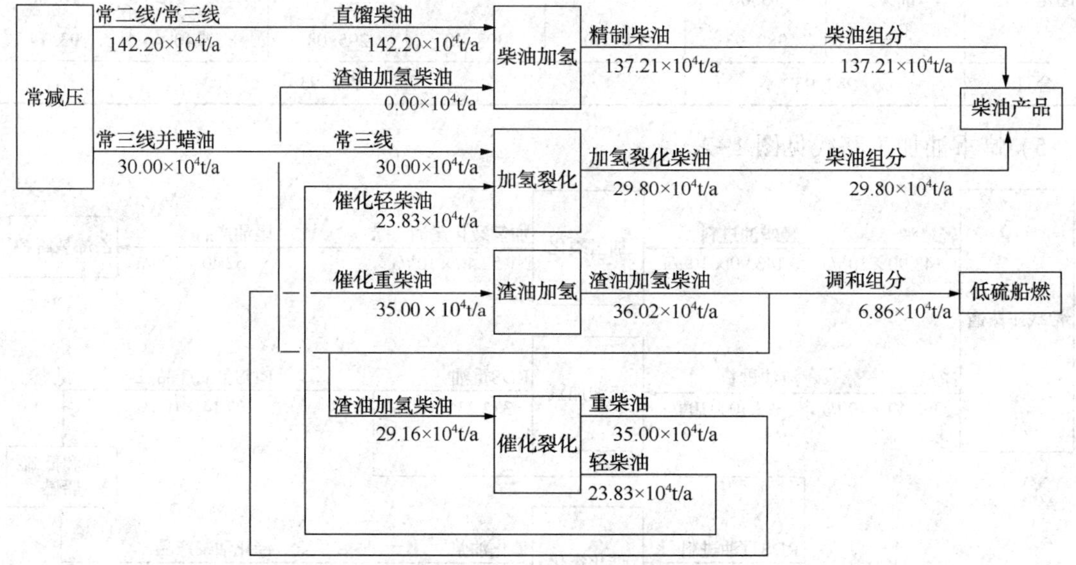

图 1-3 柴油加工路线图

4.1.4 常一线加工方案

1）常减压常一线油作为航煤加氢原料，生产航煤产品；

2）加氢裂化侧线生产航煤产品。

3）航煤物料平衡见表 1-10。

表 1-10 航煤平衡表 $10^4t/a$

产出			加工去向	
装置	侧线	产量	航煤加氢	航煤产品
常减压蒸馏	常一线	107.30	107.30	
航煤加氢	加氢精制煤油	106.74		106.74
加氢裂化	加氢裂化航煤	49.87		49.87
	小计	263.91	107.30	156.61
合计	263.91		263.91	

4）航煤加工路线图见图 1-4。

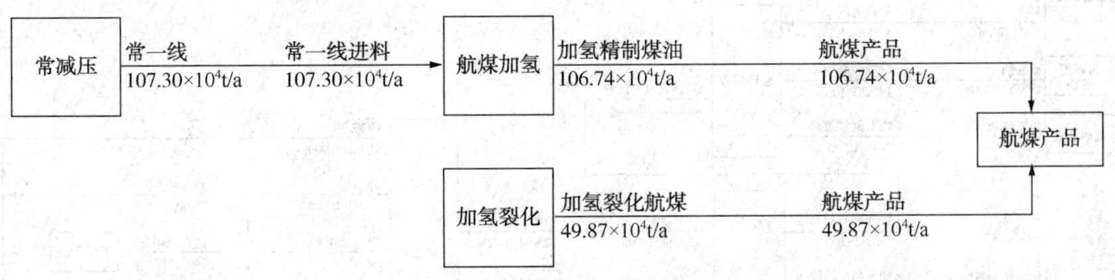

图 1-4　航煤加工路线图

4.1.5　*石脑油加工方案*

1）常减压常顶油作为轻烃回收原料，生产石脑油作为重整预加氢原料；

2）渣油加氢粗石脑油、干气回收轻烃作为轻烃回收原料，生产石脑油作为重整预加氢原料；

3）柴油加氢、航煤加氢石脑油作为重整预加氢原料，生产重整原料；

4）加氢裂化重石脑油作为重整原料；

5）重整预加氢拔头油、加氢裂化轻石脑油、重整轻汽油作为异戊烷分离原料，生产异戊烷作为汽油调和组分，富正构 C_5/C_6 作为乙烯料；

6）石脑油物料平衡见表 1-11。

表 1-11　石脑油平衡表　　$10^4t/a$

产出			加工去向							
装置	侧线	产量	轻烃回收	重整预加氢	异戊烷分离	连续重整	干气分离	乙烯料	汽油产品	芳烃产品
常减压	石脑油	175.20	175.20							
渣油加氢	粗石脑油	7.76	7.76							
轻烃回收	石脑油	175.92		175.92						
干气分离	轻烃	4.24	4.24							
航煤加氢	精制石脑油	0.64		0.64						
柴油加氢	精制石脑油	3.71		3.71						
预加氢	拔头油	54.08			54.08					
	重整进料	125.92				125.92				
加氢裂化	轻石脑油	16.61			16.61					
加氢裂化	重石脑油	41.82				40.82	1.00			
异戊烷分离	异戊烷	21.60							21.60	
	C_5C_6 轻烃	52.18						52.18		
连续重整	轻汽油	3.08			3.08					
	甲苯	29.80							29.80	
	抽余油	37.81						11.81	26.00	
	混合二甲苯	38.02								38.02
	C_{9+}芳烃	38.55							38.55	
	小计	826.94	187.19	180.28	73.78	166.74	1.00	63.98	115.95	38.02
合计	826.94		826.94							

7）石脑油加工路线图见图1-5。

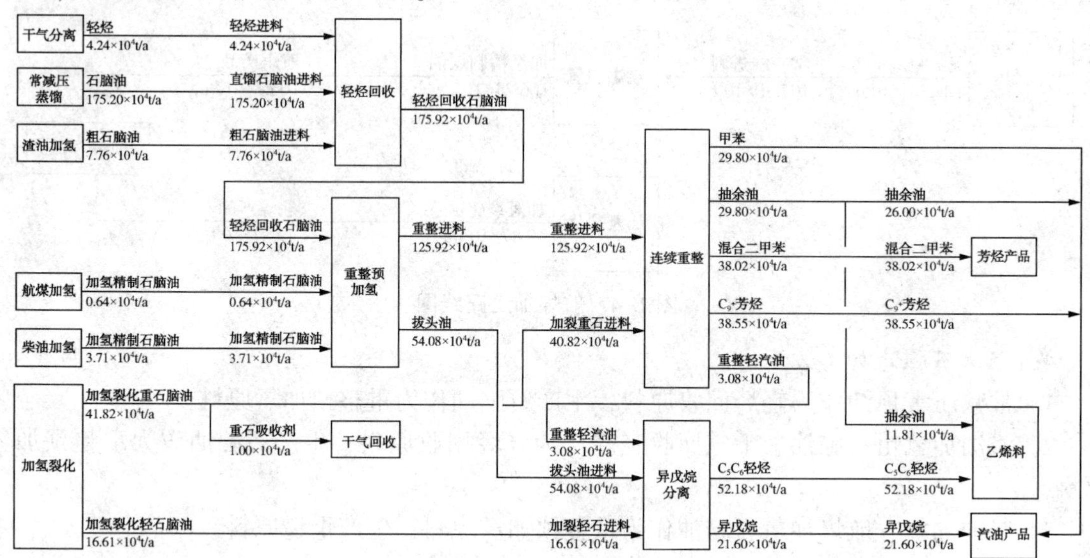

图1-5　石脑油加工路线图

4.1.6　液化气加工方案

1）常压液化气、加氢裂化液化气集中精制后正异构分离，异丁烷作为烷基化原料，正丁烷作为乙烯料；

2）重整液化气作为液化气分离原料，分离异丁烷作为烷基化原料，正丁烷作为乙烯料；

3）催化液化气精制后作为气分原料，分离丙烷作为乙烯料，丙烯作为产品；

4）气分 C_4、异丁烷、外购 C_4 作为烷基化装置原料，生产烷基化油作为汽油调和组分，剩余正丁烷作为乙烯料；

5）液化气物料平衡见表1-12。

表1-12　液化气物料平衡表　　$10^4t/a$

产出			加工去向							
装置	侧线	产量	轻烃回收	液化气分离	气分	烷基化	干气分离	乙烯料	化工产品	汽油产品
轻烃回收	液化气	20.62	20.62							
加氢裂化	液化气	6.17	6.17							
连续重整	液化气	5.59		5.59						
液化气分离	丙烷	7.28						7.28		
	正丁烷	10.80					2.14	8.66		
	异丁烷	8.13				8.13				
催化裂化	液化气	68.36			68.36					
气分	丙烷	5.54						5.54		
	丙烯	25.29							25.29	
	气分 C_4	36.81				36.81				
烷基化	正丁烷	5.32						5.32		
	烷基化油	48.36								48.36
外购	C_4	8.90				8.90				
	小计	224.79	0.00	0.00	68.36	53.84	2.14	26.80	25.29	48.36
合计	224.79		224.79							

6）液化气加工路线图见图 1-6。

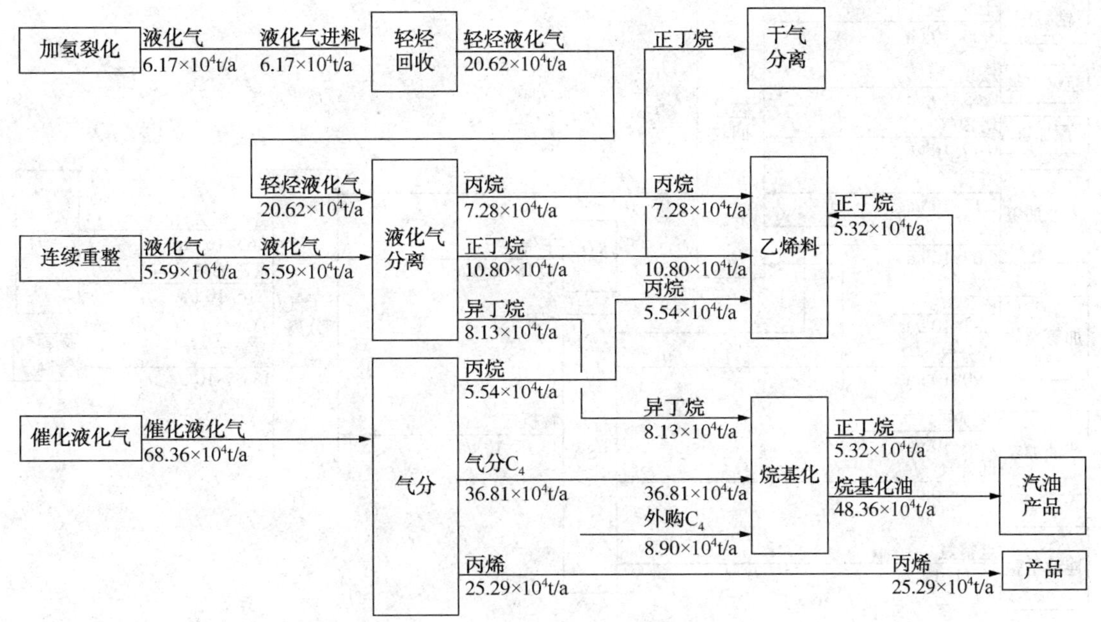

图 1-6　液化气加工路线图

4.1.7　干气加工方案

1）常压干气、装置塔顶气（渣油加氢、加氢裂化、柴油加氢、重整预加氢）作为轻烃回收原料，回收 C_{3+}后集中脱硫；

2）渣油加氢、加氢裂化、柴油加氢低分气集中脱硫后作为 PSA 原料，回收氢气；

3）催化干气脱硫后干气回收分离原料，回收富乙烯气作乙烯料；

4）轻烃回收干气、PSA 尾气作为干气回收分离原料，回收富乙烷气作乙烯料；

5）干气回收分离尾气作为 VPSA 原料，回收氢气后作为自用燃料进燃料气管网；

6）干气加工路线见图 1-7。

4.1.8　氢气及氢气回收

1）连续重整装置副产重整氢，部分供给柴油加氢、航煤加氢、重整预加氢、S-Zorb、硫黄回收等装置；

2）部分重整氢、外购乙烯氢、低分气作为 PSA 原料，提纯后供给渣油加氢、加氢裂化、烷基化等装置；

3）VPSA 回收氢、外购煤制氢纯氢作为补充。

4.1.9　酸性气

1）全厂统一设置产品精制装置处理含硫干气、含硫液化石油气、低分气等；

2）全厂统一设置酸性水汽提和溶剂再生装置处理各装置酸性水以及富溶剂，再生酸性气统一进硫黄回收装置生产硫黄产品。

4.2　生产装置构成

装置组成及规模依据如下：

1）主要生产装置加工规模根据物料平衡计算的加工量确定；

2）渣油加氢装置因换剂需要分成 2 列；

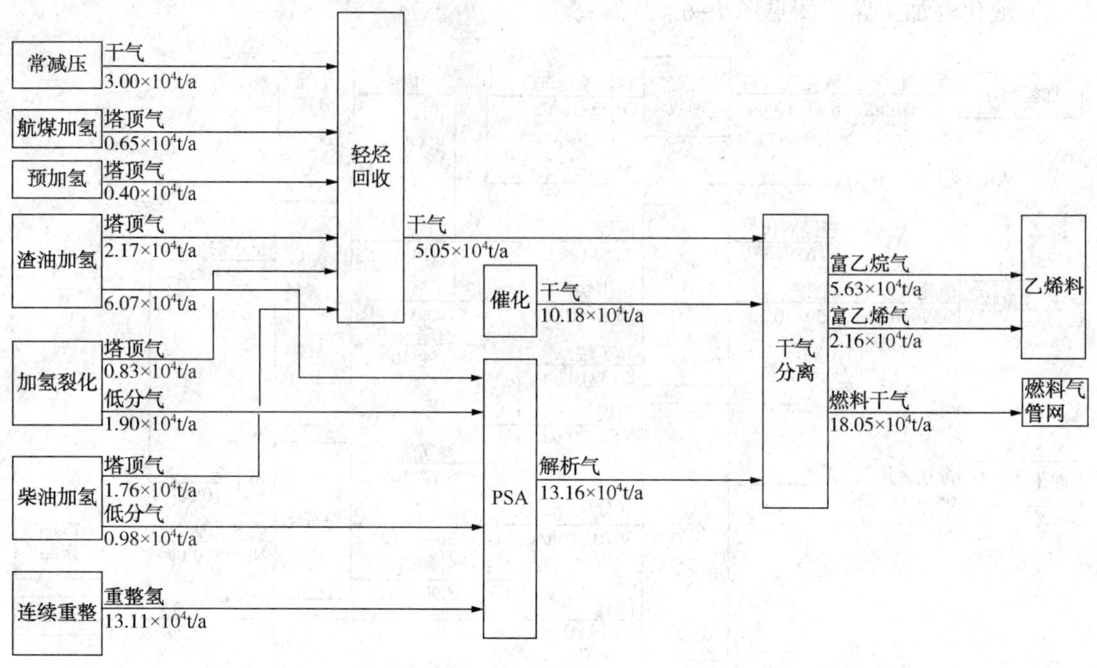

图 1-7　干气加工路线图

3）硫黄回收装置根据环保要求 2 开 1 备，分为 3 列；

4）柴油加氢和加氢裂化装置适当放大规模，灵活应对柴油市场变化；

5）连续重整装置设芳烃抽提和甲苯塔，可以灵活应对汽油和甲苯市场变化；

6）生产装置组成见表 1-13。

表 1-13　生产装置组成表

序号	装置名称	规模/10^4t/a	备　注	序号	装置名称	规模/10^4t/a	备　注
1	常减压	1000		11	S-Zorb	145	
2	轻烃回收	200	含液化气分离装置	12	PSA	8	10^4m^3/h（标）
3	渣油加氢	430	2 列，2×215×10^4t/a	13	干气回收分离	30	含 VPSA
4	加氢裂化	220	含低分气脱硫精制	14	硫黄回收	39	3 列，3×13×10^4t/a
5	航煤加氢	110		15	干气精制	30	
6	柴油加氢	180		16	液化气精制	90	
7	催化裂化	330	含脱硫脱硝装置	17	酸性水汽提	50t/h	
						150t/h	
8	连续重整	170	含芳烃抽提、异戊烷分离等装置	18	溶剂再生	600t/h	
						600t/h	
9	气分	70					
10	烷基化	50					

4.3　全厂物料平衡

全厂物料平衡见表 1-14。

表 1-14　全厂物料平衡表　　$10^4 t/a$

原料/产品	加工量/产量	原料/产品	加工量/产量
原料合计	1020.26	自用燃料	45.20
外购原油	1000.00	外购燃料	6.24
外购 C_4	8.90	损失	1.94
外购氢气 95%(体)	2.62	技术经济指标	
外购 POX 纯氢	8.74	柴汽比	0.54
商品合计	973.12	综合商品率	95.38%
汽油	307.03	综合自用率	4.43%
航煤	156.61	轻油收率	72.06%
柴油	167.01	损失率	0.19%
低硫船燃	100.00		
石油芳烃	40.57		
丙烯	25.29		
硫黄	25.64		
乙烯裂解料	150.97		

4.4　氢气平衡

4.4.1　系统管网

全厂设置 2 个氢气管网运行，一个重整氢管网，一个纯氢管网。

4.4.1.1　重整氢管网

重整氢供应，氢气纯度 93.4%(体)，压力为 2.0MPa(表)，主要供应柴油加氢、航煤加氢、重整预加氢、S-Zorb、硫黄回收等装置，其他重整氢去 PSA 装置提纯。

重整氢管网氢气组成见表 1-15。

表 1-15　重整氢管网氢气组成表

成　分	组成/%(体)	成　分	组成/%(体)
氢气	93.74	正丁烷	0.19
甲烷	2.17	反丁烯	0.01
乙烷	2.20	$>C_5$ 组分	0.05
丙烷	1.45	合计	100.00
异丁烷	0.19		

注：引用海南炼化分析数据。

4.4.1.2　纯氢管网

PSA、VPSA 提纯氢、外购煤制氢纯氢混合供应，氢气纯度 99.9%(体)，压力为 2.0MPa(表)。其中，2.0MPa(表)氢气主要供应烷基化装置；PSA 装置设在渣油加氢，渣油加氢和加氢裂化装置共用新氢机升压至 15.3MPa；柴油加氢装置配备新氢机升压至 8.7MPa。纯氢管网氢气组成见表 1-16。

4.4.2　氢气平衡

1）氢气平衡见表 1-17、表 1-18。

表 1-16 纯氢管网氢气组成表

组 分	H_2	C_1	$CO+CO_2$	合计
组成/%(体)	99.9	0.1	<20μL/L	100

表 1-17 重整氢管网平衡表

项 目	装置名称	数 量	项 目	装置名称	数 量
产方	连续重整	13.11	耗方	S-Zorb	0.86
	合计	13.11		硫黄回收	0.03
耗方	重整预加氢	0.23		PSA	7.68
	航煤加氢	0.90		合计	13.11
	柴油加氢	3.40			

表 1-18 纯氢管网平衡表

项 目	装 置	数 量	项 目	装 置	数 量
产方	PSA	6.09	耗方	渣油加氢	9.75
	干气回收分离	1.32		加氢裂化	6.39
	煤制氢	8.74		烷基化	0.01
	合计	16.15		合计	16.15

2）氢气管网平衡见图 1-8。

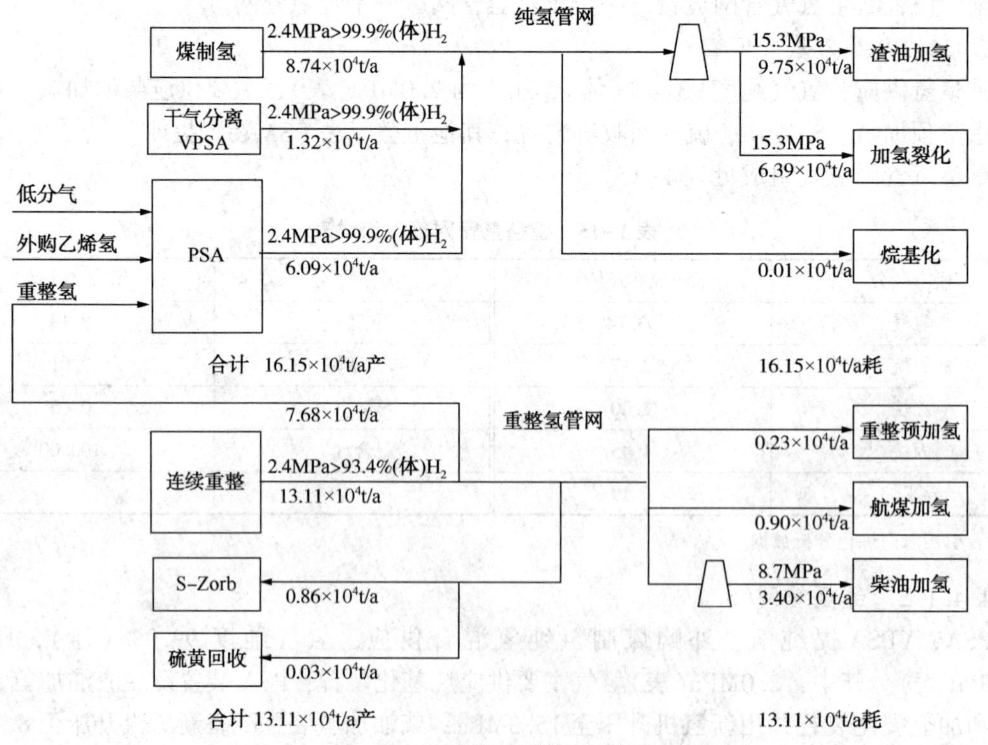

图 1-8 氢气管网平衡示意图

4.5 硫平衡

通过硫平衡，全厂硫回收率达到 97.13%。

1）全厂原料硫带入量26.4×10^4t/a，全部来自原油；

2）根据N+1原则，全厂设3×13×10^4t/a硫黄回收装置，回收硫黄25.64×10^4t/a；

3）催化裂化装置配套脱硫脱硝装置处理烟气中二氧化硫，通过含盐废水外排0.22×10^4t/a；

4）其他硫通过产品、烟气带出；

5）全厂硫平衡见表1-19。

表1-19　全厂硫平衡表

原料/产品	加工量/产量/10^4t	硫含量/%(质)	硫量/10^4t/a	所占百分数/%
原料				
科威特原油	1000.00	2.6400	26.4000	100.00
合计			26.4000	100.00
产品				
汽油			0.0014	0.005
92#乙醇汽油组分	170.63	0.0005	0.0009	
95#乙醇汽油组分	96.40	0.0004	0.0004	
98#乙醇汽油组分	40.00	0.0005	0.0002	
航煤	156.61	0.0311	0.0487	0.184
柴油			0.0007	0.003
柴油(国Ⅵ)	167.01	0.0004	0.0007	
低硫船燃			0.4777	1.810
180#	100.00	0.4777	0.4777	
硫黄	25.64	100.0000	25.6426	97.131
乙烯料			0.0002	0.001
加氢裂化尾油	52.40	0.0003	0.0002	
脱硫脱硝排放			0.224	0.849
外排废水	12.42		0.2239	
外排尾气			0.0002	
烟气带出			0.0046	0.017
硫黄回收尾气	1.64		0.0000	
装置加热炉	18.05		0.0046	
合计			26.4000	100.00

注：1. 脱硫脱硝废水量计算：根据催化裂化烧焦中总硫量推算SO_2量，再推算外排8%Na_2SO_4废水量；2. 装置加热炉排放烟气量根据自产干气中硫含量推算。

4.6　燃料气平衡

1）燃料气管网主要由干气回收分离后的干气组成，不足部分外购天然气补充；

2）连续重整自产0.7810⁴t干气自用；

3）全厂燃料气平衡见表1-20。

表1-20　全厂燃料气平衡表　　10^4t/a

项　目	装　置	燃料气数量	项　目	装　置	燃料气数量
产方	干气回收分离干气	18.05	耗方	常减压蒸馏	7.50
	连续重整自产	0.78		渣油加氢	3.90
	外购天然气	6.24		加氢裂化	1.44
	合计	25.07		航煤加氢	0.30

续表

项　目	装　置	燃料气数量	项　目	装　置	燃料气数量
耗方	柴油加氢	0.01	耗方	连续重整	9.69
	催化裂化	0.05		硫黄回收	1.38
	烷基化	0.31		合计	25.07
	S-Zorb	0.50			

注：1. 查《2018 年炼油生产装置基础数据汇编》得到各装置燃料气消耗量；

2. 天然气计算热值 8547kcal/m^3(1kcal=4.18686kJ)；自产干气计算热值 6607kcal/m^3(标)；管网混合燃料气计算热值 7213.8kcal/m^3(标)。

4.6.3　全厂燃料气管网平衡见图 1-9。

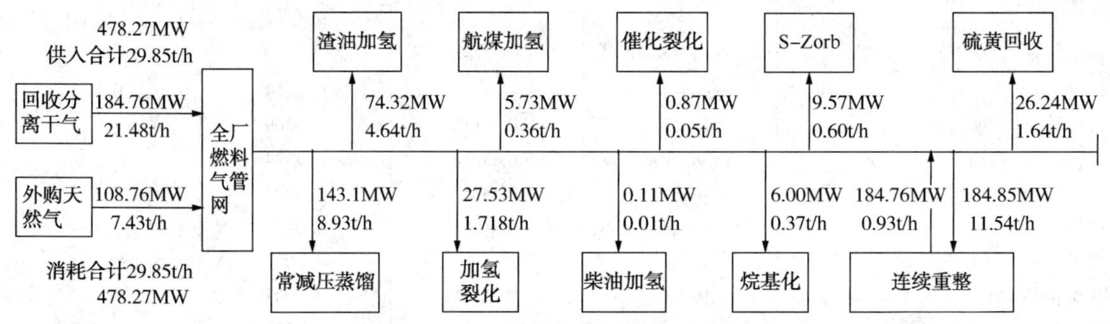

图 1-9　全厂燃料气管网平衡示意图

4.7　蒸汽平衡

4.7.1　蒸汽系统设置

全厂设 3.5MPa、1.0MPa、0.4MPa 三个公称压力等级的蒸汽管网。各等级蒸汽参数见表 1-21。

表 1-21　全厂蒸汽参数表

管网名称	公称压力/MPa(表)	公称温度/℃	管网名称	公称压力/MPa(表)	公称温度/℃
中压蒸汽	3.5	400	低低压蒸汽	0.4	180
低压蒸汽	1.0	280			

4.7.2　蒸汽系统控制原则

1）催化装置 CO 锅炉以及连续重整、硫黄回收装置余热锅炉产中压蒸汽，保证全厂蒸汽需求，外购 3.5MPa 蒸汽作为补充；

2）渣油加氢装置、加氢裂化装置产低压蒸汽，低压蒸汽管网的压力由 1 台 7MW 抽背发电机组控制，同时设 1 台减温减压器作为补充；

3）硫黄装置、渣油加氢装置、常减压装置、加氢裂化装置产低低压蒸汽，低低压蒸汽基本平衡，设 1 台减温减压器控制管网压力。

4.7.3　蒸汽平衡计算

1）查询《2018 年炼油生产装置基础数据汇编》得到类似规模装置耗汽量、产汽量；

2）根据提供的催化、硫黄、重整装置产汽比计算产汽量；

3）根据海南炼化类似装置耗汽量、产汽量计算；

4）根据设计提供的参数计算抽背式(背压式)发电机组功率；

5）油品储运、系统蒸汽用量及损耗估算；

6）全厂蒸汽产耗平衡见表 1-22，蒸汽管网平衡图见图 1-10。

表 1-22　全厂蒸汽产耗平衡表

t/h

装置	3.5MPa			1.0MPa					0.4MPa			
	汽包产汽	背压机耗汽	加热	汽包产汽	背压机产汽	背压机耗汽	注汽	加热	汽包产汽	背压机产汽	注汽	加热
催化裂化	335.24	105.05			105.05		118.18					
硫黄回收	94.33								25.71			
连续重整	58.16	51.38										
		39.83	40.16							39.83		
异戊烷分离								23.06				
常减压							8.05		8.73		8.73	
轻烃回收								14.44				
渣油加氢		52.23		42.57			10.32		23.22	52.23		
加氢裂化		42.11		32.37			4.41		14.71	42.11		
航煤加氢												
柴油加氢		23.11			23.11							
气分								2.44				
烷基化			6.91					25.33				28.21
S-Zorb												
PSA												
干气回收			19.00					5.00				18.00
干气精制												
液化气精制												
酸性水汽提								33.51				
溶剂再生												154.57
抽背发电机组		107.93			107.93							
减温减压器												
减温减压器						2.97			2.97			
油品储运及其他								63.32				
小计	487.72	421.66	66.07	74.93	236.10	2.97	140.96	167.10	75.34	134.18	8.73	200.79
产汽合计	638.00											

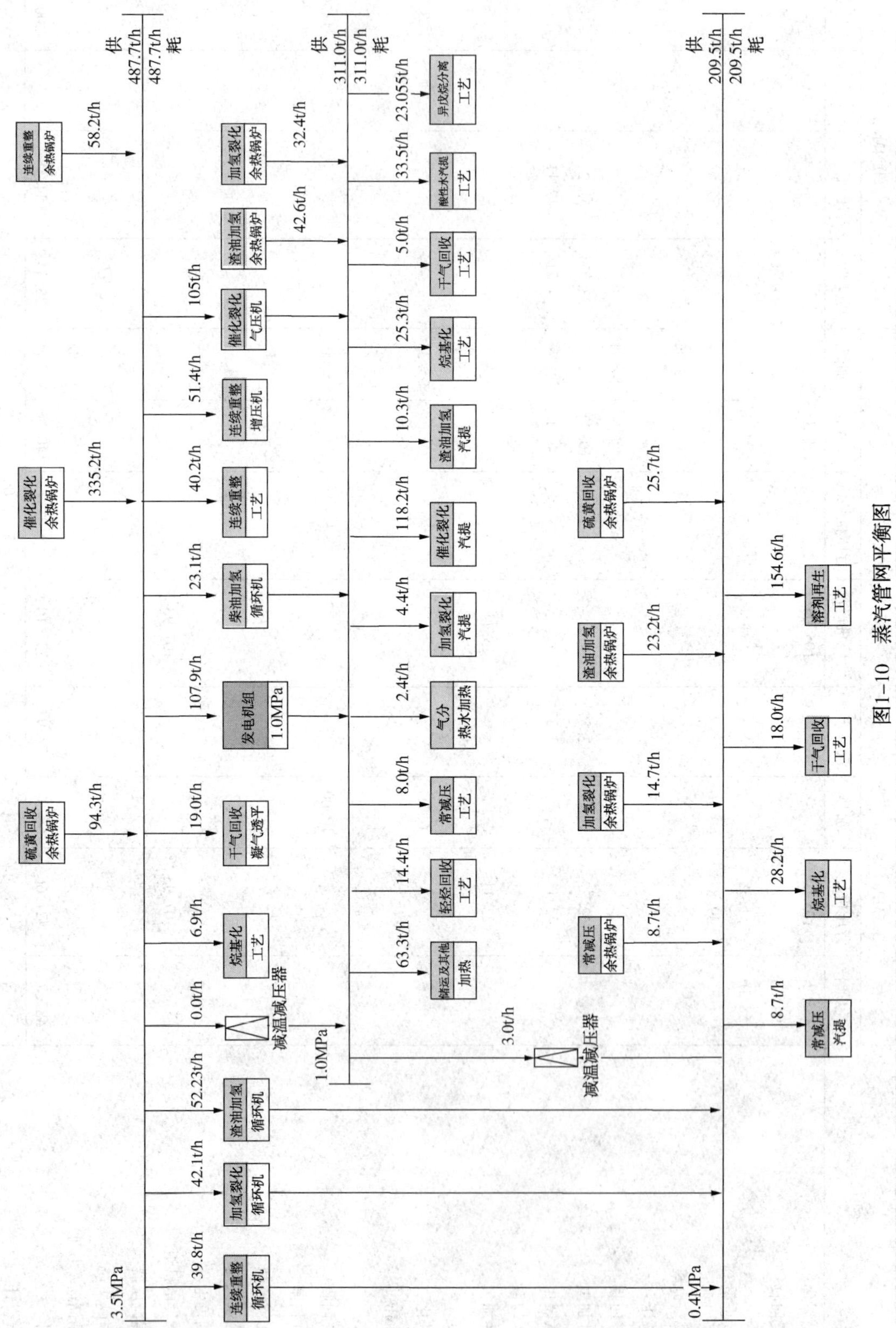

图1-10 蒸汽管网平衡图

4.8 水耗计算

4.8.1 全厂水平衡计算

1）根据《2018年炼油生产装置基础数据汇编》查询类似装置循环水、软化水、锅炉给水、新鲜水单耗，计算各装置工业水消耗量；

2）计算各装置含油污水、含硫污水、含盐污水、凝结水、废水的排放量；

3）计算净化水、再生水、凝结水的回用量；

4）全厂水平衡情况见表1-23。

表1-23 全厂水平衡 t/h

装置	循环水	软化水	除氧水	生产用水	含油污水	含盐污水	凝结水	含硫污水	回用水	外排废水	新鲜水耗量
常减压	3357.14	122.62	8.73	3.57	3.57	98.81		16.78			
轻烃回收	1391.16	0.00	0.00	0.72	0.72		14.44				
渣油加氢	3069.92	0.00	65.78	1.55	1.55			48.39			
加氢裂化	1525.36	0.00	47.08	0.71	0.71			12.95			
航煤加氢	65.15	0.00	0.00	0.38	0.38						
柴油加氢	726.24	3.39	0.00	0.51	0.51			0.82			
催化裂化	3336.83	31.08	335.24	1.17	1.17			118.18			
气分	6272.06	0.00	0.00	0.24	0.24		2.44				
烷基化	1394.40	33.39	0.00	0.17	0.17		60.45				
S-Zorb	274.23	0.00	0.00	0.52	0.52						
连续重整	4081.11	0.00	58.16	0.60	0.60		114.60				
硫黄回收	370.90	0.00	94.33	0.09	0.09						
PSA	0.00	0.00	0.00	0.02	0.02						
干气回收	4379.61	0.00	0.00	0.11	0.11		42.00				
干气精制	36.24	0.00	0.00	0.06	0.06						
液化气精制	156.41	0.00	0.00	0.32	0.32						
酸性水汽提	936.29	0.00	0.00	0.70	19.71		33.51		177.40		
溶剂再生	1800.74	0.00	0.00	3.94	3.94		154.57				
脱硫脱硝	0.00	13.60	0.00	0.00	0.00					13.60	13.60
储运及系统							63.32				
循环水场						39.03					148.73
凝结水站					24.27				461.07		
化学水站										18.40	161.32
含油污水处理场									32.67		
含盐污水处理场									117.16	20.68	20.68
合计	33173.76	190.47	609.32	15.39	34.39	137.84	485.33	197.11	788.31	52.67	344.33

注：1. 生活用水没有纳入计算；2. 各装置日常不连续生产用水按统一比例计算。

4.8.2 全厂水耗计算

全厂新鲜水消耗344.33t/h，水耗0.40t/t。其中，净化水、凝结水、再生水共回用

788.31t/h，外排含盐废水共52.67t/h。具体情况见表1-24。

表1-24 全厂水耗

项目	来源/去处	水量/(t/h)	合计/(t/h)
新鲜水	化学水站	195.60	344.33
	循环水场	148.73	
回用水	净化水	177.40	788.31
	凝结水	461.07	
	再生水	149.84	
外排废水	脱硫脱硝高含盐水	13.60	52.67
	化学水站高含盐水	18.40	
	污水处理厂含盐废水	20.68	
全厂水耗			0.40t/t

4.9 电耗计算

全厂220kV双电源两回路供电，自备7MW抽背蒸汽发电机组1台。根据《2018年炼油生产装置基础数据汇编》查各装置电耗，经计算全厂用电总负荷96.1MW，发电机组发电6.0MW，全厂电耗74.2kW·h/t。全厂用电负荷见表1-25。

表1-25 全厂用电负荷表

装置名称	电耗/(kW·h/t)	电功率/kW	装置名称	电耗/(kW·h/t)	电功率/kW
常减压	4.77	5678.57	硫黄回收	155.00	4731.67
轻烃回收	7.94	1911.04	PSA	305.70	2215.68
渣油加氢	38.94	20091.19	干气回收分离	16.11	604.80
加氢裂化	56.69	13344.55	干气精制	1.32	25.18
航煤加氢	6.53	834.13	液化气精制	2.29	243.65
柴油加氢	20.05	3394.18	酸性水汽提	2.85	668.78
催化裂化	20.00	7769.10	溶剂再生	1.05	1380.13
气分	10.00	813.81	发电机组		-6132.67
烷基化	141.06	8121.12	公用工程及其他		17973.87
S-Zorb	5.75	997.98	合计		89869.37
连续重整	26.21	5202.62	电耗		73.99kW·h/t

注：公用工程系统按经验取全厂总耗电量20%。

4.10 能耗计算

4.10.1 全厂综合能耗计算

1）全厂计算综合能耗为64.81kgEO/t，其中燃料气能耗为23.35kgEO/t，占总综合能耗的36.0%；其次，催化烧焦能耗为24.55kgEO/t，占总能耗的37.9%；外购电的能耗为16.87kgEO/t，占总能耗的26.0%；用水能耗所占比例较小，为0.1%。

2）由于数据汇编没有相关数据，能耗计算时没有考虑氮气和工厂风。

3）炼油综合能耗为61.32kgEO/t，计算时扣除了生产乙烯料的干气回收分离装置的能耗 3.49kgEO/t。

4）具体综合能耗见表 1-26。

表 1-26　全厂综合能耗表

项　　目	消耗量/（10^4tkW·h/a）	能源折算值	总能耗/（10^4kgEO/a）	单位能耗/（kgEO/t）	占总能耗比例/%
燃料气	25.07	950kg/t	23820.22	23.35	36.0
烧焦	26.37	950kg/t	25046.95	24.55	37.9
电	75490.27	0.228kg/（kW·h）	17211.78	16.87	26.0
新鲜水	289.23	0.17kg/t	49.17	0.05	0.1
综合能耗				64.81	100
炼油能耗				61.32	

注：能源折算系数参照海南炼化。

4.10.2　炼油单因能耗计算

4.10.2.1　装置能源单耗

通过查询《2018 年炼油生产装置基础数据汇编》和相关资料，对各装置循环水、软化水、蒸汽、燃料气、烧焦等能源单耗进行了计算，见表 1-27。

表 1-27　各装置能源单耗统计表

装置名称	循环水/（t/t）	软化水/（t/t）	除氧水/（t/t）	新鲜水/（t/t）	电/（kW·h/t）	3.5MPa/（t/t）	1.0MPa/（t/t）	0.4MPa/（t/t）	燃料气/（kg/t）	烧焦/（kg/t）
常减压	2.82	0.10	0.01	0.00	4.77		0.0068		7.50	
轻烃回收	5.78			0.00	7.94		0.0600			
渣油加氢	5.95		0.05	0.00	38.94	0.1012	0.02	−0.15	8.99	
加氢裂化	6.48		0.06	0.00	56.69	0.18	0.0188	−0.2414	7.30	
航煤加氢	0.51			0.00	6.53				2.80	
柴油加氢	4.29	0.02		0.00	20.05	0.14	−0.14		0.04	
催化裂化	8.59	0.08	0.86	0.00	20.00	−0.59	0.03		0.14	80.80
气分	77.07			0.00	10.00		0.03			
烷基化	24.22	0.58		0.00	141.06	0.12	0.44	0.48	6.50	
S-Zorb	1.58			0.00	5.75				3.44	
连续重整	20.56		0.29	0.00	26.21	0.38	−0.47		58.12	
硫黄回收	12.15		3.09	0.00	155.00	−3.09		−0.84	53.65	
PSA				0.00	305.70					
干气回收	116.66			0.00	16.11	0.51	0.13	0.48		
干气精制	1.90			0.00	1.32					
液化气精制	1.47			0.00	2.29					
酸性水汽提	3.99			0.00	2.85		0.17			
溶剂再生	1.37			0.00	1.05			0.13		

4. 10. 2. 2　炼油装置单因能耗计算

根据炼油装置单耗计算各装置能耗和单因能耗，炼油装置单因能耗 6. 86kgEO/t，具体见表 1-28。

表 1-28　炼油单因能耗计算表

装 置 名 称	加工量/10^4t/a	装置能耗/（kgEO/t）	加工量折算系数	能量系数	能量因数
常减压	1000. 00	9. 17	1. 0000	1. 000	1. 00
轻烃回收	202. 18	6. 65	0. 2022	0. 726	0. 15
渣油加氢	433. 40	19. 66	0. 4334	2. 144	0. 93
加氢裂化	197. 73	23. 25	0. 1977	2. 536	0. 50
航煤加氢	107. 30	4. 17	0. 1073	0. 455	0. 05
柴油加氢	142. 20	6. 50	0. 1422	0. 709	0. 10
催化裂化	326. 30	40. 42	0. 3263	4. 408	1. 44
气分	68. 36	40. 54	0. 0684	4. 421	0. 30
烷基化	48. 36	116. 54	0. 0484	12. 709	0. 61
S-Zorb	145. 79	4. 66	0. 1458	0. 508	0. 07
连续重整	166. 74	82. 10	0. 1667	8. 954	1. 49
硫黄回收	25. 64	-212. 17	0. 0256	-23. 138	-0. 59
PSA	6. 09	69. 70	0. 0061	7. 601	0. 05
干气回收	31. 53	110. 69	0. 0315	12. 072	0. 38
干气精制	16. 02	0. 39	0. 0160	0. 043	0. 00
液化气精制	89. 37	0. 59	0. 0894	0. 065	0. 01
酸性水汽提	197. 11t/h	13. 77	0. 1971	1. 501	0. 30
溶剂再生	1104. 11t/h	9. 55	1. 1041	1. 041	1. 15
公用系统					1. 00
全厂能量因数					8. 93
炼油单因能耗		6. 86			

4. 11　产品调和方案

1）汽油产量 307×10^4t，全部满足乙醇汽油调和组分油（ⅥB）的质量要求，调和组分主要有 S-Zorb 汽油、甲苯、C_{9+}芳烃、异戊烷、抽余油；

2）柴油产量 167×10^4t，全部满足车用柴油（Ⅵ）质量标准，主要调和组分柴油加氢柴油和加氢裂化柴油；

3）航煤产量 150×10^4t，全部满足 3#喷气燃料质量要求，包括航煤加氢航煤和加氢裂化航煤；

4）低硫船燃产量 100×10^4t，全部满足 RMG180#船用燃料油质量标准，主要调和组分渣油加氢尾油、渣油加氢柴油、滤后催化油浆；

5）产品调和方案见表 1-29。

表 1-29　产品调和表

质量调和 产品	数量/ 10^4t	密度/ (kg/m^3)	硫含量/ (mg/kg)	研究法辛烷值	芳烃含量/ %(体)	烯烃含量/ %(体)	苯含量/ %(体)	蒸汽压/ kPa	十六烷指数	烟点/ mm	50℃黏度/ (mm^2/s)
1. 98#乙醇组分汽油	40.00	761	4.56	96.70	33.00	10.50	0.32	50.51			
质量标准		720~772	≤10	≥96.5	≤38	≤16	≤0.8	40~58			
抽余油	0.00	680	1	68	1	5.5	0.5	65			
甲苯	7.92	866	1	114	100	0	0.1	10			
C_{9+}芳烃	2.32	870	1	94	100	0	0.1	5			
S-Zorb 汽油	18.00	760	8	90.4	24	22	0.6	50			
异戊烷油	3.59	626	1	92.3	0.1	0.1	0.1	110			
异辛烷油	8.16	690	3	96.5	0	3	0.1	55			
2. 95#乙醇组分汽油	96.40	768	4.16	93.52	36.00	9.88	0.33	46.86			
质量标准		720~772	≤10	≥93.5	≤38	≤16	≤0.8	40~58			
抽余油	7.16	680	1	68	1	5.5	0.5	65			
甲苯	12.31	866	1	114	100	0	0.1	10			
C_{9+}芳烃	16.60	870	1	94	100	0	0.1	5			
S-Zorb 汽油	38.76	760	8	90.4	24	22	0.6	50			
异戊烷油	4.97	626	1	92.3	0.1	0.1	0.1	110			
异辛烷油	16.59	690	3	96.5	0	3	0.1	55			
3. 92#乙醇组分汽油	170.63	748	4.91	90.30	25.63	12.26	0.40	53.75			
质量标准		720~772	≤10	≥90	≤38	≤16	≤0.8	40~58			
抽余油	18.84	680	1	68.0	1	5.5	0.5	65			

续表

质量调和 / 产品	数量/ 10^4t	密度/ (kg/m^3)	硫含量/ (mg/kg)	研究法辛烷值	芳烃含量/ %(体)	烯烃含量/ %(体)	苯含量/ %(体)	蒸汽压/ kPa	十六烷指数	烟点/ mm	50℃黏度/ (mm^2/s)
甲苯	7.01	866	1	114.0	100	0	0.1	10			
C_{9+}芳烃	19.63	870	1	94.0	100	0	0.1	5			
S-Zorb 汽油	88.50	760	8	90.4	24	22	0.6	50			
异戊烷油	13.04	626	1	92.3	0.1	0.1	0.1	110			
异辛烷油	23.61	690	3	96.5	0	3	0.1	55			
4. 航煤	156.61	801	307							26.27	
质量标准		775~830	≤2000							≥25	
加裂航煤	49.87	800	1							27.5	
加氢精制航煤	106.74	802	450							25.70	
5. 0#国六柴油	167.01	844	4.16						51.2		
质量标准		810~845	≤10						≥46		
加氢裂化柴油	29.80	821	0.03						60.0		
加氢精制柴油	137.21	849	5						49.3		
6. 180#低硫船燃	100.00	944	4800								158.7
质量标准		≤987.6	≤5000								≤180
渣油加氢尾油	77.14	920.9	4558								230.2
过滤催化油浆	16.00	1093	8000								920.0
渣油加氢柴油	6.86	854	50								2.3

5 工艺装置

5.1 常减压装置

5.1.1 装置概况

常减压装置设计规模10.0Mt/a，采用“闪蒸塔、常压塔、减压塔”三塔分馏工艺路线。

5.1.2 装置组成

常减压装置主要由电脱盐、闪蒸塔、常压塔、减压塔等4部分组成。

5.1.3 物料平衡

常减压物料平衡见表1-30。

表1-30 常减压物料平衡表

项目	物料名称	收率/%(质)	数量		用途
			t/h	10^4t/a	
进料	科威特原油	100.00	1141.55	1000	外购
	合计	100.00	1141.55	1000	
出料	常减压干气	0.30	3.42	3	至轻烃回收
	石脑油	17.52	200.00	175.2	至轻烃回收
	常一线	10.73	122.49	107.3	至航煤加氢
	常二线/常三线	14.22	162.33	142.2	至柴油加氢
	常三线并蜡油	3.00	34.25	30	至加氢裂化
	轻蜡油	14.39	164.27	143.9	至加氢裂化
	减渣	39.84	454.79	398.4	至渣油加氢
	合计	100.00	1141.55	1000	

5.2 轻烃回收装置

5.2.1 装置规模

轻烃回收装置设计规模2.0Mt/a。

5.2.2 装置组成

轻烃回收装置主要由轻烃回收、双脱、液化气分离等3部分组成。轻烃回收由塔顶气压缩、吸收及再吸收、脱吸、稳定等组成；双脱由干气脱硫、液化气脱硫、液化气脱硫醇组成，采用胺法脱硫和纤维膜接触脱硫醇工艺；液化气分离由脱异丁烷塔、脱丙烷塔组成。

5.2.3 物料平衡

1）轻烃回收物料平衡见表1-31。

表1-31 轻烃回收物料平衡表

项目	物料名称	收率/%(质)	数量		用途
			t/h	10^4t/a	
进料	常减压干气	1.48	3.42	3.00	
	柴加、加裂、渣加塔顶气	2.35	5.43	4.76	
	预加氢塔顶气	0.20	0.45	0.40	
	航煤加氢塔顶气	0.32	0.75	0.65	
	加氢裂化液化气	3.05	7.04	6.17	
	常顶油	86.66	200.00	175.20	

续表

项目	物料名称	收率/%(质)	数量		用途
			t/h	10^4t/a	
进料	渣油加氢粗石脑油	3.84	8.86	7.76	
	轻烃	2.10	4.84	4.24	
	合计	100.00	230.79	202.18	
出料	酸性气	0.29	0.66	0.58	至硫黄回收
	轻烃回收干气	2.50	5.77	5.05	至干气回收分离
	轻烃液化气	10.20	23.54	20.62	至液化气分离
	轻烃回收石脑油	87.01	200.82	175.92	至重整预加氢
	合计	100.00	230.79	202.18	

2）液化气分离物料平衡见表1-32。

表1-32　液化气分离物料平衡表

项目	物料名称	收率/%(质)	数量		用途
			t/h	10^4t/a	
进料	轻烃液化气	78.69	23.54	20.62	
	重整液化气	21.31	6.38	5.59	
	合计	100.00	29.92	26.21	
出料	丙烷	27.78	8.31	7.28	乙烯料
	异丁烷	31.01	9.28	8.13	至烷基化
	正丁烷	41.21	12.33	10.80	乙烯料
	合计	100.00	29.92	26.21	

5.3　渣油加氢装置

5.3.1　装置规模

渣油加氢装置设计规模4.3Mt/a，考虑换剂周期与检修周期匹配，反应部分采用双系列，工艺路线采用中国石化固定床加氢技术。

5.3.2　装置组成

渣油加氢装置主要由反应器、高低压分离、循环氢脱硫塔、低分气脱硫塔(含加氢裂化、柴油加氢低分气)、分馏塔、柴油汽提塔等组成。

5.3.3　物料平衡

渣油加氢物料平衡见表1-33。

表1-33　渣油加氢物料平衡表

项目	物料名称	收率/%(质)	数量		用途
			t/h	10^4t/a	
进料	减渣	89.90	454.79	398.40	
	催化重柴油	7.90	39.95	35.00	
	纯氢	2.20	11.13	9.75	

续表

项目	物料名称	收率/%(质)	数量		用途
			t/h	10^4t/a	
进料	合计	100.00	505.88	443.15	
出料	酸性气	4.27	21.59	18.92	至硫黄回收
	低分气	1.37	6.93	6.07	至PSA
	塔顶气	0.49	2.47	2.17	至轻烃回收
	粗石脑油	1.75	8.86	7.76	至轻烃回收
	柴油	8.13	41.11	36.02	至催化裂化
	加氢尾油	84.00	424.92	372.23	至催化裂化/调和低硫船燃
	合计	100.00	505.88	443.15	

5.4 加氢裂化装置

5.4.1 装置规模

加氢裂化装置设计规模2.2Mt/a，采用单段串联一次通过技术。

5.4.2 装置组成

加氢裂化装置主要由反应器、循环氢脱硫塔、分馏塔、航煤汽提塔、柴油汽提塔、石脑油分馏塔、吸收脱吸塔和石脑油稳定塔等组成。

5.4.3 物料平衡

加氢裂化物料平衡见表1-34。

表1-34 加氢裂化物料平衡表

项目	物料名称	收率/%(质)	数量		用途
			t/h	10^4t/a	
进料	常三线并蜡油	14.70	34.25	30.00	
	轻蜡油	70.50	164.27	143.90	
	催化轻柴油	11.68	27.21	23.83	
	纯氢	3.13	7.29	6.39	
	合计	100.00	233.01	204.12	
出料	酸性气	2.31	5.39	4.72	至硫黄回收
	低分气	0.93	2.17	1.90	至PSA
	塔顶气	0.41	0.95	0.83	至轻烃回收
	加氢裂化液化气	3.02	7.04	6.17	至轻烃回收
	加氢裂化轻石脑油	8.14	18.96	16.61	至石脑油分馏
	加氢裂化重石脑油	20.49	47.74	41.82	至连续重整
	加氢裂化航煤	24.43	56.93	49.87	调和航煤
	加氢裂化柴油	14.60	34.02	29.80	调和柴油
	加氢裂化尾油	25.67	59.82	52.40	乙烯料
	合计	100.00	233.01	204.12	

5.5 催化裂化装置

5.5.1 装置规模

催化裂化装置设计规模3.3Mt/a，采用中国石化MIP完全再生技术。

5.5.2 装置组成

催化裂化装置主要由反应再生、分馏塔、吸收稳定塔、CO余热锅炉、烟气脱硫脱硝以及催化干气脱硫、液化气脱硫、脱硫醇等部分组成。

5.5.3 物料平衡

催化裂化物料平衡见表1-35。

表1-35 催化裂化物料平衡表

项目	物料名称	收率/%(质)	数量		用途
			t/h	10^4t/a	
进料	RDS柴油	8.94	33.29	29.16	
	RDS重油	90.43	336.85	295.08	
	气分干气	0.22	0.82	0.72	
	S-Zorb干气	0.33	1.21	1.06	
	S-Zorb轻烃	0.08	0.32	0.28	
	合计	100.00	372.49	326.30	
出料	酸性气	0.24	0.88	0.77	至硫黄回收
	催化干气	3.12	11.62	10.18	至苯乙烯
	催化液化气	20.95	78.04	68.36	至气体分馏
	催化汽油	44.68	166.43	145.79	至S-Zorb
	催化轻柴油	7.30	27.21	23.83	至加氢裂化
	催化重柴油	10.73	39.95	35.00	至渣油加氢
	催化油浆	4.90	18.26	16.00	调和低硫船燃
	催化烧焦	8.08	30.10	26.37	
	合计	100.00	372.49	326.30	

5.6 连续重整装置

5.6.1 装置规模

连续重整装置设计规模1.7Mt/a，采用中国石化超低压连续重整技术。

5.6.2 装置组成

连续重整装置主要由石脑油预加氢、C_{7+}重整、催化剂再生、芳烃分离、异戊烷分离等5部分组成。其中，预加氢包括反应、蒸发塔、脱己烷塔等组成；芳烃分离由脱庚烷塔、芳烃抽提塔、甲苯塔、二甲苯塔等组成。

5.6.3 物料平衡

1）石脑油预加氢物料平衡见表1-36。

2）连续重整物料平衡见表1-37。

5.7 柴油加氢装置

5.7.1 装置规模

柴油加氢装置设计规模1.8Mt/a，液相循环加氢工艺路线。

表 1-36 石脑油预加氢物料平衡表

项目	物料名称	收率/%(质)	数量		用途
			t/h	10^4t/a	
进料	轻烃回收石脑油	97.46	200.82	175.92	
	加氢精制石脑油	2.41	4.97	4.36	
	重整氢	0.13	0.27	0.23	
	合计	100.00	206.06	180.51	
出料	酸性气	0.06	0.13	0.11	至硫黄回收
	预加氢塔顶气	0.22	0.45	0.40	至轻烃回收
	拔头油	29.96	61.74	54.08	至异戊烷分离
	重整进料	69.76	143.74	125.92	至连续重整
	合计	100.00	206.06	180.51	

表 1-37 连续重整物料平衡表

项目	物料名称	收率/%(质)	数量		用途
			t/h	10^4t/a	
进料	重整进料	75.52	143.74	125.92	
	加氢裂化重石脑油	24.48	46.60	40.82	
	合计	100.00	190.34	166.74	
出料	重整干气	0.47	0.89	0.78	自用
	重整氢	7.86	14.96	13.11	至重整氢管网
	重整液化气	3.35	6.38	5.59	至液化气分离
	重整轻汽油	1.85	3.52	3.08	至异戊烷分离
	甲苯	17.87	34.01	29.80	调和汽油
	抽余油	22.68	43.16	37.81	调和汽油/乙烯料
	混合二甲苯	22.80	43.40	38.02	芳烃产品
	C_{9+}芳烃	23.12	44.01	38.55	调和汽油
	合计	100.00	190.34	166.74	

5.7.2 装置组成

柴油加氢装置主要由反应部分、循环氢脱硫、硫化氢汽提塔、分馏塔等组成。

5.7.3 物料平衡

柴油加氢物料平衡见表 1-38。

表 1-38 柴油加氢物料平衡表

项目	物料名称	收率/%(质)	数量		用途
			t/h	10^4t/a	
进料	常二线/常三线	97.67	162.33	142.20	
	渣油加氢柴油	0.00	0.00	0.00	
	重整氢	2.33	3.88	3.40	
	合计	100.00	166.21	145.60	

续表

项目	物料名称	收率/%(质)	数量		用途
			t/h	10^4t/a	
出料	酸性气	1.33	2.21	1.94	至硫黄回收
	低分气	0.67	1.12	0.98	至 PSA
	塔顶气	1.21	2.01	1.76	至轻烃回收
	精制石脑油	2.55	4.24	3.71	至重整预加氢
	精制柴油	94.24	156.63	137.21	调和柴油
	合计	100.00	166.21	145.60	

5.8 航煤加氢装置

5.8.1 装置规模

航煤加氢装置设计规模 1.1Mt/a，加氢精制工艺路线。

5.8.2 装置组成

航煤加氢装置主要由反应部分、汽提塔等组成。

5.8.3 物料平衡

航煤加氢物料平衡见表 1-39。

表 1-39 航煤加氢物料平衡表

项目	物料名称	收率/%(质)	数量		用途
			t/h	10^4t/a	
进料	常一线	99.17	122.49	107.30	
	重整氢	0.83	1.03	0.90	
	合计	100.00	123.52	108.20	
出料	酸性气	0.15	0.19	0.16	至硫黄回收
	塔顶气	0.60	0.75	0.65	至轻烃回收
	精制石脑油	0.60	0.73	0.64	至重整预加氢
	精制煤油	98.65	121.85	106.74	产品
	合计	100.00	123.52	108.20	

5.9 S-Zorb 装置

5.9.1 装置规模

S-Zorb 装置设计规模 1.45Mt/a，中国石化吸附脱硫技术。

5.9.2 装置组成

S-Zorb 装置主要由吸附反应、吸附再生、稳定塔等组成。

5.9.3 物料平衡

S-Zorb 物料平衡见表 1-40。

5.10 气分装置

5.10.1 装置规模

气分装置设计规模 0.7Mt/a。

5.10.2 装置组成

气分装置主要由脱丙烷塔、脱乙烷塔、丙烯精制塔等组成。

5.10.3　物料平衡

气分物料平衡见表1-41。

表1-40　S-Zorb物料平衡表

项目	物料名称	收率/%(质)	数量		用　途
			t/h	10^4t/a	
进料	催化汽油	99.41	166.43	145.79	
	重整氢	0.59	0.98	0.86	
	合计	100.00	167.41	146.65	
出料	酸性气	0.03	0.05	0.05	至硫黄回收
	S-Zorb干气	0.73	1.21	1.06	至催化裂化
	S-Zorb轻烃	0.19	0.32	0.28	至催化裂化
	催化脱硫汽油	99.05	165.83	145.27	调和汽油
	合计	100.00	167.41	146.65	

表1-41　气分物料平衡表

项目	物料名称	收率/%(质)	数量		用　途
			t/h	10^4t/a	
进料	催化液化气	100.00	78.04	68.36	
	合计	100.00	78.04	68.36	
出料	干气	1.05	0.82	0.72	至催化裂化
	丙烷	8.10	6.32	5.54	乙烯料
	丙烯	37.00	28.87	25.29	产品
	气分碳四	53.85	42.02	36.81	至烷基化
	合计	100.00	78.04	68.36	

5.11　烷基化装置

5.11.1　装置规模

烷基化装置设计规模0.5Mt/a，采用硫酸法烷基化工艺。

5.11.2　装置组成

烷基化装置主要由烷基化和废酸再生组成。烷基化由原料预处理、脱芳烃、反应、产品分馏等组成。

5.11.3　物料平衡

烷基化物料平衡见表1-42。

5.12　干气回收分离装置

5.12.1　装置规模

干气回收分离装置设计规模0.3Mt/a，采用浅冷吸收分离工艺。

5.12.2　装置组成

干气回收分离装置主要由催化干气回收分离、混合干气回收分离、VPSA氢气回收等3部分组成。其中，干气回收由C_4吸收、重石脑油吸收等组成；VPSA采用抽真空变压吸附。

5.12.3　物料平衡

干气回收分离物料平衡见表1-43。

表 1-42 烷基化物料平衡表

项目	物料名称	收率/%(质)	数量		用途
			t/h	10^4t/a	
进料	气分碳四	68.36	42.02	36.81	
	异丁烷	15.09	9.28	8.13	
	外购碳四	16.52	10.16	8.90	
	纯氢	0.02	0.01	0.01	
	合计	100.00	61.47	53.85	
出料	烷基化汽油	89.81	55.21	48.36	调和汽油
	正丁烷	9.88	6.07	5.32	乙烯料
	损失	0.31	0.19	0.17	
	合计	100.00	61.47	53.85	

表 1-43 干气回收分离物料平衡表

项目	物料名称	收率/%(质)	数量		用途
			t/h	10^4t/a	
进料	加氢裂化重石脑油	3.17	1.14	1.00	
	正丁烷	6.79	2.44	2.14	
	轻烃回收干气	16.03	5.77	5.05	
	烃化尾气	32.28	11.62	10.18	
	PSA 尾气	41.73	15.02	13.16	
	重整氢	0.00	0.00	0.00	
	合计	100.00	36.00	31.53	
出料	纯氢	4.18	1.50	1.32	至纯氢管网
	干气	57.23	20.60	18.05	至燃料气管网
	富乙烷气体	17.85	6.43	5.63	乙烯料
	富乙烯气体	6.86	2.47	2.16	乙烯料
	轻烃	13.43	4.84	4.24	至轻烃回收
	损失	0.45	0.16	0.14	
	合计	100.00	36.00	31.53	

5.13 PSA 装置

5.13.1 装置规模

PSA 装置设计规模 $8\times10^4m^3/a$(标)，采用变压吸附工艺。

5.13.2 装置组成

PSA 装置主要由原料升压、变压吸附、解吸气升压等组成。

5.13.3 物料平衡

PSA 物料平衡见表 1-44。

表 1-44 PSA 物料平衡表

项目	物料名称	收率/%(质)	数量		用途
			t/h	10^4t/a	
进料	低分气	46.48	10.21	8.95	
	重整氢	39.91	8.77	7.68	
	外购氢气	13.61	2.99	2.62	
	合计	100.00	21.97	19.25	
出料	氢气	31.63	6.95	6.09	至纯氢管网
	PSA 尾气	68.37	15.02	13.16	至干气回收分离
	合计	100.00	21.97	19.25	

5.14 硫黄回收联合装置

5.14.1 装置规模

1）酸性水汽提装置设计规模 200t/h：二列，临氢系列 50t/h，非临氢系列 150t/h；

2）溶剂再生装置设计规模 1200t/h：二列，产品系列、非产品系列各 600t/h；

3）硫黄回收装置设计规模 39×10^4t/a：三列，每列 13×10^4t/a。

5.14.2 装置组成

硫黄回收装置主要包括酸性水汽提、溶剂再生、硫黄回收及尾气处理等三个部分。其中，酸性水汽提装置主要由汽提塔、侧线抽氨等组成；溶剂再生主要由汽提塔组成；硫黄回收主要由制硫炉、成型机、尾气溶剂再生等组成。

5.14.3 物料平衡

硫黄回收物料平衡见表 1-45。

表 1-45 硫黄回收物料平衡表

项目	物料名称	收率/%(质)	数量		用途
			t/h	10^4t/a	
进料	酸性气	27.25	31.10	27.25	
	重整氢	0.11	0.03	0.03	
	合计	27.36	31.14	27.28	
出料	硫黄	94.01	29.27	25.64	固体产品
	损失	6.00	1.87	1.64	
	合计	100.00	31.14	27.28	

5.15 工艺装置技术路线汇总

工艺装置技术路线汇总见表 1-46。

表 1-46 工艺装置技术路线汇总表

序号	装置名称	工艺路线	技术来源
1	常减压	“闪蒸塔、常压塔、减压塔”三塔分馏工艺路线	国内技术
2	轻烃回收	“吸收塔、脱吸塔、再吸收塔、稳定塔”四塔分离工艺路线；液化石油气分离采用“脱丙烷塔、脱异丁烷塔”工艺	国内技术

续表

序号	装置名称	工艺路线	技术来源
3	渣油加氢	固定床渣油加氢工艺	中国石化
4	加氢裂化	单段串联一次通过工艺	中国石化
5	航煤加氢	加氢精制	中国石化
6	柴油加氢	液相循环加氢工艺	中国石化
7	催化裂化	MIP 工艺	中国石化
8	气分	“脱丙烷塔、脱乙烷塔、丙烯精馏塔”三塔分离工艺路线	国内技术
9	烷基化	硫酸法烷基化工艺	美国杜邦公司
10	S-Zorb	S-Zorb 吸附脱硫工艺	中国石化
11	连续重整	超低压连续重整技术	中国石化
12	PSA	PSA 变压吸附技术	国内技术
13	干气回收分离	浅冷吸收分离技术	中国石化
14	硫黄回收	CLAUS 制硫工艺	中国石化
15	干气精制	胺法脱硫工艺	国内技术
16	液化气精制	纤维膜脱硫醇接触工艺	国内技术
17	酸性水汽提	常规汽提再生	国内技术
18	溶剂再生	常规汽提，加氢型酸性水侧线抽氨	国内技术

6 船燃储运设施计算

6.1 罐容及储罐数量计算

罐容及储罐数量计算见表 1-47。

表 1-47 罐容及储罐数量计算表

项目	数量	计算说明	项目	数量	计算说明
50℃黏度/(mm^2/s)	152.48	已知条件	查温度系数 γ	0.00056	油品储存温度取 50℃
油品密度 ρ_{20}/(kg/m^3)	943.49	已知条件	油品密度 ρ_{50}/(kg/m^3)	926.69	$\rho=\rho_{20}-\gamma(t-20)$
油品密度 ρ_{15}/(kg/m^3)	947.57	已知条件	储罐储存系数 η	0.85	产品兼调和罐取 0.85
船型吨位/t	50000.00	已知条件	油品年操作天数 t/d	350.00	已知条件
管道当量距离/m	2500.00	已知条件	罐设计容量 V_s/m^3	72545.05	$V_s=GN/t\rho\eta$
油品年周转量 G/(10^4t/a)	100	已知条件	罐个数/座	4	SH/T 3007—2014，不宜少于 3 个
储存天数 N/d	20	SH/T 3007—2014，取 20d	单罐容积/m^3	20000	

6.2 装船管道压降和管径计算

装船管道压降和管径计算见表 1-48。

6.3 装船泵扬程和功率计算

装船泵扬程和功率计算见表 1-49。

表 1-48 装船管道压降和管径计算表

项 目	数量	计算说明	项 目	数量	计算说明
装船时间/h	16.00	JTS 165—8—2007，取 16h	实际流速 v/(m/s)	1.86	
			动力黏度系数 μ/cP	141.31	$\mu=\rho v$
装船流量 $Q_{总}$/(m³/h)	3372.21		雷诺数 Re	9782.04	$Re=\rho_{50}vd/\mu$
选用泵台数/台	3.00	JTS 165—8—2007，取 3 台泵	管道当量距离/m	2500.00	
			光管粗糙度 ε/mm	0.20	查表
单泵流量 Q/(m³/h)	1236.48	JTS 165—8—2007，流量裕量取 10%	摩擦系数 λ	0.038	查表
取流速 v/(m/s)	1.60	取经济流速			
则管径/m	0.86		管道压降/(kg/cm²)	1.91	HG/T 20570.7—95，$\Delta Pf=\lambda(L+\sum L_e)/D\times v^2/2\times\rho\times10^3$
圆整管径 d/m	0.80				

表 1-49 装船泵扬程和功率计算表

项 目	数量	计算说明	项 目	数量	计算说明
泵入口压力/(kg/cm²)	0.01	取最低液位	实际扬程 H/m	45.40	JTS 165—8—2007，扬程裕量取 10%
其他压损/(kg/cm²)	2.00	经验值(输油臂、阀门等阻力降)	泵效率 η	0.80	经验
泵出口总压损/(kg/cm²)	3.91		单台泵实际轴功率 P/kW	177.18	$P=H\rho v/367000/\eta$
计算扬程/m	41.27	$H=(P_{出}-P_{入})g/\rho$	单台泵电机功率/kW	200.00	留一定余量

注：本次计算没有对装船泵的流量、扬程、效率进行黏度修正。

7 主要用能策略和节能措施

7.1 主要用能策略

1）采用节能型工艺和技术，采用新型催化剂、溶剂、助剂等；

2）采用新型高效机泵、换热器及其他节能产品，提高能量转换效率和能量回收率；

3）优化工艺流程和工艺条件，全流程深度热联合，非最终产品在前序装置只换热不冷却；

4）采用新型保温、循环用水、油气回收等措施，减少能量损失；

5）装置内工艺物流的余热优先换热，尽量不发生蒸汽；

6）回收烟气余热、工艺物流余压，全厂统一规划低温余热的回收与利用；

7）按质产汽，按质用汽，以汽定电，以低压汽用量定高压汽用量，达到蒸汽的逐级利用和平衡。

7.2 节能措施

7.2.1 优化总流程

1）优化全厂布局，装置、管道布置合理，减少冷、热、压力损失；

2）全厂氢气资源集中回收利用，降低产氢能耗；

3）合理配置各装置原料，提高目的产品收率，减少“跑龙套”。

7.2.2 工艺装置节能

1）采用 C_{7+} 重整工艺，降低重整加热炉和重沸器热负荷，进一步降低装置能耗；

2）渣油加氢、加氢裂化、柴油加氢等高压加氢装置采用热高分流程；

3）溶剂再生分为产品、非产品系列，降低非产品型系列贫液质量，降低能耗；

4）利用液力透平回收渣油加氢、加氢裂化等高压加氢装置工艺流压力能；

5）采用 APC 先进控制系统，优化装置操作条件，减少能量消耗；

6）工艺加热炉均采用空气预热器回收烟气余热，降低排烟温度，提高加热炉效率；

7）工艺装置采用高效机泵和变频调速，降低装置用电负荷。

7.2.3　装置热联合

1）各装置上下游全部热供料，原则上中间原料不进罐；

2）装置间深度热联合：常减压与轻烃回收、催化裂化与气分、柴油加氢与航煤加氢等装置之间实现原料及热量互供。

7.2.4　蒸汽梯级利用

1）合理确定各装置余热发汽参数，尽可能产生较高参数的蒸汽；

2）蒸汽系统设 3.5MPa、1.0MPa、0.4MPa 三个等级的蒸汽管网，中压蒸汽主要来自催化、重整、硫黄等装置利用余热产生的过热蒸汽，低压蒸汽主要来自抽背式汽轮发电机组和工艺汽轮机，低低压蒸汽来自工艺汽轮机和利用装置余热产生的蒸汽。

7.2.5　低温余热回收

1）利用 S-Zorb 稳定塔底汽油低温余热发电，降低装置用电负荷；

2）建余热回收站，集中回收各装置的低温余热，一部分用于除盐水、新鲜水工艺加热，一部分用于制备冷媒水用于干气回收分离等装置。

7.2.6　节水

1）回收凝结水和含硫污水，处理后返回各装置及公用工程循环使用；

2）采用“清污分流、污污分流、分质处理”原则，污水处理场进水分含盐污水和含油污水两类，含油污水处理后全部回用，含盐污水处理后部分回用，降低新鲜水消耗；

3）循环水场采用高效冷却塔收水器，减少蒸发损失。

8　环境保护措施

8.1　废水

8.1.1　含硫污水

各装置产生的含硫污水全部进入酸性水汽提装置进行处理，汽提净化水部分回用于工艺装置，剩余部分排至含油污水处理厂处理后回用。

8.1.2　生产废水

1）含油污水送厂内污水处理场处理后回用于循环水系统；

2）含盐污水经污水处理厂处理后部分回用，部分达标后排放；

3）催化再生烟气脱硫废水经处理达标后排放；

4）化学水站高含盐废水经处理达标后排放。

8.2　废气

8.2.1　加热炉废气

1）燃料干气全部脱硫合格(H_2S 不大于 10μg/g)再进燃料气管网，烟气中 SO_2 不大于 $50mg/m^3$；

2）加热炉采用低 NO_x 燃烧器，烟气中 NO_x 浓度不大于 $100mg/m^3$；

3）部分装置加热炉采用集合烟囱，提高排放烟气的扩散能力。

8.2.2　工艺废气

1）连续重整催化剂再生部分的放空气采用碱洗方式脱除 HCl，处理后达标排放，HCl

浓度不大于 10mg/m^3；

2）各装置排出的富含 H_2S 的酸性水送硫黄回收装置回收硫黄。硫黄回收装置采用二级 CLAUS 硫黄回收及尾气还原吸收工艺，达标净化尾气高空排放，废气中 SO_2浓度不大于 100mg/m^3；

3）烷基化装置废酸再生吸收塔尾气采用湿式除雾器去除酸雾和固体颗粒，硫酸雾不大于 5mg/m^3；

4）催化裂化再生废气脱硫脱硝后达标排放，废气中 SO_2浓度不大于 50mg/m^3，NO_x 浓度不大于 100mg/m^3。

8.2.3 挥发性有机物

1）浮顶罐采用双重密封，控制油气挥发，罐区、码头、汽车装车、火车装车等设置油气回收设施，处理挥发性油气，减少对大气的污染，非甲烷总烃去除效率不低于 97%；

2）工艺装置采用可靠的管线、机泵、阀门、法兰等设备，减少泄漏；

3）利用 LDAR 系统对生产设备和阀门漏点进行及时检测和修复；

4）污水处理厂恶臭气体集中进行回收除臭，采用深度生物处理后排放，非甲烷总烃不大于 120mg/m^3。

8.3 废渣

8.3.1 "三泥"处理

污水处理场的油泥、浮渣和活性污泥经浓缩、离心脱水、干化、焚烧后当作固废填埋。

8.3.2 碱渣

碱渣经碱渣处理设施氧化处理后排入污水处理厂处理。

8.3.3 废催化剂

厂家或环保公司回收处理。

8.4 地下水和土壤

按照防渗技术规范要求分区做好防渗措施，重点做好罐区防渗，定期进行检测。

8.5 噪声

优化高噪声设备布局，优先选用低噪声设备，采取降噪措施，确保达到噪声排放标准。

9 投资和技术经济分析

9.1 建设投资估算

9.1.1 投资估算方范围

本项目建设投资估算范围包括工艺生产装置、厂内外配套的系统工程建设所需要的固定资产投资、无形资产投资、其他资产投资和预备费。

9.1.2 投资估算方法

9.1.2.1 工程费用估算

1）工艺生产装置根据提供的同类装置概算，采用规模指数法进行估算；

2）配套系统工程按照装置投资的 75%估算。

9.1.2.2 固定资产其他费估算

按照工程费用的 18%计算。

9.1.2.3 无形资产投资估算

无形资产估算 70000 万元。

9.1.2.4 其他资产投资估算

按照固定资产投资 0.5%计算。

9.1.2.5　预备费估算

按固定资产、无形资产、其他资产总和的6%计算。

9.1.3　建设投资估算结果

本项目建设投资1707984万元，不含增值税的建设投资为1554266万元，投资构成见表1-50。

表1-50　建设投资估算表

工程或费用名称	合计/万元	占投资/%	工程或费用名称	合计/万元	占投资/%
建设投资(含增值税)	1707984	100	无形资产投资	70000	4.1
建设投资(不含增值税)	1554266		专利及专有技术使用费	70000	
固定资产投资	1533638	89.8	其他资产投资	7668	0.4
工程费	1299693		预备费	96678	5.7
工艺生产装置	742682		基本预备费	96678	
炼油装置部分	742682		国内部分	96678	
系统配套工程及其他	557011		可抵扣增值税额	153719	
固定资产其他费	233945				

9.1.4　总投资估算结果

9.1.4.1　建设期利息估算

本项目建设投资按30%自有，70%银行贷款考虑。银行贷款名义年利率为4.99%，根据建设投资资金筹措方式及使用计划，估算建设期利息为77793万元。

9.1.4.2　流动资金估算

1）本项目流动资金按照25d考虑：流动资金=经营成本×(流动资金周转天数/360)；

2）本项目流动资金估算值为191837万元，其中30%自有，70%银行贷款，名义年利率为4.35%。

9.1.4.3　可抵扣增值税估算

取建设投资的9%。

9.1.4.4　总投资估算

本项目总投资包括建设投资、建设期利息和流动资金，估算值为1977614万元。总投资估算见表1-51。

表1-51　总投资估算表

工程或费用名称	合计/万元	工程或费用名称	合计/万元
总投资(含税)	1977614	建设期利息	77793
建设投资(不含增值税)	1554266	流动资金	191837
可抵扣增值税	153719		

9.2　财务评价

9.2.1　主要参数和数据

采用《投资及经济评价基本参数》中数据。

9.2.2　原料产品及公用工程价格

9.2.2.1　原料产品价格

原料价格以《测算价格体系(201905)》中(布伦特原油60美元/桶)为基准，不含增值税。

9.2.2.2　公用工程价格

公用工程价格采用《投资及经济评价基本参数》中的价格。

9.2.3 项目收入

项目收入见表1-52。

表1-52 项目收入预测表

项目	价格(不含税价)/(元/t)	产量/10^4t	增值税率/%	金额(不含税)/万元	销项税额/万元
92#乙醇汽油组分	6026.37	170.63	13.00	1028283.62	133676.87
95#乙醇汽油组分	6367.48	96.40	13.00	613825.49	79797.31
98#乙醇汽油组分	6538.04	40.00	13.00	261521.67	33997.82
航煤	4105.71	156.61	13.00	642978.87	83587.25
柴油	4917.82	167.01	13.00	821320.21	106771.63
180#低硫船燃	4342.00	100.00	13.00	434200.00	56446.00
甲苯	4324.79	2.55	13.00	11017.55	1432.28
混合二甲苯	4393.16	38.02	13.00	167018.71	21712.43
丙烯	5538.46	25.29	13.00	140086.01	18211.18
硫黄	779.59	25.64	13.00	19990.65	2598.78
富乙烷气体	3466.38	5.63	9.00	19511.11	1756.00
富乙烯气体	5034.19	2.16	9.00	10894.50	980.51
丙烷	3466.38	12.82	9.00	44427.88	3998.51
正丁烷	3466.38	13.98	9.00	48459.12	4361.32
抽余油	3388.30	11.81	13.00	40013.96	5201.82
C_5C_6 轻烃	3388.30	52.18	13.00	176785.54	22982.12
加氢裂化尾油	3320.53	52.40	13.00	173992.48	22619.02
合计				4654327.38	600130.86

9.2.4 项目税费

项目税费见表1-53。

表1-53 项目税费预测表

万元

项目	第一年	第二年	第三年及以后
	(负荷率90.00%)	(负荷率100.00%)	(负荷率100.00%)
增值税计算			
产品销项税	540117.77	600130.86	600130.86
原料进项税	333119.20	370132.45	370132.45
公用工程进项税	5912.34	6569.27	6569.27
投资可抵扣的增值税	153718.58	0.00	0.00
增值税净值	47367.65	223429.14	223429.14
营业税金及附加	1019013.75	1152733.31	1152733.31

9.2.5 项目成本

项目成本见表1-54。

9.2.6 项目现金流量

项目现金流量见表1-55。

9.2.7 项目利润

项目利润见表1-56。

表 1-54　项目成本预测表

万元

项　　目	第 4 章	第 5 章	第 6 章	第 7 章	第 8 章	第 9 章	第 10 章	第 11 章	第 12 章	第 13 章	第 14 章	第 15 章	第 16 章	第 17 章	第 18 章
	负荷率 90.0%	负荷率 100.0%	负荷率 100.0%	负荷率 100.0%	负荷率 100.0%	负荷率 100.0%	负荷率 100.0%	负荷率 100.0%	负荷率 100.0%	负荷率 100.0%	负荷率 100.0%	负荷率 100.0%	负荷率 100.0%	负荷率 100.0%	负荷率 100.0%
原材料	2594819.9	2883133.2	2883133.2	2883133.2	2883133.2	2883133.2	2883133.2	2883133.2	2883133.2	2883133.2	2883133.2	2883133.2	2883133.2	2883133.2	2883133.2
辅助材料	36729.3	40810.4	40810.4	40810.4	40810.4	40810.4	40810.4	40810.4	40810.4	40810.4	40810.4	40810.4	40810.4	40810.4	40810.4
外购动力及燃料	51200.4	56889.3	56889.3	56889.3	56889.3	56889.3	56889.3	56889.3	56889.3	56889.3	56889.3	56889.3	56889.3	56889.3	56889.3
工资及福利费	14400.0	14400.0	14400.0	14400.0	14400.0	14400.0	14400.0	14400.0	14400.0	14400.0	14400.0	14400.0	14400.0	14400.0	14400.0
制造费用	142184.6	142184.6	142184.6	142184.6	142184.6	142184.6	142184.6	142184.6	142184.6	142184.6	142184.6	142184.6	142184.6	142184.6	142184.6
折旧费	95486.6	95486.6	95486.6	95486.6	95486.6	95486.6	95486.6	95486.6	95486.6	95486.6	95486.6	95486.6	95486.6	95486.6	95486.6
修理费	44297.9	44297.9	44297.9	44297.9	44297.9	44297.9	44297.9	44297.9	44297.9	44297.9	44297.9	44297.9	44297.9	44297.9	44297.9
其他制造费用	2400.0	2400.0	2400.0	2400.0	2400.0	2400.0	2400.0	2400.0	2400.0	2400.0	2400.0	2400.0	2400.0	2400.0	2400.0
管理费用	25037.3	25037.3	25037.3	25037.3	25037.3	23503.7	23503.7	23503.7	23503.7	23503.7	16503.7	16503.7	16503.7	16503.7	16503.7
无形资产摊销	7000.0	7000.0	7000.0	7000.0	7000.0	7000.0	7000.0	7000.0	7000.0	7000.0					
其他资产摊销	1533.6	1533.6	1533.6	1533.6	1533.6										
土地使用税	1080.0	1080.0	1080.0	1080.0	1080.0	1080.0	1080.0	1080.0	1080.0	1080.0	1080.0	1080.0	1080.0	1080.0	1080.0
固定资产保险费	5595.2	5595.2	5595.2	5595.2	5595.2	5595.2	5595.2	5595.2	5595.2	5595.2	5595.2	5595.2	5595.2	5595.2	5595.2
其他管理费	4000.0	4000.0	4000.0	4000.0	4000.0	4000.0	4000.0	4000.0	4000.0	4000.0	4000.0	4000.0	4000.0	4000.0	4000.0
安全生产费用	5828.5	5828.5	5828.5	5828.5	5828.5	5828.5	5828.5	5828.5	5828.5	5828.5	5828.5	5828.5	5828.5	5828.5	5828.5
财务费用	58008.8	53163.1	47733.2	42303.3	36873.4	31443.5	26013.6	20583.7	15153.8	9723.9	5841.4	5841.4	5841.4	5841.4	5841.4
利息	58008.8	53163.1	47733.2	42303.3	36873.4	31443.5	26013.6	20583.7	15153.8	9723.9	5841.4	5841.4	5841.4	5841.4	5841.4
其他财务费用															
营业费用	2094.4	2327.2	2327.2	2327.2	2327.2	2327.2	2327.2	2327.2	2327.2	2327.2	2327.2	2327.2	2327.2	2327.2	2327.2
总成本费用	2924474.8	3217945.1	3212515.2	3207085.3	3201655.4	3194691.9	3189262.0	3183832.1	3178402.2	3172972.3	3162089.8	3162089.8	3162089.8	3162089.8	3162089.8
可变成本	2682749.6	2980832.9	2980832.9	2980832.9	2980832.9	2980832.9	2980832.9	2980832.9	2980832.9	2980832.9	2980832.9	2980832.9	2980832.9	2980832.9	2980832.9
固定成本	241725.2	237112.1	231682.2	226252.3	220822.5	213858.9	208429.0	202999.1	197569.2	192139.3	181256.9	181256.9	181256.9	181256.9	181256.9
经营成本	2762445.7	3060761.7	3060761.7	3060761.7	3060761.7	3060761.7	3060761.7	3060761.7	3060761.7	3060761.7	3060761.7	3060761.7	3060761.7	3060761.7	3060761.7

表 1–55　项目现金流量预测表

万元

项 目 名 称	合计	第 1 章	第 2 章	第 3 章	第 4 章	第 5 章	第 6 章	第 7 章	第 8 章	第 9 章	第 10 章	第 11 章	第 12 章	第 13 章	第 14 章	第 15 章	第 16 章	第 17 章	第 18 章
现金流入																			
销售收入/万元	69349478	0	0	0	4188895	4654327	4654327	4654327	4654327	4654327	4654327	4654327	4654327	4654327	4654327	4654327	4654327	4654327	4654327
残值回收/万元	44298																		44298
回收流动资金/万元	191837																		191837
现金流入小计/万元	69585612	0	0	0	4188895	4654327	4654327	4654327	4654327	4654327	4654327	4654327	4654327	4654327	4654327	4654327	4654327	4654327	4890462
现金流出/万元																			
建设投资/万元	1554266	310853	777133	466280															
流动资金/万元	191837				172653	19184													
经营成本/万元	45613110	0	0	0	2762446	3060762	3060762	3060762	3060762	3060762	3060762	3060762	3060762	3060762	3060762	3060762	3060762	3060762	3060762
营业税金及附加/万元	17157280				1019014	1152733	1152733	1152733	1152733	1152733	1152733	1152733	1152733	1152733	1152733	1152733	1152733	1152733	1152733
税前现金流出/万元	64516492	310853	777133	466280	3954112	4232679	4213495	4213495	4213495	4213495	4213495	4213495	4213495	4213495	4213495	4213495	4213495	4213495	4213495
所得税/万元	1174728		0	0	61352	70912	72270	73627	74985	76726	78083	79440	80798	82155	84876	84876	84876	84876	84876
税后现金流出/万元	65691220	310853	777133	466280	4015464	4303591	4285765	4287122	4288480	4290221	4291578	4292936	4294293	4295650	4298371	4298371	4298371	4298371	4298371
税前现金流量/万元														0				0	
税前净现金流量/万元	5069120	(310853)	(777133)	(466280)	234782	421649	440832	440832	440832	440832	440832	440832	440832	440832	440832	440832	440832	440832	676967
累计税前净现金流量/万元		(310853)	(1087986)	(1554266)	(1319483)	(897835)	(457002)	(16170)	424662	865495	1306327	1747159	2187992	2628824	3069656	3510489	3951321	4392153	5069120
税前投资回收期(静态)/a	7.0		7.0	7.0	7.0	7.0	7.0	7.0	7.0	9.0	11.0	12.0	14.0	16.0	18.0	20.0	22.0	24.0	22.5
税前财务内部收益率/%	20.5																		
折现现金流量率/%	12.0																		
折现现金流量/万元	892635	(310853)	(693869)	(371715)	167113	267965	250140	223339	199410	178045	158969	141936	126729	113151	101027	90203	80538	71909	98596
累计折现现金流量/万元		(310853)	(1004722)	(1376437)	(1209324)	(941358)	(691218)	(467879)	(268469)	(90424)	68545	210481	337210	450360	551388	641591	722129	794039	892635
税前投资回收期(动态)/a	9.6		9.6	9.6	9.6	9.6	9.6	9.6	9.6	9.6	9.6	9.5	11.7	14.0	16.5	19.1	22.0	25.0	24.1
税后现金流量/万元																			
税后净现金流量/万元	3894392	(310853)	(777133)	(466280)	173431	350736	368563	367205	365848	364107	362749	361392	360034	358677	355956	355956	355956	355956	592091

续表

项目名称	合计	第1章	第2章	第3章	第4章	第5章	第6章	第7章	第8章	第9章	第10章	第11章	第12章	第13章	第14章	第15章	第16章	第17章	第18章
累计税后净现金流量/万元		(310853)	(1087986)	(1554266)	(1380835)	(1030098)	(661536)	(294331)	71517	435624	798373	1159765	1519799	1878476	2234432	2590389	2946345	3302301	3894392
税后投资回收期(静态)/a	7.8		7.8	7.8	7.8	7.8	7.8	7.8	7.8	8.2	10.2	11.2	13.2	15.2	17.3	19.3	21.3	23.3	21.6
税后财务内部收益率/%	16.8																		
折现现金流量率/%	12.0																		
折现现金流量/万元	484101	(310853)	(693869)	(371715)	123445	222899	209132	186038	165491	147057	130811	116358	103501	92063	81576	72836	65032	58064	86235
累计折现现金流量/万元		(310853)	(1004722)	(1376437)	(1252992)	(1030093)	(820961)	(634923)	(469432)	(322376)	(191565)	(75206)	28295	120359	201935	274770	339802	397866	484101
税后投资回收期(动态)/a	10.7		10.7	10.7	10.7	10.7	10.7	10.7	10.7	10.7	10.7	10.7	10.7	11.3	13.5	15.8	18.2	20.9	20.6

表 1-56 项目利润预测表

万元

序号	项目	年均	第4章	第5章	第6章	第7章	第8章	第9章	第10章	第11章	第12章	第13章	第14章	第15章	第16章	第17章	第18章
			负荷率 90%	负荷率 100%	负荷率 100%	负荷率 100%	负荷率 100%	负荷率 100%	负荷率 100%	负荷率 100%	负荷率 100%	负荷率 100%	负荷率 100%	负荷率 100%	负荷率 100%	负荷率 100%	负荷率 100%
1	营业收入	4623298.5	4188894.6	4654327.4	4654327.4	4654327.4	4654327.4	4654327.4	4654327.4	4654327.4	4654327.4	4654327.4	4654327.4	4654327.4	4654327.4	4654327.4	4654327.4
2	总成本费用	3166219.0	2924474.8	3217945.1	3212515.2	3207085.3	3201655.4	3194691.9	3189262.0	3183832.1	3178402.2	3172972.3	3162089.8	3162089.8	3162089.8	3162089.8	3162089.8
3	营业税金及附加	1143818.7	1019013.8	1152733.3	1152733.3	1152733.3	1152733.3	1152733.3	1152733.3	1152733.3	1152733.3	1152733.3	1152733.3	1152733.3	1152733.3	1152733.3	1152733.3
5	利润总额	313260.9	245406.1	283649.0	289078.9	294508.8	299938.7	306902.2	312332.1	317762.0	323191.9	328621.8	339504.3	339504.3	339504.3	339504.3	339504.3
6	所得税	78315.2	61351.5	70912.3	72269.7	73627.2	74984.7	76725.6	78083.0	79440.5	80798.0	82155.4	84876.1	84876.1	84876.1	84876.1	84876.1
7	税后利润	234945.6	184054.6	212736.8	216809.2	220881.6	224954.0	230176.7	234249.1	238321.5	242393.9	246466.3	254628.2	254628.2	254628.2	254628.2	254628.2

9.2.8 测算结果

本项目主要技术经济指标见表 1-57。

项目总投资 1977614 万元(不含增值税 1689610 万元),其中建设投资 1707984 万元(不含增值税 1554266 万元),建设期利息 77793 万元,铺底流动资金 57551 万元。项目实施后,年均可实现营业收入 4623299 万元,利润总额 313261 万元,上缴增值税、营业税金及附加和所得税共计 1433826 万元,净利润 234946 万元。折合单位吨油净利润为 231.8 元,吨油操作费用为 298.3 元,税后财务内部收益率为 16.84%,税后投资回收期为 7.80a。

表 1-57 主要技术经济指标汇总表

项　目	指标	备注	项　目	指标	备注
总投资/万元	1977614	含税	评价指标		
建设投资/万元	1707984	含税	财务净现值(税前)/万元	5069120	
建设期借款利息/万元	77793		财务净现值(税后)/万元	3894392	
铺底流动资金/万元	57551		内部收益率(所得税前)/%	20.45	
盈利能力			内部收益率(所得税后)/%	16.84	基准值 12%
营业收入/万元	4623299	生产期内平均	投资回收期税前(静态)/a	7.04	
营业税金及附加/万元	1143819	生产期内平均	投资回收期税后(静态)/a	7.80	
增值税/万元	211692	生产期内平均	投资回收期税前(动态)/a	9.57	
总成本/万元	3166219	生产期内平均	投资回收期税后(动态)/a	10.73	
经营成本/万元	3040874	生产期内平均	吨油收入/元	4561.9	
总操作费用/万元	3165206	生产期内平均	吨油原料成本/元	2825.9	
利润总额/万元	313261	生产期内平均	吨油毛利/元	1736.0	
所得税/万元	78315	生产期内平均	吨油操作费用/元	298.3	
税后利润/万元	234946	生产期内平均	吨油利润/元	1437.7	
			吨油税后利润/元	231.8	

从图 1-11 中可以看出,本方案各年的盈亏平衡点逐年降低,盈利水平逐年提高,表明本方案有较强的抗风险能力。

9.3 其他价格体系测算

分别以《测算价格体系(201905)》中布伦特原油 40 美元/桶和 80 美元/桶的价格体系进行测算,具体指标对比见表 1-58。

表 1-58 不同价格体系主要经济指标对比表

项　目	价格体系			项　目	价格体系		
	40 美元/桶	60 美元/桶	80 美元/桶		40 美元/桶	60 美元/桶	80 美元/桶
总投资/万元	1920650	1977614	2039648	增值税/万元	193411	211692	219177
建设投资/万元	1707984	1707984	1707984	总成本/万元	2259139	3166219	4154023
建设期借款利息/万元	77793	77793	77793	经营成本/万元	2135517	3040874	4026802
铺底流动资金/万元	40462	57551	76161	总操作费用/万元	2258126	3165206	4153009
盈利能力				利润总额/万元	167595	313261	374831
营业收入/万元	3568359	4623299	5673571	所得税/万元	41899	78315	93708
营业税金及附加/万元	1141625	1143819	1144717	税后利润/万元	125696	234946	281123

续表

项　　目	价格体系			项　　目	价格体系		
	40美元/桶	60美元/桶	80美元/桶		40美元/桶	60美元/桶	80美元/桶
评价指标				投资回收期税后(动态)/a	超过18	10.73	9.48
财务净现值(税前)/万元	2858289	5069120	6020821	吨油收入/(元/t)	3521.0	4561.9	5598.2
财务净现值(税后)/万元	2229807	3894392	4615204	吨油原料成本/(元/t)	1933.1	2825.9	3798.2
内部收益率(所得税前)/%	13.38	20.45	22.81	吨油毛利/(元/t)	1587.9	1736.0	1800.0
内部收益率(所得税后)/%	11.08	16.84	18.75	吨油操作费用/(元/t)	296.1	298.3	300.7
投资回收期税前(静态)/a	8.84	7.04	6.66	吨油利润/(元/t)	1291.8	1437.7	1499.4
投资回收期税后(静态)/a	9.66	7.80	7.40	吨油税后利润/(元/t)	124.0	231.8	277.4
投资回收期税前(动态)/a	14.76	9.57	8.65				

从不同价格体系对比可以看出：油价对本项目盈利能力影响较大，油价越高，本项目盈利能力越强，油价越低，本项目盈利能力越差，油价在40美金/桶时，项目内部收益率只有11.08%。

10　项目优劣势分析

10.1　优势

10.1.1　总流程先进

本项目采用全加氢流程，装置规模化，产品轻质化，汽油、航煤产量大，化工原料产量大，综合商品率达到95.38%，达到中国石化先进水平，整体产品附加值较高，市场适应性强。

10.1.2　原油选择性强

本项目设计科威特原油硫含量为2.64%，金属、残炭适中，可以用沙特、沙轻、巴士拉轻等大宗中东原油调和替换，可灵活应对原油市场变化。

10.1.3　质量领先

本项目产品全部按照行业最高质量标准生产，乙醇汽油组分油(ⅥB)、0#车用柴油(Ⅵ)、低硫船燃等产品具有较强的市场竞争优势，可以应对未来市场和质量标准的变化。

10.1.4　储运条件好

本项目配套建有30万吨级原油码头、成品油码头、化工码头、成品油输送管道、铁路及公路出厂设施，产品出厂方式多元化，条件优越，运输成本低。

10.1.5　用氢成本低

本项目氢气资源全部来自重整副产氢、乙烯副产氢和外购煤制氢氢气，用氢成本低。

10.1.6　产品结构合理

本项目柴汽比0.54，明显高于中国石化先进水平，并且柴油加氢、加氢裂化装置预留了一定的柴油加工能力，结构调整能力强，可以灵活应对市场变化。

10.1.7　能耗指标先进

本项目充分综合利用和回收能源，节能措施完善，炼油综合能耗58.25kgEO/t，炼油单因能耗6.85kgEO/t，居于中国石化领先水平(2018年中国石化平均分别为59.71kgEO/t、7.96kgEO/t)。

10.1.8　环保指标先进

本项目采用最新环保排放标准GB 31570—2015中特别限值地区排放标准，环保措施完善，环保技术先进，废水、废气、废渣排放量均处于行业领先水平。

10.1.9　炼化一体化潜力巨大

本项目生产的乙烯原料达到1.5Mt/a，而且轻质原料占比达到57.5%，乙烯原料成本低、收率高；本项目生产甲苯、混合二甲苯等芳烃原料，远期具备发展PX等下游化工产业链的条件。

10.2　劣势

10.2.1　重油加工流程不灵活

渣油加氢尾油只能去催化裂化或调和低硫船燃，应对原油适当劣质化的灵活性不够，低油价情况下，项目盈利能力不足。

10.2.2　总流程优化空间小

本项目基本所有装置都是单套，原料和产品相对受限，投产后进一步优化的空间较小。

10.2.3　轻油收率偏低

本项目生产低硫船燃1.0Mt/a，轻油收率只有72.06%，对整体效益有一定影响。

10.2.4　综合能耗偏高

为深入加工各类产品，全厂加工流程复杂系数较高，全厂综合能耗64.85kgEO/t，偏高。

10.2.5　总投资偏高

为生产乙烯料和芳烃，配套建设液化气分离、干气回收分离、芳烃分离等装置，导致生产装置投资偏高，本项目总投资197.8亿元，高于同规模炼油项目。

11　研究结果

11.1　原料与产品方案汇总

本项目一次原油加工能力为10.0Mt/a，加工原油为科威特原油，产品方案以生产成品油、乙烯原料为主，主要产品包括汽油、柴油、航煤、低硫船燃、乙烯料、混合二甲苯、甲苯、丙烯、硫黄等。全厂原料和产品汇总见表1-59。

表1-59　全厂原料和产品汇总表　　$10^4t/a$

项　目	数　量	项　目	数　量
科威特原油	1000.00	硫黄	25.64
外购液化气	8.90	供乙烯	150.97
外购氢气95%(体)	2.62	富乙烷气体	5.63
外购POX纯氢	8.74	富乙烯气体	2.16
合计	1020.26	丙烷	12.82
产品		正丁烷	13.98
汽油	307.03	抽余油	11.81
92#乙醇汽油组分	170.63	C_5C_6轻烃	52.18
95#乙醇汽油组分	96.40	加氢裂化尾油	52.40
98#乙醇汽油组分	40.00	合计	973.12
喷气燃料	156.61	自用燃料	45.20
柴油(国Ⅵ)	167.01	干气	18.05
低硫船燃	100.00	重整干气	0.78
石油芳烃	40.57	催化烧焦	26.37
甲苯	2.55	合计	90.39
混合二甲苯	38.02	损失	1.94
丙烯	25.29		

11.2 主要技术经济指标

1）本项目综合商品率95.38%，轻油收率72.06%，全厂柴汽比为0.54。

2）本项目综合能耗64.85kgEO/t，公用工程消耗见表1-60。

表1-60 公用工程消耗统计表

序号	项　目	耗　量	序号	项　目	耗　量
1	新鲜水/(t/h)	342.3	5	电/(kW·h/h)	90075.6
2	循环水/(t/h)	33173.8	6	3.MPa蒸汽/(t/h)	487.7
3	除盐水/(t/h)	724.9	7	1.0MPa蒸汽/(t/h)	295.2
4	凝结水/(t/h)	410.4	8	0.4MPa蒸汽/(t/h)	207.5

3）总投资及效益指标评价：

总投资及效益指标评价见表1-61。

表1-61 总投资及效益指标汇总表

项　目	指标	备注	项　目	指标	备注
总投资/万元	1977614	含税	评价指标		
建设投资/万元	1707984	含税	财务净现值(税前)/万元	5069120	
建设期借款利息/万元	77793		财务净现值(税后)/万元	3894392	
铺底流动资金/万元	57551		内部收益率(所得税前)/%	20.45	
盈利能力			内部收益率(所得税后)/%	16.84	基准值12%
营业收入/万元	4623299	生产期内平均	投资回收期税前(静态)/a	7.04	
营业税金及附加/万元	1143819	生产期内平均	投资回收期税后(静态)/a	7.80	
增值税/万元	211692	生产期内平均	投资回收期税前(动态)/a	9.57	
总成本/万元	3166219	生产期内平均	投资回收期税后(动态)/a	10.73	
经营成本/万元	3040874	生产期内平均	吨油收入/(元/t)	4561.9	
总操作费用/万元	3165206	生产期内平均	吨油原料成本/(元/t)	2825.9	
利润总额/万元	313261	生产期内平均	吨油毛利/(元/t)	1736.0	
所得税/万元	78315	生产期内平均	吨油操作费用/(元/t)	298.3	
税后利润/万元	234946	生产期内平均	吨油利润/(元/t)	1437.7	
			吨油税后利润/(元/t)	231.8	

11.3 研究结果

1）本项目具有总流程先进、原油选择性强、配套条件优越、能耗物耗低等优势，可以建成具有国际竞争力的大型炼油厂；

2）本项目所生产的主要产品和原料均是高质量石油化工产品，能够满足市场对优质油料的需求；

3）本项目工艺技术先进，技术经济指标先进，经济效益好，竞争能力强；

4）本项目严格执行国家最高标准环保要求，采取了有效的环保措施，降低了污染物排放量和排放浓度，有效地保护了生态环境；

5）本项目总投资为1977614万元(含增值税)，其中建设投资1707984万元(含增值税)，建设期利息77793万元，铺底流动资金57551万元。项目实施后，年均可实现营业收入4623299万元，利润总额313261万元，上缴增值税、营业税金及附加和所得税共计1433826万元，净利润234946万元。折合单位吨油净利润231.8元，吨油操作费用298.3元，税后财务内部收益率为16.84%，税后投资回收期为7.80a。各项经济指标均高于行业基准值，因此本项目在经济上是可行的。

6）本项目从财务评价、盈亏平衡上进行了全面的分析评价，综合认为本项目在经济上是可行的，具有较好的抗风险能力。

第二部分　海南炼化优化思路研究报告

1　企业基本情况

1.1　公司概况

海南炼化2004年4月在海南省洋浦经济开发区开工建设，2006年9月建成投产。原设计原油综合加工能力8.0Mt/a，2013年经过改造后原油一次加工能力提高至9.2Mt/a。为发挥炼化一体化优势，2013年12月底建成投产我国第一套具有自主知识产权的0.6Mt/a的PX装置，2019年9月底建成投产第二套1.0Mt/a PX装置。

1.2　总流程特点

1）炼油采用全加氢型流程，常减压-渣油加氢-催化裂化加工路线，生产流程短，重油轻质化程度高，原料可以"吃干榨尽"，轻收80%以上。

2）化工采用石脑油-连续重整-芳烃加工路线，配套1.6Mt/a PX装置，炼化一体化条件较好。

3）装置硫含量设防值1%，催化裂化装置吃重能力不足，原油选择灵活性小，原油采购成本偏高。

4）主要生产装置全部单系列，总流程灵活性不够。

5）重整生成油全部供PX装置，汽油池辛烷值严重不足，汽油调和成本高。

6）PX装置原料不足，原料外采量大，生产成本高。

1.3　重油加工路线

1）蜡油进加氢裂化装置，生产重石脑油、航煤、柴油、有机热载体等产品。

2）常渣、减渣按比例混合进渣油加氢装置，加氢精制后作为催化裂化原料。

3）催化裂化油浆作为低价值产品外卖。

1.4　产品结构及产品质量

1.4.1　产品质量

1）汽油执行车用汽油(ⅥA)、车用汽油(ⅥB)标准和出口汽油协议指标。

2）柴油执行车用0#车用柴油(Ⅵ)标准和出口柴油协议指标。

3）航煤执行3#喷气燃料标准。

1.4.2　2018年产品结构

2018年海南炼化共生产产品9.09Mt，其中汽油占比27.78%，柴油占比27.17%，航煤占比15.61%，化工原料占比15.3%。具体见表2-1。

表2-1　2018年产品结构

项　　目	产量/t	收率占比/%	项　　目	产量/t	收率占比/%
汽油	2525294	27.78	化工原料类	1390529.94	15.30
92#汽油	2212649.10		裂解用石脑油	193677.98	
95#汽油	312644.95		重整及芳烃原料	1181169.49	
柴油	2469739.67	27.17	轻烃(C_5、C_6)	15682.48	
煤油	1418959.55	15.61	商品重油	153366.91	1.69

续表

项　　目	产量/t	收率占比/%	项　　目	产量/t	收率占比/%
其他石油产品	501576.64	5.52	商品液化气	630672.13	6.94
聚丙烯	215969.18		液态烃	314073.12	
氢气	17797.91		其他	316599.00	
硫黄	64920.92		合计	9090138.89	100.00
其他产品	202888.63				

1.5　2018 年效益分析

1.5.1　2018 年成本分析

2018 年海南炼化成本分析见表 2-2。

表 2-2　2018 年海南炼化成本表

项　　目	总金额/元	单位费用/(元/t)	备　　注	项　　目	总金额/元	单位费用/(元/t)	备　　注
制造成本	38450618827	3897.09		固定资产保险费		0.00	
原材料	36884524707	3738.36		安全生产费用	54968930	5.57	
辅助材料	278226185	28.20		财务费用	-149165385	-15.12	
燃料及动力	210472133	21.33		长期借款利息		0.00	
工资及附加	179787995	18.22		流动资金利息	-149165385	-15.12	
制造费用	897607807	90.98		营业费用		0.00	
折旧费	658826945	66.77		总成本费用	38537094022	3905.86	
修理费	238780862	24.20		固定成本	1108902066	112.39	
其他制造费		0.00		可变成本	37428191955	3793.46	
管理费用	235640580	23.88		经营成本	38017259403	3853.17	
无形资产摊销	10173059	1.03		完全费用	1652569314	167.49	
其他资产摊销	0	0.00		自用	1348792580	136.70	
其他管理费	170498591	17.28		含自用完全费用	3001361894	304.20	

由表 2-2 可以看出：

1）海南炼化总成本中制造成本占比 99.78%，管理费用占比较小为 0.61%，财务费用占比为-0.39%。

2）制造成本中主要成本是原材料成本，占比高达 95.93%；其次是制造费用，占比 2.33%，主要是折旧费和修理费。

1.5.2　2018 年利润分析

2018 年利润分析见表 2-3。

表 2-3　2018 年利润表

项目名称	总金额/元	吨油利润/(元/t)	项目名称	总金额/元	吨油利润/(元/t)
营业收入	48452934441	4910.86	销售费用	31093622	3.15
减：营业成本	38045671608	3856.05	管理费用	448216830	45.43
税金及附加	7395331070	749.54	研发费用	1912972	0.19

续表

项目名称	总金额/元	吨油利润/(元/t)	项目名称	总金额/元	吨油利润/(元/t)
财务费用	-149165385	-15.12	利润总额	2848410096	288.70
加：其他收益	174481429	17.68	减：所得税费用	726450607.25	73.63
资产处置收益	21836	0.00	其中：当期所得税费用	738969730.07	74.90
营业利润	2854376990.79	289.30	递延所得税费用	-12519122.82	-1.27
加：营业外收入	203000	0.02	净利润	2121959488.72	
减：营业外支出	6169895	0.63			

由表2-3可以看出：

1）海南炼化2018年炼油利润总额284841万元，吨油利润288.7元/t；

2）海南炼化吨油利润高于中国石化平均水平(231元/t)，但远低于北海炼化、湛江炼化等企业，主要原因为：①汽油调和成本高，收率低，而且95#高标号汽油配置少；②低价格化工轻油配置多，收率高；③成品油出口比例高。

2 基础流程平衡分析

2.1 基础加工流程平衡依据

2018年12月海南炼化无装置检修、无非计划停工、无生产波动，常减压原油加工负荷达到98.3%，各二次加工装置均在高负荷状态运行，数据具有一定代表性。本加工流程以2018年12月统计数据放大到全年作为基础，并对原油加工结构中非典型情况作以调整。基础加工流程原油采用阿曼、南巴、沙轻等常用原油，平均硫含量为0.95%。

2.2 装置负荷分析

根据平衡后基础加工流程，各装置负荷见表2-4。

表2-4 主要炼油装置负荷

序号	装置	设计能力/(10^4t/a)	基础加工量/(10^4t/a)	负荷/%
1	常减压	920	920	100%
2	石脑油预加氢	140	145	103%
3	连续重整	144	147	102%
4	异构化	20	23	116%
5	渣油加氢	310	357	115%
6	重油催化	280	316	113%
7	加氢裂化	120	146	122%
8	柴油加氢	248	203	82%
9	1#航煤加氢	30	38	127%
10	2#航煤加氢	70	84	121%
11	S-Zorb	140	109	78%
12	气分装置	60	69	115%
13	聚丙烯	20	25	123%
14	MTBE	10	9	92%

续表

序　号	装　　置	设计能力/(10^4t/a)	基础加工量/(10^4t/a)	负荷/%
15	1#制氢	60000.00	43013	72%
16	VPSA	10000.00	10251	103%
17	硫黄回收	10	8	85%
18	乙苯	10	9	88%
19	苯乙烯	8	8	100%

由表2-4可以看出：

1）主要炼油装置均已满负荷生产，柴油加氢、S-Zorb等装置负荷未满，主要受产品结构影响；

2）因原料不足，MTBE、乙苯、苯乙烯等装置负荷未满。

2.3　全厂物料平衡分析

全厂物料平衡见表2-5。

表2-5　全厂物料平衡

项　　目	数　　量	项　　目	数　　量
一、原料汇总		石脑油	16.0
原(料)油名称	加工量/(10^4t/a)	石油芳烃	82.5
外购原油	920.0	有机热载体	19.0
外购甲醇	3.1	苯乙烯	8.0
外购天然气	7.9	固体产品	32.5
外购丙烯	2.8	液化气	63.8
外购混二甲苯	25.3	燃料油	15.9
外购精白油	0.8	其他产品	1.0
外购甲苯	40.0	自用燃料	67.1
外购MTBE	3.0	合计	998.7
合计	1003.0	三、技术经济指标	
二、产品汇总		指标名称	指标值
产品名称	生产量/(10^4t/a)	柴汽比	1.0
汽油	269.7	综合商品率	92.9%
航煤	154.1	综合自用率	6.7%
柴油	269.0	轻油收率	81.6%

由表2-5可以看出：

1）部分装置原料不足：聚丙烯装置外购丙烯2.8×10^4t/a，芳烃装置外购混合二甲苯25.3×10^4t/a；

2）汽油池辛烷值不足，外购甲苯41×10^4t/a，外购MTBE 3×10^4t/a；

3）柴汽比偏1.0，偏高。

2.4　产品调和方案

主要产品调和方案见表2-6。

全面推广乙醇汽油后，MTBE将无法调入汽油。

表 2-6　主要产品调和表

质量调和	数量/10^4t	研究法辛烷值	密度/(kg/m^3)	蒸汽压/kPa	硫含量/(μg/g)	氧含量/%(质)	烯烃含量/%(质)	芳烃含量/%(质)	苯含量/%(质)	十六烷指数	烟点/mm
95#车用汽油(ⅥB)	35.0	95.20	753.3	49.33	4.36	1.82	7.74	33.49	0.37		
质量标准		≥95	702~775	40~65	≤10	≤2.7	≤15	≤35	≤0.8		
抽余油	4.70	69	680	65	1	0	5.5	1	0.5		
甲苯(含丙苯)	9.30	114	866	5	5	0	0	100	0.1		
S-Zorb 汽油	14.00	91.1	734.6	59.7	5.0	0.0	17.0	25.6	0.6		
重整轻汽油	3.50	77	640	99	1	0	0.1	0.1	0.1		
MTBE	3.50	115	740	55	8	18.2	0.1	0.1	0.1		
92#车用汽油(ⅥB)	170.0	92.61	747.8	51.58	3.93	0.93	7.90	32.73	0.38		
质量标准		≥92	702~775	40~60	≤10	≤2.7	≤15	≤35	≤0.8		
抽余油	24.48	69	680	65	1	0	5.5	1	0.5		
甲苯(含丙苯)	39.71	114	866	5	5	0	0	100	0.1		
C_{9+}芳烃	4.00	94	870	5	1	0	0	100	0.1		
S-Zorb 汽油	69.67	91.1	734.6	59.7	5.0	0.0	17.0	25.6	0.6		
重整轻汽油	23.45	77	640	99	1	0	0.1	0.1	0.1		
MTBE	8.68	115	740	55	8	18.2	0.1	0.1	0.1		
92#车用汽油(出口)	64.7	92.70	741.0	56.43	89.94	0.00	6.35	13.55	0.29		
质量标准		≥92	720		≤500	≤0.5			≤5		
甲苯(含丙苯)	3.03	114	866	5	5	0	0	100	0.1		
S-Zorb 汽油	23.78	91.1	734.6	59.7	5.0	0.0	17.0	25.6	0.6		

续表

质量调和	数量/10^4t	研究法辛烷值	密度/(kg/m^3)	蒸汽压/kPa	硫含量/(μg/g)	氧含量/%(质)	烯烃含量/%(质)	芳烃含量/%(质)	苯含量/%(质)	十六烷指数	烟点/mm
双脱汽油	37.93	92.6	735	58.5	1	0	0.1	0.1	0.1		
3#喷气燃料	154.08		800.0		356.13						26.71
质量标准			775~830		≤2000						≥25
加氢裂化航煤	32.72		800		8						27.5
加氢精制航煤	121.36		800		450						26.50
0#车用柴油(Ⅵ)	168.99		827.8		5.71					53.16	
质量标准			810~845		≤10					≥46	
加氢裂化柴油	36.34		820		1					62.85	
加氢精制柴油	132.65		830		7					50.5	
0#车用柴油(出口)	100.00		838.7		17.02					50.10	
质量标准			820~860		≤50					≥50	
渣油加氢柴油	29.60		863		43.1					44.5	
加氢裂化柴油	11.15		820		1					62.85	
加氢精制柴油	59.25		830		7					50.5	

2.5 各馏分加工流程

2.5.1 干气、液化气加工流程

2.5.1.1 物料平衡

物料平衡见表2-7。

表2-7 干气、液化气物料平衡表

装置	侧线名称	去向	数量/(10^4t/a)	平均小时量/(t/h)
常减压	常顶气	轻烃回收	6.164	7.34
常减压	减顶气	轻烃回收	0.054	0.06
渣油加氢	塔顶气	轻烃回收	1.96	2.34
柴油加氢	塔顶气	轻烃回收	3.31	3.94
30×10^4t/a航煤加氢	塔顶气	轻烃回收	0.12	0.14
70×10^4t/a航煤加氢	塔顶气	轻烃回收	0.26	0.31
气体分馏	气分干气	催化裂化	0.19	0.23
聚丙烯	干气	催化裂化	0.10	0.12
S-Zorb	干气	催化裂化	1.74	2.07
乙苯	富丙烯干气	催化裂化	1.48	1.76
催化裂化	催化干气	催化干气脱硫	11.54	13.74
加氢裂化	塔顶气	混合干气脱硫	0.54	0.64
重整预加氢	塔顶气	混合干气脱硫	0.30	0.36
炼油气柜	气柜干气	气柜干气脱硫	0.47	0.56
乙苯	烃化尾气	VPSA	6.95	8.27
苯乙烯	脱氢尾气	VPSA	0.57	0.68
1#异构化	异构化尾氢	VPSA	0.29	0.35
渣油加氢	低分气	低分气脱硫	1.50	1.79
加氢裂化	低分气	低分气脱硫	1.29	1.53
柴油加氢	低分气	低分气脱硫	0.30	0.36
1#异构化	异构化干气	化工燃料气管网	3.05	3.63
1#歧化	歧化干气	化工燃料气管网	2.64	3.15
连续重整	重整干气(自产)	炼油燃料气管网	1.17	1.40
C_5、C_6异构化	异构化干气	连续重整	0.08	0.09
连续重整	重整氢气	重整氢气管网	11.54	13.73
连续重整	重整氢气	RDS-PSA	7.21	8.58
1#歧化	歧化尾氢	RDS-PSA	5.52	6.57
一次干气合计			70.34	83.74
轻烃回收	常压液化气	脱硫脱硫醇	14.20	16.90
催化裂化	催化液化气	脱硫脱硫醇	69.44	82.66
加氢裂化	加裂液化气	脱硫脱硫醇	5.11	6.08
连续重整	重整液化气	罐区	4.83	5.75
一次液化气合计			93.57	111.39
RDS-PSA	RDS-PSA氢气	氢气管网	4.74	5.64
VPSA	VPSA氢气	氢气管网	0.77	0.92
凯美特气返回	纯氢	氢气管网	0.82	0.98
凯美特气返回	高热值燃料气	燃料气管网	6.65	7.92

续表

装　置	侧线名称	去　向	数量/(10^4t/a)	平均小时量/(t/h)
VPSA	VPSA 解析气	燃料气管网	16.00	19.05
连续重整	催化重整干气	燃料气管网	1.17	1.40
连续重整	重整氢	重整氢管网	11.54	13.73
1#异构化	异构化干气	燃料气管网	3.05	3.63
1#歧化	歧化干气	燃料气管网	2.64	3.15
产品干气合计			47.39	56.42
轻烃回收、加裂	混合液化气	罐区	19.31	22.98
连续重整	重整液化气	罐区	4.83	5.75
气体分馏	气分丙烷	罐区	4.95	5.89
MTBE	未反应碳四	汇智	35.00	41.67
产品液化气合计			64.09	76.29
气体分馏	气分丙烯	罐区	21.75	25.89
产品丙烯合计			21.75	25.89

2.5.1.2　干气、液化气加工流程

干气、液化气加工流程如图 2-1 所示。

2.5.2　石脑油加工流程

2.5.2.1　物料平衡

石脑油物料平衡见表 2-8。

表 2-8　石脑油物料平衡表

装　置	侧线名称	去　向	数量/(10^4t/a)	平均小时量/(t/h)
常减压轻烃回收	常压石脑油	重整预加氢原料	137.0	156.39
渣油加氢	石脑油	催化裂化粗汽油	4.3	4.89
气体分馏	气分碳五	催化裂化粗汽油	0.9	0.98
加氢裂化	重石脑油	连续重整原料	31.6	36.09
重整预加氢	精制石脑油	连续重整原料	115.1	131.35
连续重整	重整生成油	1#芳烃原料	125.2	142.96
C_5、C_6 异构化	异构化生成油	连续重整轻烃进料	0.1	0.09
柴油加氢	石脑油	重整预加氢原料	6.8	7.74
30×10^4t/a 航煤加氢	石脑油	重整预加氢原料	0.3	0.32
70×10^4t/a 航煤加氢	石脑油	重整预加氢原料	0.3	0.32
重整预加氢	拔头油	C_5、C_6 异构化	23.0	26.26
		制氢原料	2.1	2.50
		乙烯料(外供)	3.9	4.44
常减压轻烃回收	常压石脑油	乙烯料(外供)	7.0	7.99
加氢裂化	轻石脑油	发泡剂(外销)	3.1	3.58
连续重整	重整轻汽油	调和汽油	3.9	4.47
1#芳烃抽提	抽余油(C_5~C_8)	调和汽油	29.2	33.31

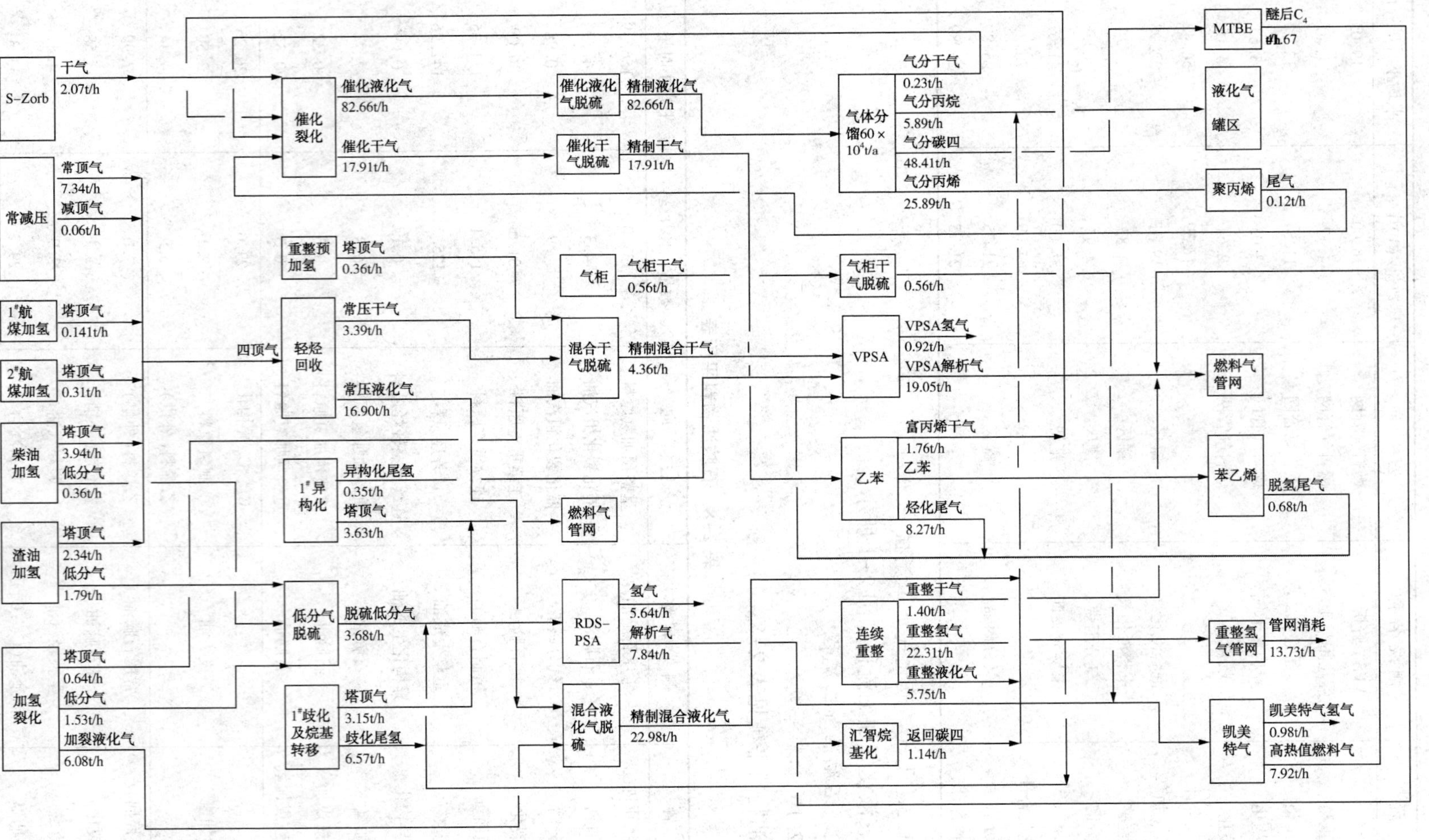

图2-1 干气、液化气加工流程图

2.5.2.2　石脑油加工流程

石脑油加工流程如图 2-2 所示。

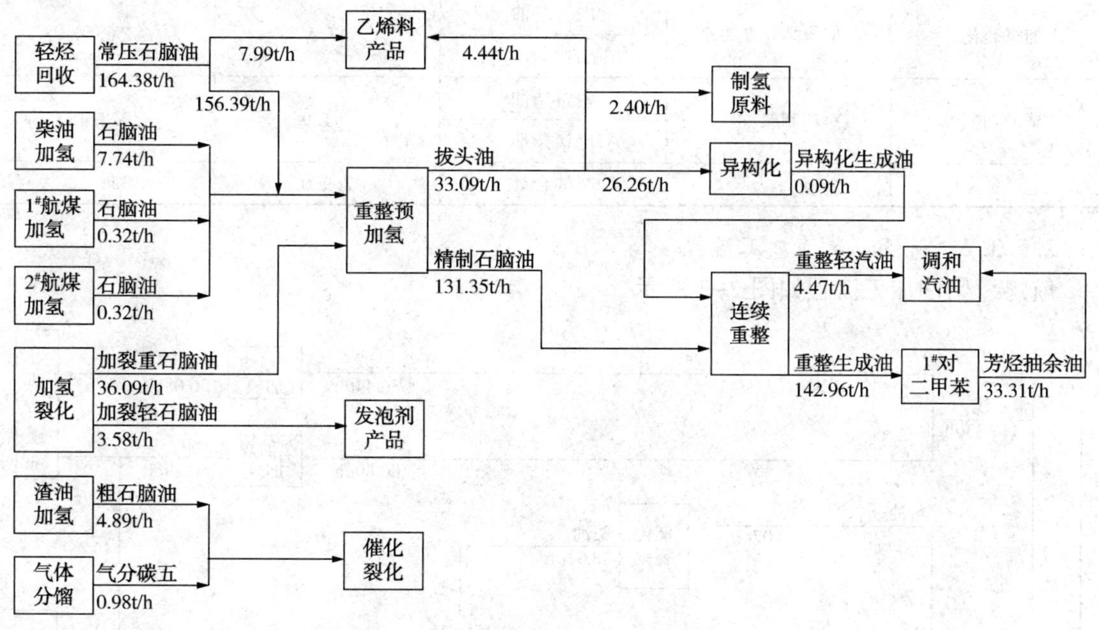

图 2-2　石脑油加工流程图

2.5.3　航煤、柴油加工流程

2.5.3.1　物料平衡

航煤、柴油物料平衡见表 2-9。

表 2-9　航煤、柴油物料平衡

装　置	侧线名称	去　向	数量/(10^4t/a)	平均小时量/(t/h)
常减压	常一线	1#航煤加氢	38.0	36.44
		2#航煤加氢	84.4	80.89
1#航煤加氢	精制航煤	航煤罐区	37.6	36.08
2#航煤加氢	精制航煤	航煤罐区	83.7	80.29
加氢裂化	加氢裂化航煤	航煤罐区	32.7	38.96
		航煤罐区		
		航煤合计	154.1	183.4
常减压	直柴	柴油加氢	125.2	149.0
常减压	常三线封油	催化裂化	1.7	2.1
	常三线并蜡油	加氢裂化	26.0	31.0
催化裂化	催化裂化柴油	柴油加氢	55.9	66.5
1#二甲苯分馏	重芳烃	原料罐	4.9	5.8
原料罐	重芳烃	渣油加氢	4.9	5.8
渣油加氢	RDS 柴油	出口柴油	29.6	35.2

续表

装　置	侧线名称	去　向	数量/(10^4t/a)	平均小时量/(t/h)
加氢裂化	加氢裂化柴油	内贸柴油	47.5	56.54
		出口柴油		
柴油加氢	精制柴油	内贸柴油	191.9	228.45
		出口柴油		
		柴油合计	269.0	320.22

2.5.3.2　航煤、柴油加工流程

航煤、柴油加工流程如图 2-3 所示。

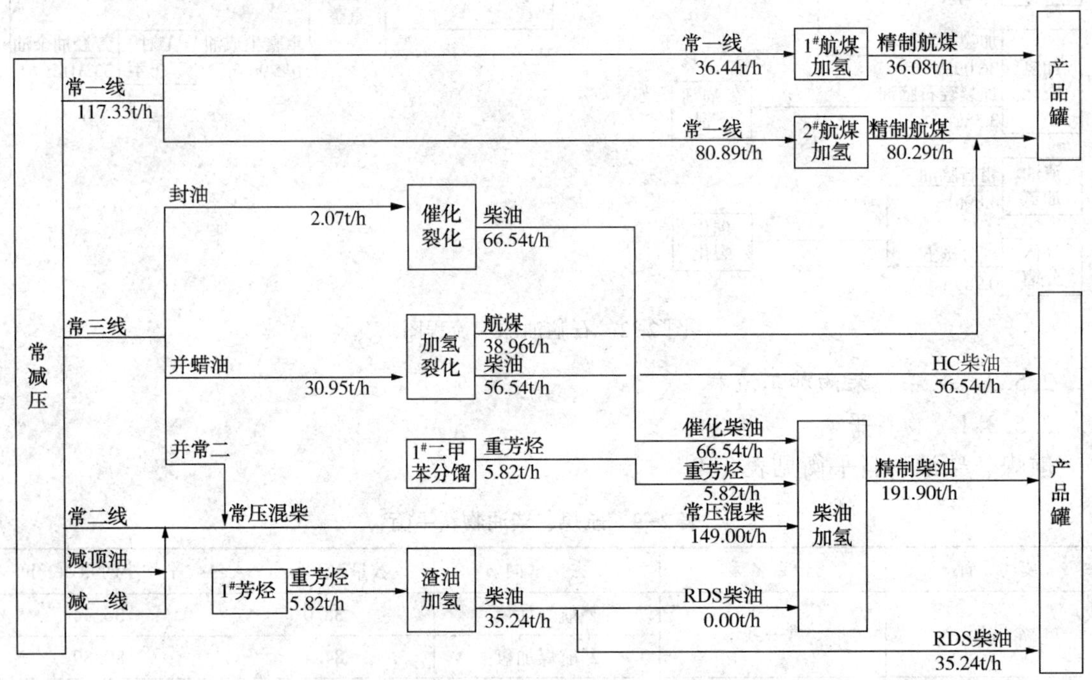

图 2-3　航煤、柴油加工流程图

2.5.4　蜡重油加工流程

2.5.4.1　物料平衡

蜡重油物料平衡见表 2-10。

表 2-10　蜡重油物料平衡

装　置	侧线名称	去　向	数量/(10^4t/a)	平均小时量/(t/h)
常减压	蜡油	加氢裂化原料	117.0	133.58
	减一线并封油	渣油加氢封油	4.0	4.57
	减二线并封油	催化裂化封油	3.0	3.42
	常压渣油	渣油加氢原料	214.6	245.02
	减压渣油	渣油加氢原料	129.8	148.19
渣油加氢	加氢尾油	催化裂化原料	313.9	358.38

续表

装置	侧线名称	去向	数量/(10^4t/a)	平均小时量/(t/h)
加氢裂化	未转化油	有机热载体产品	19.0	21.69
		催化裂化原料	2.2	2.57
催化裂化	油浆	燃料油产品	15.9	18.19

2.5.4.2　蜡重油加工流程

蜡重油加工流程如图 2-4 所示。

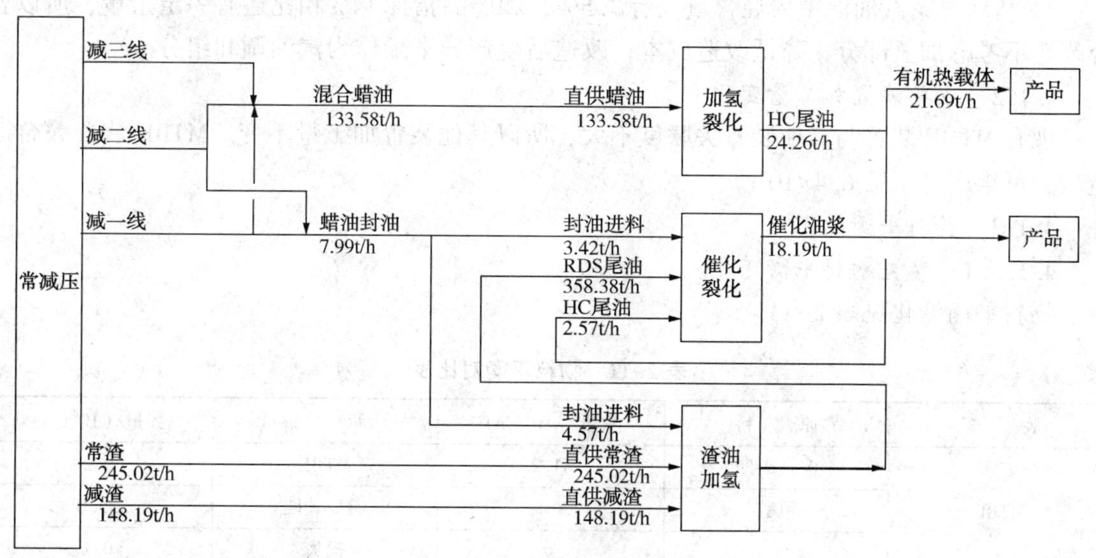

图 2-4　蜡重油加工流程图

3　存在的问题

3.1　汽油质量升级问题

海南炼化汽油池辛烷值严重不足，每年需大量外购甲苯、MTBE 等高辛烷值组分。全面推广乙醇汽油后，自产的 9×10^4t/a MTBE 将无法调入，高辛烷值汽油组分缺口继续扩大。

3.2　生产低硫船燃问题

海南炼化目前可用于调和低硫船燃的组分只有渣油加氢尾油和催化柴油两种。渣油加氢尾油是优质的低硫船燃调和组分，可以直接作为低硫船燃出厂，但海南炼化渣油加氢装置只有一套，而且尾油是催化裂化原料，属高成本中间产品，若直接作为低硫船燃或调和比例过高，生产船燃成本过高，而且导致催化裂化装置原料不足，影响全厂整体效益。

3.3　化工装置原料不足

海南炼化聚丙烯和苯乙烯装置一直效益较好，但受限于原料不足，装置无法保持满负荷生产，不能发挥装置的最大盈利能力。

3.4　劣质柴油芳烃资源利用不够

海南炼化年产 56×10^4t 催化柴油，目前改质后全部调入柴油，由于品质较差，每年柴油产品需加入大量十六烷值改进剂，不但增加了柴油生产成本，还导致全厂柴汽比居高不下。海南炼化芳烃装置原料严重不足，每年需大量外购芳烃原料，而催化柴油富含大量的重芳烃资源，目前这部分资源没有得到有效的利用。

4 优化方案

4.1 MTBE装置选择性叠合改造

4.1.1 优化思路

1）利用现有$10×10^4$t/a MTBE装置进行选择性叠合改造，将原料C_4中的异丁烯选择性的叠合，生产高辛烷值汽油调和组分，以降低乙醇汽油全面推广后的汽油池成本压力。

2）基础方案汽油池中烯烃含量只有7.5%，和产品指标14%相比还有一定余量，所以叠合改造不考虑加氢部分，降低改造成本，改造后生产异辛烯作为汽油调和组分。

4.1.2 主要装置加工量变化

现有MTBE装置与其他装置关联度不大，所以其他装置加工量不变。MTBE装置叠合改造后，可年产异丁烯$6.4×10^4$t。

4.1.3 物料平衡变化

4.1.3.1 装置物料平衡变化

物料平衡变化见表2-11。

表2-11 物料平衡对比表

装 置	原 料	数量/(10^4t/a)	产 品	数量/(10^4t/a)
MTBE	混合碳四	41.2	MTBE	9.2
	甲醇	3.1	醚后碳四	35.0
			损失	0.1
选择性叠合	混合碳四	41.2	叠合汽油	6.4
			剩余碳四	34.8
			损失	0.0

4.1.3.2 全厂物料平衡变化

全厂物料平衡变化见表2-12。

表2-12 全厂物料平衡变化表 10^4t/a

项 目	基础流程	乙醇流程	变化量
原料			
外购甲苯	40.03	42.50	2.47
外购甲醇	3.09	0.00	-3.09
外购MTBE	3		-3
产品			
汽油	269.74	266.13	-3.61
92#车用汽油(出口)	64.74	0	-64.74
92#车用汽油(ⅥB)	170.00	0	-170.00
95#车用汽油(ⅥB)	35.00	0	-35.00
92#乙醇汽油组分	0	136.13	136.13

续表

项　目	基础流程	乙醇流程	变化量
产品			
95#乙醇汽油组分	0	100.00	100.00
98#乙醇汽油组分	0	30.00	30.00
液化气	63.83	63.68	-0.15
自用燃料	67.09	67.15	0.07
技术经济指标			
商品总量	931.62	928.05	-3.57
轻油总量	818.34	814.85	-3.50
柴汽比	1.00	1.01	0.01
综合商品率	92.89%	92.86%	-0.02%
轻油收率	81.59%	81.54%	-0.05%

4.1.4　汽油产品调和方案

各牌号乙醇汽油组分油调和方案见表2-13。

表2-13　汽油调和表

质量调和	数量/10^4t	研究法辛烷值	密度/(kg/m^3)	蒸汽压/kPa	硫含量/(μg/g)	氧含量/%(质)	烯烃含量/%(体)	芳烃含量/%(体)	苯含量/%(体)
98#乙醇汽油组分	30.0	96.70	749.8	51.06	3.44	0.00	14.43	36.00	0.12
质量标准		≥96.5	720~772	40~58	≤10	≤0.5	≤16	≤38	≤0.8
甲苯(含丙苯)	12.04	114	866	5.0	5	0	0	100.0	0.1
S-Zorb汽油	2.14	91.1	734.6	59.7	5	0	17	25.6	0.6
重整轻汽油	11.70	77	640	99.0	1	0	0.1	0.1	0.1
叠合汽油	4.12	105	730	45.0	5	0	95	0.0	0.0
95#乙醇汽油组分	100.0	93.78	752.0	51.63	4.34	0.00	10.65	36.00	0.44
质量标准		≥93.5	720~772	40~58	≤10	≤0.5	≤15	≤35	≤0.8
抽余油	4.72	69	680	65	1	0	5.5	1	0.5
甲苯(含丙苯)	23.41	114	866	5	5	0	0	100	0.1
C_{9+}芳烃	0.20	94	870	5	1	0	0	100	0.1
S-Zorb汽油	60.00	91.1	734.6	59.7	5.0	0.0	17.0	25.6	0.6
重整轻汽油	11.67	77	640	99	1	0	0.1	0.1	0.1
92#乙醇汽油组分	136.1	90.28	744.4	52.25	4.06	0.00	13.10	30.28	0.50
质量标准		≥90.2	720~772	40~58	≤10	≤0.5	≤15	≤35	≤0.8
抽余油	24.46	69	680	65	1	0	5.5	1	0.5
甲苯(含丙苯)	19.08	114	866	5	5	0	0	100	0.1
C_{9+}芳烃	3.80	94	870	5	1	0	0	100	0.1
S-Zorb汽油	82.95	91.1	734.6	59.7	5.0	0.0	17.0	25.6	0.6
重整轻汽油	3.58	77	640	99	1	0	0.1	0.1	0.1
叠合汽油	2.25	115	740	55	8	18.2	0.1	0.1	0.1

4.1.5 优化效果及效益测算

4.1.5.1 优化效果

1）MTBE 叠合改造后海南炼化可以按照标准生产乙醇汽油组分油 2.66Mt/a；

2）MTBE 叠合改造后全厂汽油产量减少 3.61×10^4t，甲苯外购量增加 2.47×10^4t，MTBE 外购量减少 3×10^4t；

3）全面推广乙醇汽油后，全厂综商下降 0.02%，轻收下降 0.05%。

4.1.5.2 效益测算

MTBE 叠合改造生产乙醇汽油组分油后，全厂每年增加效益 31075 万元，详见表 2-14。

表 2-14 效益测算表

项　目	投入产出变化量/(10^4t/a)	效益测算	
		价格/(元/t)	收入/(万元/a)
原料			
外购甲苯	2.47	4624.79	-11423.22
外购甲醇	-3.09	1911.97	5900.94
外购 MTBE	-3	4624.79	13874.36
产品			
汽油	-3.61		
92#车用汽油(出口)	-64.74	3916.47	-253560.74
92#车用汽油(ⅥB)	-170.00	3916.47	-665799.75
95#车用汽油(ⅥB)	-35.00	4257.58	-149015.46
92#乙醇汽油组分	136.13	3916.47	533141.11
95#乙醇汽油组分	100.00	4257.58	425758.43
98#乙醇汽油组分	30.00	4428.14	132844.26
液化气	-0.15	3625.67	-529.84
自用燃料	0.07	3200.00	208.66
		毛利润	31398.75
		投资	5000
		折旧	323.3
		净利润	31075.42

注：1. 根据原油 60 美金/桶价格体系测算，全部净价；
2. 考虑原料运费。

4.2 生产低硫船燃

4.2.1 优化思路

4.2.1.1 增加催化油浆过滤装置

海南炼化催化油浆一直作为低价值的燃料油产品出厂，如能将它调入低硫船燃将大大降低调和成本。催化油浆中“硅+铝”总含量达到 2000μg/g 以上，无法直接调和船燃，需要增加一套 0.15Mt/a 油浆过滤装置，将“硅+铝”总含量降至 100μg/g 以下。

本方案设定油浆中固体颗粒物过滤效率为 90%，利用脱固油浆最大量调和生产低硫船燃。

4.2.1.2 优化催化裂化装置原料

由于全厂只有一套渣油加氢装置，生产低硫船燃会大量调入渣油加氢尾油，造成催化原料不足，所以需对蜡重油加工流程进行优化：

1）提高减压塔的加工负荷，增加蜡油和减压渣油产量；

2）常减压增产的减压渣油进渣油加氢加工，渣油加氢减渣配比提高至40%，降低渣油加氢尾油的品质，进一步降低船燃调和成本；

3）调整加氢裂化装置的操作模式，改为柴油部分循环，适当提高尾油收率，富余加裂尾油作为催化原料；

4）常减压增产的蜡油进催化裂化加工，增加催化原料，改善催化原料性质。

4.2.2 主要装置负荷变化

主要装置负荷变化见表2-15。

表2-15 主要装置负荷变化表 $10^4t/a$

序号	装置	基础（乙醇）流程	船燃流程	变化量
1	连续重整	147	148	2
2	渣油加氢	357	329	-28
3	催化裂化	316	296	-20
4	加氢裂化	146	112	-35
5	柴油加氢	203	199	-4
6	S-Zorb	147	137	-10
7	气分装置	69	64	-5
8	聚丙烯	24	23	-2
9	1#制氢	$43013m^3/h$（标准）	34604	-8408
10	乙苯	9	8	-1
11	苯乙烯	8	7	-1

4.2.3 物料平衡变化

全厂物料平衡变化见表2-16。

表2-16 全厂物料平衡变化表 $10^4t/a$

项目	基础（乙醇）流程	船燃流程	变化量
原料			
外购天然气	7.90	5.95	-1.96
外购甲苯	42.50	43.00	0.50
产品			
汽油	266.13	255.90	-10.23
航煤	154.08	157.32	3.24
柴油	269.09	232.07	-37.02
石脑油	16.03	16.12	0.09
苯	9.45	10.05	0.60
对二甲苯	64.67	64.98	0.31

续表

项　　目	基础(乙醇)流程	船燃流程	变化量
产品			
苯乙烯	8.00	7.41	-0.58
硫黄	8.06	7.72	-0.34
聚丙烯	24.49	22.91	-1.58
液化气	63.68	61.31	-2.38
燃料油	15.96		-15.96
船用燃料油		64.29	64.29
自用燃料	67.15	63.89	-3.27
技术经济指标			
商品总量	928.05	928.46	0.41
轻油总量	814.85	771.25	-43.60
柴汽比	1	0.91	-0.09
综合商品率	92.86%	93.03%	0.16%
轻油收率	81.54%	77.34%	-4.20%

4.2.4　产品调和方案

4.2.4.1　低硫船燃

调和方案见表2-17。

表2-17　低硫船燃调和表

项　　目	加氢渣油	催化柴油	脱固油浆	RMG380	低硫船燃标准
调和量/(10^4t/a)	48.35	2.62	13.32	64.29	
调合比例/%(质)	75	4	21	100	
密度(20℃)/(kg/m^3)	928	958.6	1093	963.4	≤987.6
密度(15℃)/(kg/m^3)	931	961.8	1100.5	967.4	≤991.0
50℃黏度/(mm^2/s)	360	3	920	303.3	RMG380：≤380.0
碳芳香度指数(CCAI)	790	916	953	828.9	≤870
硫含量/%(质)	0.4	0.33	0.8	0.48	≤0.50
残炭/%(质)	5.74	0.05	13.85	7.19	≤18
(Si+Al)/(μg/g)	0	0	100	20.71	≤60

4.2.4.2　汽柴煤产品

调和方案见表2-18。

4.2.5　优化效果及效益测算

4.2.5.1　优化效果

1）通过增加油浆脱固装置，RMG380低硫船燃产量可以达到0.64Mt/a，其中油浆占比21%，调和成本显著降低，具备一定的市场竞争力；

2）催化裂化装置原料不足，加工量下降0.2Mt/a，导致聚丙烯、苯乙烯等化工装置负荷下降3×10^4t/a，带来较大的效益损失；

表 2-18　汽柴煤产品调和表

质量调和	数量/10^4t	研究法辛烷值	密度/(kg/m^3)	蒸汽压/kPa	硫含量/(μg/g)	氧含量/%(质)	烯烃含量/%(体)	芳烃含量/%(体)	苯含量/%(体)	十六烷指数	烟点/mm
98#乙醇汽油组分	30.0	96.70	749.7	51.03	3.39	0.00	14.50	36.00	0.13		
质量标准		≥96.5	720~772	40~58	≤10	≤0.5	≤16	≤38	≤0.8		
甲苯(含丙苯)	12.13	114	866	5.0	5	0	0	100.0	0.1		
C_{9+}芳烃	0.11	94	870	5.0	1	0	0	100.0	0.1		
S-Zorb 汽油	1.50	91.1	734.6	59.7	5	0	17	25.6	0.6		
重整轻汽油	12.01	77	640	99.0	1	0	0.1	0.1	0.1		
叠合汽油	4.26	105	730	45.0	5	0	95	0.1	0.1		
95#乙醇汽油组分	100.0	93.70	750.3	51.91	4.17	0.00	10.96	35.26	0.40		
质量标准		≥93.5	720~772	40~58	≤10	≤0.5	≤16	≤38	≤0.8		
抽余油	5.74	69	680	65	1	0	5.5	1	0.5		
甲苯(含丙苯)	25.14	114	866	5	5	0	0	100	0.1		
S-Zorb 汽油	52.51	91.1	734.6	59.7	5.0	0.0	17.0	25.6	0.6		
重整轻汽油	14.99	77	640	99	1	0	0.1	0.1	0.1		
叠合汽油	1.62	115	740	55	8	18.2	0.1	0.1	0.1		
92#乙醇汽油组分	125.9	90.24	747.0	51.32	4.12	0.00	12.14	31.48	0.52		
质量标准		≥90	720~772	40~58	≤10	≤0.5	≤16	≤38	≤0.8		
抽余油	23.77	69	680	65	1	0	5.5	1	0.5		
甲苯(含丙苯)	17.70	114	866	5	5	0	0	100	0.1		
C_{9+}芳烃	3.89	94	870	5	1	0	0	100	0.1		

续表

质量调和	数量/10^4t	研究法辛烷值	密度/(kg/m^3)	蒸汽压/kPa	硫含量/(μg/g)	氧含量/%(质)	烯烃含量/%(体)	芳烃含量/%(体)	苯含量/%(体)	十六烷指数	烟点/mm
S-Zorb 汽油	80.51	91.1	734.6	59.7	5.0	0.0	17.0	25.6	0.6		
叠合汽油	0.02	115	740	55	8	18.2	0.1	0.1	0.1		
3#喷气燃料	157.32		800		348.97						26.73
质量标准			775~830		≤2000						≥25
加裂航煤	35.96		800		8						27.5
加氢精制航煤	121.36		800		450						26.50
0#车用柴油Ⅵ	137.00		829.4		6.64					51.71	
质量标准			810~845		≤10					≥46	
加氢裂化柴油	8.17		820		1					62.85	
加氢精制柴油	128.83		830		7					51	
0#车用柴油(出口)	97.69		838.1		16.40					50.23	
质量标准			820~860		≤50					≥50	
渣油加氢柴油	27.29		863		43.1					44.5	
加氢裂化柴油	11.15		820		1					62.85	
加氢精制柴油	59.25		830		7					50.5	

3）重整装置加工量增加 0. 02Mt/a，增产芳烃原料 0. 01Mt/a；

4）柴汽比降至 0. 91，其中汽油减产 0. 1Mt/a，柴油减产 0. 37Mt/a，航煤增产 0. 03Mt/a，降低柴汽比效果明显；

5）全厂综合商品率提高 0. 16%，轻收降低 4. 2%，由于低硫船燃价格较低，对整体效益会有一定影响。

4. 2. 5. 2　效益测算

生产低硫船燃后，全厂效益每年减少 138 万元，详见表 2-19。

表 2-19　效益测算表

项　目	投入产出变化/(10^4t/a)	效益测算	
		价格/(元/t)	收入/(万元/a)
原料			
外购天然气	-1. 96	3200. 0	6257. 4
外购甲苯	0. 50	4624. 8	-2312. 4
产品			
汽油	-10. 23	3916. 5	-40053. 4
航煤	3. 24	4105. 7	13287. 8
柴油	-37. 02	3506. 6	-129810. 1
石脑油	0. 09	3388. 3	306. 0
苯	0. 60	4333. 3	2585. 8
对二甲苯	0. 31	5008. 5	1557. 6
苯乙烯	-0. 58	7042. 7	-4112. 8
硫黄	-0. 34	779. 6	-262. 9
聚丙烯	-1. 58	7162. 4	-11350. 1
液化气	-2. 38	3625. 7	-8612. 8
催化油浆	-15. 96	826. 5	-13193. 3
船用燃料油	64. 29	3124. 0	200841. 1
自用燃料	-3. 27	3200. 0	-10451. 6
		毛利润	731. 5
		投资	2000. 0
		折旧	129. 3
		加工成本	739. 9
		净利润	-137. 70

注：1. 根据原油 60 美金/桶价格体系测算，全部净价；
　　2. 催化油浆价格参考海南价格；
　　3. 加工费 50 元/t；
　　4. 考虑原料运费。

4. 3　烯烃裂解制乙烯/丙烯

4. 3. 1　方案说明

4. 3. 1. 1　增上 OCC 装置

催化裂化增上一套 0. 2Mt/a C_5 烯烃裂解单元，增产丙烯和乙烯。物料平衡见表 2-20。

表 2-20　OCC 装置物料平衡表　　10^4t/a

原　料	数　量	产　品	数　量	去　向
碳五	19.91	富乙烯气	2.39	苯乙烯
		富丙烯气	4.24	气分
		轻汽油	13.28	S-Zorb

注：1. 催化汽油中 C_5 含量按 13.5%收率计算；
2. 数据引自腾加伟的课件《烯烃催化裂解 OCC 工艺技术》。

气体组成见表 2-21。

表 2-21　富乙烯气、富丙烯气组成　　%(质)

组　成	富乙烯气	富丙烯气	组　成	富乙烯气	富丙烯气
甲烷	10.4	0	丙烯	0	80.2
乙烷	18.9	0.03	丁烷	0	0.24
乙烯	70.7	0.04	丁烯	0	0.19
丙烷	0	19.3	合计	100	100

4.3.1.2　聚丙烯、苯乙烯装置

1）聚丙烯装置满负荷生产，停止外购丙烯料；

2）苯乙烯装置适当扩能改造，最大量消化乙烯原料。

4.3.1.3　S-Zorb 装置

S-Zorb 装置降低负荷运行，节约运行成本；同时，原料汽油中烯烃含量下降，可以减少一定的辛烷值损失。

4.3.2　主要装置加工量变化

主要装置负荷变化见表 2-22。

表 2-22　主要装置负荷变化表　　10^4t/a

序号	装　置	基础(乙醇)流程	OCC 流程	变化量
1	OCC	0	20	20
2	S-Zorb	147	141	-6
3	气分装置	69	73	4
4	聚丙烯	24	25	1
5	乙苯	9	12	3
6	苯乙烯	8	11	3

4.3.3　物料平衡变化

全厂物料平衡变化见表 2-23。

表 2-23　全厂物料平衡变化表

10^4t/a

项目名称	基础(乙醇)流程	OCC 流程	变化量
原　料			
外购天然气	7.90	7.50	-0.40
外购丙烯	2.80	0.00	-2.80
外购甲苯	42.50	42.10	-0.40
产品			
汽油	266.13	259.68	-6.45
柴油	269.09	269.17	0.08
苯	9.45	4.99	-4.46
聚丙烯	24.49	25.04	0.55
液化气	63.68	64.55	0.87
苯乙烯	8.00	11.01	3.01
自用燃料	67.15	69.64	2.49
技术经济指标			
商品总量	928.05	921.78	-6.27
轻油总量	814.85	807.03	-7.82
柴汽比	1.01	1.04	0.03
综合商品率	92.86%	92.57%	-0.29%
轻油收率	81.54%	81.05%	-0.49%

4.3.4　汽油产品调和方案

汽油产品调和方案见表 2-24。

表 2-24　汽油产品调和表

质量调和	数量/10^4t	研究法辛烷值	密度/(kg/m^3)	蒸汽压/kPa	硫含量/(μg/g)	氧含量/%(质)	烯烃含量/%(体)	芳烃含量/%(体)	苯含量/%(体)
98#乙醇汽油组分	30.0	96.70	749.8	51.06	3.44	0.00	14.43	36.00	0.12
质量标准		≥96.5	720~772	40~58	≤10	≤0.5	≤16	≤38	≤0.8
甲苯(含丙苯)	12.04	114	866.0	5.0	5	0	0	100.0	0.1
S-Zorb 汽油	2.14	91.1	734.6	59.7	5	0	17	25.6	0.6
重整轻汽油	11.70	77	640.0	99.0	1	0	0.1	0.1	0.1
叠合汽油	4.12	105	730.0	45.0	5	0	95	0.0	0.0
95#乙醇汽油组分	100.0	93.78	752.0	51.63	4.34	0.00	10.65	36.00	0.44
质量标准		≥93.5	720~772	40~58	≤10	≤0.5	≤16	≤38	≤0.8
抽余油	4.72	69	680.0	65	1	0	5.5	1	0.5
甲苯(含丙苯)	23.41	114	866.0	5	5	0	0	100	0.1
C_{9+}芳烃	0.20	94	870.0	5	1	0	0	100	0.1
S-Zorb 汽油	60.00	91.1	734.6	59.7	5.0	0.0	17.0	25.6	0.6
重整轻汽油	11.67	77	640.0	99	1	0	0.1	0.1	0.1
92#乙醇汽油组分	129.7	90.21	744.8	51.94	4.02	0.00	12.93	30.44	0.49
质量标准		≥90	720~772	40~58	≤10	≤0.5	≤16	≤38	≤0.8
抽余油	24.46	69	680.0	65	1	0	5.5	1	0.5

续表

质量调和	数量/10^4t	研究法辛烷值	密度/(kg/m^3)	蒸汽压/kPa	硫含量/(μg/g)	氧含量/%(质)	烯烃含量/%(体)	芳烃含量/%(体)	苯含量/%(体)
甲苯(含丙苯)	18.94	114	866.0	5	5	0	0	100	0.1
C_{9+}芳烃	3.80	94	870.0	5	1	0	0	100	0.1
S-Zorb 汽油	76.64	91.1	734.6	59.7	5.0	0.0	17.0	25.6	0.6
重整轻汽油	3.58	77	640.0	99	1	0	0.1	0.1	0.1
叠合汽油	2.26	115	740.0	55	8	18.2	0.1	0.1	0.1

4.3.5 优化效果及效益测算

4.3.5.1 优化效果

1）减少外购丙烯 0.03Mt/a，聚丙烯装置满负荷生产，实际增产聚丙烯 0.03Mt/a；

2）苯乙烯装置增产苯乙烯 0.03Mt/a，同时减少低价格苯出厂 0.04Mt/a；

3）S-Zorb 负荷降 0.06Mt/a，全厂汽油产量减少 0.06Mt/a，柴汽比增至 1.04；

4）全厂综合商品率和轻收略有降低，主要因为外购丙烯、甲苯减少，对整体效益没有影响。

4.3.5.2 效益测算

增上催化汽油碳五烯烃裂解装置后，全厂每年增加效益 3617 万，项目投资回收期 5.5a，详见表 2-25。

表 2-25 效益测算表

项目	投入产出变化量/(10^4t/a)	效益测算	
		价格/(元/t)	收入/(万元/a)
原料			
外购天然气	-0.40	3200.00	1284.23
外购丙烯	-2.80	5643.46	15801.69
外购甲苯	-0.40	4624.79	1849.91
产品			
汽油	-6.45	3916.47	-25247.36
柴油	0.08	3506.62	270.33
苯	-4.46	4333.33	-19333.99
聚丙烯	0.55	7162.39	3903.71
液化气	0.87	3625.67	3155.40
苯乙烯	3.01	7042.74	21224.48
自用燃料	2.49	3200.00	7975.38
		毛利润	10883.79
		投资	20000.00
		折旧	1293.33
		加工成本	5973.33
		利润	3617.12 万元
		投资回收期	5.53a

注：1. 根据原油 60 美金/桶价格体系测算，全部净价；

2. 加工成本按 300 元/t 计算；

3. 考虑原料运费。

4.4 催化柴油裂解制芳烃

4.4.1 方案说明

4.4.1.1 增上催化柴油裂解装置

新建一套0.6Mt/a催化柴油裂解装置(S-PAC技术)，增产芳烃原料。产品组成见表2-26。

表2-26 催化柴油裂解装置产品组成

组成	组分含量/%(质)	总质量/%(质)	组成	组分含量/%(质)	总质量/%(质)
甲烷	0.13	3.06	苯	2.67	34.54
乙烷	2.93		甲苯	9.26	
丙烷	13.23	31.52	乙苯	1.6	
正丁烷	10.36		混合二甲苯	10.27	
异丁烷	7.93		碳九芳烃	7.33	
正戊烷	6.11	15.3	碳十芳烃	3.41	
异戊烷	2.55		重芳烃	18.28	18.28
己烷	6.64		合计	102.7	102.7

注：数据源自上海石油化工研究院。

物料平衡见表2-27。

表2-27 催化柴油裂解装置物料平衡表

原料	数量/(10^4t/a)	产品	数量/(10^4t/a)	收率/%	去向
催化柴油	57.7	干气	1.8	3.0	自用干气
纯氢	1.6	液化气	18.1	30.5	产品
		轻汽油	8.8	14.8	产品
		苯/甲苯	6.9	11.6	芳烃歧化装置
		C_8芳烃	6.8	11.5	芳烃异构化装置
		C_9、C_{10}芳烃	6.2	10.4	芳烃歧化装置
		重芳烃	10.8	18.2	产品
合计	59.2	合计	59.2	100.0	

4.4.1.2 芳烃装置

芳烃装置PX产量不变，降低外购混合二甲苯量，歧化装置提高负荷。

4.4.1.3 柴油加氢装置

柴油加氢装置进料全部改为直柴，停掉催柴改质部分，降低氢耗和能耗。

4.4.2 主要装置加工量变化

主要装置负荷变化表见表2-28。

表2-28 主要装置负荷变化表 10^4t/a

序号	装置	基础(乙醇)流程	催柴裂解流程	变化量
1	柴油加氢	203	146	-57
2	1#制氢	43013m^3/h(标)	48390	5378

续表

序号	装　置	基础(乙醇)流程	催柴裂解流程	变化量
3	芳烃歧化	88	101	13
4	芳烃异构化	291	282	-9
5	催柴裂解	0	58	58

4.4.3　物料平衡变化

物料平衡变化见表 2-29。

表 2-29　物料平衡变化表　　$10^4 t/a$

项　目	基础(乙醇)流程	催柴裂解流程	变化量
原料			
外购天然气	7.90	10.26	2.35
外购混二甲苯	25.31	9.60	-15.71
外购甲苯	42.50	41.50	-1.00
产品			
汽油	266.13	264.73	-1.40
柴油	269.09	214.99	-54.10
苯	9.45	11.62	2.17
对二甲苯	64.67	64.61	-0.06
化工轻油	16.03	24.73	8.70
液化气	63.68	81.64	17.96
重芳烃	0.00	9.06	9.06
硫黄	8.06	7.72	-0.34
自用燃料	67.15	70.63	3.48
技术经济指标			
商品总量	928.05	910.44	-17.61
轻油总量	814.85	770.56	-44.29
柴汽比	1.01	0.81	-0.20
综合商品率	92.86%	92.31%	-0.56%
轻油收率	81.54%	78.13%	-3.41%

4.4.4　汽柴油产品调和方案

汽柴油产品调和方案见表 2-30。

表 2-30　汽柴油产品调和表

质量调和	数量/10^4t	研究法辛烷值	密度/(kg/m^3)	蒸汽压/kPa	硫含量/(μg/g)	氧含量/%(质)	烯烃含量/%(体)	芳烃含量/%(体)	苯含量/%(体)	十六烷指数
98#乙醇汽油组分	30.0	96.71	749.9	51.02	3.45	0.00	14.50	36.00	0.13	
质量标准		≥96.5	720~772	40~58	≤10	≤0.5	≤16	≤38	≤0.8	
甲苯(含丙苯)	12.00	114	866.0	5.0	5	0	0	100.0	0.1	

续表

质量调和	数量/10^4t	研究法辛烷值	密度/(kg/m^3)	蒸汽压/kPa	硫含量/(μg/g)	氧含量/%(质)	烯烃含量/%(体)	芳烃含量/%(体)	苯含量/%(体)	十六烷指数
S-Zorb 汽油	2.26	91.1	734.6	59.7	5	0	17	25.6	0.6	
重整轻汽油	11.62	77	640.0	99.0	1	0	0.1	0.1	0.1	
叠合汽油	4.12	105	730.0	45.0	5	0	95	0.0	0.0	
95#乙醇汽油组分	100.0	93.70	752.4	51.25	4.34	0.00	10.73	36.00	0.45	
质量标准		≥93.5	720~772	40~58	≤10	≤0.5	≤16	≤38	≤0.8	
抽余油	5.96	69	680.0	65	1	0	5.5	1	0.5	
甲苯(含丙苯)	23.56	114	866.0	5	5	0	0	100	0.1	
S-Zorb 汽油	60.00	91.1	734.6	59.7	5.0	0.0	17.0	25.6	0.6	
重整轻汽油	10.48	77	640.0	99	1	0	0.1	0.1	0.1	
92#乙醇汽油组分	134.7	90.21	743.4	52.85	4.06	0.00	13.14	29.94	0.50	
质量标准		≥90	720~772	40~58	≤10	≤0.5	≤16	≤38	≤0.8	
抽余油	22.86	69	680.0	65	1	0	5.5	1	0.5	
甲苯(含丙苯)	17.96	114	866.0	5	5	0	0	100	0.1	
C_{9+}芳烃	4.00	94	870.0	5	1	0	0	100	0.1	
S-Zorb 汽油	82.84	91.1	734.6	59.7	5.0	0.0	17.0	25.6	0.6	
重整轻汽油	4.82	77	640.0	99	1	0	0.1	0.1	0.1	
叠合汽油	2.25	115	740.0	55	8	18.2	0.1	0.1	0.1	
0#车用柴油Ⅵ	115.39		826.8		5.11					54.39
质量标准			801~845		≤10					≥46
加氢裂化柴油	36.34		820.0		1					62.85
加氢精制柴油	79.05		830.0		7					50.5
0#车用柴油(出口)	100.00		838.7		17.02					50.10
质量标准			820~860		≤50					≥50
渣油加氢柴油	29.60		863.0		43.1					44.5
加氢裂化柴油	11.15		820.0		1					62.85
加氢精制柴油	59.25		830.0		7					50.5

4.4.5 优化效果及效益测算

4.4.5.1 优化效果

1）增上催柴裂解装置后，柴油加氢装置负荷降低 0.57Mt/a；

2）外购混合二甲苯减少 0.16Mt/a，增产苯 0.02Mt/a；

3）液化气增产 0.18Mt/a，化工轻油增产 0.09Mt/a，优质乙烯料；

4）柴汽比降至 0.81，其中柴油减产 0.54Mt/a，降低柴汽比效果明显；

5）全厂综合商品率降低 0.56%，主要是裂解干气自用的影响，对全厂整体效益影响不大。

4.4.5.2 效益测算

增上催化柴油裂解装置后，全厂效益每年增加 11526 万元，项目投资回收期 3.5a，详见表 2-31。

表 2-31　效益测算表

项　目	投入产出变化/(10^4t/a)	效益测算	
		价格/(元/t)	收入/(万元/a)
原料			
外购天然气	2.35	3200.0	-7524.5
外购混二甲苯	-15.71	4693.2	73741.8
外购甲苯	-1.00	4624.8	4624.8
产品			
汽油	-1.40	3916.5	-5475.2
柴油	-54.10	3506.6	-189714.2
苯	2.17	4333.3	9389.1
对二甲苯	-0.06	5008.5	-292.7
化工轻油	8.70	3388.3	29478.2
液化气	17.96	3625.7	65113.5
重芳烃	9.06	3264.6	29579.4
硫黄	-0.34	779.6	-266.1
自用燃料	3.48	3200.0	11128.2
		毛利润	19782.3
		投资	40000.0
		折旧	2586.7
		加工成本	5670.0
		净利润	11525.6 万元
		投资回收期	3.5a

注：1. 根据原油 60 美金/桶价格体系测算，全部净价；

2. 加工成本按 100 元/t 计算；

3. 考虑原料运费。

单位：10^4t

常减压蒸馏（1000）

进料	加工量	产品/侧线	收率/%	产量
科威特原油	1000.00	常减压干气	0.30	3.00
合计：	1000.00	石脑油	17.52	175.20
性质：		常一线	10.73	107.30
平均API	30.20	常二线/常三线	14.22	142.20
平均硫含量	2.64%	常三线并蜡油	3.00	30.00
平均酸值	0.18mgKOH/g	轻蜡油	14.39	143.90
		减渣	39.84	398.40
		合计	100.00	1000.00

轻烃回收（200）

进料	加工量	产品/侧线	收率/%	产量
常减压干气	3.00	酸性气	0.29	0.58
柴加渣加加裂塔顶气	4.76	轻烃回收干气	2.50	5.05
预加氢塔顶气	0.40	轻烃液化气	10.20	20.62
航煤加氢塔顶气	0.65	轻烃回收石脑油	87.01	175.92
加氢裂化液化气	6.17	合计	100.00	202.18
石脑油	175.20			
RDS粗石脑油	7.76			
轻烃	4.24			
合计	202.18			

液化气分离（26）

进料	加工量	产品/侧线	收率/%	产量
轻烃液化气	20.62	丙烷	27.78	7.28
重整液化气	5.59	异丁烷	31.01	8.13
合计	26.21	正丁烷	41.21	10.80
		合计	100.00	26.21

渣油加氢（430） 2×215万吨/年

进料	加工量	产品/侧线	收率/%	产量
减渣	398.40	酸性气	4.36	18.92
催化重柴油	35.00	低分气	1.40	6.07
油进料合计	433.40	塔顶气	0.50	2.17
纯氢	9.75	RDS粗石脑油	1.79	7.76
纯氢耗率	2.25%	RDS柴油	8.31	36.02
合计：	443.15	RDS重油	85.89	372.23
原料性质	数值	合计	102.25	443.15
硫含量	4.56%			
残炭	14.62%			
镍+钒	99.84μg·g^{-1}			

重整预加氢（180）

进料	加工量	产品/侧线	收率/%	产量
轻烃回收石脑油	175.92	酸性气	0.06	0.11
加氢精制石脑油	4.36	预加氢干气	0.22	0.40
油进料合计	180.28	拔头油	30.00	54.08
重整氢	0.23	重整进料	69.85	125.92
重整氢耗率	0.13%	合计	100.13	180.51
合计	180.51			

航煤加氢（110）

进料	加工量	产品/侧线	收率/%	产量
常一线	107.30	酸性气	0.15	0.16
油进料合计	107.30	煤油加氢干气	0.61	0.65
重整氢	0.90	加氢精制石脑油	0.60	0.64
重整氢耗率	0.84%	加氢精制煤油	99.48	106.74
合计	108.20	合计	100.84	108.20

柴油加氢（180）

进料	加工量	产品/侧线	收率/%	产量
常二线/常三线	142.20	酸性气	1.36	1.94
渣油加氢柴油	0.00	低分气	0.69	0.98
油进料合计	142.20	塔顶气	1.24	1.76
重整氢	3.40	加氢精制石脑油	2.61	3.71
重整氢耗率	2.39%	加氢精制柴油	96.49	137.21
合计	145.60	合计	102.39	145.60
性质	数值			
常柴硫含量	1.59%			

催化裂化（330）

进料	加工量	产品/侧线	收率/%	产量
RDS柴油	29.16	酸性气	0.24	0.77
RDS重油	295.08	精制催化干气	3.12	10.18
气分干气	0.72	精制催化液化气	20.95	68.36
S-Zorb干气	1.06	催化汽油	44.68	145.79
S-Zorb轻烃	0.28	催化轻柴油	7.30	23.83
合计	326.30	催化重柴油	10.73	35.00
原料性质	数值	催化油浆	4.90	16.00
硫含量	0.42%	催化烧焦	8.08	26.37
残炭	5.32%	合 计	100.00	326.30
镍+钒	13.63μg·g^{-1}	催化油浆硫含量	0.80%	
		催化柴油硫含量	0.40%	

异戊烷分离（75）

进料	加工量	产品/侧线	收率/%	产量
拔头油	54.08	异戊烷	29.28	21.60
加氢裂化轻石脑油	16.61	C_5C_6轻烃	70.72	52.18
重整轻汽油	3.08	合计	100.00	73.78
合计	73.78			

加氢裂化（220）

进料	加工量	产品/侧线	收率/%	产量
常三线并蜡油	30.00	酸性气	2.39	4.72
轻蜡油	143.90	低分气	0.96	1.90
催化轻柴油	23.83	塔顶气	0.42	0.83
油进料合计：	197.73	加氢裂化液化气	3.12	6.17
纯氢	6.39	加氢裂化轻石脑油	8.40	16.61
纯氢耗率	3.23%	加氢裂化重石脑油	21.15	41.82
合计	204.12	加氢裂化航煤	25.22	49.87
蜡油性质	数值	加氢裂化柴油	15.07	29.80
硫含量，w%	2.33	加氢裂化尾油	26.50	52.40
氮含量，μg·g^{-1}	497.6	合计	103.23	204.12

气分（70）

进料	加工量	产品/侧线	收率/%	产量
精制催化液化气	68.36	气分干气	1.05	0.72
合计：	68.36	丙烷	8.10	5.54
		气分丙烯	37.00	25.29
		气分碳四	53.85	36.81
		合计	100.00	68.36

烷基化（50）

进料	加工量	产品/侧线	收率/%	产量
气分碳四	36.81	烷基化汽油	89.83	48.36
异丁烷	8.13	丁烷	9.88	5.32
外购C_4	8.90	损失	0.31	0.17
油进料合计	53.84	合计	100.02	53.85
纯氢	0.01			
纯氢耗率	0.02%			
合计	53.85			

S-Zorb（145）

进料	加工量	产品/侧线	收率/%	产量
催化汽油	145.79	酸性气	0.03	0.05
油进料合计	145.79	S-Zorb干气	0.73	1.06
重整氢	0.86	S-Zorb轻烃	0.19	0.28
重整氢耗率	0.59%	催化脱硫汽油	99.64	145.27
合计	146.65	合计	100.59	146.65

连续重整（170）

进料	加工量	产品/侧线	收率/%	产量
重整进料	125.92	重整干气	0.47	0.78
加氢裂化重石脑油	40.82	重整氢	7.86	13.11
合计	166.74	重整液化气	3.35	5.59
		重整轻汽油	1.85	3.08
		甲苯	17.87	29.80
		抽余油	22.68	37.81
		混合二甲苯	22.80	38.02
		C_9芳烃	23.12	38.55
		合计	100.00	166.74

硫磺回收（39） 3×13万吨

进料	加工量	产品/侧线	收率/%	产量
酸性气	27.25	硫磺	94.11	25.64
酸性气进料合计：	27.25	损失	6.00	1.64
重整氢	0.03	合计	100.11	27.28
重整氢耗率	0.11%			
合计	27.28			

PSA（8）

进料	加工量	产品/侧线	收率/%	产量
低分气	8.95	PSA氢气	35.94	6.09
重整氢	7.68	PSA尾气	64.06	13.16
外购氢气	2.62	合计	100.00	19.25
合计	19.25			

干气回收离分（30）

进料	加工量	产品/侧线	收率/%	产量
加氢裂化重石脑油	1.00	纯氢	4.18	1.32
正丁烷	2.14	干气	57.23	18.05
轻烃回收干气	5.05	富乙烷气体	17.85	5.63
精制催化干气	10.18	富乙烯气体	6.86	2.16
PSA尾气	13.16	轻烃	13.43	4.24
进料合计	31.53	损失	0.45	0.14
		合计	100.00	31.53

原料产品汇总

1	一、原料汇总	
	原(料)油名称	加工量
	合计	1020.26
1.1	外购原油	1000.00
	科威特原油	1000.00
1.2	其他原料	20.26
	外购C_4	8.90
	外购氢气(v)95%	2.62
	外购POX纯氢	8.74
2	二、产品汇总	
	产品名称	生产量
	合计	1020.26
	商品小计	973.12
	汽煤柴小计	630.65
2.1	汽油	307.03
	92#乙醇汽油组分	170.63
	95#乙醇汽油组分	96.40
	98#乙醇汽油组分	40.00
2.2	航煤	156.61
2.3	柴油	167.01
	柴油(国Ⅵ)	167.01
2.4	低硫船燃	100.00
	RDS重油	77.14
	催化油浆	16.00
	RDS柴油	6.86
	催化重柴油	0.00
2.5	石油芳烃	40.57
	甲苯	2.55
	混合二甲苯	38.02
2.6	丙烯	25.29
2.7	固体产品	25.64
	硫黄	25.64
2.8	自用燃料	45.20
	干气	18.05
	重整干气	0.78
	催化烧焦	26.37
2.9	供乙烯	150.97
	富乙烷气体	5.63
	富乙烯气体	2.16
	丙烷	12.82
	正丁烷	13.98
	抽余油	11.81
	C5C6轻烃	52.18
	加氢裂化尾油	52.40
2.10	损失	1.94
3	三、技术经济指标	
	指标名称	指标值
3.1	商品总量	973.12
3.2	轻油总量	735.20
3.3	柴/汽	0.54
3.4	综合商品率	95.38%
3.5	综合自用率	4.43%
3.6	轻油收率	72.06%
3.7	损失率	0.19%
4	四、其他	
4.1	外购燃料	6.24
	天然气	6.24

附图一　1000×10^4t/a炼油项目总加工流程

单位：10^4t

常减压装置 920

进料	数量/10^4t	产品	收率/%	产量
合计	920.00	合计	100.00	920.00
阿曼	380.00	常减压干气	0.67	6.16
阿扎瑞	140.00	常顶油	16.84	154.93
奥朗班都	155.00	常一线	13.30	122.36
南巴	47	直馏柴油	16.43	151.16
蒂恩	58	常压渣油	23.33	214.64
沙轻	110	减一线	1.80	16.56
朱比利	30	减二线	5.94	54.65
埃斯锡德尔		减三线	7.54	69.37
硫含量	0.95%	减压渣油	14.11	129.81
小时加工量	1095	损失	0.04	0.37

轻烃回收

进料	数量/10^4t	产品	收率/%	产量
合计	167.05	合计	100.00	167.05
常减压干气	6.16	轻烃回收干气	5.30	8.85
常顶油	154.93	常减压液化气	8.50	14.20
四顶气	5.96	轻烃回收石脑油	86.20	144.00

加氢裂化 120

进料	数量/10^4t	产品	收率/%	产量
合计	146.35	合计	100.00	146.35
蜡油	117.02	酸性气	0.84	1.23
库存	0.00	塔顶气	0.37	0.54
催化柴油		低分气	0.88	1.29
常三线	26	液化气	3.49	5.11
高纯氢	3.33	轻石脑油	2.14	3.13
		重石脑油	22.75	33.29
化学氢耗	2.33	航煤	22.36	32.72
		柴油	32.45	47.49
小时加工量	170	未转化油	14.52	21.25
		损失	0.20	0.29

渣油加氢 344

进料	数量/10^4t	产品	收率/%	产量
合计	357.08	合计	100.00	357.08
常压渣油	214.64	酸性气	1.62	5.78
减压渣油	129.81	塔顶气	0.55	1.96
重芳烃+催柴	4.89	低分气	0.42	1.50
库存RDS料	0.00	石脑油	1.20	4.28
蜡油(封油)	4	柴油	8.29	29.60
		RDS尾油	87.92	313.94
氢气	3.74	损失	0.00	0.00
小时加工量	416			

催化裂化 280

进料	数量/10^4t	产品	收率/%	产量
合计	327.84	合计	100.00	327.84
RDS尾油	313.94	酸性气	0.13	0.43
加裂尾油	2.25	催化干气	3.52	11.54
蜡油(含封油)	3.00	催化液化气	21.18	69.44
气分干气	0.19	催化汽油	44.84	147.00
富丙烯干气	1.48	催化柴油	17.05	55.90
S-Zorb干气	1.74	催化油浆	4.86	15.93
聚丙烯尾气	0.10	催化烧焦	8.42	27.60
戊烷油	5.14	损失	0.00	0.00
小时加工量	376			

气体分馏 60

进料	数量/10^4t	产品	收率/%	产量
合计	68.96	合计	100.00	68.96
精制催化液化气	68.96	气分干气	0.28	0.19
		丙烷	7.18	4.95
		丙烯	31.54	21.75
		混合碳四	59.67	41.15
		气分戊烷油	1.24	0.86
		损失	0.09	0.06

石脑油加氢 140

进料	数量/10^4t	产品	收率/%	产量
合计	144.57	合计	100.00	144.57
轻烃回收石脑油	137.00	酸性气	0.06	0.09
航煤加氢石脑油	0.56	塔顶气	0.21	0.30
柴油加氢石脑油	6.78	预加氢拔头油	20.05	28.99
渣油加氢石脑油		重整进料	79.59	115.07
重整氢	0.23	损失	0.09	0.13
库存石脑油				
小时加工量	172			

1#万吨航煤加氢 30

进料	数量/10^4t	产品	收率/%	产量
合计	38.12	合计	100.00	38.12
直馏航煤	38.00	酸性气	0.25	0.10
重整氢气	0.12	塔顶气	0.31	0.12
罐区料		石脑油	0.73	0.28
		精制航煤	98.71	37.63
小时加工量	45	损失	0.00	0.00

2#万吨航煤加氢 70

进料	数量/10^4t	产品	收率/%	产量
合计	84.48	合计	100.00	84.48
直馏航煤	84.36	酸性气	0.25	0.21
重整氢	0.12	塔顶气	0.31	0.26
罐区料		石脑油	0.33	0.28
		精制航煤	99.11	83.73
小时加工量	100	损失	0.00	0.00

柴油加氢 248

进料	数量/10^4t	产品	收率/%	产量
合计	203.13	合计	100.00	203.13
直馏柴油	125.16	酸性气	0.41	0.83
催化柴油	55.90	塔顶气	1.63	3.31
减一线	16.56	低分气	0.15	0.30
加裂重石	1.68	石脑油	3.34	6.78
精白油	0.84	精制柴油	94.47	191.90
重整氢	1.80	损失	0.00	0.00
纯氢	1.19	重整氢	0.90%	
小时加工量	242	纯氢	0.60%	

汽柴脱硫醇 115.3

进料	数量/10^4t	产品	收率/%	产量
合计	38.00	合计	100.00	38.00
催化汽油	38.00	催化脱硫汽油	99.80	37.93
		损失	0.20	0.08

S-Zorb 140

进料	数量/10^4t	产品	收率/%	产量
合计	109.24	合计	100.00	109.24
催化汽油	109.00	干气	1.59	1.74
石脑油		催化脱硫汽油	98.36	107.45
重整氢	0.24	损失(含酸性气)	0.05	0.05
小时加工量	130			

MTBE 10

进料	数量/10^4t	产品	收率/%	产量
合计	44.24	合计	100.00	44.24
外购甲醇	3.09	MTBE	20.76	9.18
混合碳四	41.15	醚后碳四	79.12	35.00
小时产量	11	损失	0.12	0.05

干气制乙苯 10

进料	数量/10^4t	产品	收率/%	产量
合计	18.04	合计	100.00	18.04
苯	6.781	烃化尾气	38.52	6.95
催化精制干气	11.26	富丙烯干气	8.20	1.48
		乙苯	48.55	8.76
		高沸物	1.26	0.23
		丙苯	3.15	0.57
		损失	0.32	0.06

异构化 20

进料	数量/10^4t	产品	收率/%	产量
合计	23.15	合计	100.00	23.15
重整氢	0.15	异构化干气	0.34	0.08
预加氢拔头油	23.00	异构化油	99.51	23.04
		损失	0.15	0.03
小时加工量	27			

低分气脱硫 4

进料	数量/10^4t	产品	收率/%	产量
合计	3.09	合计	100.00	3.09
HC低分气	1.29	酸性气	9.00	0.28
渣油加氢低分气	1.50	脱硫低分气	91.00	2.81
柴油加氢低分气	0.30	损失	0.00	0.00
小时加工量	4			

PSA 18

进料	数量/10^4t	产品	收率/%	产量
合计	15.54			
重整氢	7.21	高纯氢	30.50	4.74
脱硫低分气	2.81	PSA尾气	67.00	10.41
歧化尾氢	5.52	损失	2.50	0.39
小时加工量	18			

VPSA 20

进料	数量/10^4t	产品	收率/%	产量
合计	16.81	合计	100.00	16.81
混合干气	9.00	氢气	4.61	0.77
烃化尾气	7.52	VPSA解析气	95.19	16.00
异构化尾氢	0.29	损失	0.20	0.03
气柜干气				
小时加工量	20			

1#制氢 12

进料	数量/10^4t	产品	收率/%	产量
合计	10.01	合计	100.00	10.01
外购天然气	7.91	高纯氢	32.50	3.25
PSA尾气	0.00	制氢PSA尾气	62.00	6.20
液化气		损失	5.50	0.55
石脑油	2.10			
小时加工量	12			

2#制氢

进料	数量/10^4t	产品	收率/%	产量
合计	0.00	合计	100.00	0.00
外购天然气	0.00	高纯氢	32.50	0.00
重整氢气	0.00	制氢PSA尾气	62.00	0.00
液化气		损失	5.50	0.00
石脑油	0.00			

聚丙烯 25

进料	数量/10^4t	产品	收率/%	产量
合计	24.55	合计	100.00	24.55
丙烯	21.75	聚丙烯	99.60	24.45
高纯氢	0.00	废聚合物	0.00	0.00
外购丙烯	2.80	聚丙烯尾气	0.40	0.10
小时加工量	31			

硫磺回收 8

进料	数量/10^4t	产品	收率/%	产量
合计	10.33	合计	100.00	10.33
含氨酸性气	10.27	硫磺	77.96	8.06
重整氢气	0.07	液氨	6.97	0.72
小时加工量	12	损失	15.07	1.56

苯乙烯 8

进料	数量/10^4t	产品	收率/%	产量
合计	8.76	合计	100.00	8.76
乙苯	8.76	高压尾气	6.49	0.57
外购乙苯	0.00	苯乙烯	91.17	7.98
		苯乙烯焦油	0.65	0.06
		甲苯	1.30	0.11
		损失	0.39	0.03

连续重整 144

进料	数量/10^4t	产品	收率/%	产量
合计	146.76	合计	100.00	146.76
加氢裂化重石脑油	31.61	重整干气	0.80	1.17
精制油	0	苯	0.00	0.00
重整进料	115.07	重整氢	7.86	11.54
异构化干气	0.08	重整液化气	3.29	4.83
		重整轻汽油	2.67	3.92
小时加工量	175	重整生成油	85.33	125.23
		损失	0.05	0.07

1#重整油分离 169

进料	数量/10^4t	产品	收率/%	产量
合计	135.35	合计	100.00	135.35
C_6生成油	125.23	C_5~C_7去罐区	0.00	0.00
外购C_9芳烃	10.13	C_6~C_7馏分油	46.26	62.61
		重整油C_8+	53.74	72.74
小时加工量	169	损失	0.00	0.00

芳烃抽提 60

进料	数量/10^4t	产品	收率/%	产量
合计	66.77	合计	100.00	66.77
C_6~C_7馏分油	62.61	抽余油(调汽油)	43.70	29.18
1#异构化轻烃	4.16	抽余油(调轻油)	3.00	2.00
2#异构化轻烃	0.00	苯/甲苯混合芳烃	53.25	35.56
小时加工量	83	损失	0.05	0.03

1#歧化及烷基转移 90

进料	数量/10^4t	产品	收率/%	产量
合计	88.09	合计	100.00	88.09
重整氢气	1.600	歧化尾氢	6.26	5.52
C_9/C_{10}芳烃	49.88	歧化燃料气	3.00	2.64
粗甲苯	1.06	苯	18.44	16.25
苯/甲苯混合芳烃	35.56	甲苯(调汽油)	12.87	11.34
甲苯(罐区)		歧化轻组分	0.48	0.42
小时加工量	119	歧化C_8芳烃	58.90	51.88
		损失	0.04	0.04

1#异构化 266

进料	数量/10^4t	产品	收率/%	产量
合计	290.61	合计	100.00	290.61
外购混合C_8芳烃	15.19	异构化尾氢	0.10	0.291
氢气	0.500	异构化燃料气	1.05	3.05
抽余液	274.50	异构化轻烃	1.43	4.16
歧化轻组分	0.42	异构化C_8芳烃	97.39	283.02
小时加工量	344	损失	0.03	0.09

1#二甲苯分馏 385

进料	数量/10^4t	产品	收率/%	产量
合计	407.65	合计	100.00	407.65
重整油C_8+	72.74	邻二甲苯	2.06	8.40
歧化C_8芳烃	51.88	C_8芳烃	83.49	340.36
异构化C_8芳烃	283.02	C_9/C_{10}调汽油	0.98	4.00
2#芳烃重芳烃	0.00	C_9/C_{10}芳烃	12.24	49.88
小时加工量	509	重芳烃	1.20	4.89
		损失	0.03	0.12

1#吸附分离 327

进料	数量/10^4t	产品	收率/%	产量
合计	340.36	合计	100.00	340.36
C_8芳烃	340.36	粗甲苯	0.31	1.06
小时加工量	421	对二甲苯	19.00	64.67
		抽余液	80.65	274.50
		损失	0.04	0.14

混合干气脱硫 28.3

进料	数量/10^4t	产品	收率/%	产量
合计	9.40	合计	100.00	9.40
常压轻烃回收干气	8.85	酸性气	4.07	0.38
加氢裂化干气	0.54	精制混合干气	95.83	9.00
小时加工量	11	损失	0.10	0.01

常压液化气脱硫 98.3

进料	数量/10^4t	产品	收率/%	产量
合计	14.20	合计	100.00	14.20
常减压液化气	14.20	酸性气	1.30	0.18
		常压精制液化气	98.70	14.01
		损失	0.00	0.00

加裂液化气脱硫 98.3

进料	数量/10^4t	产品	收率/%	产量
合计	5.11	合计	100.00	5.11
加氢裂化液化气	5.11	酸性气	1.50	0.08
		加裂精制液化气	98.50	5.03
		损失	0.00	0.00

催化干气脱硫 28.3

进料	数量/10^4t	产品	收率/%	产量
合计	11.54	合计	100.00	11.54
催化干气	11.54	酸性气	2.36	0.27
		催化精制干气	97.54	11.26
		损失	0.10	0.01

催化液化气精制 98.3

进料	数量/10^4t	产品	收率/%	产量
合计	69.44	合计	100.00	69.44
催化液化气	69.44	酸性气	0.58	0.40
		精制催化液化气	99.32	68.96
		损失	0.10	0.07

2#异构化 437

进料	数量/10^4t	产品	收率/%	产量
合计	0.00	合计	100.00	0.00
抽余液	0.00	异构化尾氢	0.70	0.000
重整C_8芳烃	0.000	异构化燃料气	0.93	0.00
混合C_6C_7	0.00	异构化轻烃	0.90	0.00
氢气	0.00	异构化C_8芳烃	97.47	0.00
小时加工量	0	损失	0.00	0.00

2#二甲苯分馏 552

进料	数量/10^4t	产品	收率/%	产量
合计	0.00	合计	100.00	0.00
外购C_8芳烃	0.00	混合C_6C_7	0.00	0.00
重整C_8芳烃	0.00	C_8芳烃	97.82	0.00
异构化C_8芳烃	0.00	邻二甲苯	1.76	0.00
歧化C_8芳烃	0.00	C_9芳烃	0.42	0.00
		损失	0	0.00
小时加工量	0			

2#吸附分离 538

进料	数量/10^4t	产品	收率/%	产量
合计	0.00	合计	100.00	0.00
C_8芳烃	0.00	粗甲苯	0.30	0.00
小时加工量	0	对二甲苯	20.50	0.00
		抽余液	79.20	0.00
		重芳烃	0.00	0.00
		损失	0.00	0.00

汇总

一、原料汇总	
原(料)油名称	加工量
合计	1002.97
外购原油	920.00
混合原油	920.00
其他原料	82.97
外购甲醇	3.09
外购天然气_工艺	7.91
外购丙烯	2.80
外购混二甲苯	25.31
外购精白油	0.84
外购甲苯	40.03
外购MTBE	3.00
二、产品汇总	
产品名称	生产量
合计	1002.97
商品小计	931.62
汽煤柴小计	692.81
汽油	269.74
92#车用汽油(出口)	64.74
92#车用汽油(ⅥB)	170.00
95#车用汽油(ⅥB)	35.00
航煤	154.08
柴油	268.99
石脑油	16.02
化工轻油	12.88
C5发泡剂	3.13
石油芳烃	82.53
苯	9.47
对二甲苯	64.67
邻二甲苯	8.40
有机热载体	19.00
苯乙烯	7.98
固体产品	32.51
硫磺	8.06
聚丙烯	24.45
液化气	63.83
燃料油	15.93
船用燃料油	
其他产品	1.00
苯乙烯高沸物	0.23
苯乙烯焦油	0.06
液氨	0.72
自用燃料	67.09
干气	39.48
催化烧焦	27.60
损失	4.27
三、技术经济指标	
指标名称	指标值
商品总量	931.62
轻油总量	818.34
(柴+煤)/汽	1.57
柴/汽	1.00
综合商品率	92.89%
综合自用率	6.69%
轻油收率	81.59%
损失率	0.43%

附图二　2018年海南炼化(920×10^4t/a炼油+160×10^4t/aPX)基础总流程图

单位：10^4t

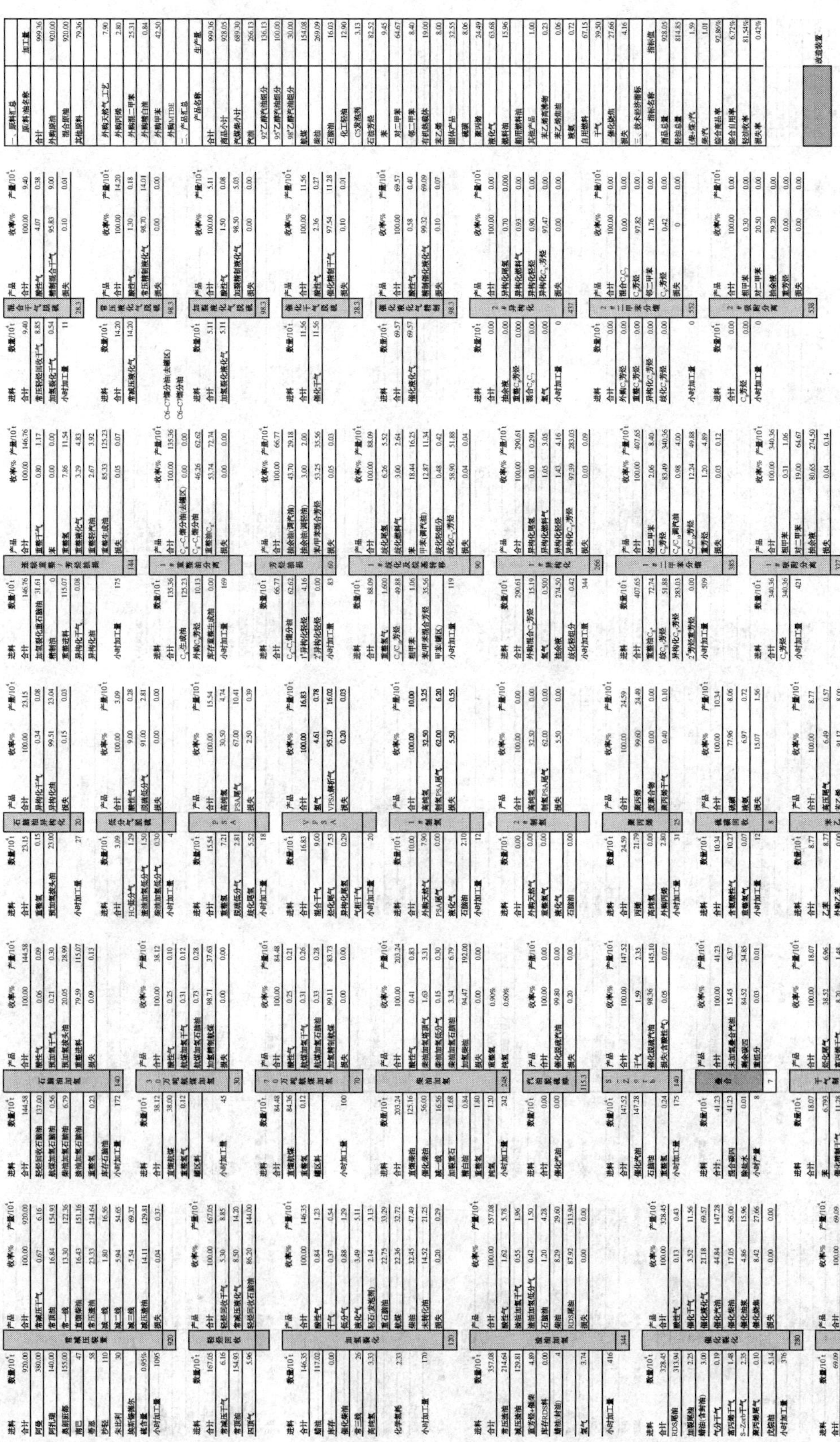

常减压装置（920）

进料	数量/10^4t	产品	收率/%	产量/10^4t
合计	920.00	合计	100.00	920.00
阿曼	380.00	常减压干气	0.67	6.16
阿扎瑞	140.00	常顶油	16.84	154.93
奥刷班都	155.00	常一线	13.30	122.36
南巴	47	直馏柴油	16.43	151.16
蒂恩	58	常压渣油	23.33	214.64
沙轻	110	减一线	1.80	16.56
朱比利	30	减二线	5.94	54.65
埃斯锡德尔		减三线	7.54	69.37
硫含量	0.95%	减压渣油	14.11	129.81
小时加工量	1095	损失	0.04	0.37

轻烃回收

进料	数量/10^4t	产品	收率/%	产量/10^4t
合计	167.05	合计	100.00	167.05
常减压干气	6.16	轻烃回收干气	5.30	8.85
常顶油	154.93	常减压液化气	8.50	14.20
四顶气	5.96	轻烃回收石脑油	86.20	144.00

加氢裂化（120）

进料	数量/10^4t	产品	收率/%	产量/10^4t
合计	146.35	合计	100.00	146.35
蜡油	117.02	酸性气	0.84	1.23
库存	0.00	干气	0.37	0.54
催化柴油		低分气	0.88	1.29
常三线	26	液化气	3.49	5.11
高纯氢	3.33	轻石(发泡剂)	2.14	3.13
		重石脑油	22.75	33.29
化学氢耗	2.33	航煤	22.36	32.72
		柴油	32.45	47.49
小时加工量	170	未转化油	14.52	21.25
		损失	0.20	0.29

渣油加氢（344）

进料	数量/10^4t	产品	收率/%	产量/10^4t
合计	357.08	合计	100.00	357.08
常压渣油	214.64	酸性气	1.62	5.78
减压渣油	129.81	渣油加氢干气	0.55	1.96
重芳烃+催柴	4.89	渣油加氢低分气	0.42	1.50
库存RDS料	0.00	石脑油	1.20	4.28
蜡油(封油)	4	柴油	8.29	29.60
		RDS尾油	87.92	313.94
氢气	3.74	损失	0.00	0.00
小时加工量	416			

催化裂化（280）

进料	数量/10^4t	产品	收率/%	产量/10^4t
合计	328.45	合计	100.00	328.45
RDS尾油	313.94	酸性气	0.13	0.43
加裂尾油	2.25	催化干气	3.52	11.56
蜡油(含封油)	3.00	催化液化气	21.18	69.57
气分干气	0.19	催化汽油	44.84	147.28
富丙烯干气	1.48	催化柴油	17.05	56.00
S-Zorb干气	2.35	催化油浆	4.86	15.96
聚丙烯尾气	0.10	催化烧焦	8.42	27.66
戊烷油	5.14	损失	0.00	0.00
小时加工量	376			

气体分馏（60）

进料	数量/10^4t	产品	收率/%	产量/10^4t
合计	69.09	合计	100.00	69.09
精制催化液化气	69.09	气分干气	0.28	0.19
		丙烷	7.18	4.96
		丙烯	31.54	21.79
		混合碳四	59.67	41.23
		气分戊烷油	1.24	0.86
		损失	0.09	0.06

石脑油加氢（140）

进料	数量/10^4t	产品	收率/%	产量/10^4t
合计	144.58	合计	100.00	144.58
轻烃回收石脑油	137.00	酸性气	0.06	0.09
航煤加氢石脑油	0.56	预加氢干气	0.21	0.30
柴油加氢石脑油	6.79	预加氢拔头油	20.05	28.99
渣油加氢石脑油		重整进料	79.59	115.07
重整氢	0.23	损失	0.09	0.13
库存石脑油				
小时加工量	172			

30万吨航煤加氢（30）

进料	数量/10^4t	产品	收率/%	产量/10^4t
合计	38.12	合计	100.00	38.12
直馏航煤	38.00	酸性气	0.25	0.10
重整氢气	0.12	航煤加氢干气	0.31	0.12
罐区料		航煤加氢石脑油	0.73	0.28
		加氢精制航煤	98.71	37.63
小时加工量	45	损失	0.00	0.00

70万吨航煤加氢（70）

进料	数量/10^4t	产品	收率/%	产量/10^4t
合计	84.48	合计	100.00	84.48
直馏航煤	84.36	酸性气	0.25	0.21
重整氢	0.12	航煤加氢干气	0.31	0.26
罐区料		航煤加氢石脑油	0.33	0.28
		加氢精制航煤	99.11	83.73
小时加工量	100	损失	0.00	0.00

柴油加氢（248）

进料	数量/10^4t	产品	收率/%	产量/10^4t
合计	203.24	合计	100.00	203.24
直馏柴油	125.16	酸性气	0.41	0.83
催化柴油	56.00	柴油加氢塔顶气	1.63	3.31
减一线	16.56	柴油加氢低分气	0.15	0.30
加裂重石	1.68	柴油加氢石脑油	3.34	6.79
精白油	0.84	加氢柴油	94.47	192.00
重整氢	1.80	损失	0.00	0.00
纯氢	1.20	重整氢	0.90%	
小时加工量	242	纯氢	0.60%	

汽油脱硫醇（115.3）

进料	数量/10^4t	产品	收率/%	产量/10^4t
合计	0.00	合计	100.00	0.00
催化汽油	0.00	催化脱硫汽油	99.80	0.00
		损失	0.20	0.00

S-Zorb（140）

进料	数量/10^4t	产品	收率/%	产量/10^4t
合计	147.52	合计	100.00	147.52
催化汽油	147.28	干气	1.59	2.35
石脑油		催化脱硫汽油	98.36	145.10
重整氢	0.24	损失(含酸性气)	0.05	0.07
小时加工量	175			

叠合（7）

进料	数量/10^4t	产品	收率/%	产量/10^4t
合计	41.23	合计	100.00	41.23
混合碳四	41.23	未加氢叠合汽油	15.45	6.37
除盐水	0.01	剩余碳四	84.52	34.85
小时产量	8	重组分	0.03	0.01

干气制乙苯（10）

进料	数量/10^4t	产品	收率/%	产量/10^4t
合计	18.07	合计	100.00	18.07
苯	6.793	烃化尾气	38.52	6.96
催化精制干气	11.28	富丙烯干气	8.20	1.48
		乙苯	48.55	8.77
		高沸物	1.26	0.23
		丙苯	3.15	0.57
		损失	0.32	0.06

石脑油异构化（20）

进料	数量/10^4t	产品	收率/%	产量/10^4t
合计	23.15	合计	100.00	23.15
重整氢	0.15	异构化干气	0.34	0.08
预加氢拔头油	23.00	异构化油	99.51	23.04
小时加工量	27	损失	0.15	0.03

低分气脱硫

进料	数量/10^4t	产品	收率/%	产量/10^4t
合计	3.09	合计	100.00	3.09
HC低分气	1.29	酸性气	9.00	0.28
渣油加氢低分气	1.50	脱硫低分气	91.00	2.81
柴油加氢低分气	0.30	损失	0.00	0.00
小时加工量	4			

PSA

进料	数量/10^4t	产品	收率/%	产量/10^4t
合计	15.54	合计	100.00	15.54
重整氢	7.21	高纯氢	30.50	4.74
脱硫低分气	2.81	PSA尾气	67.00	10.41
烷化尾氢	5.52	损失	2.50	0.39
小时加工量	18			

VPSA

进料	数量/10^4t	产品	收率/%	产量/10^4t
合计	16.83	合计	100.00	16.83
混合干气	9.00	氢气	4.61	0.78
烃化尾气	7.53	VPSA解析气	95.19	16.02
异构化尾氢	0.29	损失	0.20	0.03
气柜干气				
小时加工量	20			

1#制氢

进料	数量/10^4t	产品	收率/%	产量/10^4t
合计	10.00	合计	100.00	10.00
外购天然气	7.90	高纯氢	32.50	3.25
PSA尾气	0.00	制氢PSA尾气	62.00	6.20
液化气		损失	5.50	0.55
石脑油	2.10			
小时加工量	12			

2#制氢

进料	数量/10^4t	产品	收率/%	产量/10^4t
合计	0.00	合计	100.00	0.00
外购天然气	0.00	高纯氢	32.50	0.00
重整氢气	0.00	制氢PSA尾气	62.00	0.00
液化气		损失	5.50	0.00
石脑油	0.00			

聚丙烯（25）

进料	数量/10^4t	产品	收率/%	产量/10^4t
合计	24.59	合计	100.00	24.59
丙烯	21.79	聚丙烯	99.60	24.49
高纯氢	0.00	废聚合物	0.00	0.00
外购丙烯	2.80	聚丙烯干气	0.40	0.10
小时加工量	31			

硫磺回收（8）

进料	数量/10^4t	产品	收率/%	产量/10^4t
合计	10.34	合计	100.00	10.34
含氨酸性气	10.27	硫磺	77.96	8.06
重整氢气	0.07	液氨	6.97	0.72
小时加工量	12	损失	15.07	1.56

苯乙烯（8）

进料	数量/10^4t	产品	收率/%	产量/10^4t
合计	8.77	合计	100.00	8.77
乙苯	8.77	高压尾气	6.49	0.57
外购乙苯	0.00	苯乙烯	91.17	8.00
		苯乙烯焦油	0.65	0.06
		甲苯	1.30	0.11
		损失	0.39	0.03

连续重整/芳烃抽提（144）

进料	数量/10^4t	产品	收率/%	产量/10^4t
合计	146.76	合计	100.00	146.76
加氢裂化重石脑油	31.61	重整干气	0.80	1.17
精制油	0	苯	0.00	0.00
重整进料	115.07	重整氢	7.86	11.54
异构化干气	0.08	重整液化气	3.29	4.83
异构化油		重整轻汽油	2.67	3.92
		重整生成油	85.33	125.23
小时加工量	175	损失	0.05	0.07

1#重整油分离

进料	数量/10^4t	产品	收率/%	产量/10^4t
合计	135.36	合计	100.00	135.36
C_6生成油	125.23	C_6–C_7馏分油(去罐区)	0.00	0.00
外购C_8芳烃	10.13	C_6–C_7馏分油	46.26	62.62
库存重整生成油	0.00	重整油C_8+	53.74	72.74
小时加工量	169	损失	0.00	0.00

芳烃抽提（60）

进料	数量/10^4t	产品	收率/%	产量/10^4t
合计	66.77	合计	100.00	66.77
C_6–C_7馏分油	62.62	抽余油(调汽油)	43.70	29.18
1#异构化轻烃	4.16	抽余油(调轻油)	3.00	2.00
2#异构化轻烃	0.00	苯/甲苯混合芳烃	53.25	35.56
小时加工量	83	损失	0.05	0.03

1#歧化及烷基转移（90）

进料	数量/10^4t	产品	收率/%	产量/10^4t
合计	88.09	合计	100.00	88.09
重整氢气	1.600	歧化尾氢	6.26	5.52
C_9/C_{10}芳烃	49.88	歧化燃料气	3.00	2.64
粗甲苯	1.06	苯	18.44	16.25
苯/甲苯混合芳烃	35.56	甲苯(调汽油)	12.87	11.34
甲苯(罐区)		歧化轻组分	0.48	0.42
小时加工量	119	歧化C_8芳烃	58.90	51.88
		损失	0.04	0.04

1#异构化（266）

进料	数量/10^4t	产品	收率/%	产量/10^4t
合计	290.61	合计	100.00	290.61
外购混合C_8芳烃	15.19	异构化尾氢	0.10	0.291
氢气	0.500	异构化燃料气	1.05	3.05
抽余液	274.50	异构化轻烃	1.43	4.16
歧化轻组分	0.42	异构化C_8芳烃	97.39	283.03
小时加工量	344	损失	0.03	0.09

1#二甲苯分馏（385）

进料	数量/10^4t	产品	收率/%	产量/10^4t
合计	407.65	合计	100.00	407.65
重整油C_8+	72.74	邻二甲苯	2.06	8.40
歧C_8芳烃	51.88	C_8芳烃	83.49	340.36
异构化C_8芳烃	283.03	C_9/C_{10}调汽油	0.98	4.00
2#芳烃重芳烃	0.00	C_9/C_{10}芳烃	12.24	49.88
小时加工量	509	重芳烃	1.20	4.89
		损失	0.03	0.12

1#吸附分离（327）

进料	数量/10^4t	产品	收率/%	产量/10^4t
合计	340.36	合计	100.00	340.36
C_8芳烃	340.36	粗甲苯	0.31	1.06
小时加工量	421	对二甲苯	19.00	64.67
		抽余液	80.65	274.50
		损失	0.04	0.14

混合干气脱硫（28.3）

进料	数量/10^4t	产品	收率/%	产量/10^4t
合计	9.40	合计	100.00	9.40
常压轻烃回收干气	8.85	酸性气	4.07	0.38
加氢裂化干气	0.54	精制混合干气	95.83	9.00
小时加工量	11	损失	0.10	0.01

常压液化气脱硫（98.3）

进料	数量/10^4t	产品	收率/%	产量/10^4t
合计	14.20	合计	100.00	14.20
常减压液化气	14.20	酸性气	1.30	0.18
		常压精制液化气	98.70	14.01
		损失	0.00	0.00

C6–C7馏分油(去罐区)

C6–C7馏分油

加裂液化气脱硫（98.3）

进料	数量/10^4t	产品	收率/%	产量/10^4t
合计	5.11	合计	100.00	5.11
加氢裂化液化气	5.11	酸性气	1.50	0.08
		加裂精制液化气	98.50	5.03
		损失	0.00	0.00

催化干气脱硫（28.3）

进料	数量/10^4t	产品	收率/%	产量/10^4t
合计	11.56	合计	100.00	11.56
催化干气	11.56	酸性气	2.36	0.27
		催化精制干气	97.54	11.28
		损失	0.10	0.01

催化液化气精制（98.3）

进料	数量/10^4t	产品	收率/%	产量/10^4t
合计	69.57	合计	100.00	69.57
催化液化气	69.57	酸性气	0.58	0.40
		精制催化液化气	99.32	69.09
		损失	0.10	0.07

2#异构化（437）

进料	数量/10^4t	产品	收率/%	产量/10^4t
合计	0.00	合计	100.00	0.00
抽余液	0.00	异构化尾氢	0.70	0.000
重整C_8芳烃	0.000	异构化燃料气	0.93	0.00
混合C_6C_7	0.00	异构化轻烃	0.90	0.00
氢气	0.00	异构化C_8芳烃	97.47	0.00
小时加工量	0	损失	0.00	0.00

2#二甲苯分馏（552）

进料	数量/10^4t	产品	收率/%	产量/10^4t
合计	0.00	合计	100.00	0.00
外购C_8芳烃	0.00	混合C_6C_7	0.00	0.00
重整C_8芳烃	0.00	C_8芳烃	97.82	0.00
异构化C_8芳烃	0.00	邻二甲苯	1.76	0.00
歧化C_8芳烃	0.00	C_9芳烃	0.42	0.00
		损失	0	0.00
小时加工量	0			

2#吸附分离（538）

进料	数量/10^4t	产品	收率/%	产量/10^4t
合计	0.00	合计	100.00	0.00
C_8芳烃	0.00	粗甲苯	0.30	0.00
小时加工量	0	对二甲苯	20.50	0.00
		抽余液	79.20	0.00
		重芳烃	0.00	0.00
		损失	0.00	0.00

一、原料汇总	
原(料)油名称	加工量
合计	999.36
外购原油	920.00
混合原油	920.00
其他原料	79.36
外购天然气_工艺	7.90
外购丙烯	2.80
外购混二甲苯	25.31
外购精白油	0.84
外购甲苯	42.50
外购MTBE	
二、产品汇总	
产品名称	生产量
合计	999.36
商品小计	928.05
汽煤柴小计	689.30
汽油	266.13
92#乙醇汽油组分	136.13
95#乙醇汽油组分	100.00
98#乙醇汽油组分	30.00
航煤	154.08
柴油	269.09
石脑油	16.03
化工轻油	12.90
C5发泡剂	3.13
石油芳烃	82.52
苯	9.45
对二甲苯	64.67
邻二甲苯	8.40
有机热载体	19.00
苯乙烯	8.00
固体产品	32.55
硫磺	8.06
聚丙烯	24.49
液化气	63.68
燃料油	15.96
船用燃料油	
其他产品	1.00
苯乙烯高沸物	0.23
苯乙烯焦油	0.06
液氨	0.72
自用燃料	67.15
干气	39.50
催化烧焦	27.66
损失	4.16
三、技术经济指标	
指标名称	指标值
商品总量	928.05
轻油总量	814.85
(柴+煤)/汽	1.59
柴/汽	1.01
综合商品率	92.86%
综合自用率	6.72%
轻油收率	81.54%
损失率	0.42%

改造装置

附图三　海南炼化MTBE叠合改造(920×10^4t/a炼油+160×10^4t/aPX)总流程图

单位：10^4t

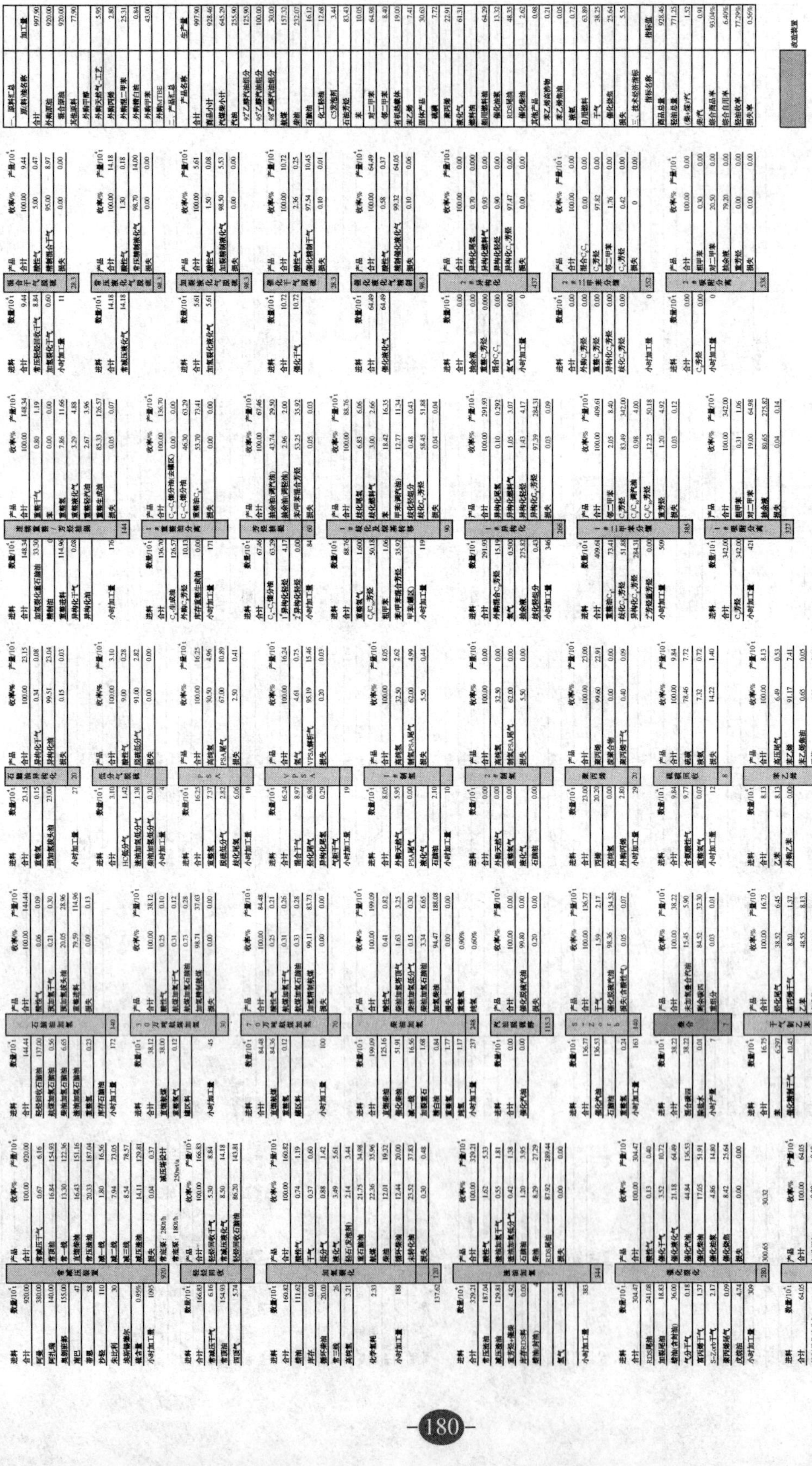

常减压装置（920）

进料	数量/10^4t	产品	收率/%	产量/10^4t
合计	920.00	合计	100.00	920.00
阿曼	380.00	常减压干气	0.67	6.16
阿扎瑞	140.00	常顶油	16.84	154.93
奥朗班那	155.00	常一线	13.30	122.36
南巴	47	直馏柴油	16.43	151.16
蒂恩	58	常压渣油	20.33	187.04
沙轻	110	减一线	1.80	16.56
朱比利	30	减二线	7.94	73.05
埃斯锡德尔		减三线	8.54	78.57
硫含量	0.95%	减压渣油	14.11	129.81
小时加工量	1095	损失	0.04	0.37
		常底泵：280t/h		减压塔设计
		常底泵：180t/h		250wt/a

轻烃回收

进料	数量/10^4t	产品	收率/%	产量/10^4t
合计	166.83	合计	100.00	166.83
常减压干气	6.16	轻烃回收干气	5.30	8.84
常顶油	154.93	常减压液化气	8.50	14.18
四顶气	5.74	轻烃回收石脑油	86.20	143.81

加氢裂化（120）

进料	数量/10^4t	产品	收率/%	产量/10^4t
合计	160.82	合计	100.00	160.82
蜡油	111.62	酸性气	0.74	1.19
库存	0.00	干气	0.37	0.60
循环柴油	20.00	低分气	0.88	1.42
常三线	26	液化气	3.49	5.61
高纯氢	3.21	轻石(发泡剂)	2.14	3.44
		重石脑油	21.75	34.98
化学氢耗	2.33	航煤	22.36	35.96
		柴油	12.01	19.32
小时加工量	188	循环柴油	12.44	20.00
		未转化油	23.52	37.83
		损失	0.30	0.48
	137.62			

渣油加氢（344）

进料	数量/10^4t	产品	收率/%	产量/10^4t
合计	329.21	合计	100.00	329.21
常压渣油	187.04	酸性气	1.62	5.33
减压渣油	129.81	渣油加氢干气	0.55	1.81
重芳烃+催柴	4.92	渣油加氢低分气	0.42	1.38
库存RDS料	0.00	石脑油	1.20	3.95
蜡油(封油)	4	柴油	8.29	27.29
		RDS尾油	87.92	289.44
氢气	3.44	损失	0.00	0.00
小时加工量	383			

催化裂化（280）

进料	数量/10^4t	产品	收率/%	产量/10^4t
合计	304.47	合计	100.00	304.47
RDS尾油	241.08	酸性气	0.13	0.40
加裂尾油	18.83	催化干气	3.52	10.72
蜡油(含封油)	36.00	催化液化气	21.18	64.49
气分干气	0.18	催化汽油	44.84	136.53
富丙烯干气	1.37	催化柴油	17.05	51.91
S-Zorb干气	2.17	催化油浆	4.86	14.80
聚丙烯尾气	0.09	催化烧焦	8.42	25.64
戊烷油	4.74	损失	0.00	0.00
小时加工量	309			
		300.65	30.32	

气体分馏（60）

进料	数量/10^4t	产品	收率/%	产量/10^4t
合计	64.05	合计	100.00	64.05
精制催化液化气	64.05	气分干气	0.28	0.18
		丙烷	7.18	4.60
		丙烯	31.54	20.20
		混合碳四	59.67	38.22
		气分戊烷油	1.24	0.79
		损失	0.09	0.06

石脑油加氢（140）

进料	数量/10^4t	产品	收率/%	产量/10^4t
合计	144.44	合计	100.00	144.44
轻烃回收石脑油	137.00	酸性气	0.06	0.09
航煤加氢石脑油	0.56	预加氢干气	0.21	0.30
柴油加氢石脑油	6.65	预加氢拔头油	20.05	28.96
渣油加氢石脑油		重整进料	79.59	114.96
重整氢	0.23	损失	0.09	0.13
库存石脑油				
小时加工量	172			

30万吨航煤加氢（30）

进料	数量/10^4t	产品	收率/%	产量/10^4t
合计	38.12	合计	100.00	38.12
直馏航煤	38.00	酸性气	0.25	0.10
重整氢气	0.12	航煤加氢干气	0.31	0.12
罐区料		航煤加氢石脑油	0.73	0.28
		加氢精制航煤	98.71	37.63
小时加工量	45	损失	0.00	0.00

70万吨航煤加氢（70）

进料	数量/10^4t	产品	收率/%	产量/10^4t
合计	84.48	合计	100.00	84.48
直馏航煤	84.36	酸性气	0.25	0.21
重整氢	0.12	航煤加氢干气	0.31	0.26
罐区料		航煤加氢石脑油	0.33	0.28
		加氢精制航煤	99.11	83.73
小时加工量	100	损失	0.00	0.00

柴油加氢（248）

进料	数量/10^4t	产品	收率/%	产量/10^4t
合计	199.09	合计	100.00	199.09
直馏柴油	125.16	酸性气	0.41	0.82
催化柴油	51.91	柴油加氢塔顶气	1.63	3.25
减一线	16.56	柴油加氢低分气	0.15	0.30
加裂重石	1.68	柴油加氢石脑油	3.34	6.65
精白油	0.84	加氢柴油	94.47	188.08
重整氢	1.77	损失	0.00	0.00
纯氢	1.17	重整氢	0.90%	
小时加工量	237	纯氢	0.60%	

汽油脱硫醇（115.3）

进料	数量/10^4t	产品	收率/%	产量/10^4t
合计	0.00	合计	100.00	0.00
催化汽油	0.00	催化脱硫汽油	99.80	0.00
		损失	0.20	0.00

S-Zorb（140）

进料	数量/10^4t	产品	收率/%	产量/10^4t
合计	136.77	合计	100.00	136.77
催化汽油	136.53	干气	1.59	2.17
石脑油		催化脱硫汽油	98.36	134.52
重整氢	0.24	损失(含酸性气)	0.05	0.07
小时加工量	163			

叠合（7）

进料	数量/10^4t	产品	收率/%	产量/10^4t
合计	38.22	合计	100.00	38.22
混合碳四	38.22	未加氢叠合汽油	15.45	5.90
除盐水	0.01	剩余碳四	84.52	32.30
小时产量	7	重组分	0.03	0.01

干气制乙苯（10）

进料	数量/10^4t	产品	收率/%	产量/10^4t
合计	16.75	合计	100.00	16.75
苯	6.297	烃化尾气	38.52	6.45
催化精制干气	10.45	富丙烯干气	8.20	1.37
		乙苯	48.55	8.13
		高沸物	1.26	0.21
		丙苯	3.15	0.53
		损失	0.32	0.05

石脑油异构化（20）

进料	数量/10^4t	产品	收率/%	产量/10^4t
合计	23.15	合计	100.00	23.15
重整氢	0.15	异构化干气	0.34	0.08
预加氢拔头油	23.00	异构化油	99.51	23.04
		损失	0.15	0.03
小时加工量	27			

低分气脱硫

进料	数量/10^4t	产品	收率/%	产量/10^4t
合计	3.10	合计	100.00	3.10
HC低分气	1.42	酸性气	9.00	0.28
渣油加氢低分气	1.38	脱硫低分气	91.00	2.82
柴油加氢低分气	0.30	损失	0.00	0.00
小时加工量	4			

PSA

进料	数量/10^4t	产品	收率/%	产量/10^4t
合计	16.25	合计	100.00	16.25
重整氢	7.37	高纯氢	30.50	4.96
脱硫低分气	2.82	PSA尾气	67.00	10.89
歧化尾氢	6.06	损失	2.50	0.41
小时加工量	19			

VPSA

进料	数量/10^4t	产品	收率/%	产量/10^4t
合计	16.24	合计	100.00	16.24
混合干气	8.97	氢气	4.61	0.75
烃化尾气	6.98	VPSA解析气	95.19	15.46
异构化尾氢	0.29	损失	0.20	0.03
气柜干气				
小时加工量	19			

1#制氢

进料	数量/10^4t	产品	收率/%	产量/10^4t
合计	8.05	合计	100.00	8.05
外购天然气	5.95	高纯氢	32.50	2.62
PSA尾气	0.00	制氢PSA尾气	62.00	4.99
液化气		损失	5.50	0.44
石脑油	2.10			
小时加工量	10			

2#制氢

进料	数量/10^4t	产品	收率/%	产量/10^4t
合计	0.00	合计	100.00	0.00
外购天然气	0.00	高纯氢	32.50	0.00
重整氢气	0.00	制氢PSA尾气	62.00	0.00
液化气		损失	5.50	0.00
石脑油	0.00			

聚丙烯（20）

进料	数量/10^4t	产品	收率/%	产量/10^4t
合计	23.00	合计	100.00	23.00
丙烯	20.20	聚丙烯	99.60	22.91
高纯氢	0.00	废聚合物	0.00	0.00
外购丙烯	2.80	聚丙烯干气	0.40	0.09
小时加工量	29			

硫磺回收（8）

进料	数量/10^4t	产品	收率/%	产量/10^4t
合计	9.84	合计	100.00	9.84
含氨酸性气	9.77	硫磺	78.46	7.72
重整氢气	0.07	液氨	7.32	0.72
小时加工量	12	损失	14.22	1.40

苯乙烯（8）

进料	数量/10^4t	产品	收率/%	产量/10^4t
合计	8.13	合计	100.00	8.13
乙苯	8.13	高压尾气	6.49	0.53
外购乙苯	0.00	苯乙烯	91.17	7.41
		苯乙烯焦油	0.65	0.05
		甲苯	1.30	0.11
		损失	0.39	0.03

连续重整/芳烃抽提（144）

进料	数量/10^4t	产品	收率/%	产量/10^4t
合计	148.34	合计	100.00	148.34
加氢裂化重石脑油	33.30	重整干气	0.80	1.19
精制油	0	苯	0.00	0.00
重整进料	114.96	重整氢	7.86	11.66
异构化干气	0.08	重整液化气	3.29	4.88
异构化油		重整轻汽油	2.67	3.96
		重整生成油	85.33	126.57
小时加工量	176	损失	0.05	0.07

1#重整油分离

进料	数量/10^4t	产品	收率/%	产量/10^4t
合计	136.70	合计	100.00	136.70
C_6-生成油	126.57	C_6-C_7馏分油(去罐区)	0.00	0.00
外购C_8芳烃	10.13	C_6-C_7馏分油	46.30	63.29
库存重整生成油	0.00	重整油C_8-	53.70	73.41
小时加工量	171	损失	0.00	0.00

芳烃抽提（60）

进料	数量/10^4t	产品	收率/%	产量/10^4t
合计	67.46	合计	100.00	67.46
C_6-C_7馏分油	63.29	抽余油(调汽油)	43.74	29.50
1#异构化轻烃	4.17	抽余油(调轻油)	2.96	2.00
2#异构化轻烃	0.00	苯/甲苯混合芳烃	53.25	35.92
小时加工量	84	损失	0.05	0.03

1#歧化及烷基转移（90）

进料	数量/10^4t	产品	收率/%	产量/10^4t
合计	88.76	合计	100.00	88.76
重整氢气	1.600	歧化尾氢	6.83	6.06
C_9/C_{10}芳烃	50.18	歧化燃料气	3.00	2.66
粗甲苯	1.06	苯	18.42	16.35
苯/甲苯混合芳烃	35.92	甲苯(调汽油)	12.77	11.34
甲苯(罐区)		歧化轻组分	0.48	0.43
小时加工量	119	歧化C_8芳烃	58.45	51.88
		损失	0.04	0.04

1#异构化（266）

进料	数量/10^4t	产品	收率/%	产量/10^4t
合计	291.93	合计	100.00	291.93
外购混合C_8芳烃	15.19	异构化尾氢	0.10	0.292
氢气	0.500	异构化燃料气	1.05	3.07
抽余液	275.82	异构化轻烃	1.43	4.17
歧化轻组分	0.43	异构化C_8芳烃	97.39	284.31
小时加工量	346	损失	0.03	0.09

1#二甲苯分馏（385）

进料	数量/10^4t	产品	收率/%	产量/10^4t
合计	409.61	合计	100.00	409.61
重整油C_8-	73.41	邻二甲苯	2.05	8.40
歧化C_8芳烃	51.88	C_8芳烃	83.49	342.00
异构化C_8芳烃	284.31	C_9/C_{10}调汽油	0.98	4.00
2#芳烃重芳烃	0.00	C_9/C_{10}芳烃	12.25	50.18
小时加工量	509	重芳烃	1.20	4.92
		损失	0.03	0.12

1#吸附分离（327）

进料	数量/10^4t	产品	收率/%	产量/10^4t
合计	342.00	合计	100.00	342.00
C_8芳烃	342.00	粗甲苯	0.31	1.06
小时加工量	421	对二甲苯	19.00	64.98
		抽余液	80.65	275.82
		损失	0.04	0.14

混合干气脱硫（28.3）

进料	数量/10^4t	产品	收率/%	产量/10^4t
合计	9.44	合计	100.00	9.44
常压轻烃回收干气	8.84	酸性气	5.00	0.47
加氢裂化干气	0.60	精制混合干气	95.00	8.97
小时加工量	11	损失	0.00	0.00

常压液化气脱硫（98.3）

进料	数量/10^4t	产品	收率/%	产量/10^4t
合计	14.18	合计	100.00	14.18
常减压液化气	14.18	酸性气	1.30	0.18
		常压精制液化气	98.70	14.00
		损失	0.00	0.00

加裂液化气脱硫（98.3）

进料	数量/10^4t	产品	收率/%	产量/10^4t
合计	5.61	合计	100.00	5.61
加氢裂化液化气	5.61	酸性气	1.50	0.08
		加裂精制液化气	98.50	5.53
		损失	0.00	0.00

催化干气脱硫（28.3）

进料	数量/10^4t	产品	收率/%	产量/10^4t
合计	10.72	合计	100.00	10.72
催化干气	10.72	酸性气	2.36	0.25
		催化精制干气	97.54	10.45
		损失	0.10	0.01

催化液化气精制（98.3）

进料	数量/10^4t	产品	收率/%	产量/10^4t
合计	64.49	合计	100.00	64.49
催化液化气	64.49	酸性气	0.58	0.37
		精制催化液化气	99.32	64.05
		损失	0.10	0.06

2#异构化（437）

进料	数量/10^4t	产品	收率/%	产量/10^4t
合计	0.00	合计	100.00	0.00
抽余液	0.00	异构化尾氢	0.70	0.000
重整C_8芳烃	0.000	异构化燃料气	0.93	0.00
混合C_6C_7	0.00	异构化轻烃	0.90	0.00
氢气	0.00	异构化C_8芳烃	97.47	0.00
小时加工量	0	损失	0.00	0.00

2#二甲苯分馏（552）

进料	数量/10^4t	产品	收率/%	产量/10^4t
合计	0.00	合计	100.00	0.00
外购C_8芳烃	0.00	混合C_6C_7	0.00	0.00
重整C_8芳烃	0.00	C_8芳烃	97.82	0.00
异构化C_8芳烃	0.00	邻二甲苯	1.76	0.00
歧化C_8芳烃	0.00	C_9+芳烃	0.42	0.00
		损失	0	0.00
小时加工量	0			

2#吸附分离（538）

进料	数量/10^4t	产品	收率/%	产量/10^4t
合计	0.00	合计	100.00	0.00
C_8芳烃	0.00	粗甲苯	0.30	0.00
小时加工量	0	对二甲苯	20.50	0.00
		抽余液	79.20	0.00
		重芳烃	0.00	0.00
		损失	0.00	0.00

一、原料汇总	
原(料)油名称	加工量
合计	997.90
外购原油	920.00
混合原油	920.00
其他原料	77.90
外购甲醇	
外购天然气-工艺	5.95
外购丙烯	2.80
外购混二甲苯	25.31
外购精白油	0.84
外购甲苯	43.00
外购MTBE	
二、产品汇总	
产品名称	生产量
合计	997.90
商品小计	928.46
汽煤柴小计	645.29
汽油	255.90
92#乙醇汽油组分	125.90
95#乙醇汽油组分	100.00
98#乙醇汽油组分	30.00
航煤	157.32
柴油	232.07
石脑油	16.12
化工轻油	12.68
C5发泡剂	3.44
石油芳烃	83.43
苯	10.05
对二甲苯	64.98
邻二甲苯	8.40
有机热载体	19.00
苯乙烯	7.41
固体产品	30.63
硫磺	7.72
聚丙烯	22.91
液化气	61.31
燃料油	
船用燃料油	64.29
催化油浆	13.32
RDS尾油	48.35
催化柴油	2.62
其他产品	0.98
苯乙烯高沸物	0.21
苯乙烯焦油	0.05
液氨	0.72
自用燃料	63.89
干气	38.25
催化烧焦	25.64
损失	5.55
三、技术经济指标	
指标名称	指标值
商品总量	928.46
轻油总量	771.25
(柴+煤)/汽	1.52
柴/汽	0.91
综合商品率	93.04%
综合自用率	6.40%
轻油收率	77.29%
损失率	0.56%

改造装置

附图四 海南炼化生产低硫船燃(920×10^4t/a炼油+160×10^4t/aPX)总流程图

单位：10^4t

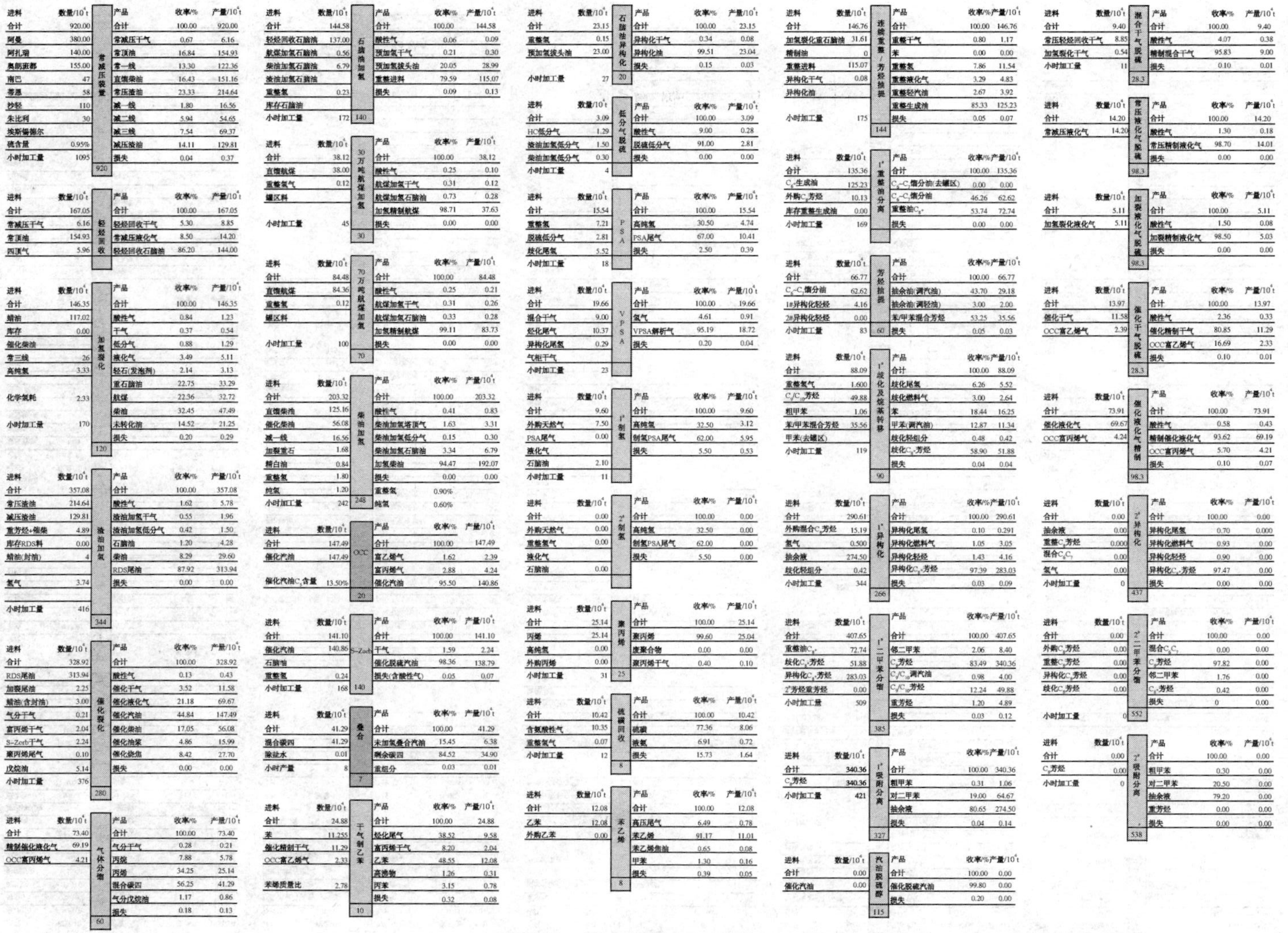

常减压装置（920）

进料	数量/10^4t	产品	收率/%	产量/10^4t
合计	920.00	合计	100.00	920.00
阿曼	380.00	常减压干气	0.67	6.16
阿扎瑞	140.00	常顶油	16.84	154.93
奥朗班都	155.00	常一线	13.30	122.36
南巴	47	直馏柴油	16.43	151.16
蒂恩	58	常压渣油	23.33	214.64
沙轻	110	减一线	1.80	16.56
朱比利	30	减二线	5.94	54.65
埃斯锡德尔		减三线	7.54	69.37
硫含量	0.95%	减压渣油	14.11	129.81
小时加工量	1095	损失	0.04	0.37

轻烃回收

进料	数量/10^4t	产品	收率/%	产量/10^4t
合计	167.05	合计	100.00	167.05
常减压干气	6.16	轻烃回收干气	5.30	8.85
常顶油	154.93	常减压液化气	8.50	14.20
四顶气	5.96	轻烃回收石脑油	86.20	144.00

加氢裂化（120）

进料	数量/10^4t	产品	收率/%	产量/10^4t
合计	146.35	合计	100.00	146.35
蜡油	117.02	酸性气	0.84	1.23
库存	0.00	干气	0.37	0.54
催化柴油		低分气	0.88	1.29
常三线	26	液化气	3.49	5.11
高纯氢	3.33	轻石(发泡剂)	2.14	3.13
		重石脑油	22.75	33.29
化学氢耗	2.33	航煤	22.36	32.72
		柴油	32.45	47.49
小时加工量	170	未转化油	14.52	21.25
		损失	0.20	0.29

渣油加氢（344）

进料	数量/10^4t	产品	收率/%	产量/10^4t
合计	357.08	合计	100.00	357.08
常压渣油	214.64	酸性气	1.62	5.78
减压渣油	129.81	渣油加氢干气	0.55	1.96
重芳烃+催柴	4.89	渣油加氢低分气	0.42	1.50
库存RDS料	0.00	石脑油	1.20	4.28
蜡油(封油)	4	柴油	8.29	29.60
		RDS尾油	87.92	313.94
氢气	3.74	损失	0.00	0.00
小时加工量	416			

催化裂化（280）

进料	数量/10^4t	产品	收率/%	产量/10^4t
合计	328.92	合计	100.00	328.92
RDS尾油	313.94	酸性气	0.13	0.43
加裂尾油	2.25	催化干气	3.52	11.58
蜡油(含封油)	3.00	催化液化气	21.18	69.67
气分干气	0.21	催化汽油	44.84	147.49
富丙烯干气	2.04	催化柴油	17.05	56.08
S-Zorb干气	2.24	催化油浆	4.86	15.99
聚丙烯尾气	0.10	催化烧焦	8.42	27.70
戊烷油	5.14	损失	0.00	0.00
小时加工量	376			

气体分馏（60）

进料	数量/10^4t	产品	收率/%	产量/10^4t
合计	73.40	合计	100.00	73.40
精制催化液化气	69.19	气分干气	0.28	0.21
OCC富丙烯气	4.21	丙烷	7.88	5.78
		丙烯	34.25	25.14
		混合碳四	56.25	41.29
		气分戊烷油	1.17	0.86
		损失	0.18	0.13

石脑油加氢（140）

进料	数量/10^4t	产品	收率/%	产量/10^4t
合计	144.58	合计	100.00	144.58
轻烃回收石脑油	137.00	酸性气	0.06	0.09
航煤加氢石脑油	0.56	预加氢干气	0.21	0.30
柴油加氢石脑油	6.79	预加氢拔头油	20.05	28.99
渣油加氢石脑油		重整进料	79.59	115.07
重整氢	0.23	损失	0.09	0.13
库存石脑油				
小时加工量	172			

30万吨航煤加氢（30）

进料	数量/10^4t	产品	收率/%	产量/10^4t
合计	38.12	合计	100.00	38.12
直馏航煤	38.00	酸性气	0.25	0.10
重整氢气	0.12	航煤加氢干气	0.31	0.12
罐区料		航煤加氢石脑油	0.73	0.28
		加氢精制航煤	98.71	37.63
小时加工量	45	损失	0.00	0.00

70万吨航煤加氢（70）

进料	数量/10^4t	产品	收率/%	产量/10^4t
合计	84.48	合计	100.00	84.48
直馏航煤	84.36	酸性气	0.25	0.21
重整氢	0.12	航煤加氢干气	0.31	0.26
罐区料		航煤加氢石脑油	0.33	0.28
		加氢精制航煤	99.11	83.73
小时加工量	100	损失	0.00	0.00

柴油加氢（248）

进料	数量/10^4t	产品	收率/%	产量/10^4t
合计	203.32	合计	100.00	203.32
直馏柴油	125.16	酸性气	0.41	0.83
催化柴油	56.08	柴油加氢塔顶气	1.63	3.31
减一线	16.56	柴油加氢低分气	0.15	0.30
加裂重石	1.68	柴油加氢石脑油	3.34	6.79
精白油	0.84	加氢柴油	94.47	192.07
重整氢	1.80	损失	0.00	0.00
纯氢	1.20	重整氢	0.90%	
小时加工量	242	纯氢	0.60%	

OCC（20）

进料	数量/10^4t	产品	收率/%	产量/10^4t
合计	147.49	合计	100.00	147.49
催化汽油	147.49	富乙烯气	1.62	2.39
		富丙烯气	2.88	4.24
催化汽油C_5含量	13.50%	催化汽油	95.50	140.86

S-Zorb（140）

进料	数量/10^4t	产品	收率/%	产量/10^4t
合计	141.10	合计	100.00	141.10
催化汽油	140.86	干气	1.59	2.24
石脑油		催化脱硫汽油	98.36	138.79
重整氢	0.24	损失(含酸性气)	0.05	0.07
小时加工量	168			

叠合（7）

进料	数量/10^4t	产品	收率/%	产量/10^4t
合计	41.29	合计	100.00	41.29
混合碳四	41.29	未加氢叠合汽油	15.45	6.38
除盐水	0.01	剩余碳四	84.52	34.90
小时产量	8	重组分	0.03	0.01

干气制乙苯（10）

进料	数量/10^4t	产品	收率/%	产量/10^4t
合计	24.88	合计	100.00	24.88
苯	11.255	烃化尾气	38.52	9.58
催化精制干气	11.29	富丙烯干气	8.20	2.04
OCC富乙烯气	2.33	乙苯	48.55	12.08
		高沸物	1.26	0.31
苯烯质量比	2.78	丙苯	3.15	0.78
		损失	0.32	0.08

石脑油异构化（20）

进料	数量/10^4t	产品	收率/%	产量/10^4t
合计	23.15	合计	100.00	23.15
重整氢	0.15	异构化干气	0.34	0.08
预加氢拔头油	23.00	异构化油	99.51	23.04
		损失	0.15	0.03
小时加工量	27			

低分气脱硫

进料	数量/10^4t	产品	收率/%	产量/10^4t
合计	3.09	合计	100.00	3.09
HC低分气	1.29	酸性气	9.00	0.28
渣油加氢低分气	1.50	脱硫低分气	91.00	2.81
柴油加氢低分气	0.30	损失	0.00	0.00
小时加工量	4			

PSA

进料	数量/10^4t	产品	收率/%	产量/10^4t
合计	15.54	合计	100.00	15.54
重整氢	7.21	高纯氢	30.50	4.74
脱硫低分气	2.81	PSA尾气	67.00	10.41
歧化尾氢	5.52	损失	2.50	0.39
小时加工量	18			

VPSA

进料	数量/10^4t	产品	收率/%	产量/10^4t
合计	19.66	合计	100.00	19.66
混合干气	9.00	氢气	4.61	0.91
烃化尾气	10.37	VPSA解析气	95.19	18.72
异构化尾氢	0.29	损失	0.20	0.04
气柜干气				
小时加工量	23			

1#制氢

进料	数量/10^4t	产品	收率/%	产量/10^4t
合计	9.60	合计	100.00	9.60
外购天然气	7.50	高纯氢	32.50	3.12
PSA尾气	0.00	制氢PSA尾气	62.00	5.95
液化气		损失	5.50	0.53
石脑油	2.10			
小时加工量	11			

2#制氢

进料	数量/10^4t	产品	收率/%	产量/10^4t
合计	0.00	合计	100.00	0.00
外购天然气	0.00	高纯氢	32.50	0.00
重整氢气	0.00	制氢PSA尾气	62.00	0.00
液化气		损失	5.50	0.00
石脑油	0.00			

聚丙烯（25）

进料	数量/10^4t	产品	收率/%	产量/10^4t
合计	25.14	合计	100.00	25.14
丙烯	25.14	聚丙烯	99.60	25.04
高纯氢	0.00	废聚合物	0.00	0.00
外购丙烯	0.00	聚丙烯干气	0.40	0.10
小时加工量	31			

硫磺回收（8）

进料	数量/10^4t	产品	收率/%	产量/10^4t
合计	10.42	合计	100.00	10.42
含氨酸性气	10.35	硫磺	77.36	8.06
重整氢气	0.07	液氨	6.91	0.72
小时加工量	12	损失	15.73	1.64

苯乙烯（8）

进料	数量/10^4t	产品	收率/%	产量/10^4t
合计	12.08	合计	100.00	12.08
乙苯	12.08	高压尾气	6.49	0.78
外购乙苯	0.00	苯乙烯	91.17	11.01
		苯乙烯焦油	0.65	0.08
		甲苯	1.30	0.16
		损失	0.39	0.05

连续重整/芳烃抽提（144）

进料	数量/10^4t	产品	收率/%	产量/10^4t
合计	146.76	合计	100.00	146.76
加氢裂化重石脑油	31.61	重整干气	0.80	1.17
精制油	0	苯	0.00	0.00
重整进料	115.07	重整氢	7.86	11.54
异构化干气	0.08	重整液化气	3.29	4.83
异构化油		重整轻汽油	2.67	3.92
		重整生成油	85.33	125.23
小时加工量	175	损失	0.05	0.07

1#重整油分离

进料	数量/10^4t	产品	收率/%	产量/10^4t
合计	135.36	合计	100.00	135.36
C_6生成油	125.23	C_6-C_7馏分油(去罐区)	0.00	0.00
外购C_8芳烃	10.13	C_6-C_7馏分油	46.26	62.62
库存重整生成油	0.00	重整油C_8^+	53.74	72.74
小时加工量	169	损失	0.00	0.00

芳烃抽提（60）

进料	数量/10^4t	产品	收率/%	产量/10^4t
合计	66.77	合计	100.00	66.77
C_6-C_7馏分油	62.62	抽余油(调汽油)	43.70	29.18
1#异构化轻烃	4.16	抽余油(调轻油)	3.00	2.00
2#异构化轻烃	0.00	苯/甲苯混合芳烃	53.25	35.56
小时加工量	83	损失	0.05	0.03

1#歧化及烷基转移（90）

进料	数量/10^4t	产品	收率/%	产量/10^4t
合计	88.09	合计	100.00	88.09
重整氢气	1.600	歧化尾氢	6.26	5.52
C_7/C_9芳烃	49.88	歧化燃料气	3.00	2.64
粗甲苯	1.06	苯	18.44	16.25
苯/甲苯混合芳烃	35.56	甲苯(调汽油)	12.87	11.34
甲苯(去罐区)		歧化轻组分	0.48	0.42
小时加工量	119	歧化C_8芳烃	58.90	51.88
		损失	0.04	0.04

1#异构化（266）

进料	数量/10^4t	产品	收率/%	产量/10^4t
合计	290.61	合计	100.00	290.61
外购混合C_8芳烃	15.19	异构化尾氢	0.10	0.291
氢气	0.500	异构化燃料气	1.05	3.05
抽余液	274.50	异构化轻烃	1.43	4.16
歧化轻组分	0.42	异构化C_8芳烃	97.39	283.03
小时加工量	344	损失	0.03	0.09

1#二甲苯分馏（385）

进料	数量/10^4t	产品	收率/%	产量/10^4t
合计	407.65	合计	100.00	407.65
重整油C_8^+	72.74	邻二甲苯	2.06	8.40
歧化C_8芳烃	51.88	C_8芳烃	83.49	340.36
异构化C_8芳烃	283.03	C_7/C_8调汽油	0.98	4.00
2#芳烃重芳烃	0.00	C_9/C_{10}芳烃	12.24	49.88
小时加工量	509	重芳烃	1.20	4.89
		损失	0.03	0.12

1#吸附分离（327）

进料	数量/10^4t	产品	收率/%	产量/10^4t
合计	340.36	合计	100.00	340.36
C_8芳烃	340.36	粗甲苯	0.31	1.06
小时加工量	421	对二甲苯	19.00	64.67
		抽余液	80.65	274.50
		损失	0.04	0.14

汽油脱硫醇（115）

进料	数量/10^4t	产品	收率/%	产量/10^4t
合计	0.00	合计	100.00	0.00
催化汽油	0.00	催化脱硫汽油	99.80	0.00
		损失	0.20	0.00

混合干气脱硫（28.3）

进料	数量/10^4t	产品	收率/%	产量/10^4t
合计	9.40	合计	100.00	9.40
常压轻烃回收干气	8.85	酸性气	4.07	0.38
加氢裂化干气	0.54	精制混合干气	95.83	9.00
小时加工量	11	损失	0.10	0.01

常压液化气脱硫（98.3）

进料	数量/10^4t	产品	收率/%	产量/10^4t
合计	14.20	合计	100.00	14.20
常减压液化气	14.20	酸性气	1.30	0.18
		常压精制液化气	98.70	14.01
		损失	0.00	0.00

加裂液化气脱硫（98.3）

进料	数量/10^4t	产品	收率/%	产量/10^4t
合计	5.11	合计	100.00	5.11
加氢裂化液化气	5.11	酸性气	1.50	0.08
		加裂精制液化气	98.50	5.03
		损失	0.00	0.00

催化干气脱硫（28.3）

进料	数量/10^4t	产品	收率/%	产量/10^4t
合计	13.97	合计	100.00	13.97
催化干气	11.58	酸性气	2.36	0.33
OCC富乙烯气	2.39	催化精制干气	80.85	11.29
		OCC富乙烯气	16.69	2.33
		损失	0.10	0.01

催化液化气精制（98.3）

进料	数量/10^4t	产品	收率/%	产量/10^4t
合计	73.91	合计	100.00	73.91
催化液化气	69.67	酸性气	0.58	0.43
OCC富丙烯气	4.24	精制催化液化气	93.62	69.19
		OCC富丙烯气	5.70	4.21
		损失	0.10	0.07

2#异构化（437）

进料	数量/10^4t	产品	收率/%	产量/10^4t
合计	0.00	合计	100.00	0.00
抽余液	0.00	异构化尾氢	0.70	0.000
重整C_8芳烃	0.000	异构化燃料气	0.93	0.00
混合C_6C_7	0.00	异构化轻烃	0.90	0.00
氢气	0.00	异构化C_8芳烃	97.47	0.00
小时加工量	0	损失	0.00	0.00

2#二甲苯分馏（552）

进料	数量/10^4t	产品	收率/%	产量/10^4t
合计	0.00	合计	100.00	0.00
外购C_8芳烃	0.00	混合C_6C_7	0.00	0.00
重整C_8芳烃	0.00	C_8芳烃	97.82	0.00
异构化C_8芳烃	0.00	邻二甲苯	1.76	0.00
歧化C_8芳烃	0.00	C_9芳烃	0.42	0.00
		损失	0	0.00
小时加工量	0			

2#吸附分离（538）

进料	数量/10^4t	产品	收率/%	产量/10^4t
合计	0.00	合计	100.00	0.00
C_8芳烃	0.00	粗甲苯	0.30	0.00
小时加工量	0	对二甲苯	20.50	0.00
		抽余液	79.20	0.00
		重芳烃	0.00	0.00
		损失	0.00	0.00

一、原料汇总	
原(料)油名称	加工量
合计	995.76
外购原油	920.00
混合原油	920.00
其他原料	75.76
外购天然气_工艺	7.50
外购丙烯	0.00
外购混二甲苯	25.31
外购精白油	0.84
外购甲苯	42.10
外购MTBE	
二、产品汇总	
产品名称	生产量
合计	995.76
商品小计	921.78
汽煤柴小计	682.93
汽油	259.68
92#乙醇汽油组分	129.68
95#乙醇汽油组分	100.00
98#乙醇汽油组分	30.00
航煤	154.08
柴油	269.17
石脑油	16.03
化工轻油	12.90
C_5发泡剂	3.13
石油芳烃	78.06
苯	4.99
对二甲苯	64.67
邻二甲苯	8.40
有机热载体	19.00
苯乙烯	11.01
固体产品	33.10
硫磺	8.06
聚丙烯	25.04
液化气	64.55
燃料油	15.99
船用燃料油	
其他产品	1.11
苯乙烯高沸物	0.31
苯乙烯焦油	0.08
液氨	0.72
自用燃料	69.64
干气	41.95
催化烧焦	27.70
损失	4.33
三、技术经济指标	
指标名称	指标值
商品总量	921.78
轻油总量	807.03
(柴+煤)/汽	1.63
柴/汽	1.04
综合商品率	92.57%
综合自用率	6.99%
轻油收率	81.05%
损失率	0.43%

改造装置

附图五 海南炼化OCC改造($920\times10^4t/a$炼油+$160\times10^4t/aPX$)总流程图

单位：10^4t

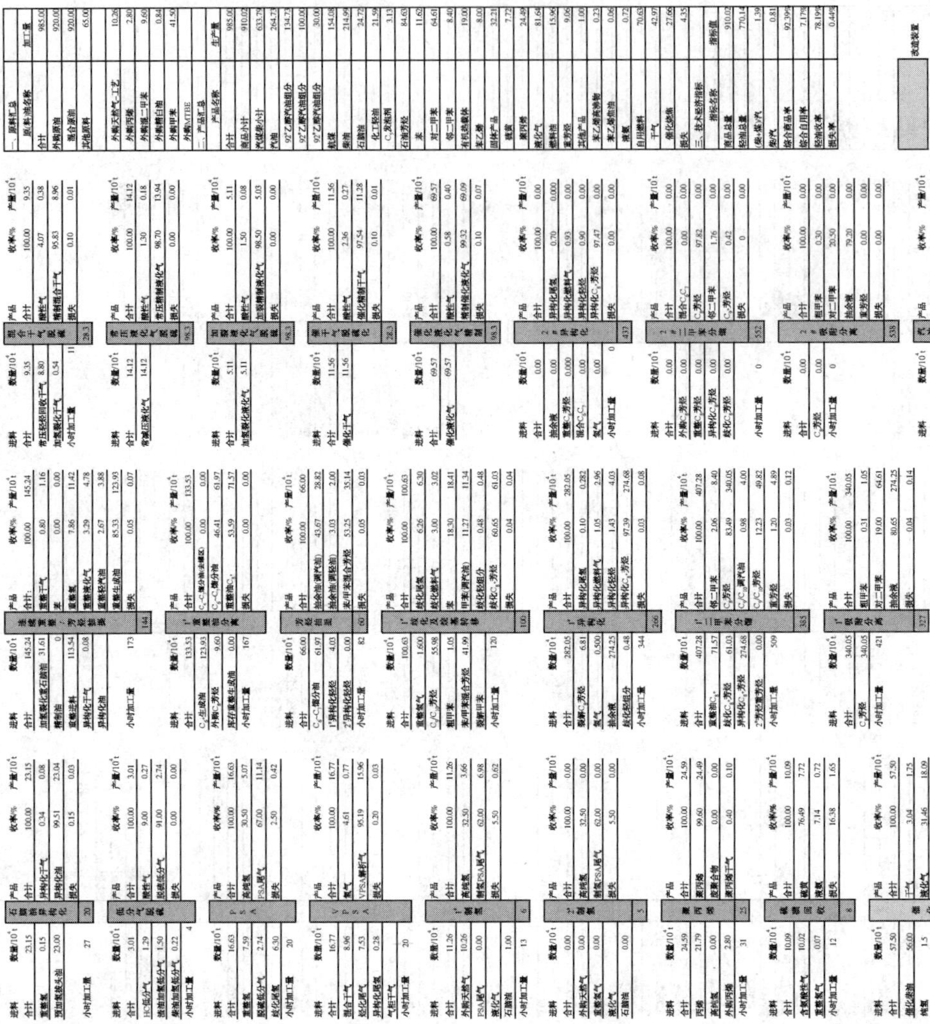

常减压装置（920）

进料	数量/10^4t	产品	收率/%	产量/10^4t
合计	920.00	合计	100.00	920.00
阿曼	380.00	常减压干气	0.67	6.16
阿扎瑞	140.00	常顶油	16.84	154.93
奥朗密都	155.00	常一线	13.30	122.36
南巴	47	常重柴油	16.43	151.16
蒂恩	58	常压渣油	23.33	214.64
抄轻	110	减一线	1.80	16.56
朱比利	30	减二线	5.94	54.65
埃斯俄塞尔		减三线	7.54	69.37
硫含量	0.95%	减压渣油	14.11	129.81
小时加工量	1095	损失	0.04	0.37

轻烃回收

进料	数量/10^4t	产品	收率/%	产量/10^4t
合计	166.11	合计	100.00	166.11
常减压干气	6.16	轻烃回收干气	5.30	8.80
常顶油	154.93	常减压液化气	8.50	14.12
四顶气	5.02	轻烃回收石脑油	86.20	143.19

加氢裂化（120）

进料	数量/10^4t	产品	收率/%	产量/10^4t
合计	146.35	合计	100.00	146.35
蜡油	117.02	酸性气	0.84	1.23
库存	0.00	干气	0.37	0.54
催化柴油		低分气	0.88	1.29
常三线	26	液化气	3.49	5.11
高纯氢	3.33	轻石(发泡剂)	2.14	3.13
		重石脑油	22.75	33.29
化学氢耗	2.33	航煤	22.36	32.72
		柴油	32.45	47.49
小时加工量	170	未转化油	14.52	21.25
		损失	0.20	0.29

渣油加氢（344）

进料	数量/10^4t	产品	收率/%	产量/10^4t
合计	357.07	合计	100.00	357.07
常压渣油	214.64	酸性气	1.62	5.78
减压渣油	129.81	渣油加氢干气	0.55	1.96
重芳烃+催柴	4.89	渣油加氢低分气	0.42	1.50
库存RDS料	0.00	石脑油	1.20	4.28
蜡油(封油)	4	柴油	8.29	29.60
		RDS尾油	87.92	313.94
氢气	3.74	损失	0.00	0.00
小时加工量	416			

催化裂化（280）

进料	数量/10^4t	产品	收率/%	产量/10^4t
合计	328.45	合计	100.00	328.45
RDS尾油	313.94	酸性气	0.13	0.43
加裂尾油	2.25	催化干气	3.52	11.56
蜡油(含封油)	3.00	催化液化气	21.18	69.57
气分干气	0.19	催化汽油	44.84	147.28
富丙烯干气	1.48	催化柴油	17.05	56.00
S-Zorb干气	2.35	催化油浆	4.86	15.96
聚丙烯尾气	0.10	催化烧焦	8.42	27.66
戊烷油	5.14	损失	0.00	0.00
小时加工量	376			

气体分馏（60）

进料	数量/10^4t	产品	收率/%	产量/10^4t
合计	69.09	合计	100.00	69.09
精制催化液化气	69.09	气分干气	0.28	0.19
		丙烷	7.18	4.96
		丙烯	31.54	21.79
		混合碳四	59.67	41.23
		气分戊烷油	1.24	0.86
		损失	0.09	0.06

石脑油加氢（140）

进料	数量/10^4t	产品	收率/%	产量/10^4t
合计	142.66	合计	100.00	142.66
轻烃回收石脑油	137.00	酸性气	0.06	0.09
航煤加氢石脑油	0.56	预加氢干气	0.21	0.30
柴油加氢石脑油	4.88	预加氢拔头油	20.05	28.60
渣油加氢石脑油		重整进料	79.59	113.54
重整氢	0.23	损失	0.09	0.13
库存石脑油				
小时加工量	170			

30万吨航煤加氢（30）

进料	数量/10^4t	产品	收率/%	产量/10^4t
合计	38.12	合计	100.00	38.12
直馏航煤	38.00	酸性气	0.25	0.10
重整氢气	0.12	航煤加氢干气	0.31	0.12
罐区料		航煤加氢石脑油	0.73	0.28
		加氢精制航煤	98.71	37.63
小时加工量	45	损失	0.00	0.00

70万吨航煤加氢（70）

进料	数量/10^4t	产品	收率/%	产量/10^4t
合计	84.48	合计	100.00	84.48
直馏航煤	84.36	酸性气	0.25	0.21
重整氢	0.12	航煤加氢干气	0.31	0.26
罐区料		航煤加氢石脑油	0.33	0.28
		加氢精制航煤	99.11	83.73
小时加工量	100	损失	0.00	0.00

柴油加氢（248）

进料	数量/10^4t	产品	收率/%	产量/10^4t
合计	145.97	合计	100.00	145.97
直馏柴油	125.16	酸性气	0.41	0.60
催化柴油	0.00	柴油加氢汽提气	1.63	2.38
减一线	16.56	柴油加氢低分气	0.15	0.22
加裂重石	1.68	柴油加氢石脑油	3.34	4.88
精白油	0.84	加氢柴油	94.47	137.90
重整氢	1.30	损失	0.00	0.00
纯氢	0.43	重整氢	0.90%	
小时加工量	174	纯氢	0.30%	

S-Zorb（140）

进料	数量/10^4t	产品	收率/%	产量/10^4t
合计	147.52	合计	100.00	147.52
催化汽油	147.28	干气	1.59	2.35
石脑油		催化脱硫汽油	98.36	145.10
重整氢	0.24	损失(含酸性气)	0.05	0.07
小时加工量	175			

干气制乙苯（10）

进料	数量/10^4t	产品	收率/%	产量/10^4t
合计	18.07	合计	100.00	18.07
苯	6.793	烃化尾气	38.52	6.96
催化精制干气	11.28	富丙烯干气	8.20	1.48
		乙苯	48.55	8.77
		高沸物	1.26	0.23
		丙苯	3.15	0.57
		损失	0.32	0.06

苯乙烯（8）

进料	数量/10^4t	产品	收率/%	产量/10^4t
合计	8.77	合计	100.00	8.77
乙苯	8.77	高压尾气	6.49	0.57
外购乙苯	0.00	苯乙烯	91.17	8.00
		苯乙烯焦油	0.65	0.06
		甲苯	1.30	0.11
		损失	0.39	0.03

叠合（7）

进料	数量/10^4t	产品	收率/%	产量/10^4t
合计	41.23	合计	100.00	41.23
混合碳四	41.23	未加氢叠合汽油	15.45	6.37
除盐水	0.01	剩余碳四	84.52	34.85
小时产量	8	重组分	0.03	0.01

石脑油异构化（20）

进料	数量/10^4t	产品	收率/%	产量/10^4t
合计	23.15	合计	100.00	23.15
重整氢	0.15	异构化干气	0.34	0.08
预加氢拔头油	23.00	异构化油	99.51	23.04
		损失	0.15	0.03
小时加工量	27			

低分气脱硫

进料	数量/10^4t	产品	收率/%	产量/10^4t
合计	3.01	合计	100.00	3.01
HC低分气	1.29	酸性气	9.00	0.27
渣油加氢低分气	1.50	脱硫低分气	91.00	2.74
柴油加氢低分气	0.22	损失	0.00	0.00
小时加工量	4			

PSA

进料	数量/10^4t	产品	收率/%	产量/10^4t
合计	16.63	合计	100.00	16.63
重整氢	7.59	高纯氢	30.50	5.07
脱硫低分气	2.74	PSA尾气	67.00	11.14
歧化尾氢	6.30	损失	2.50	0.42
小时加工量	20			

VPSA

进料	数量/10^4t	产品	收率/%	产量/10^4t
合计	16.77	合计	100.00	16.77
混合干气	8.96	氢气	4.61	0.77
烃化尾气	7.53	VPSA解析气	95.19	15.96
异构化尾氢	0.28	损失	0.20	0.03
气柜干气				
小时加工量	20			

1#制氢（6）

进料	数量/10^4t	产品	收率/%	产量/10^4t
合计	11.26	合计	100.00	11.26
外购天然气	10.26	高纯氢	32.50	3.66
PSA尾气	0.00	制氢PSA尾气	62.00	6.98
液化气		损失	5.50	0.62
石脑油	1.00			
小时加工量	13			

2#制氢（5）

进料	数量/10^4t	产品	收率/%	产量/10^4t
合计	0.00	合计	100.00	0.00
外购天然气	0.00	高纯氢	32.50	0.00
重整氢气	0.00	制氢PSA尾气	62.00	0.00
液化气		损失	5.50	0.00
石脑油	0.00			

聚丙烯（25）

进料	数量/10^4t	产品	收率/%	产量/10^4t
合计	24.59	合计	100.00	24.59
丙烯	21.79	聚丙烯	99.60	24.49
高纯氢	0.00	废聚合物	0.00	0.00
外购丙烯	2.80	聚丙烯干气	0.40	0.10
小时加工量	31			

硫磺回收（8）

进料	数量/10^4t	产品	收率/%	产量/10^4t
合计	10.09	合计	100.00	10.09
含氨酸性气	10.02	硫黄	76.49	7.72
重整氢气	0.07	液氨	7.14	0.72
小时加工量	12	损失	16.38	1.65

催化柴油裂解（60）

进料	数量/10^4t	产品	收率/%	产量/10^4t
合计	57.50	合计	100.00	57.50
催化柴油	56.00	干气	3.04	1.75
纯氢	1.5	液化气	31.46	18.09
		轻汽油	15.27	8.78
		苯/甲苯	11.91	6.85
		碳八芳烃	11.84	6.81
		C_9/C_{10}芳烃	10.71	6.16
		重芳烃	15.76	9.06
		损失	0.00	0.00

连续重整/芳烃抽提（144）

进料	数量/10^4t	产品	收率/%	产量/10^4t
合计	145.24	合计:	100.00	145.24
加氢裂化重石脑油	31.61	重整干气	0.80	1.16
精制油	0	苯	0.00	0.00
重整进料	113.54	重整氢	7.86	11.42
异构化干气	0.08	重整液化气	3.29	4.78
异构化油		重整轻汽油	2.67	3.88
		重整生成油	85.33	123.93
小时加工量	173	损失	0.05	0.07

1#重整油分离

进料	数量/10^4t	产品	收率/%	产量/10^4t
合计	133.53	合计	100.00	133.53
C_6+生成油	123.93	C_4-C_5馏分油(去罐区)	0.00	0.00
外购C_8芳烃	9.60	C_6-C_7馏分油	46.41	61.97
库存重整生成油	0.00	重整油C_8+	53.59	71.57
小时加工量	167	损失	0.00	0.00

芳烃抽提（60）

进料	数量/10^4t	产品	收率/%	产量/10^4t
合计	66.00	合计	100.00	66.00
C_6-C_7馏分油	61.97	抽余油(调汽油)	43.67	28.82
1#异构化轻烃	4.03	抽余油(调轻油)	3.03	2.00
2#异构化轻烃	0.00	苯/甲苯混合芳烃	53.25	35.14
小时加工量	82	损失	0.05	0.03

1#歧化及烷基转移（100）

进料	数量/10^4t	产品	收率/%	产量/10^4t
合计	100.63	合计	100.00	100.63
重整氢气	1.600	歧化尾氢	6.26	6.30
C_9/C_{10}芳烃	55.98	歧化燃料气	3.00	3.02
粗甲苯	1.05	苯	18.30	18.41
苯/甲苯混合芳烃	41.99	甲苯(调汽油)	11.27	11.34
裂解甲苯		歧化轻组分	0.48	0.48
小时加工量	120	歧化C_8+芳烃	60.65	61.03
		损失	0.04	0.04

1#异构化（266）

进料	数量/10^4t	产品	收率/%	产量/10^4t
合计	282.05	合计	100.00	282.05
裂解C_8芳烃	6.81	异构化尾氢	0.10	0.282
氢气	0.500	异构化燃料气	1.05	2.96
抽余液	274.25	异构化轻烃	1.43	4.03
歧化轻组分	0.48	异构化C_8+芳烃	97.39	274.68
小时加工量	344	损失	0.03	0.08

1#二甲苯分馏（385）

进料	数量/10^4t	产品	收率/%	产量/10^4t
合计	407.28	合计	100.00	407.28
重整油C_8+	71.57	邻二甲苯	2.06	8.40
歧化C_8+芳烃	61.03	C_8芳烃	83.49	340.05
异构化C_8+芳烃	274.68	C_9/C_{10}调汽油	0.98	4.00
2#芳烃重芳烃	0.00	C_9/C_{10}芳烃	12.23	49.82
小时加工量	509	重芳烃	1.20	4.89
		损失	0.03	0.12

1#吸附分离（327）

进料	数量/10^4t	产品	收率/%	产量/10^4t
合计	340.05	合计	100.00	340.05
C_8芳烃	340.05	粗甲苯	0.31	1.05
小时加工量	421	对二甲苯	19.00	64.61
		抽余液	80.65	274.25
		损失	0.04	0.14

混合干气脱硫（28.3）

进料	数量/10^4t	产品	收率/%	产量/10^4t
合计	9.35	合计	100.00	9.35
常压轻烃回收干气	8.80	酸性气	4.07	0.38
加氢裂化干气	0.54	精制混合干气	95.83	8.96
小时加工量	11	损失	0.10	0.01

常压液化气脱硫（98.3）

进料	数量/10^4t	产品	收率/%	产量/10^4t
合计	14.12	合计	100.00	14.12
常减压液化气	14.12	酸性气	1.30	0.18
		常压精制液化气	98.70	13.94
		损失	0.00	0.00

加裂液化气脱硫（98.3）

进料	数量/10^4t	产品	收率/%	产量/10^4t
合计	5.11	合计	100.00	5.11
加氢裂化液化气	5.11	酸性气	1.50	0.08
		加裂精制液化气	98.50	5.03
		损失	0.00	0.00

催干气脱硫化（28.3）

进料	数量/10^4t	产品	收率/%	产量/10^4t
合计	11.56	合计	100.00	11.56
催化干气	11.56	酸性气	2.36	0.27
		催化精制干气	97.54	11.28
		损失	0.10	0.01

催化液化气精制（98.3）

进料	数量/10^4t	产品	收率/%	产量/10^4t
合计	69.57	合计	100.00	69.57
催化液化气	69.57	酸性气	0.58	0.40
		精制催化液化气	99.32	69.09
		损失	0.10	0.07

2#异构化（437）

进料	数量/10^4t	产品	收率/%	产量/10^4t
合计	0.00	合计	100.00	0.00
抽余液	0.00	异构化尾氢	0.70	0.000
重整C_8芳烃	0.000	异构化燃料气	0.93	0.00
混合C_6C_7	0.00	异构化轻烃	0.90	0.00
氢气	0.00	异构化C_8+芳烃	97.47	0.00
小时加工量	0	损失	0.00	0.00

2#二甲苯分馏（552）

进料	数量/10^4t	产品	收率/%	产量/10^4t
合计	0.00	合计	100.00	0.00
外购C_8芳烃	0.00	混合C_6C_7	0.00	0.00
重整C_8芳烃	0.00	C_8芳烃	97.82	0.00
异构化C_8芳烃	0.00	邻二甲苯	1.76	0.00
歧化C_8芳烃	0.00	C_9+芳烃	0.42	0.00
		损失	0	0.00
小时加工量	0			

2#吸附分离（538）

进料	数量/10^4t	产品	收率/%	产量/10^4t
合计	0.00	合计	100.00	0.00
C_8芳烃	0.00	粗甲苯	0.30	0.00
小时加工量	0	对二甲苯	20.50	0.00
		抽余液	79.20	0.00
		重芳烃	0.00	0.00
		损失	0.00	0.00

汽油脱硫醇（115）

进料	数量/10^4t	产品	收率/%	产量/10^4t
合计	0.00	合计	100.00	0.00
催化汽油	0.00	催化脱硫汽油	99.80	0.00
		损失	0.20	0.00

一、原料汇总	
原(料)油名称	加工量
合计	985.00
外购原油	920.00
混合原油	920.00
其他原料	65.00
外购天然气-工艺	10.26
外购丙烯	2.80
外购混二甲苯	9.60
外购精白油	0.84
外购甲苯	41.50
外购MTBE	
二、产品汇总	
产品名称	生产量
合计	985.00
商品小计	910.02
汽煤柴小计	633.79
汽油	264.73
92#乙醇汽油组分	134.73
92#乙醇汽油组分	100.00
92#乙醇汽油组分	30.00
航煤	154.08
柴油	214.99
石脑油	24.72
化工轻油	21.59
C_5发泡剂	3.13
石油芳烃	84.63
苯	11.62
对二甲苯	64.61
邻二甲苯	8.40
有机热载体	19.00
苯乙烯	8.00
固体产品	32.21
硫黄	7.72
聚丙烯	24.49
液化气	81.64
燃料油	15.96
重芳烃	9.06
其他产品	1.00
苯乙烯高沸物	0.23
苯乙烯焦油	0.06
液氨	0.72
自用燃料	70.63
干气	42.97
催化烧焦	27.66
损失	4.35
三、技术经济指标	
指标名称	指标值
商品总量	910.02
轻油总量	770.14
(柴+煤)/汽	1.39
柴/汽	0.81
综合商品率	92.39%
综合自用率	7.17%
轻油收率	78.19%
损失率	0.44%

改造装置

附图六　海南炼化催化柴油裂解改造(920×10^4t/a炼油+160×10^4t/aPX)总流程图

10.0Mt/a炼油厂规划方案和九江石化总流程优化方案研究

完成人：庄肃青
单　位：中石化洛阳工程有限公司

目　录

第一部分 10.0Mt/a炼油厂规划方案研究

前言

根据第一期总流程专家培训班的大作业要求，开展新建10.0Mt/a炼油厂的规划方案研究。

规划方案要求以加工10.0Mt/a科威特原油为研究基础，渣油加工采用固定床渣油加工路线，生产满足国Ⅵ标准的汽柴油(柴汽比不大于1)，同时生产不少于1.5Mt/a的3#航空煤油和1.0Mt/a的低硫船用燃料油，并提供不少于1.5Mt/a的蒸汽裂解原料，不生产对二甲苯。

根据科威特原油的性质特点和产品方案要求，规划方案采用了“常减压蒸馏-渣油加氢脱硫-催化裂化”的加工路线。直馏煤油和直馏柴油直接进行加氢精制生产合格的3#航空煤油和国Ⅵ柴油，直馏蜡油通过加氢裂化生产清洁轻重石脑油、合格航煤和柴油以及加裂尾油，直馏石脑油经加氢精制分馏后和加氢裂化的重石脑油作为连续重整的原料。

利用催化装置生产的混合碳四生产高品质的烷基化油，与重整汽油、S-Zorb汽油以及异构轻石脑油调和生产合格的国Ⅵ乙醇汽油；利用加氢重油、催化油浆和渣油加氢的柴油，调和生产低硫船用燃料油；通过设置轻烃回收装置，对全厂的轻烃进行集中回收；通过设置干气分离装置，对全厂的干气中乙烷和乙烯进行回收，得到富乙烷富乙烯气体，与丙烷、正丁烷、正构轻石脑油、部分拔头油和加氢裂化的尾油一起作为蒸汽裂解原料；通过设置硫黄回收装置，对全厂的酸性气进行集中处理，回收硫黄。全厂不设动力站，不足的蒸汽和电力以及不足的燃料和氢气全部按外购考虑。

根据上述加工流程，方案共规划了10.0Mt/a常减压蒸馏装置等17套主要装置及配套的部分公用工程设施，对全厂的物料平衡、产品调和方案、各馏分油的平衡、氢气平衡、燃料平衡、硫平衡进行了详细核算，并在此基础上对全厂水的消耗、电的消耗以及蒸汽的消耗进行了详细计算，得出全厂需外购的水、电和蒸汽等公用工程的用量。最后，对全厂的综合能耗、建设投资和项目的效益情况进行了初步的测算，并得出了较为理想的结论。

1 基础条件

1.1 加工原料

1.1.1 原油

本方案设计加工原油为科威特原油，15.6℃时的密度为875.2kg/m^3，属于轻质原油；硫含量为2.64%(质)，酸值为0.18 mg KOH/g，氮含量为956.2μg/g，残炭为6.21%(质)，镍、钒含量分别为10.9μg/g和31.5μg/g，属于高硫低酸石蜡中间基原油。

科威特原油一般性质见表1-1，原油实沸点切割窄馏分蒸馏数据及性质见表1-2。

表1-1 科威特原油一般性质

分析项目	分析结果	分析项目	分析结果
相对密度 $d_{15.6}^{15.6}$	0.8752	碱性氮/(μg/g)	394.6
API	30.2	盐含量/(μg/g)	29.93

续表

分析项目	分析结果	分析项目	分析结果
K 值	11.84	残炭/%(质)	6.21
运动黏度/cSt		蜡含量/%(质)	3.80
20℃	22.65	沥青质含量/%(质)	2.50
37.8℃	12.36	灰分/%(质)	0.00
50℃	8.79	酸值/(mg KOH/g)	0.18
60℃	6.89	铁/(μg/g)	0.7
倾点/℃	<-36	镍/(μg/g)	10.9
雷氏蒸汽压/kPa	26.2	钒/(μg/g)	31.5
水含量/%(质)		钠/(μg/g)	3.3
硫含量/%(质)	2.64		
硫醇硫/(μg/g)	135.0		
氮含量/(μg/g)	956.2		

表 1-2 原油实沸点切割窄馏分蒸馏数据及性质

馏程/℃	收率/%(体)		收率/%(质)		API	$d_{15.6}^{15.6}$	密度(15℃)/(kg/L)	特性因数 K
	累计	每馏分	累计	每馏分				
C_2	0.01	0.01	0.00	0.00	246.8	0.3740	0.3741	
C_3	0.53	0.52	0.30	0.30	147	0.5081	0.5062	
i-C_4	0.91	0.39	0.55	0.25	119.8	0.5631	0.5831	
n-C_4	2.14	1.23	1.37	0.82	110.8	0.5840	0.5840	
i-C_5	3.20	1.06	2.13	0.76	94.9	0.6250	0.6250	
n-C_5	4.84	1.64	3.13	1.19	92.7	0.6311	0.6311	
n-C_5/70	7.53	2.69	5.41	2.09	79.72	0.6699	0.6698	12.58
70~85	9.58	2.05	7.04	1.64	71.38	0.6975	0.6973	12.30
85~100	11.75	2.17	8.81	1.77	66.09	0.7161	0.7160	12.14
100~115	14.11	2.38	10.79	1.97	62.22	0.7304	0.7302	12.06
115~135	17.17	3.06	13.39	2.60	58.32	0.7454	0.7452	11.99
135~150	19.40	2.24	15.33	1.94	55.12	0.7582	0.7580	11.85
150~170	22.42	3.01	17.98	2.85	52.38	0.7895	0.7892	11.84
170~185	24.73	2.31	20.04	2.05	49.65	0.7311	0.7808	11.81
185~205	27.88	3.13	22.87	2.83	47.28	0.7915	0.7911	11.80
205~225	31.02	3.16	25.76	2.89	45.50	0.7994	0.7991	11.84
225~245	34.13	3.12	28.64	2.89	43.02	0.8108	0.8104	11.83
245~265	37.22	3.09	31.55	2.91	39.95	0.8253	0.8249	11.86
265~285	40.34	3.12	34.58	3.00	36.70	0.8413	0.8408	11.78
285~305	43.51	3.16	37.64	3.06	34.50	0.8524	0.8520	11.76

续表

馏程/℃	收率/%(体)		收率/%(质)		*API*	$d_{15.6}^{15.6}$	密度(15℃)/(kg/L)	特性因数*K*
	累计	每馏分	累计	每馏分				
305~325	46.64	3.13	40.70	3.07	33.66	0.8566	0.8562	11.83
325~345	49.66	3.02	43.72	3.02	30.24	0.8749	0.8744	11.71
345~365	52.67	3.01	46.80	3.06	26.58	0.8951	0.8946	11.57
365~385	55.67	3.00	49.89	3.09	25.61	0.9007	0.9001	11.61
385~400	57.89	2.22	52.18	2.30	24.78	0.9054	0.9049	11.65
400~415	60.03	2.14	54.41	2.23	23.81	0.9105	0.9099	11.67
415~430	62.16	2.12	56.64	2.23	22.75	0.9173	0.9168	11.66
430~445	64.24	2.06	58.83	2.19	21.76	0.9233	0.8227	11.67
445~460	66.25	2.01	60.97	2.13	21.00	0.9279	0.9273	11.69
460~475	68.18	1.93	63.03	2.06	20.12	0.9333	0.9327	11.70
475~490	70.06	1.90	65.07	2.04	18.08	0.9386	0.9391	11.69
490~505	71.81	1.84	67.05	1.96	18.08	0.9459	0.9453	11.69
505~520	73.67	1.78	68.96	1.91	17.15	0.9519	0.9513	11.69
520~535	75.34	1.67	70.78	1.82	16.27	0.9576	0.9570	11.69
535~550	76.92	1.58	72.53	1.74	15.41	0.9632	0.9626	11.69
550~565	78.43	1.51	74.19	1.67	14.55	0.9688	0.9662	11.69
565以上	100.00	21.57	100.00	25.81	3.05	1.0470	1.0464	11.44
345以上	100.00	50.34	100.00	56.28	13.02	0.9764	0.9778	11.58

1.1.2 天然气

1）天然气的边界条件温度为40℃，压力为3.0MPa(表)。

2）天然气的组成见表1-3。

表1-3 天然气的组成

项目	组成/%(体)	项目	组成/%(体)
甲烷	99.87	氧气	0.01
乙烷	0.02	硫化氢	$<0.1mg/m^3$
氮气	0.10	合计	100.00

1.1.3 外购乙烯氢气

(1) 乙烯氢气的边界条件及数量

温度：40℃；

压力：2.8MPa(表)；

数量：$2.62\times10^4 t/a$。

(2) 乙烯氢气的组成

乙烯氢气的组成见表1-4。

表 1-4　乙烯氢气的组成

项目	组成/%(体)	项目	组成/%(体)
H_2	95.00	H_2O	≤2μL/L
CH_4	4.9	H_2S	≤1μL/L
$C_2H_4+C_2H_6$	0.1	合计	100.00
$CO+CO_2$	≤5μL/L		

1.1.4　外购纯氢

(1) 纯氢的边界条件

温度：40℃；

压力：4.8MPa(表)；

数量：不限。

(2) 纯氢的组成

纯氢的组成见表 1-5。

表 1-5　纯氢的组成

项目	组成/%(体)	项目	组成/%(体)
H_2	99.9	AR	0.015
N_2	0.015	$CO+CO_2$	<10μL/L
C_1	0.070	合计	100.000

1.1.5　外购 C_4

外购 C_4的组成见表 1-6。

表 1-6　外购 C_4的组成

项目	组成/%(质)	项目	组成/%(质)
丙烷	0.56	反丁烯-2	8.86
异丁烷	6.00	顺丁烯-2	5.53
异丁烯	46.00	1，3-丁二烯	<30μg/g
正丁烯-1	30.09	水	500μg/g
正丁烷	2.91	合计	100.00

1.2　储运条件

1）水路运输条件：

工厂距离码头的管道当量距离为 2.5km，码头的泊位设置如下：

① 30 万吨级原油泊位，1 座；

② 10 万吨级成品油泊位，1 座；

③ 7 万吨级煤泊位，1 座；

④ 2 万吨级成品油泊位，1 座；

⑤ 1 万吨级化工品泊位，1 座。

2）管道运输条件：汽、柴油顺序输送，能力 5.0Mt/a。

3）铁路运输条件：2.0Mt/a 成品油及化工品出厂能力。

4）公路运输条件：2.0Mt/a 成品油及化工品出厂能力。

1.3 供水条件

可提供最大供水量 8000m^3/h。

1.4 供电条件

可提供双 220kV 电源各两回路供电。

1.5 排水条件

排水要满足 GB 31570—2018 中特别限值地区排放标准要求。

2 产品方案

2.1 产品标准

1）生产满足 GB 30220—2017 质量标准的乙醇汽油组分油；

2）生产满足 GB 19147—2016 质量标准的车用柴油；

3）生产满足 GB 6537—2018 质量标准的 3#航空煤油；

4）生产满足 GB 17411—2015 质量标准的低硫船用燃料油。

2.2 产品方案要求

1）柴汽比不大于 1；

2）航空煤油产量不少于 1.5Mt/a；

3）蒸汽裂解原料不少于 1.5Mt/a(包括但不限于气体、LPG、石脑油等)；

4）低硫船用燃料油产量为 1.0Mt/a；

5）不生产对二甲苯产品。

3 方案要求

3.1 技术要求

1）流程中采用的所有技术必须成熟可靠并有工业化装置；

2）全厂蒸汽系统只能配置抽背汽轮机发电机组；

3）环保标准执行 GB 31570—2018 中特别限值地区排放标准；

4）受环保的要求，不采用海水冷却，也不能进行海水淡化；

5）渣油加工采用固定床渣油加工路线；

6）低硫船用燃料油出厂采用 50000 吨船型。

3.2 其他要求

本次不对公用工程进行配置。

4 建设规模及技术来源

4.1 方案规划原则

1）方案规划按照加工 10.0Mt/a 科威特原油考虑；

2）全厂汽油满足国Ⅵ车用乙醇汽油调和组分油质量标准，柴油满足国Ⅵ柴油质量标准要求，航煤满足 3#航空煤油质量标准要求，低硫船用燃料油满足 180#质量标准要求；

3）渣油加工方案采用固定床渣油加工技术；

4）按照“分子炼油”理念，全厂炼化一体统一优化，尽可能实现“宜油则油、宜烯则烯、宜芳则芳”的原则，降低全厂工艺总用能；

5）蒸汽裂解的原料主要为炼油厂副产的富乙烷气体、富乙烯气体、丙烷、正丁烷、正构 C_5C_6、拔头油和加氢裂化尾油等组分；

6）全厂采用全加氢工艺，各工艺装置均采用技术成熟可靠的工艺技术，能够实现清洁化生产，满足日益严格的环保要求。

4.2 建设规模

4.2.1 建设规模

本项目规划加工 10.0Mt/a 科威特原油，主要生产 3.105Mt/a 汽油、1.5429Mt/a 航煤、1.7855Mt/a 柴油和 1.0Mt/a 低硫船用燃料油，并提供 1.5194Mt/a 的蒸汽裂解原料，同时还生产 0.3889Mt/a 的混合二甲苯、0.1672Mt/a 的丙烯和 0.252Mt/a 的硫黄。

本项目工艺装置及公用工程、系统配套均按四年一检修，检修周期按照 60d 考虑。工艺装置(除渣油加氢装置)及系统配套年操作时数按 8400h 考虑，渣油加氢装置年操作时数按 8000h 考虑。

原则上工艺装置(除硫黄回收装置)和公用工程设施设计操作弹性按 60%~110%考虑，硫黄回收装置设计操作弹性为 30%~110%。

全厂主要装置规模及部分公用工程消耗见表 1-7。

表 1-7 单元规模一览表

项目	单元规模或用量	备注
生产装置		
常减压蒸馏装置	10.00Mt/a	
轻烃回收装置	1.50Mt/a	含液化气分离、干气脱硫液化气脱硫脱硫醇部分
煤油加氢装置	1.20Mt/a	
柴油加氢装置	1.80Mt/a	
加氢裂化装置	2.00Mt/a	
渣油加氢装置	4.40Mt/a	
催化裂化装置	3.20Mt/a	
S-Zorb 装置	1.50Mt/a	
气体分馏装置	0.50Mt/a	
产品精制装置	0.70Mt/a	
烷基化装置	0.50Mt/a	
石脑油加氢装置	1.80Mt/a	
连续重整装置	1.60Mt/a	
PSA 装置	$8\times10^4m^3/h$(标)	
轻石脑油分离装置	0.50Mt/a	
干气分离装置	0.30Mt/a	
硫黄回收装置	3×0.13Mt/a	含酸性水汽提溶剂再生

续表

项目	单元规模或用量	备注
部分配套系统		
低硫船用燃料油系统	配置储罐 4 台，总罐容为 $10\times10^4 m^3$	
新鲜水	外购新鲜水 214.5m^3/h	
循环水场	循环水用量 33377 m^3/h	
污水处理场	含硫污水产量 164m^3/h 含油污水产量 239m^3/h 含盐污水产量 100m^3/h	
全厂用电量	轴功率 110980kW	
全厂蒸汽系统	3.5MPa 蒸汽用量 456.2t/h 1.0MPa 蒸汽用量 443.3t/h 0.4MPa 蒸汽用量 356.5t/h	外购蒸汽 314.2t/h
全厂除盐水系统	除盐水用量 824.4 m^3/h	
全厂凝结水系统	凝结水产量 740.2 m^3/h	

4.2.2 酸性水汽提和溶剂再生单元规模

酸性水汽提单元按照加氢和非加氢分为双系列，系列Ⅰ为非加氢型酸性水，主要处理来自常减压、催化裂化、轻烃回收、产品精制和硫黄回收装置的酸性水；系列Ⅱ为加氢型酸性水，主要处理来自石脑油加氢、航煤加氢、柴油加氢、加氢裂化、渣油加氢和S-Zorb装置的酸性水。

溶剂再生单元为双系列设置，系列Ⅰ处理来自轻烃回收和产品精制装置排放的脱硫富液，系列Ⅱ处理来自石脑油加氢、航煤加氢、柴油加氢、加氢裂化、渣油加氢和S-Zorb装置等装置排放的脱硫富液。由于加氢非产品型贫溶剂对产品质量要求较低，溶剂中 H_2S 含量按<1600mg/L考虑，非加氢产品型贫溶剂对产品质量要求较高，溶剂中 H_2S 含量按<800mg/L考虑。

酸性水汽提单元的规模确定如下：系列Ⅰ，非加氢型，100t/h；系列Ⅱ，加氢型，100t/h。

溶剂再生单元的规模确定如下：

系列Ⅰ，产品型，300t/h；

系列Ⅱ，非产品型，700t/h。

酸性水汽提单元和溶剂再生单元的规模计算详见表1-8。

表1-8 单元规模计算表

项目	非加氢含硫污水/(t/h)	加氢含硫污水/(t/h)	非加氢含硫污水 H_2S 的含量/(kg/h)	加氢含硫污水 H_2S 的含量/(kg/h)	产品富胺液 H_2S 的含量/(kg/h)	非产品胺液 H_2S 的含量/(kg/h)
装置 H_2S 含量计算						
常减压装置	24		24			

续表

项目	非加氢含硫污水/(t/h)	加氢含硫污水/(t/h)	非加氢含硫污水 H_2S 的含量/(kg/h)	加氢含硫污水 H_2S 的含量/(kg/h)	产品富胺液 H_2S 的含量/(kg/h)	非产品胺液 H_2S 的含量/(kg/h)
石脑油加氢装置		6		3.0		67
加氢裂化装置		16		224.0		4905
渣油加氢装置		46		759.0		18362
催化裂化装置	35		175			
柴油加氢装置		9		0.1		2985
航煤加氢装置		2		0.0		80
S-Zorb 装置		1	0			70
轻烃回收装置	2		2		3640	
产品精制装置	3		2		614	
硫黄回收装置	20		10			
PSA 装置						
干气回收装置						
轻石脑油装置						
小计	84.0	80.0	212.5	986.1	4254.7	26470.2
装置规模确定	需求量/(t/h)		装置规模/(t/h)			
非加氢酸性水	84.0		100			
加氢酸性水	80.0		100			
产品型溶剂再生	225.9		300			
非产品型溶剂再生	631.1		700			

注：产品型富胺液中 H_2S 浓度暂按 22%(摩)计算，非产品型富胺液中 H_2S 浓度暂按 49%(摩)计算。

4.3 工艺装置技术来源

工艺装置技术来源详见表 1-9。

表 1-9 工艺装置技术来源

序号	工艺装置	公称规模/(Mt/a)	技术来源	技术说明
1	常减压蒸馏装置	10.0	国内	采用初馏-常压蒸馏-减压蒸馏的工艺流程；初馏塔提压操作无压缩机回收轻烃技术
2	轻烃回收装置	1.50	国内	轻烃回收采用“脱丁烷塔-脱乙烷塔-吸收塔”三塔分馏工艺，液化气分离采用“脱丙烷塔-脱异丁烷塔”工艺流程
3	煤油加氢装置	1.20	国内	采用常规滴流床加氢工艺
4	柴油加氢装置	1.80	国内	采用常规滴流床加氢工艺
5	加氢裂化装置	2.0	国内	采用单段串联一次通过加氢裂化工艺技术

续表

序号	工艺装置	公称规模/(Mt/a)	技术来源	技术说明
6	渣油加氢装置	4.40	国内	采用固定床渣油加氢工艺技术路线
7	催化裂化装置	3.20	国内	采用 MIP 工艺技术
8	S-Zorb 装置	1.50	国内	采用 S-Zorb 工艺技术
9	气体分馏装置	0.50	国内	常规"脱丙烷-脱乙烷-精丙烯塔"三塔流程
10	产品精制装置	0.70	国内	干气和液化气采用可再生的胺液脱硫工艺，脱硫后的液化石油气采用纤维膜接触器工艺
11	烷基化装置	0.50	国内	采用硫酸法烷基化工艺技术
12	石脑油加氢装置	1.80	国内	采用全加氢的工艺
13	连续重整装置	1.60	国内	采用国内连续重整技术
14	PSA 装置	$8\times10^4m^3/h$(标)	国内	PSA 工艺
15	轻石脑油分离装置	0.50	国内	采用"脱异戊烷塔-脱正戊烷塔-脱异己烷塔"三塔分馏工艺
16	干气分离装置	0.30	国内	采用浅冷油吸收技术
17	硫黄回收装置	3×0.13	国内	硫黄采用部分燃烧法+二级转化 CLAUS 工艺；非加氢型酸性水采用单塔低压全吹出汽提工艺，加氢型酸性水采用单塔加压侧线抽出汽提工艺；溶剂再生采用常规汽提再生法

5 总工艺流程

5.1 总工艺流程说明

5.1.1 原油选择及加工

本规划方案设计加工原油为科威特原油，加工规模为 10.0Mt/a。

规划建设 10.0Mt/a 常减压蒸馏装置，生产直馏石脑油、直馏煤油、直馏柴油、直馏蜡油和减压渣油，作为下游装置加工原料。

常减压蒸馏装置原油切割方案详见表 1-10。

表 1-10 原油切割方案

序号	馏分	切割温度/℃	序号	馏分	切割温度/℃
1	直馏石脑油	0~165	4	直馏蜡油	350~460
2	直馏煤油	165~240	5	减压渣油	460+
3	直馏柴油	240~350			

5.1.2 重油馏分的加工

常减压蒸馏装置产的全部减压渣油作为 4.4Mt/a 渣油加氢脱硫装置原料，生产石脑油、柴油和加氢重油，其中大部分的加氢重油作为催化裂化装置的原料，剩余部分的加氢重油和催化油浆作为低硫船用燃料油的调和组分，加氢裂化的尾油作为蒸汽裂解原料。

重油馏分的加工平衡见表 1-11。

表 1-11　重油馏分的加工平衡表　　$10^4t/a$

产出装置和数量		消耗装置/去向和数量				
名称	合计	渣油加氢	催化裂化	低硫船燃	蒸汽裂解原料	合计
减压渣油	390.00	390.00				390.00
HC 尾油	58.82				58.82	58.82
催化油浆	17.79			17.79		17.79
加氢重油	361.57		301.36	60.21		361.57
合计	828.18	390.00	301.36	78.00	58.82	828.18

5.1.3　蜡油馏分的加工

常减压装置产的直馏蜡油作为加氢裂化装置的原料，生产轻石脑油、重石脑油、煤油、柴油、加裂尾油。

蜡油馏分的加工平衡见表 1-12。

表 1-12　蜡油馏分的加工平衡表　　$10^4t/a$

产出装置和数量		消耗装置/去向和数量	
名称	合计	加氢裂化	合计
直馏蜡油	164.80	164.80	164.80
合计	164.80	164.80	164.80

5.1.4　柴油馏分加工

常减压蒸馏装置产的直馏柴油经柴油加氢精制后作为合格柴油，加氢裂化装置生产的柴油作为合格柴油，渣油加氢的柴油部分作为低硫船用燃料油的调和组分，剩余部分作为催化裂化装置的原料。催化裂化的轻柴油作为加氢裂化装置的原料，重柴油作为渣油加氢脱硫装置的原料。

柴油馏分的加工平衡见表 1-13。

表 1-13　柴油馏分的加工平衡表　　$10^4t/a$

产出装置和数量		消耗装置/去向和数量						
名称	合计	柴油加氢	催化裂化	加氢裂化	渣油加氢	低硫船燃组分	产品	合计
直馏柴油	165.73	165.73						165.73
精制柴油	160.47						160.47	160.47
HC 柴油	18.08						18.08	18.08
RDS 柴油	43.99		21.99			22.00		43.99
催化轻柴	24.32			24.32				24.32
催化重柴	40.03				40.03			40.03
合计	452.62	165.73	21.99	24.32	40.03	22.00	178.55	452.62

5.1.5　煤油馏分的加工

常减压蒸馏装置产的直馏煤油馏分经加氢精制后作为合格航空煤油，加氢裂化装置产的 HC 航煤也作为合格航煤出厂。

煤油馏分的加工平衡见表1-14。

表1-14 煤油馏分的加工平衡表 10^4t/a

产出装置和数量		消耗装置/去向和数量		
名称	合计	航煤加氢	产品	合计
直馏煤油	106.10	106.10		106.10
精制航煤	105.37		105.37	105.37
HC 航煤	48.92		48.92	48.92
合计	260.39	106.10	154.29	260.39

5.1.6 石脑油馏分的加工

初常顶油和渣油加氢的石脑油作为轻烃回收装置的进料。常顶一级油、轻烃回收稳定石脑油、航煤加氢石脑油和柴油加氢石脑油作为石脑油加氢装置的进料，生产的精制石脑油和加氢裂化重石脑油作为连续重整原料。加氢裂化生产的轻石脑油、部分拔头油和重整生产的戊烷油作为轻石脑油分离装置的进料，进行正异构分离，分别得到异构 C_5C_6 作为汽油调和组分，正构 C_5C_6 和部分拔头油作为蒸汽裂解原料。重整汽油、S-Zorb 汽油和烷基化油作为汽油调和组分。重整分离出来的混合二甲苯作为产品出厂。

石脑油馏分的加工平衡详见表1-15。

5.1.7 轻烃和气体的加工

1）常减压蒸馏装置的三顶气和航煤加氢的干气送至催化裂化装置压缩机入口进行升压，与催化干气一起进产品精制脱硫，脱硫后的干气进干气分离装置。催化裂化的液化气经产品精制脱硫脱硫醇后进气体分馏装置分离，得到丙烷、丙烯和混合碳四，其中丙烷作为蒸汽裂解原料，混合碳四进烷基化装置生产烷基化油，丙烯作为产品出厂。

2）柴油加氢含硫干气、加氢裂化的含硫塔顶气和液化气、渣油加氢的含硫塔顶气和液化气、石脑油加氢的预处理干气、连续重整的液化气和干气分离的轻烃一起送至轻烃回收进行集中回收轻烃，脱硫脱硫醇后的轻烃经液化气分离部分分别得到丙烷、异丁烷和正丁烷，其中异丁烷作为烷基化装置的原料，丙烷和正丁烷作为蒸汽裂解原料。

3）重整干气、PSA 尾气、脱硫后的催化干气和轻烃回收的脱乙烷干气送至干气分离装置进行回收乙烯、乙烷，得到富乙烷富乙烯气体作为蒸汽裂解原料，得到氢气供全厂加氢装置使用，干气分离装置的干气直接作为全厂燃料气使用。

轻烃和气体的加工平衡详见表1-16。

5.1.8 氢气的加工

煤油加氢装置、柴油加氢装置、S-Zorb 装置和石脑油加氢装置用氢为重整装置产出的重整氢，多余的重整氢气和轻烃回收的吸收塔顶气、柴油加氢的低分气、加氢裂化的低分气、渣油加氢的低分气以及外购的乙烯氢气一起进 PSA 进行氢气提浓，得到高纯度的氢气，供加氢裂化、渣油加氢装置和烷基化装置使用，不足的氢气考虑外购。

5.1.9 酸性水和胺液溶剂的加工

本方案统一规划全厂胺液溶剂再生和酸性水汽提，酸性水汽提的酸性气和胺液溶剂再生的酸性气统一进硫黄回收装置处理，回收硫黄。

5.1.10 蒸汽裂解原料

蒸汽裂解原料主要由富乙烯气体、富乙烷气体、丙烷、正丁烷、正戊烷、正己烷、拔头油和加氢裂化尾油组成，详细的组成见表1-17。

表 1-15　石脑油馏分的加工平衡表

10^4t/a

产出装置和数量		消耗装置/去向和数量								
名称	合计	轻烃回收	石脑油加氢	连续重整	轻石脑油分离	S-Zorb	蒸汽裂解原料	汽油调和组分	产品	合计
初常顶油	119. 10	119. 10								119. 10
常顶一级油	52. 10		52. 10							52. 10
轻烃石脑油	108. 85		108. 85							108. 85
煤油加氢石脑油	0. 96		0. 96							0. 96
柴油加氢石脑油	3. 69		3. 69							3. 69
加氢裂化轻石脑油	14. 41				14. 41					14. 41
加氢裂化重石脑油	42. 14			42. 14						42. 14
渣油加氢石脑油	5. 29	5. 29								5. 29
催化汽油	149. 16					149. 16				149. 16
S-Zrob 汽油	149. 18							149. 18		149. 18
精制石脑油	114. 97			114. 97						114. 97
重整汽油	99. 12							99. 12		99. 12
拔头油	50. 65				25. 65		25. 00			50. 65
戊烷油	2. 88				2. 88					2. 88
烷基化油	44. 01							44. 01		44. 01
混合二甲苯	38. 89								38. 89	38. 89
正戊烷	10. 01						10. 01			10. 01
正己烷	14. 73						14. 73			14. 73
异戊烷	8. 17							8. 17		8. 17
异己烷	10. 03							10. 03		10. 03
合计	1038. 32	124. 39	165. 61	157. 11	42. 93	149. 16	49. 74	310. 50	38. 89	1038. 32

表 1-16 轻烃和气体的加工平衡表

10^4t/a

产出装置和数量		消耗装置/去向和数量										
名称	合计	轻烃回收	催化裂化	气体分馏	产品精制	烷基化	PSA	干气分离	全厂燃料	产品	蒸汽裂解原料	合计
三顶气	2. 16		2. 16									2. 16
脱乙烷干气	1. 82							1. 82				1. 82
吸收塔顶气体	1. 61						1. 61					1. 61
丙烷	10. 84										10. 84	10. 84
异丁烷	8. 86					8. 86						8. 86
正丁烷	15. 47										15. 47	15. 47
航煤加氢干气	0. 59		0. 59									0. 59
柴油加氢干气	1. 81	1. 81										1. 81
柴油加氢低分气	1. 11						1. 11					1. 11
HC 低分气	1. 82						1. 82					1. 82
HC 塔顶气	1. 59	1. 59										1. 59
HC 液化气	5. 15	5. 15										5. 15
RDS 塔顶气	8. 12	8. 12										8. 12
RDS 低分气	4. 24						4. 24					4. 24
催化干气	14. 57				14. 57							14. 57
催化液化气	50. 35				50. 35							50. 35
S-Zorb 干气	0. 38								0. 38			0. 38
气分干气	0. 54								0. 54			0. 54

续表

产出装置和数量		消耗装置/去向和数量										
名称	合计	轻烃回收	催化裂化	气体分馏	产品精制	烷基化	PSA	干气分离	全厂燃料	产品	蒸汽裂解原料	合计
丙烯	16. 72									16. 72		16. 72
丙烷	3. 77										3. 77	3. 77
混合碳四	29. 02					29. 02						29. 02
催化脱硫干气	14. 34							14. 34				14. 34
催化脱硫液化气	50. 06			50. 06								50. 06
烷基化干气	0. 35								0. 35			0. 35
烷基化液化气	2. 46										2. 46	2. 46
预处理干气	0. 36	0. 36										0. 36
重整干气	1. 90							1. 90				1. 90
重整液化气	3. 06	3. 06										3. 06
PSA 尾气	11. 21							11. 21				11. 21
干气	11. 48								11. 48			11. 48
富乙烯气体	3. 33										3. 33	3. 33
富乙烷气体	7. 51										7. 51	7. 51
轻烃	6. 03	6. 03										6. 03
合计	292. 63	26. 12	2. 75	50. 06	64. 91	37. 88	8. 77	29. 27	12. 75	16. 72	43. 39	292. 63

表 1-17　蒸汽裂解原料组成　　10^4t/a

物料名称	数值	物料名称	数值
富乙烯气体	3.33	正己烷	14.73
富乙烷气体	7.51	拔头油	25.00
丙烷	14.61	加氢裂化尾油	58.82
正丁烷	17.94	合计	151.94
正戊烷	10.01		

5.2　原料及产品结构

本项目加工原油 10.0Mt/a，商品总量为 9.7609Mt/a；汽柴油产品可全部满足国Ⅵ质量标准要求，其中汽油产量为 3.10.5Mt/a，柴油产量为 1.7855Mt/a，煤油产量为 1.5429Mt/a，低硫船用燃料油为 1.00Mt/a，蒸汽裂解原料为 1.5194Mt/a，混合二甲苯为 0.3889Mt/a，丙烯为 0.1672Mt/a，硫黄为 0.252Mt/a。

原料及产品结构详见表 1-18。

表 1-18　原料及产品结构表　　10^4t/a

一、原料	加工量	二、产品	产量
合计	1032.04	正丁烷	17.94
原油小计	1000.00	正戊烷	10.01
科威特原油	1000.00	正己烷	14.73
外购原料小计	32.04	拔头油	25.00
天然气	11.85	加裂尾油	58.82
外购碳四	8.90	低硫船燃	100.00
乙烯氢	2.62	其他产品	80.81
纯氢	8.67	混合二甲苯	38.89
二、产品	产量	丙烯	16.72
合计	1032.04	硫黄	25.20
商品小计	976.09	自用小计	54.35
自用小计	54.35	催化烧焦	29.75
损失小计	1.60	自用干气	12.75
汽煤柴小计	643.35	自用天然气	11.85
95#国Ⅵ乙醇汽油组分油	310.50	损失	1.60
航煤	154.29	三、技术经济指标	指标值
柴油	178.55	商品总量	976.09
蒸汽裂解原料	151.94	综合商品率	95.68
富乙烯气体	3.33	轻油总量	753.97
富乙烷气体	7.51	轻油收率	73.90
丙烷	14.61	柴汽比	0.58

5.3　产品调和

汽油全部为 95#乙醇汽油调和组分油，产量为 3.105Mt/a，满足 GB 30220—2017 产品质量标准要求，柴油产量为 1.7855Mt/a，满足 GB 19147—2016 车用柴油质量标准要求，航煤产量为 1.5429Mt/a，满足 GB 6537—2018 中 3#航空煤油质量标准要求，低硫船用燃料油产量为 1.00Mt/a，满足 GB 17411—2015 质量标准的 180#低硫船用燃料油质量标准要求。

产品质量调和详见表 1-19。

表 1-19　产品质量调和表

10^4t/a

项目	数量/(10^4t/a)	调和比例/%(质)	密度(SPG)	硫含量/%(质)	芳烃含量(ARO)	辛烷值(RON)	烯烃含量(OLV)	苯含量(BNZ)	氧含量(OXY)	运动黏度(50℃)/cSt	蒸气压/kPa	十六烷指数(CTI)
95#国Ⅵ乙醇调和组分油	310.50		0.74	0.0005	33.06	93.99	10.20	0.64			50.52	
质量标准			0.72	0.0009	36.00	93.70	14.00	0.77	0.50		56.00	
S-Zorb 汽油	149.18		0.72	0.0008	22.80	90.23	20.54	0.71			60.00	
重整汽油	99.12		0.82		75.60	101.00		1.00			20.00	
烷基化油	44.01		0.70	0.0008		95.20					45.00	
异戊烷	8.17		0.62			92.00					150.00	
异己烷	10.03		0.69			86.30					59.00	
航煤	154.29	100.00		0.0684								
质量标准				0.2000								
HC 煤油	48.92	31.71	0.78	0.0005								
精制航煤	105.37	68.29	0.80	0.1000								
国Ⅵ柴油	178.55	100.00	0.82	0.0006								52.80
质量标准			0.84	0.0009								46.00
加氢柴油	160.47	89.87	0.82	0.0006								52.00
HC 柴油	18.08	10.13	0.83	0.0005								60.00
180#低硫船燃	100.00	100.00	0.933	0.494						130.14		
质量标准			0.988	0.500						180.00		
RDS 重油	60.21	60.21	0.94	0.534								
催化油浆	17.79	17.79	1.08	0.931								
RDS 柴油	22.00	22.00	0.83	0.030								

5.4 氢气平衡

5.4.1 氢气系统

全厂有两个氢气管网系统，包括重整氢管网和纯氢管网。

干气回收分离装置回收氢气和 PSA 氢气合并后，与外购氢气混合作为全厂纯氢管网，压力为 2.2MPa(表)；重整氢作为重整氢管网，压力为 2.4MPa(表)。

重整氢气组成见表 1-20，全厂纯氢组成见表 1-21。

表 1-20 重整氢气组成

项目	数值/%(摩)	项目	数值/%(摩)
H_2O	0.01	IC4	0.19
H_2	93.73	NC4	0.19
C1	2.17	$C_4^=$	0.01
C2	2.2	C_{6+}	0.05
C3	1.45	合计	100.00

表 1-21 全厂纯氢组成

组成	数值/%(摩)	组成	数值/%(摩)
H_2	99.90	AR	0.015
N_2	0.015	$CO+CO_2$	<10μL/L
C_1	0.070	合计	100.000

重整氢分为两部分，其中一部分进入全厂重整氢管网作为石脑油加氢装置、柴油加氢精制装置、航煤加氢精制装置、S-Zorb 装置和硫黄回收装置氢源；另一部分重整氢和外购乙烯氢以及吸收塔顶气和低分气送至 PSA 装置进行氢气提浓，得到高纯度的氢气。

从 PSA 提浓得到的纯氢与干气分离得到的纯氢混合，小部分氢气作为烷基化装置的氢源，大部分氢气由压缩机升压至 4.80MPa 与外购的纯氢混合后分别送至加氢裂化装置和渣油加氢装置使用。

全厂氢气网络示意图详见图 1-1。

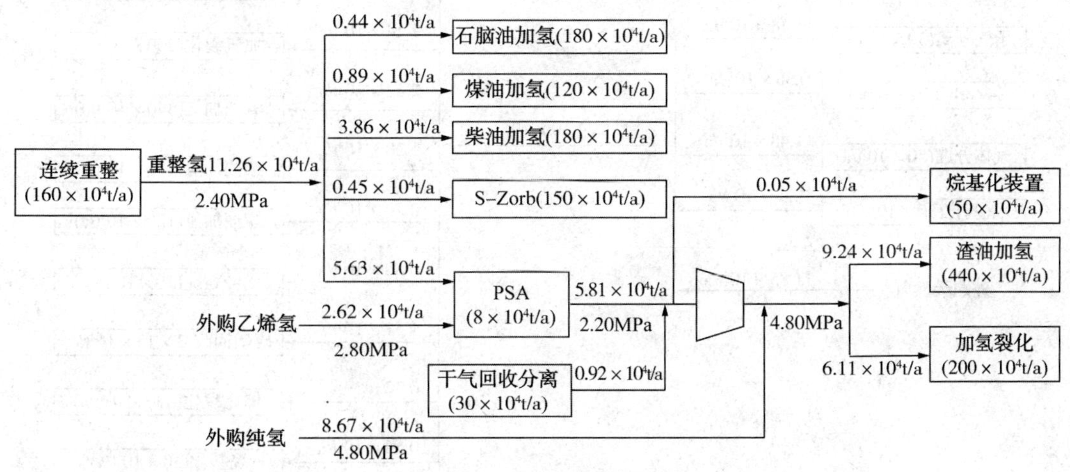

图 1-1 全厂氢气网络示意图

5.4.2 全厂氢气平衡

全厂氢气平衡详见表1-22。

表1-22 全厂氢气平衡表 10^4t/a

产氢装置	重整氢	乙烯氢	纯氢
连续重整装置	11.26		
PSA装置			5.81
乙烯氢		2.62	
干气分离装置			0.92
纯氢			8.67
小计	11.26	2.62	15.40
耗氢装置			
煤油加氢	0.89		
柴油加氢	3.86		
石脑油加氢	0.44		
S-Zorb	0.45		
PSA装置	5.63	2.62	
加氢裂化			6.11
渣油加氢			9.25
烷基化装置			0.05
外购纯氢			
小计	11.26	2.62	15.40

5.5 燃料平衡

全厂各工艺装置产燃料气12.75 ×10^4t/a，消耗24.60 ×10^4t/a，燃料气不足部分由外购天然气补充，共需要天然气11.85 ×10^4t/a。燃料气热值暂按11000kcal/kg计算。燃料气管网压力为0.5MPa(表)，温度为常温。

工艺加热炉满足环保排放要求SO_2≤50mg/m^3，NO_x≤100mg/m^3，烟尘≤20mg/m^3。

全厂的燃料平衡示意图如图1-2所示。

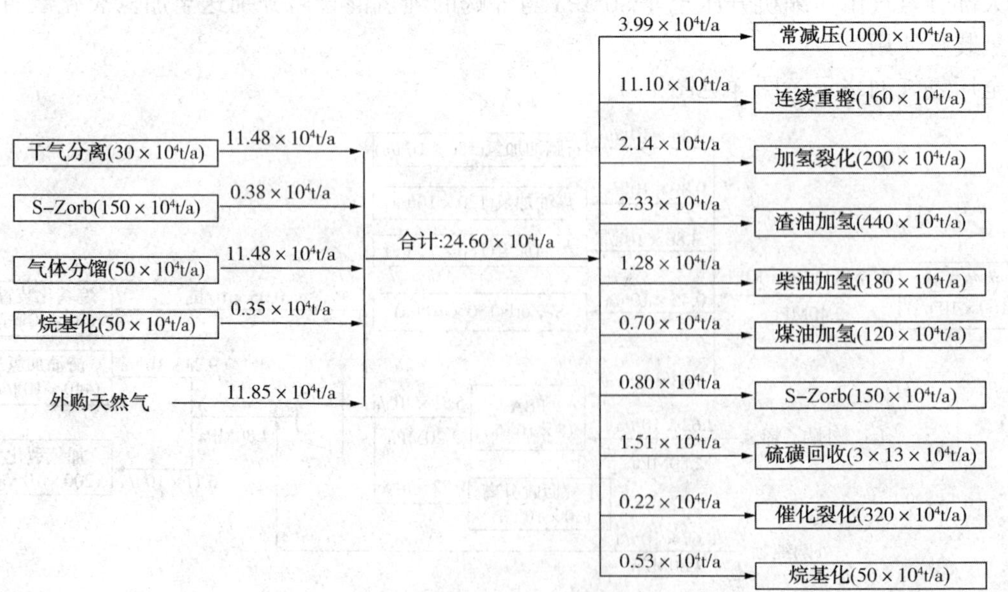

图1-2 全厂燃料平衡示意图

全厂燃料气平衡详见表 1-23。

表 1-23　全厂燃料气平衡表　　10^4t/a

项目	燃料气产出	燃料气消耗
常减压		3.99
加氢裂化		2.14
渣油加氢		2.33
连续重整		11.10
催化裂化		0.22
柴油加氢		1.28
煤油加氢		0.70
S-Zorb	0.38	0.80
气体分馏	0.54	0.00
干气回收分离	11.48	0.00
烷基化	0.35	0.53
硫黄回收		1.51
天然气	11.85	0.00
合计	24.60	24.60

5.6　硫平衡

原料油共带入硫 26.40×10^4t/a，可回收硫黄 25.21×10^4t/a，产品带出硫黄 0.60×10^4t/a，排放大气中的硫约 0.01×10^4t/a，废水废渣带走的硫约为 0.59×10^4t/a，全厂硫平衡详见表 1-24。

表 1-24　全厂硫平衡表

原料/产品	加工量/产量	硫含量/%(质)	硫量/(10^4t/a)	所占百分数/%(质)
带入				
科威特原油	1000	2.64	26.40	100.00
合计			26.40	100.00
带出			0.60	
95#汽油(国Ⅵ)	310.50	0.0005	0.0015	0.01
航煤	154.29	0.0684	0.1056	0.40
柴油(国Ⅵ)	178.55	0.0006	0.0011	0.00
低硫船燃	100.00	0.49	0.4938	1.87
回收				
硫黄	26.62	100	25.20	95.47
其他			0.60	
烟气、硫黄尾气等带出			0.01	0.02
废水废渣			0.59	2.22
合计			26.40	100.00

6 部分配套工程

6.1 低硫船燃设施

6.1.1 低硫船燃储罐配置

根据SH/T 3007—2014《石油化工储运系统罐区设计规范》的规定，燃料油的罐容储存天数按照近海20~25d考虑。

低硫船用燃料油的产量为1.0Mt/a，按照25d的储存天数计算，需要配置4台2.5×10^4 m^3储罐，采用固定顶+氮封的罐型。

低硫船用燃料油储罐的选型和计算结果见表1-25。

表1-25 低硫船燃储罐选型计算

序号	物料名称	数值或罐型	序号	物料名称	数值或罐型
1	加工量/(10^4t/a)	100.00	6	新建储罐/(10^4m^3)	2.5×4
2	储存天数	25	7	罐型	固定顶+氮封
3	20℃密度/(t/m^3)	0.933	8	储罐装填系数	0.85
4	50℃密度/(t/m^3)	0.916	9	实际有效罐容/(10^4m^3)	8.5
5	需要罐容/(10^4m^3)	7.799	10	实际储存天数/d	27.25

6.1.2 装船管径的选择

根据要求，低硫船用燃料油船型按照50000t考虑。根据JTS 165—8—2007《石油化工码头装卸工艺设计规范》的规定，50000t船型的净装船时间要求在12~16h。

按照净装船时间14h考虑，每小时的输送量为3900m^3，需要配置*DN*700的输船管道，管道流速约为2.81m/s，管道压降约为369.6kPa。

装船管径和管道压降的计算结果见表1-26。

表1-26 装船管径和压降计算

序号	项目	数值	序号	项目	数值
1	输送量/船/t	50000	8	液体流速/(m/s)	2.81
2	设计输船时间/h	14	9	雷诺数指数	15139
3	50℃黏度/cP	119	10	水力摩擦系数	0.029
4	50℃密度/(kg/m^3)	916	11	百米管线压损/(kPa/100m)	14.8
5	流量/(m^3/h)	3900	12	当量长度/m	2500
6	管道公称直径/mm	700	13	管线压降/kPa	369.6
7	绝对粗糙度/mm	0.20			

6.1.3 装船泵和电机的选择

装船泵的流量为3900 m^3/h，总压降约为469.6kPa，需要约67m的扬程(考虑安全余量)。按照机泵的效率85%考虑，计算轴功率约为763 kW，考虑安全系数后，需要配900kW的电机。

装船泵和电机的选型和计算见表1-27。

表 1-27　装船泵和电机选型计算

序号	项目	数值	序号	项目	数值
1	流量/(m^3/h)	3900	8	需要扬程/m	66.7
2	管道计算压降/kPa	369.6	9	机泵效率	0.85
3	其他压降/kPa	100.0	10	轴功率/kW	763.1
4	总压降/kPa	469.6	11	安全裕量	1.1
5	密度/(kg/m^3)	916	12	需要功率/m	839.4
6	计算扬程/m	51.3	13	选用电机功率/kW	900.0
7	安全余量	1.3			

6.2　用水负荷

根据统计，全厂循环水总负荷为 33377t/h，除盐水总负荷为 824.4t/h，凝结水总负荷为 740.2t/h。

全厂生产生活用水总耗量为 1412.9t/h，回用补水 1198.4t/h，实际需要补充新鲜水 214.5t/h。

全厂需外购蒸汽 314.2t/h，折算成新鲜水耗量，全厂折算新鲜水总耗量为 528.7t/h，折算新鲜水单耗为 0.44 t/t 原油。

全厂给排水统计结果详见表 1-28。

表 1-28　全厂给排水统计　t/h

项目	除盐水	凝结水	生活用水	生产用水	循环水	含硫污水	含油污水	含盐污水
装置部分								
常减压装置					1950	24	10	100
石脑油加氢装置	102.0	144.0			2222	6	5	
加氢裂化装置		6.0			2200	16	10	
渣油加氢装置	21.0	69.0			1700	46	20	
催化裂化装置	429.5	22.1		90	5257	35	55	
柴油加氢装置	43.2	1.0			420	9	5	
煤油加氢装置					148	2	2	
S-Zorb 装置	1.3	3.4			299	1	2	
气体分馏装置	34.0				944		1	
轻烃回收装置	8.0				1200	2	2	
产品精制装置						3		
烷基化装置	54.0	56.7			2153		2	
硫黄回收装置	131.4	242.2			3512	20	110	
PSA 装置					508			
干气回收装置		87.6			5200			
轻石脑油装置		58.2			163			
小计	824.4	690.2	20.0	90.0	27877	164.0	224.0	100.0
系统及辅助设施								

续表

项目	除盐水	凝结水	生活用水	生产用水	循环水	含硫污水	含油污水	含盐污水
循环水消耗					5500			
除盐水补水				849.1				
循环水场补水				333.8				
系统及辅助设施		50	20				15	
小计		50	20	1182.9	5500		15	
合计	824.4	740.2	40.0	1272.9	33377	164	239	100.0
回用水								
凝结水回用				-725.4				
含油含硫污水处理后回用				-403.0				
含盐污水回用				-70.0				
小计				-1198.4				
外购蒸汽								
外购蒸汽折算新鲜水				314.2				
小计				314.2				
外购新鲜水用量	214.5							
合计新鲜水用量	528.7							
折合新鲜水单耗	0.44t/t 原油							

6.3 用电负荷

根据统计，全厂总用电负荷(轴功率)为 110980 kW，其中机组自发电 27690 kW，实际需外部供电负荷为 83290 kW，折算全年总负荷为 69964×10^4kW · h。

全厂用电负荷统计结果详见表 1-29。

表 1-29 全厂用电负荷统计

项目	计算负荷/kW	年用电量/(10^4kW · h)	备注
工艺装置			
10.0Mt/a 常减压装置	7400	6216.00	
1.50Mt/a 轻烃回收装置	1067	896.49	
1.20Mt/a 煤油加氢装置	1385	1163.23	
1.80Mt/a 柴油加氢装置	4334	3640.14	
1.60Mt/a 连续重整装置	7289	6122.67	
2.0Mt/a 加氢裂化装置	13900	11676.00	
4.40Mt/a 渣油加氢装置	20400	17136.00	
3.20Mt/a 催化裂化装置	4312	3621.76	
$8\times10^4m^3$/h PSA 装置	5466	4591.78	
0.50Mt/a 气体分馏装置	949	796.80	
1.50Mt/a S-Zorb 装置	1018	854.87	
0.50Mt/a 烷基化装置	10477	8800.82	

续表

项目	计算负荷/kW	年用电量/(10^4kW·h)	备注
0.35Mt/a 干气分离装置	8630	7249.20	
3×0.13Mt/a 硫黄回收装置	5182	4353.17	
0.50Mt/a 轻石脑油分离装置	675	567.00	
小计	92483	77685.93	
系统及辅助设施			
系统及辅助设施	18497	15537.19	暂按装置负荷 20%计算
合计	110980	93223	
背压机组发电	27690		
项目需外购用电	83290	69964	

6.4 供热负荷

6.4.1 蒸汽

为满足各装置工艺与设备用汽参数，全厂设三个压力等级蒸汽管网，各等级蒸汽的参数见表 1-30。

表 1-30 蒸汽管网压力等级

管网名称	压力/MPa(表)	温度/℃	管网名称	压力/MPa(表)	温度/℃
高压蒸汽	3.5	400	低压蒸汽	0.4	180
中压蒸汽	1.0	250			

正常工况下，全厂各装置及系统产用蒸汽平衡情况见表 1-31。

表 1-31 全厂蒸汽平衡 t/h

项目	3.5MPa 蒸汽	1.0MPa 蒸汽	0.4MPa 蒸汽
用汽	-456.2	-443.3	-356.5
产汽	502.6	334.0	105.2
合计	46.4	-109.3	-251.3

从表 1-31 中可以看出，3.5MPa 蒸汽富余 46.4t/h，1.0MPa 蒸汽尚缺 109.3t/h，0.4MPa 蒸汽尚缺 251.3t/h。全厂蒸汽总体平衡不足，合计缺口为 314.2t/h。

由于全厂不设动力站，全部缺口蒸汽按照全部外购 3.5MPa 蒸汽考虑。

为充分利用高等级蒸汽的能量，达到蒸汽的逐级利用，使得全厂的能源利用效率达到最高。考虑设置 2 台背压发电机组，分别为 5MW 和 20MW，具体配置见表 1-32。

表 1-32 机组配置表

序号	机组名称	进汽量/(t/h)	汽耗/(kg/kW)	发电/kW
1	5MW 机组(3.5MPa 背 1.0MPa)	109.3	17.6	6210.8
2	20MW 机组(3.5MPa 背 0.4MPa)	251.3	11.7	21479.0

详细的全厂蒸汽平衡示意图和蒸汽负荷表分别见图 1-3 和表 1-33。

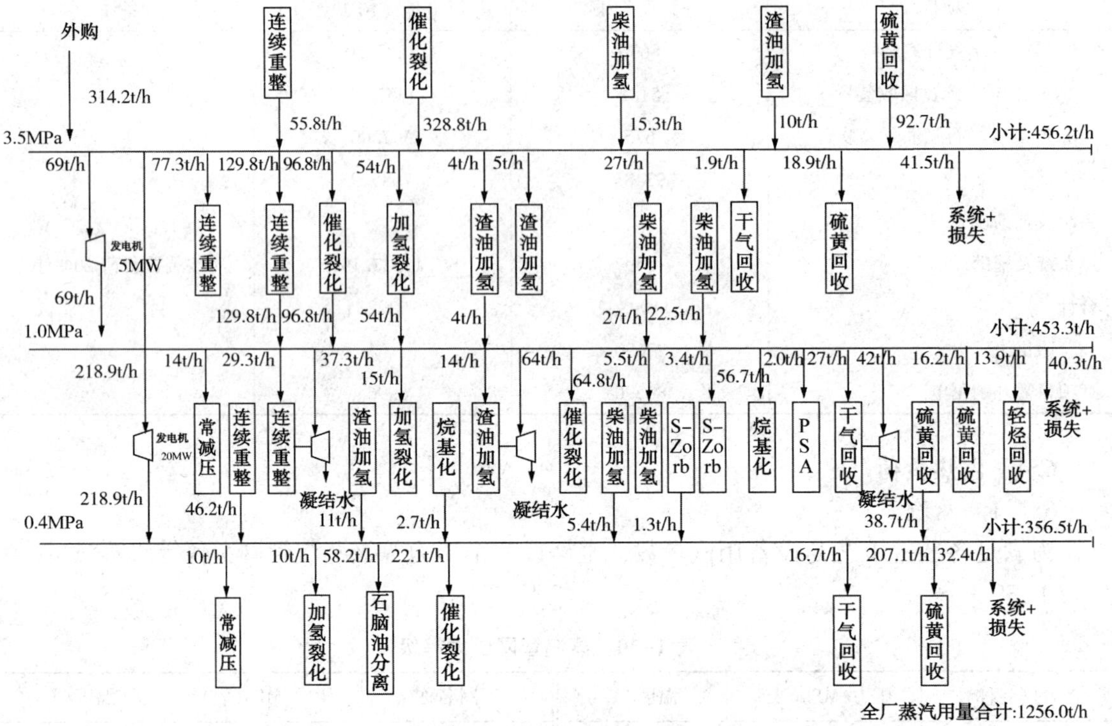

图 1-3　全厂蒸汽平衡示意图

6.4.2　除盐水、除氧水、凝结水系统

（1）除盐水和除氧水系统

根据表 1-28 统计结果，全厂共需除盐水 824.4t/h。

本项目设置除盐水站一座，供全厂使用。除盐水站的处理工艺暂按超滤+反渗透+混床工艺。

本项目除氧水主要用于各装置的锅炉、产汽设备使用。除氧器的设置根据产汽设备的位置、开停情况等综合考虑，催化装置单独设置除氧器，满足其产汽要求；其他装置的除氧水由设置在凝结水站内的除氧器统一提供。

（2）凝结水系统

全厂设凝结水站一座，对工艺装置产工艺凝结水和全厂透平凝结水分别进行收集，经过阳单室浮动床、混合离子交换器后达到二级除盐水指标，合格的工艺凝结水与透平凝结水作为全厂除盐水的补水，经除盐水泵升压后送至全厂除盐水管网。

6.4.3　余热回收系统

为集中回收各装置的低温余热，本项目建余热回收站一座，回收催化裂化、加氢裂化等装置的低温余热，通过装置低温余热把热水温度从 70℃ 加热到 95℃，供装置和系统单元使用。对于中心控制室、中心化验室、办公楼等建筑物内风机盘管冬季的制热采用热水，该系统称为空调水系统，为独立系统，不与全厂工艺用低温热水系统直接连接。

表 1-33　全厂蒸汽负荷表

t/h

单元名称	3.5MPa 蒸汽				1.0MPa 蒸汽					0.4MPa 蒸汽		
	背压机用汽	加热用汽	装置注汽	汽包产汽	凝气透平用汽	加热用汽	装置注汽	背压机产汽	汽包产汽	加热用汽	装置注汽	汽包产汽
装置部分												
10.0Mt/a 常减压装置							-14.0				-10.0	
160Mt/a 连续重整装置	-129.8	-77.3		55.8	-37.3	-29.3		129.8				46.2
2.0Mt/a 加氢裂化装置	-54.0						-15.0	54.0		-6.0	-4.0	
4.40Mt/a 渣油加氢装置	-4.0		-5.0	10.0	-64.0	-5.0	-9.0	4.0				11.0
3.20Mt/a 催化裂化装置	-96.8			328.8			-64.8	96.8		-22.1		
1.80Mt/a 年柴油加氢装置	-27.0			15.3		-1.0	-4.5	27.0	22.5			5.4
1.20Mt/a 煤油加氢装置												
1.50Mt/a S-Zorb 装置						-3.4						1.3
0.50Mt/a 气体分馏装置												
1.50Mt/a 轻烃回收装置						-13.9						
0.50Mt/a 烷基化装置						-56.7						2.7
0.39Mt/a 硫黄回收装置（含酸性水和溶剂再生）		-18.9		92.7		-16.2				-207.1		38.7
$8\times10^4m^3/h$ PSA 装置												
干气回收分离装置		-1.9			-42.0	-27.0				-16.7		
0.50Mt/a 轻石脑油分离装置										-58.2		
小计	-311.5	-98.1	-5.0	502.6	-143.3	-152.5	-107.3	311.5	22.5	-310.1	-14.0	105.2
系统及辅助设施												
系统伴热、管网损失等其他消耗	-41.5				-40.3					-32.4		
合计	46.4				-109.3					-251.3		
需外购蒸汽量	-314.2											

7 用能分析

7.1 能源利用

7.1.1 项目所需能源的品种数量价格

本项目所需外购能源的品种、数量及价格等情况见表1-34。

表1-34 项目所需能源情况表

项目所需能源及耗能工质	项目需求量	价格(不含税)	备注
电/(10^4kW·h/a)	69963.65	0.4783元/kW·h	外购
3.5MPa蒸汽/(t/h)	314.2	190元/t	外购
新鲜水/(t/h)	214.5	2.354元/t	外购
科威特原油/(10^4t/a)	1000	2766元/t(60美元价格体系)	外购

7.1.2 项目能源利用特点

本项目能源利用具有以下特点:

1)该项目加工的原油为高硫原油,主要生产高品质汽煤柴油、低硫船用燃料油及提供蒸汽裂解原料。为充分利用石油资源,并尽量提高产品附加值,本项目具有原油加工程度较深、总加工流程较长、产品质量要求高以及环保要求高等特点,表现在项目综合能耗较高。

2)为给乙烯裂解装置提供优质原料,全厂设置了液化气分离、轻石脑油分离、干气分离等设施;由于原油中轻烃含量较高,需设置轻烃回收设施,回收原油中的轻烃;为降低柴汽比,渣油加氢装置柴油进催化裂化装置加工,催化轻柴油进加氢裂化装置处理等;这些因素增加了全厂总用能。

3)原油加工量为10.0Mt/a,装置规模大,辅助系统和散热单耗相对减小,设备效率相应较高,有利于能量的回收和综合利用,为提高全厂用能水平创造了有利条件。

7.2 节能分析

7.2.1 节能原则

1)采用先进可靠的工艺技术和设备;

2)根据工程和技术经济条件,进行装置之间、装置与系统之间的热联合;

3)按质产汽,按质用汽,以汽定电,以低压汽用量定高压汽用量,以达到蒸汽的逐级利用和平衡;

4)将生产过程中高温位的工艺热量最大限度地用于加热工艺物流或加热工艺炉的空气,减少或不发生蒸汽;

5)经济合理地回收烟气余热、工艺物流余压,全厂统一规划低温余热的回收与利用;

6)采用新型高效机泵、高效强化换热器及其他节能产品,提高能量转换效率和能量回收率;

7)设备及管道布置尽量紧凑合理,以减少散热损失和压力损失。

7.2.2 节能措施

本项目属于大型炼化项目,为了充分利用能源,降低能源消耗,使该项目建成后进入世界先进水平企业的行列,在本项目中,非常注重整体效益,尤其注重从全厂和大系统出发,统筹考虑节能技术措施,如各装置之间实现深度热联合,蒸汽动力系统实现逐级利用,全厂低温热回收利用,氢气资源优化利用等。

(1) 装置间实现深度热联合，挖掘全厂节能潜力

采用常减压装置与轻烃回收、催化裂化、渣油加氢、柴油加氢装置深度热联合。催化裂化装置的催化油浆、渣油加氢装置的加氢重油及柴油加氢装置的精制柴油不在各自装置内换热，全部直接进入常减压装置换热网络或轻烃回收装置参与换热。同时，常减压装置的柴油、蜡油全部高温热出料直接进入下游相关装置。

采用装置间深度热联合技术，可有效地优化装置之间物流热量的使用，避免高品质热源用来产汽(这部分蒸汽可以通过烧煤得到)，这样就达到了以煤换油(燃气)的效果，从而有效提高一体化项目整体效益而且减少了本装置的冷却负荷及下游装置对原料加热的负荷，也相应降低了本装置及下游装置的公用工程消耗。

初步测算，采用深度热联合技术，可降低全厂能耗约 0.5kgEO/t 原油，对于本项目来说，一年可以节省 5000t 燃料，节省操作费用 1500 万元。

(2) 蒸汽动力系统实现逐级利用，尽量做到产用平衡

本项目蒸汽系统设 3.5MPa、1.0MPa、0.4MPa 三个等级的蒸汽管网，其中高压蒸汽主要来自炼油装置内利用余热产生的过热蒸汽。高压蒸汽主要用于各装置驱动工艺汽轮机和工艺加热。中压蒸汽来自工艺汽轮机的抽汽或排汽及装置内余热产生的蒸汽，主要用于各装置工艺加热。低压蒸汽来自各汽轮机排汽和各装置内利用余热或多余的热量产生的蒸汽，主要用于除氧器、各装置工艺加热及配套公用及辅助设施。

根据全厂的热力负荷和用电负荷，进行全厂范围内的调整与平衡；优化产、耗汽设备的形式与参数；确定热、电联产方案；达到蒸汽的逐级利用，使得全厂的能源利用效率达到最高。

正常工况下，3.5MPa 蒸汽富余 46.4t/h，1.0MPa 蒸汽尚缺 109.3t/h，0.4MPa 蒸汽尚缺 251.3t/h。全厂蒸汽总体平衡不足，合计缺口为 314.2t/h。

由于全厂不设动力站，全部缺口蒸汽按照全部外购 3.5MPa 蒸汽考虑。

为充分利用高等级蒸汽的能量，达到蒸汽的逐级利用，使得全厂的能源利用效率达到最高。考虑设置 2 台背压发电机组，分别为 5MW 和 20MW。

(3) 低温余热的回收与利用

低温余热的回收与利用已成为石油加工企业节能的一个重要方面。对本项目来说，由于装置规模大，而且油品加氢比例大，低温余热较多，因此必须综合考虑低温余热的回收与利用。

对于装置内 200~140℃低温热源，优先考虑发生 0.12MPa 超低压蒸汽用于发电，可以大大提高发电效率；对于装置内 140~90℃低温热源，考虑生产低温热水的方式来回收热量，这样可以达到能量分级利用，以达到全厂性的节能降耗目的。

根据低温余热的利用特点以及本项目的情况，确定以下利用原则：

① 优化工艺装置换热流程，尽量少产低温余热；

② 低温余热回收与利用必须经济合理、运行可靠；

③ 各装置低温热在尽量避免用循环水冷却的前提下，首先考虑在本装置内使用，多余的可考虑送出装置统一回收；

④ 低温热水回水温度按 70℃设计，低温热水出装置温度按 95℃设计；

⑤ 优先保证装置生产用热，多余部分再考虑其他热利用方案。

为集中回收各装置的低温余热，本项目拟建余热回收站一座，回收煤油加氢、柴油加氢、加氢裂化、催化裂化等装置的低温余热，通过装置低温余热把热水温度从 70℃加热到 95℃，供装置和系统单元使用。

(4) 氢资源优化

本项目中通过合理利用重整氢、乙烯氢等氢成本较低的氢资源，将加氢装置低分气、重整氢、轻烃回收装置吸收塔顶气、干气回收分离装置产的粗氢气等富含氢气体作为PSA装置原料回收纯氢，降低用氢成本，优化氢气资源。

(5) 降低循环水供水压力，降低能耗

将全厂循环水系统供水压力由常规的0.4~0.45MPa(表)降低至0.3~0.35MPa(表)，常减压减顶抽空冷却用循环水单独用管道泵升压，局部需要升压的部分单独设置管道泵。

按照本项目循环水总负荷32000m^3/h粗略计算，一年可以节省电耗约1.0×10^{7}kW·h，节省操作费用约500万元/a。

(6) 优化全厂总平面布置，采用工艺装置联合布置，降低能耗损耗

全厂总平面布置与总流程相匹配，有原料供应关系的装置(如有热联合的上下游装置如常减压和下游渣油加氢、催化裂化装置等，产氢与用氢装置等)相对靠近，使得主要工艺物流在平面布局上比较顺畅，同时减少物流温降和压降，可以减少系统管线长度，从而减少介质压力和散热损失、节约能源。

装置平面布置除满足工艺、安全环保要求，兼顾操作、维修、施工的需要外，也将节能降耗作为重要目标。在满足基本要求基础上，尽可能紧密布置设备及管道，减少装置占地；按工艺流程顺序为主要着眼点布置设备；有高温、高压及需回收能量的介质相连的上下游设备靠近布置(如加热炉和反应器)；总体上，装置平面布置合理，充分考虑了节能降耗因素。

(7) 采用新型高效设备，提高能量转换效率和能量回收率

本项目中电动机是最主要的用电设备，大约占整个企业电力消耗的90%以上，采用高效节能电动机可以提高效率2%以上，按本项目全厂需外购用电负荷83290kW计算，每年可以减少外购电量1.4×10^{7}kW·h，节省费用约700万元，可以看出节能效果十分明显。

采用高效传热设备，深化换热，提高换热终温，是装置用能优化的重点。例如，常减压蒸馏采用窄点技术，对换热网络进行优化设计，在投资和节能效益之间达到最优；加氢裂化装置选用液力透平回收高压液体的能量等。

充分利用加热炉系统的热量，合理安排进料，提高加热炉效率。同时加热炉系统采用余热回收系统，回收烟气中的余热，使得加热炉效率均达到93%以上。

7.3 综合能耗

本项目建成后项目综合能耗为93.97kgEO/t原油，其中燃料气能耗为27.06kgEO/t原油，占总综合能耗的28.80%；催化烧焦的能耗为28.26kgEO/t原油，占总能耗的30.08%；外购电的能耗为15.39kgEO/t原油，占总能耗的16.38%；外购蒸汽的能耗为23.22kgEO/t原油，占总能耗的24.71%；用水能耗所占比例较小，只占总能耗的0.03%。

项目综合能耗见表1-35。

表1-35 项目综合能耗计算表

项目	消耗量/[10^{4}t(kW·h)/a]	能源折算值	总能耗/(10^{4}kgEO/a)	单位能耗/(kgEO/t)	占总能耗比例/%
工艺燃料气	24.60	1100kg/t	27058.66	27.06	28.80
催化烧焦	29.75	950kg/t	28261.79	28.26	30.08
3.5MPa蒸汽	263.90	88kg/t	23223.13	23.22	24.71

续表

项目	消耗量 /[10^4t(kW·h)/a]	能源折算值	总能耗 /(10^4kgEO/a)	单位能耗 /(kgEO/t)	占总能耗比例/%
电	69963.65	0.22kg/kW·h	15392.00	15.39	16.38
新鲜水	180.20	0.17kg/t	30.63	0.03	0.03
项目综合能耗				93.97	100.00

7.4　节能结论

1）本项目总能源消耗量为 1.3424×10^6t 标煤/a。

2）本项目采取了各种先进合理有效的节能措施，能耗总体上达到国内先进水平；各装置总体上符合有关产品限额要求，并达到国内或国际先进水平。

8　环境保护

8.1　环境保护措施

8.1.1　大气污染防治措施

(1) 加热炉废气

采用低硫燃料是减轻对大气污染的根本措施。各装置加热炉以脱硫后的燃料气(H_2S 含量<20μL/L)为燃料，加热炉和燃气锅炉均采用低氮燃烧器，从而减少燃烧烟气中 SO_2、NO_x 和烟尘的排放量。

(2) 工艺装置废气

各装置排出的含 H_2S 的酸性气及含硫污水经汽提后富含 H_2S 的酸性气送硫黄回收装置回收硫黄。硫黄回收装置采用二级 CLAUS 硫黄回收及尾气还原吸收工艺，净化尾气经焚烧炉高温焚烧后高空排放。硫黄回收装置发生事故时，硫化氢气体排入酸性气火炬焚烧。

(3) 可燃气体回收及火炬系统

为减少火炬燃烧排放，正常工况下装置连续稳定排放或泄漏的火炬气将通过火炬气回收系统进行回收，然后进入全厂燃料气系统作为燃料。

(4) 污水处理场恶臭气体的处理

为了减少污水调节罐、一级气浮、二级气浮、隔油池、污水池等排放的含油气体和生化池废气的恶臭气体对周围环境的污染，对污水处理过程中的恶臭气体采用"除油预处理(碱洗+水洗)+生物法"进行脱臭处理，处理后废气通过排气筒高空排放。

8.1.2　废水污染防治措施

(1) 全厂排水系统

本项目按"清污分流、污污分流、分别处理"的原则设置排水系统，各类废水按其性质及处理要求划分为以下几个系统。即：含硫污水系统、含油污水系统、含盐污水系统、生活污水系统、清净废水系统、初期雨水系统、碱渣污水系统、含碱污水系统、高含盐含油污水系统、处理后污水系统。本项目的各类废水按其水质不同分别处理。凡达不到进入污水处理场控制指标的污水，都采取相应预处理措施，先经过预处理达到控制指标后再进污水处理场统一处理。

(2) 全厂污水处理及节水减排措施

按照清污分流、污污分流、分质处理、节约能耗的清洁生产原则，厂区将各装置及公用工程配套系统的污水分为高含盐含油污水、高氨氮污水和含油污水三个系列分别进行处理。

高含盐含油污水部分主要处理来自全厂的碱渣预处理后污水、炼油循环水的排污水等；含油污水部分主要处理来自全厂的含油污水、初期含油雨水等。

为节省新鲜水用量，本项目中凡可回用的水尽可能地回收使用，可使用回用水之处，尽可能地使用回用水，全厂合计使用回用水 1198.4t/h。

(3) 事故水的收集与处理

厂内设事故排水储存设施一座，收集厂区事故排水。

装置区内易污染区域设置围堰，围堰的事故排水经过截流井进入初期雨水储存池，当初期雨水储存池储存满后，事故排水经过截流井切换到清净雨水系统。装置围堰外事故排水通过清净雨水系统收集输送，经切换装置进入事故排水储存池。

8.1.3 固体废物污染防治措施

(1) 废催化剂

对照危险废物目录对各装置(单元)定期排放的废催化剂等固体废物进行分类，对属于危险废物的固体废物，依照国家相关法律法规合规处理。

对含有贵金属，能够回收利用的废催化剂，首先立足于回收利用，由催化剂生产商回收处理。不能回收的废催化剂等危险废物送具有危险废物处理资质的单位处置。

(2) “三泥”

污水处理过程中产生的油泥、浮渣、污泥和化学污泥经干化后送至危废焚烧设施。

(3) 废碱渣

轻烃回收和产品精制装置会产生少量的碱渣，拟送有资质单位处理。

8.1.4 危废焚烧措施

本项目遵循“源头控制+充分减容+末端填埋”的原则，对全厂产生的有机废液、干化后“三泥”等均送至危废焚烧设施进行统一处理。焚烧过程中控制参数满足 GB 18484—2001《危险废物焚烧污染控制标准》的要求。处理设施排放废气应通过排气筒高空排放。

8.1.5 危废暂存设施

项目建设一座固废暂存设施，用于临时存放工艺装置生产过程中产生的废催化剂、废吸附剂、废瓷球、废溶剂等需要外委有资质单位处理或厂家回收的危险废物。

8.1.6 噪声污染防治措施

设计中对大于 85dB(A)的噪声源，拟采取以下治理措施：

1) 优先选用低噪声电机和低噪声的空冷器，并加设隔声罩来降低噪声。

2) 加热炉选用低噪声燃烧器，使加热炉噪音降至 85dB(A)以下。

3) 压缩机等设备管线外敷设隔声材料，控制噪声。

4) 放空点设置消声器，以控制放空噪声。

5) 合理选择调节阀，避免因压降过大而产生高噪声。

6) 大型压缩机采取减震措施，相对集中布置，远离操作人员集中的主控制室。

8.1.7 卫生防护距离

为了使项目厂区周围的其他企业和居民不因本项目而受到大气污染物的影响，在总平面布置时，充分考虑当地的风向、风速、主导风频率及地形因素，严格执行相关卫生防护距离标准。

8.2 环境影响分析

本项目采取了先进可靠的工艺技术，减少外排污染物的同时采取相应的控制措施，以脱硫燃料气为燃料，排出的各种废弃物通过回收、综合利用、填埋处理，项目污染物的排放满足国家最新相关标准的要求。

本工程建成后产生的“三废”污染物，分别经过妥善处理和处置后，污染物排放满足现行最新标准和总量指标要求，预计不会对周围环境产生不利影响，也不会改变该地区环境的质量等级。

9 投资估算

9.1 投资估算

9.1.1 概述

本项目为10.0Mt/a炼化项目，全厂设计定员800人。

加工科威特原油10.0Mt/a，硫含量2.64%、酸值0.18%。主要生产3.105Mt/a汽油、1.5429Mt/a航煤、1.7855Mt/a柴油和1.0Mt/a低硫船用燃料油，并提供1.5194Mt/a的蒸汽裂解原料，同时还生产0.3889Mt/a的混合二甲苯、0.1672Mt/a的丙烯和0.252Mt/a的硫黄。

本项目工艺装置及公用工程、系统配套均按四年一检修，检修周期按照60d考虑。工艺装置(除渣油加氢装置)及系统配套年操作时数按8400h考虑，渣油加氢装置年操作时数按8000h考虑。

9.1.2 建设投资估算范围

本项目建设投资估算范围包括工艺生产装置、配套系统工程建设所需要的固定资产投资、无形资产投资、其他资产投资和预备费。

主要工程范围及内容如下：

(1) 工艺生产装置

10.0Mt/a常减压、1.50Mt/a轻烃回收、1.20Mt/a煤油加氢精制、1.80Mt/a柴油加氢精制、2.0Mt/a加氢裂化、4.40Mt/a渣油加氢脱硫、4.20Mt/a催化裂化、0.50Mt/a气体分馏、0.50Mt/a烷基化、0.70Mt/a产品精制、1.50Mt/a S-Zorb装置、1.80Mt/a石脑油加氢、1.60Mt/a连续重整、$8\times10^4m^3/h$ PSA装置、0.50Mt/a轻石脑油分离、0.30Mt/a干气回收分离、3×0.13Mt/a硫黄回收、(300+700)t/h溶剂再生、(100+100)t/h酸性水汽提和催化裂化烟气脱硫脱硝以及催化油浆脱固。

(2) 配套系统工程

包括总图运输、储运工程、给排水工程、供热工程、供配电与电信和辅助设施。

9.1.3 投资估算办法

(1) 工程费估算

工艺生产装置参考同类装置概算，按照规模系数进行估算，配套系统工程按工艺装置投资的75%估算。

(2) 固定资产其他费估算

固定资产其他费按照工程费的18%估算。

(3) 无形资产投资估算

无形资产投资估算暂按照70000万元估算。

(4) 其他资产投资估算

其他资产投资按照固定资产投资0.5%估算。

(5) 预备费估算

基本预备费按固定资产、无形资产和其他资产投资之和的6%估算。

(6) 抵扣增值税

可抵扣增值税按照建设投资的9%估算。

9.1.4 投资估算结果

本项目建设投资(含增值税)为1631339万元，建设投资(不含增值税)为1496641万元。

本项目建设投资估算结果详见表1-36。

表1-36 建设投资估算表

万元

项目	合计	项目	合计
建设投资(含增值税)	1631339	S-Zorb装置	23302
建设投资(不含增值税)	1496641	硫黄回收装置	43925
固定资产投资	1543890	干气回收分离装置	22975
工程费	1308381	气体液化气精制装置	7413
工艺生产装置	747646	酸性水汽提装置	12299
常减压装置	66800	溶剂再生装置	14543
催化裂化装置	83914	轻石脑油分离	2274
油浆脱硫脱固	4161	PSA	7656
加氢裂化装置	79000	系统配套工程及其他	560735
轻烃回收	13899	固定资产其他费	235509
连续重整装置(含石脑油加氢)	81690	无形资产投资	70000
柴油加氢精制装置	30607	专利及专有技术使用费	70000
渣油加氢脱硫装置	171274	其他资产投资	7719
气体分馏装置	10300	预备费	9730
烷基化装置	60221	基本预备费	9730
煤油加氢精制装置	11394	可抵扣增值税额	134698

9.2 总投资估算

9.2.1 建设期利息估算

本项目建设投资中自有资金比例为30%，其余按银行贷款考虑。银行贷款名义年利率为4.99%。

根据建设投资资金使用计划，估算建设期利息为74909万元。

9.2.2 流动资金估算

本项目流动资金按照经营成本×(流动资金周转天数/360)估算，其中流动资金周转天数暂按照25d考虑。

本项目流动资金估算值为217732万元，其中30%自有，70%银行贷款，贷款名义年利率为4.35%。

9.2.3 总投资估算

本项目总投资包括建设投资、建设期利息和流动资金，估算值为1923980万元，估算结果详见表1-37。

表 1-37　总投资估算表　　万元

序号	项目	合计	序号	项目	合计
1	总投资(含税)	1923980	5	建设期利息	74909
2	报批总投资(不含税)	1636870	6	流动资金	217732
3	建设投资(含增值税)	1631339	7	铺底流动资金	65320
4	建设投资(不含增值税)	1496641			

9.2.4　资金使用计划

本项目建设期三年，建设投资分年投入比例为：20%、50%、30%。

10　财务评价

10.1　财务评价依据、基础数据与参数

1）项目建设期为 3a，生产期为 15a。生产期第 1 年生产负荷为 90%，第 2 年以后各年生产负荷均为 100%。

2）原料产品及公用工程价格：

a)原料产品价格：

本报告以经济技术研究院推荐的布伦特原油 60 美元/桶测算价格为基准，并结合物料品质确定原料产品价格，见表 1-38(不含增值税)。

表 1-38　原料产品价格表　　元/t

名称	价格	备注	名称	价格	备注
原料			丙烷	3625.7	
科威特原油	2766		正丁烷	3625.7	
外购碳四	3466		正戊烷	3388.3	
乙烯氢	5600		正己烷	3388.3	
纯氢	8000		拔头油	3388.3	
产品			加裂尾油	3320.5	
95#国Ⅵ乙醇汽油调和组分	6367.5		低硫船燃	5438.1	
航煤	4105.7		其他产品		
柴油	4917.8		混合二甲苯	4393.2	
蒸汽裂解原料			丙烯	5538.5	
富乙烯气体	5357.9		硫黄	779.6	
富乙烷气体	3466.4				

b)辅助材料按照 40 元/吨原料考虑。

c)公用工程采用厂方提供价格(不含增值税)：

新鲜水，2.354 元/t；电度电价，0.4783 元/kW·h；3.5MPa，190 元/t。

3）本项目定员 800 人，人均工资及附加按 180000 元/人·a 计列。

4）固定资产折旧年限按 15a 考虑，净残值率为 3%，修理费率为固定资产原值(不含建设期利息)的 3%。

5）除折旧费、修理费以外的其他制造费用，以项目总定员为基数，按 30000 元/人·年计取。

6）无形资产和其他资产分别按 10a、5a 平均摊销。

7）土地使用税按照 3 元/m^2·a 计取。

8）固定资产保险费按照固定资产原值（不含建设期利息）的 0.4%计取，其他管理费按 50000 元/人 · a 计取。

9）安全生产费用按照建筑安装工程费（建筑安装费用按照建设投资的 25%计取）的 1.5%计取。

10）生产期内发生的长期借款和流动资金借款利息，计入当年财务成本费用。

11）营业费用按营业收入的 0.05%计取。

12）营业税金及附加：

a）增值税：除水、蒸汽、丙烷、正丁烷、富乙烯气体、富乙烷气体的税率为 9%外，其余均为 13%。

b）消费税：汽油 2109.8 元/t、柴油 1411.2 元/t。

c）城市维护建设税和教育费附加之和按增值税和消费税之和的 12%计取。

13）损益估算：

本项目企业所得税税率 25%。

14）项目所得税后财务基准内部收益率为 12%。

10.2　财务分析结果

项目总投资为项目建设投资、建设期利息与流动资金之和，其估算值为 1923980 万元。其中建设投资 1631339 万元（不含增值税 1496641 万元），建设期利息 74909 万元，铺底流动资金 65320 万元。

项目实施后，年均可实现营业收入 4808996 万元，利润总额 401612 万元，上缴增值税、营业税金和附加和所得税 1498037 万元，净利润 301209 万元。折合单位吨原油净利润为 295 元，吨原油操作费用为 366 元，税后财务内部收益率为 20.31%，税后投资回收期为 9.6a（含建设期 3a）。

本项目主要技术经济指标见表 1-39。

表 1-39　主要技术经济指标汇总表（60 美元价格体系）

项目	指标值	备注	项目	指标值	备注
总投资/万元	1923980	含税价	财务净现值（税前）/万元	6375071	
建设投资	1631339	含税价	财务净现值（税后）/万元	4869027	
建设期借款利息	74909		内部收益率（所得税前）/%	24.70%	
铺底流动资金	65320		内部收益率（所得税后）/%	20.31%	
盈利能力/万元			投资回收期税前（静态）/a	6.4	
营业收入	4808996	生产期内平均	投资回收期税后（静态）/a	7.1	
营业税金及附加	1171788	生产期内平均	投资回收期税前（动态）/a	8.0	
增值税	225846	生产期内平均	投资回收期税后（动态）/a	9.6	
总成本	3235596	生产期内平均	吨油收入/（元/t）	4714	
经营成本	3115265	生产期内平均	吨油原料成本/（元/t）	2805	
总操作费用	373670	生产期内平均	吨油毛利/（元/t）	1909	
利润总额	401612	生产期内平均	吨油操作费用/（元/t）	366	
所得税	100403	生产期内平均	吨油利润/（元/t）	1542	
税后利润	301209	生产期内平均	吨油税后利润/（元/t）	295	
评价指标					

项目原料投入预测见表 1-40，产品收入预测见表 1-41，公用工程成本预测见表 1-42，营业税及附加预测见表 1-43，利息计算表见表 1-44，成本费用表见表 1-45，利润表见表 1-46，现金流量表见表 1-47。

表 1-40　原料成本预测

项目	价格(不含税价)/(元/t)	消耗量/10^4t	增值税率/%	金额(不含税)/万元	进项税额/万元
科威特原油	2766	1000.00	13%	2766261	359614
外购碳四	3466	8.90	9%	30835	2775
乙烯氢	5600	2.62	13%	14672	1907
纯氢	8000	8.67	13%	69365	9017
合计		1020.19		2881134	373314

表 1-41　产品收入预测(60 美元价格体系)

项目	价格(不含税价)/(元/t)	消耗量/10^4t	增值税率/%	金额(不含税)/万元	销项税额/万元	含税价/(元/t)	增值税/(元/t)	消费税/(元/t)
95#国Ⅵ汽油	6367	311	13	1977130	257027	7195	828	2109.9
航煤	4106	154	13	633479	82352	4639	534	1495.2
柴油	4918	179	13	878081	114151	5557	639	1411.2
蒸汽裂解原料								
富乙烯气体	5358	3	9	17861	1608	5840	482	
富乙烷气体	3466	8	9	26024	2342	3778	312	
丙烷	3626	15	9	52981	4768	3952	326	
正丁烷	3626	18	9	65028	5853	3952	326	
正戊烷	3388	10	13	33906	4408	3829	440	
正己烷	3388	15	13	49905	6488	3829	440	
拔头油	3388	25	13	84707	11012	3829	440	
加裂尾油	3321	59	13	195298	25389	3752	432	
低硫船燃	5438	100	13	543790	70693	6145	707	
其他产品				0	0			
混合二甲苯	4393	39	13	170829	22208	4964	571	
丙烯	5538	17	13	92602	12038	6258	720	
硫黄	780	25	13	19649	2554	881	101	
合计		976		4841271	622889			

表 1-42　公用工程成本预测

项目	价格(不含税价)	消耗量	增值税率/%	金额(不含税)/万元	进项税额/万元
外购动力				93579	9761
水	2.354 元/t	180.20×10^4t	9	424	38
电	0.4783 元/kW·h	69963.65×10^4kW·h	13	33464	4350
蒸汽	190 元/t	314.17×10^4t	9	59691	5372
外购燃料				37920	3413
天然气	3200 元/t	11.85×10^4t	9	37920	3413
合计				131499	13173

表 1-43　营业税及附加预测

项目	第一年	第二年	第三年及以后	生产期平均
	负荷率 90.00%	负荷率 100.00%	负荷率 100.00%	
增值税计算				
产品销项税	560600	622889	622889	
原料进项税	335983	373314	373314	
公用工程进项税	11856	13173	13173	
投资可抵扣的增值税	134698	0	0	
增值税净值	78064	236402	236402	225846
营业税金及附加	1046499	1180737	1180737	1171788

表 1-44 利息计算

万元

项目	实际利率	合计	建设期			名称	生产期														
			第1年	第2年	第3年		第4年	第5年	第6年	第7年	第8年	第9年	第10年	第11年	第12年	第13年	第14年	第15年	第16年	第17年	第18年
建设投资		1496641	20%	50%	30%	财务费用	56389	51449	45847	40245	34642	29040	23437	17835	12232	6630	6630	6630	6630	6630	6630
			投资额各年分配																		
分年投资额		1496641	299328	748321	448992																
长期贷款利率	4.99%																				
本金		1047649	209530	523824	314295	偿还贷款	112256	112256	112256	112256	112256	112256	112256	112256	112256	112256					
						借款余额	1010302	898046	785791	673535	561279	449023	336767	224512	112256						
利息		74909	5229	23790	45891	长期投资利息	50422	44819	39217	33615	28012	22410	16807	11205	5602						
本息合计		1122558	214758	547614	360186																
短期贷款利率	4.35%						生产负荷														
		100%	70%				90%	100%	100%	100%	100%	100%	100%	100%	100%	100%	100%	100%	100%	100%	100%
流动资金利息		217732.4	152413			流动资金利息	5967	6630	6630	6630	6630	6630	6630	6630	6630	6630	6630	6630	6630	6630	6630

表 1-45 成本费用表

万元

项目	生产期平均	生产期														
		第4年	第5年	第6年	第7年	第8年	第9年	第10年	第11年	第12年	第13年	第14年	第15年	第16年	第17年	第18年
负荷率		90.0%	100.0%	100.0%	100.0%	100.0%	100.0%	100.0%	100.0%	100.0%	100.0%	100.0%	100.0%	100.0%	100.0%	100.0%
原材料/万元	2861926	2593020	2881134	2881134	2881134	2881134	2881134	2881134	2881134	2881134	2881134	2881134	2881134	2881134	2881134	2881134
辅助材料/万元	40807	40807	40807	40807	40807	40807	40807	40807	40807	40807	40807	40807	40807	40807	40807	40807
外购动力及燃料/万元	130623	118349	131499	131499	131499	131499	131499	131499	131499	131499	131499	131499	131499	131499	131499	131499
工资及福利费/万元	14400	14400	14400	14400	14400	14400	14400	14400	14400	14400	14400	14400	14400	14400	14400	14400

续表

项目	生产期平均	生产期														
		第 4 年	第 5 年	第 6 年	第 7 年	第 8 年	第 9 年	第 10 年	第 11 年	第 12 年	第 13 年	第 14 年	第 15 年	第 16 年	第 17 年	第 18 年
制造费用/万元	140493	140766	140474	140474	140474	140474	140474	140474	140474	140474	140474	140474	140474	140474	140474	140474
折旧费/万元	91757	91757	91757	91757	91757	91757	91757	91757	91757	91757	91757	91757	91757	91757	91757	91757
修理费/万元	46336	46609	46317	46317	46317	46317	46317	46317	46317	46317	46317	46317	46317	46317	46317	46317
其他制造费用/万元	2400	2400	2400	2400	2400	2400	2400	2400	2400	2400	2400	2400	2400	2400	2400	2400
管理费用/万元	21549	24912	24912	24912	24912	24912	23368	23368	23368	23368	23368	16368	16368	16368	16368	16368
无形资产摊销/万元	4667	7000	7000	7000	7000	7000	7000	7000	7000	7000	7000					
其他资产摊销/万元	515	1544	1544	1544	1544	1544										
土地使用税/万元	1080	1080	1080	1080	1080	1080	1080	1080	1080	1080	1080	1080	1080	1080	1080	1080
固定资产保险费/万元	5676	5676	5676	5676	5676	5676	5676	5676	5676	5676	5676	5676	5676	5676	5676	5676
其他管理费/万元	4000	4000	4000	4000	4000	4000	4000	4000	4000	4000	4000	4000	4000	4000	4000	4000
安全生产费用/万元	5612	5612	5612	5612	5612	5612	5612	5612	5612	5612	5612	5612	5612	5612	5612	5612
财务费用/万元	23393	56389	51449	45847	40245	34642	29040	23437	17835	12232	6630	6630	6630	6630	6630	6630
利息/万元	23393	56389	51449	45847	40245	34642	29040	23437	17835	12232	6630	6630	6630	6630	6630	6630
其他财务费用/万元																
营业费用/万元	2404	2179	2421	2421	2421	2421	2421	2421	2421	2421	2421	2421	2421	2421	2421	2421
总成本费用/万元	3235596	2990822	3287096	3281494	3275891	3270289	3263143	3257540	3251938	3246335	3240733	3233733	3233733	3233733	3233733	3233733
其中：可变成本/万元	3033356	2752177	3053441	3053441	3053441	3053441	3053441	3053441	3053441	3053441	3053441	3053441	3053441	3053441	3053441	3053441
固定成本/万元	202240	238645	233656	228053	222451	216848	209702	204100	198497	192895	187292	180292	180292	180292	180292	180292
经营成本/万元	3115265	2834133	3135346	3135346	3135346	3135346	3135346	3135346	3135346	3135346	3135346	3135346	3135346	3135346	3135346	3135346

表 1-46 利润表

项目名称	生产期平均	生产期														
		第 4 年	第 5 年	第 6 年	第 7 年	第 8 年	第 9 年	第 10 年	第 11 年	第 12 年	第 13 年	第 14 年	第 15 年	第 16 年	第 17 年	第 18 年
负荷率		90%	100%	100%	100%	100%	100%	100%	100%	100%	100%	100%	100%	100%	100%	100%
营业收入/万元	4808996	4357144	4841271	4841271	4841271	4841271	4841271	4841271	4841271	4841271	4841271	4841271	4841271	4841271	4841271	4841271
总成本费用/万元	3235596	2990822	3287096	3281494	3275891	3270289	3263143	3257540	3251938	3246335	3240733	3233733	3233733	3233733	3233733	3233733
营业税金及附加/万元	1171788	1046499	1180737	1180737	1180737	1180737	1180737	1180737	1180737	1180737	1180737	1180737	1180737	1180737	1180737	1180737
利润总额/万元	401612	319822	373438	379040	384643	390245	397391	402994	408596	414199	419801	426801	426801	426801	426801	426801
所得税/万元	100403	79956	93359	94760	96161	97561	99348	100748	102149	103550	104950	106700	106700	106700	106700	106700
税后利润/万元	301209	239867	280078	284280	288482	292684	298044	302245	306447	310649	314851	320101	320101	320101	320101	320101
吨油完全操作费用/(元/吨原料)	366	433	398	392	387	381	374	369	363	358	352	346	346	346	346	346
吨油利润/(元/吨原料)	295	235	275	279	283	287	292	296	300	305	309	314	314	314	314	314

表 1-47　现金流量表

万元

项目名称	合计	第1年	第2年	第3年	第4年	第5年	第6年	第7年	第8年	第9年	第10年	第11年	第12年	第13年	第14年	第15年	第16年	第17年	第18年
现金流入																			
销售收入	72134934	0	0	0	4357144	4841271	4841271	4841271	4841271	4841271	4841271	4841271	4841271	4841271	4841271	4841271	4841271	4841271	4841271
残值回收	42568																		42568
回收流动资金	217732																		217732
现金流入小计	72395234	0	0	0	4357144	4841271	4841271	4841271	4841271	4841271	4841271	4841271	4841271	4841271	4841271	4841271	4841271	4841271	5101571
现金流出																			
建设投资	1496641	299328	748321	448992															
流动资金	217732				195959	21773													
经营成本	46728977	0	0	0	2834133	3135346	3135346	3135346	3135346	3135346	3135346	3135346	3135346	3135346	3135346	3135346	3135346	3135346	3135346
营业税金及附加	17576813				1046499	1180737	1180737	1180737	1180737	1180737	1180737	1180737	1180737	1180737	1180737	1180737	1180737	1180737	1180737
税前现金流出	66020163	299328	748321	448992	4076591	4337856	4316083	4316083	4316083	4316083	4316083	4316083	4316083	4316083	4316083	4316083	4316083	4316083	4316083
所得税	1506044		0	0	79956	93359	94760	96161	97561	99348	100748	102149	103550	104950	106700	106700	106700	106700	106700
税后现金流出	67526207	299328	748321	448992	4156546	4431215	4410843	4412243	4413644	4415431	4416831	4418232	4419632	4421033	4422783	4422783	4422783	4422783	4422783
税前现金流量																			
税前净现金流量	6375071	(299328)	(748321)	(448992)	280553	503415	525188	525188	525188	525188	525188	525188	525188	525188	525188	525188	525188	525188	785488
累计税前净现金流量		(299328)	(1047649)	(1496641)	(1216088)	(712674)	(187486)	337702	862890	1388079	1913267	2438455	2963643	3488831	4014019	4539207	5064395	5589583	6375071
税前投资回收期(静态)	6.4		6.4	6.4	6.4	6.4	6.4	6.4											

续表

项目名称	合计	第1年	第2年	第3年	第4年	第5年	第6年	第7年	第8年	第9年	第10年	第11年	第12年	第13年	第14年	第15年	第16年	第17年	第18年
税前财务内部收益率		24.7%																	
折现现金流量率		12.0%																	
折现现金流量	1376092	(299328)	(668143)	(357934)	199692	319929	298006	266077	237568	212115	189388	169096	150979	134803	120360	107464	95950	85670	114402
累计折现现金流量		(299328)	(967472)	(1325405)	(1125714)	(805784)	(507779)	(241702)	(4134)	207981	397369	566466	717445	852247	972607	1080071	1176021	1261690	1376092
税前投资回收期(动态)	8.0	8.0	8.0	8.0	8.0	8.0	8.0	8.0	8.0	10.1	11.3	13.8	16.3	19.1	22.1	25.3	28.7	27.0	
税后现金流量																			
税后净现金流量	4869027	(299328)	(748321)	(448992)	200597	410055	430428	429027	427627	425840	424440	423039	421638	420238	418488	418488	418488	418488	678788
累计税后净现金流量		(299328)	(1047649)	(1496641)	(1296044)	(885989)	(455561)	(26533)	401094	826934	1251373	1674412	2096051	2516288	2934776	3353264	3771751	4190239	4869027
税后投资回收期(静态)	7.1		7.1	7.1	7.1	7.1	7.1	7.1	7.1										
税后财务内部收益率	20.3%																		
折现现金流量率	12.0%																		
折现现金流量	848454	(299328)	(668143)	(357934)	142781	260598	244236	217359	193437	171990	153057	136207	121211	107865	95907	85631	76456	68264	98862
累计折现现金流量		(299328)	(967472)	(1325405)	(1182624)	(922027)	(677790)	(460432)	(266995)	(95005)	58052	194259	315470	423334	519241	604872	681328	749592	848454
税后投资回收期(动态)	9.6		9.6	9.6	9.6	9.6	9.6	9.6	9.6	9.6	9.6								

11 方案优劣势分析

11.1 方案优势

本项目的产品结构如图 1-4 所示。

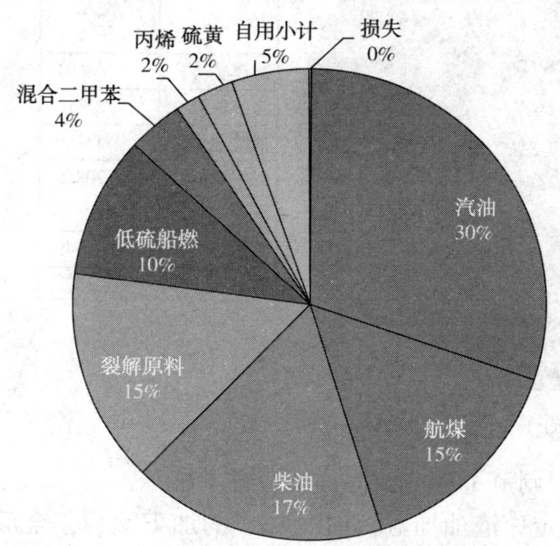

汽油	310.50 × 10^4^t/a
航煤	154.29 × 10^4^t/a
柴油	178.55 × 10^4^t/a
裂解原料	151.94 × 10^4^t/a
低硫船燃	100.00 × 10^4^t/a
混合二甲苯	38.89 × 10^4^t/a
丙烯	16.72 × 10^4^t/a
硫黄	25.20 × 10^4^t/a
自用小计	54.35 × 10^4^t/a
损失	1.60 × 10^4^t/a
合计	1032.04 × 10^4^t/a

图 1-4 产品结构示意图

从图 1-4 产品结构示意图中可以看出，本项目是一个以生产汽煤柴成品油为主要产品的炼油厂，汽煤柴成品油产量占全厂 62%，其中汽油占 30%，航煤占 15%，柴油占 17%；其次，蒸汽裂解原料的产量占全厂 15%，低硫船燃产量占全厂 10%；还有其他产品，如混合二甲苯、丙烯、硫黄以及全厂自用，分别占全厂的 4%、2%、2%和 5%。

本加工方案采用了非常简单的加工流程生产成品油，直馏石脑油直接加氢重整，生产高标号的汽油组分，直馏航煤和直馏柴油直接加氢精制得到合格航煤和柴油产品。直馏蜡油进加氢裂化，采用一次通过流程，生产石脑油、航煤、柴油，加裂尾油作为蒸汽裂解原料。减压渣油经过渣油加氢脱硫后作为催化装置进料，生产汽油调和组分，催化碳四用来生产烷基化油，最大化生产汽油产品。部分加氢重油、催化油浆和部分渣油加氢的柴油调和生产低硫船燃。对所有轻烃进行集中回收，采用液化气分离、轻石脑油分离和干气分离等工艺，优化蒸汽裂解原料。

按照 60 美元价格体系测算，全厂的产品收入情况如图 1-5 所示。从图中可以看出，本项目产品总收入为 484.13 亿元，其中汽煤柴的收入占到全厂总收入的 72%，蒸汽裂解原料和低硫船燃的收入分别占全厂 11%；还有混合二甲苯、丙烯和硫黄等产品收入之和，占全厂的 6%。

按照目前国内的成品油价格定价体系和效益测算价格体系，本项目的效益非常好，税后内部收益率达到 20.31%，远大于项目基准内部收益率 12%的要求。

因此，对于生产以汽煤柴成品油为主的炼油厂来说，本项目的规划加工流程是合理的。

11.2 方案劣势

本项目规划加工流程比较简单，流程调节不灵活，难以灵活适应国际市场原油的变化；产品种类单一，成品油产量比较大，随着国内汽柴油产品的逐渐过剩，特别是国家逐渐放开成品油定价体制，难以灵活适应产品市场形势的变化。

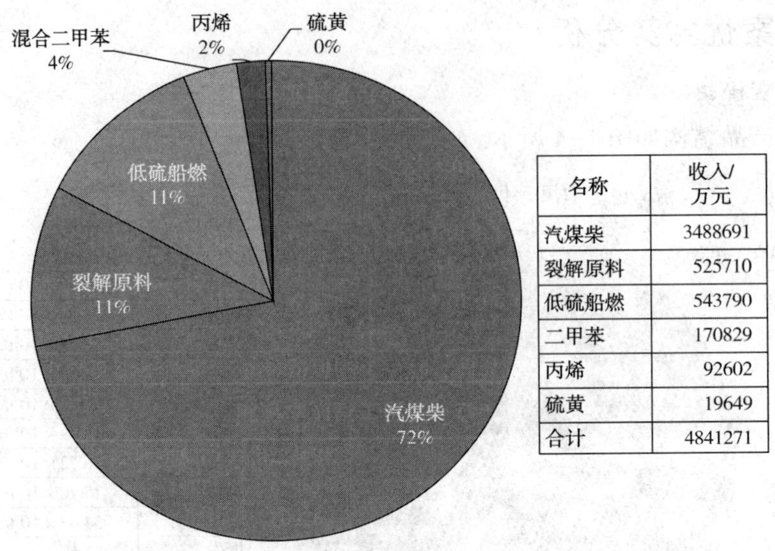

名称	收入/万元
汽煤柴	3488691
裂解原料	525710
低硫船燃	543790
二甲苯	170829
丙烯	92602
硫黄	19649
合计	4841271

图 1-5　产品收入示意图

（1）重油加工流程较简单，流程调节不灵活，原油适应性不强

本项目重油加工路线采用了“固定床渣油加氢+催化裂化”的加工流程，全厂只设 1 套渣油加氢装置，其进料为减压渣油和催化柴油的混合原料，混合原料的平均残炭为 14. 42%，基本达到装置设计的上限范围。减压渣油残炭为 15. 89%，实沸点切割点为 460+℃，其中还包含有 460 ~520℃轻蜡油馏分，收率约为 7. 99%，这部分轻蜡油不能直接进加氢裂化或催化裂化加工，没有做到各个馏分各尽其用。

全厂只有 1 套渣油加工装置，每隔 12 ~ 16 个月要进行更换催化剂，这期间要考虑调整原油加工种类，加工低硫低残炭低氮含量的优质原油，这样会直接减少全厂加工效益。

2）产品种类单一，成品油产量大，适应市场能力差

本项目的主要产品是汽煤柴成品油，产量达到 6.4335×10^6t/a，占全厂 62%，销售收入占全厂 72%，汽柴油的价格和销售情况对全厂的收入起着决定性的作用，直接影响着全厂效益的好坏。

随着今后民营企业超大规模炼化一体化项目的投产和大量成品油产量释放，同时又伴随着电动汽车和氢能汽车的蓬勃发展，可以预计在未来一段时间内，汽柴油的消费需求难以有大的增长空间，这对本项目盈利能力是个严峻考验。

12　研究结论

12. 1　主要技术经济指标

本项目为大型炼化项目，生产的汽柴油产品全部满足国Ⅵ质量标准要求。按照“污染集中治理、节省投资与占地、综合利用、节能降耗、合理优化”的原则，本项目酸性水分类集中处理，脱硫富溶剂集中再生，与硫黄回收联合布置，统一管理、联合操作，能够实现全厂酸性气、酸性水处理的长周期安全稳定运行；通过采取多种切实可行的节能措施和环境保护措施，能够有效实现节能减排，满足国家建设资源节约型和环境友好型社会的要求。

本项目主要技术指标情况见表 1-48。

表 1-48　主要技术指标汇总表

项目	数值	备注	项目	数值	备注
商品产品			纯氢	10^4t/a	8.67
95$^{\#}$国Ⅵ乙醇汽油组分油/(10^4t/a)	310.50		自用燃料		
航煤/(10^4t/a)	154.29		催化烧焦/(10^4t/a)	29.75	
柴油/(10^4t/a)	178.55		自用干气/(10^4t/a)	12.75	
蒸汽裂解原料/(10^4t/a)	151.94		自用天然气/(10^4t/a)	11.85	
富乙烯气体	3.33		公用工程		
富乙烷气体	7.51		新鲜水/(t/h)	214.5	
丙烷	14.61		电(总用电负荷)/MW	110.98	
正丁烷	17.94		电(外购电负荷)/MW	83.29	
正戊烷	10.01		蒸汽/(t/h)		
正己烷	14.73		3.5MPa 蒸汽	314.2	外购
拔头油	25.00		综合能耗/(kgEO/t 原油)	93.97	
加裂尾油	58.82		年能源消费总量/10^4t 标煤	134.24	
低硫船燃/(10^4t/a)	100.00		占地面积/h_a^2	360	
其他产品/(10^4t/a)	80.81		定员/人	800	
混合二甲苯	38.89		经济指标		
丙烯	16.72		总投资/万元	1923980	
硫黄	25.20		建设投资(含增值税)/万元	1631339	
外购原料及燃料			建设投资(不含税)/万元	1496641	
原油/(10^4t/a)	1000.00		建设期利息/万元	74909	
天然气/(10^4t/a)	11.85	煤制氢提供	税后财务内部收益率/%	20.31	
外购碳四/(10^4t/a)	8.90		税后投资回收期/a	9.6	含建设期 3a
乙烯氢/(10^4t/a)	2.62				

12.2　研究结论

根据要求，本项目规划方案以加工 10.0Mt/a 科威特原油为研究基础，渣油加工采用固定床渣油加工路线，生产满足国Ⅵ标准的汽柴油(柴汽比不大于 1)，同时生产不少于 1.50Mt/a 的 3$^{\#}$航空煤油和 1.0Mt/a 的低硫船用燃料油，并提供不少于 1.50Mt/a 的蒸汽裂解原料，不生产对二甲苯。

本项目在满足上述产品方案要求的基础上，对全厂的加工总流程进行了优化。按照“分子炼油”理念，全厂炼化一体统一优化，尽可能实现“宜油则油、宜烯则烯、宜芳则芳”的原则，从而降低全厂工艺总用能。

本项目从原料处理、加工到产品精制均采用了先进、成熟、可靠的工艺技术，从各个加工环节入手，采取切实可行节能措施和环境保护措施，在生产过程环节能够有效降低项目加工能耗，控制和减少“三废”污染物的排放量，努力实现社会效益、环境效益、经济效益的协同发展。

本项目总投资为1923980万元。其中建设投资1631339万元，建设期利息74909万元，铺底流动资金65320万元。项目实施后，年均可实现营业收入4808996万元，利润总额401612万元，上缴增值税、营业税金和附加和所得税1498037万元，净利润301209万元。税后财务内部收益率为20.31%，税后投资回收期为9.6a(含建设期3a)。

综上所述，本项目采用先进、成熟、可靠的工艺技术、合理的加工流程，生产的各项产品均能满足国家最新的质量标准要求以及下游生产和环保要求。项目财务内部收益率和回收期等经济指标均好于行业基准值，具有良好的经济效益，同时也具有良好的社会效益。

因此，本项目规划加工方案是可行的。

第二部分　类科威特原油调和

1　原油调和基准

根据大作业的要求，选择一种或两种原油混合后替代科威特原油(类科威特原油)，要求调和后的混合原油的硫含量、API和各段组分收率与科威特原油接近。

根据上述作业要求，从中国石化原油数据库中选择了沙轻原油和沙重原油两种原油进行调和试算，两种原油的一般性质见表2-1，两种原油的实沸点切割数据见表2-2和表2-3。

表2-1　原油一般性质表

项目	沙轻原油	沙重原油	项目		沙轻原油	沙重原油
API	34.11	28.17	金属分析/(μg/g)	Fe	0.9	1.8
密度(20℃)/(kg/m^3)	854.4	886.2		Ni	3	17.7
硫含量/%(质)	2	3.1		V	10.2	55
氮含量/(μg/g)	1000	1300		Ca	0.3	0.6
凝固点/℃	-31	-50		Na	0.4	1.1
酸值/(mgKOH/g)	0.05	0.24	残炭/%(质)		4.32	8
水分/%(质)	0.05		盐含量/(mgNaCl/L)		1.7	13
蜡含量/%(质)	3.8	3	特性因数 K		11.9	11.9
胶质/%(质)	6.1	10.5	原油基属		中间基	中间基
沥青质/%(质)	1.1	3.7				

表 2-2　沙轻原油实沸点切割数据

原油编号	SAL	SAL	SAL	SAL	SAL	SAL	SAL	SAL	SAL	SAL	SAL	SAL	SAL	SAL	SAL	SAL	SAL	SAL	SAL	SAL	SAL	SAL	SAL	SAL
评价日期	2009.12	2009.12	2009.12	2009.12	2009.12	2009.12	2009.12	2009.12	2009.12	2009.12	2009.12	2009.12	2009.12	2009.12	2009.12	2009.12	2009.12	2009.12	2009.12	2009.12	2009.12	2009.12	2009.12	2009.12
序号	1	2	3	4	5	6	7	8	9	10	11	12	13	14	15	16	17	18	19	20	21	22	23	24
初馏点/℃	0	15	60	80	100	120	140	165	180	200	220	240	250	275	300	320	350	395	425	450	470	500	520	540
终馏点/℃	15	60	80	100	120	140	165	180	200	220	240	250	275	300	320	350	395	425	450	470	500	520	540	999
馏分段体积收率/%(体)	1.72	3.70	3.04	3.34	2.97	3.86	4.96	2.91	3.84	3.75	3.65	1.79	4.42	4.43	3.60	5.10	4.58	4.81	4.24	3.06	3.99	2.32	2.12	17.81
馏分段重量收率/%(体)	0.97	2.99	2.15	2.53	2.85	3.21	4.65	2.46	3.52	3.25	3.65	1.72	4.59	4.23	3.41	5.24	4.98	5.29	4.73	3.05	4.76	2.06	2.19	21.28
API	120.32	92.03	77.30	69.01	60.84	57.96	53.42	50.64	47.97	45.91	43.43	41.30	38.80	35.71	33.56	30.46	25.90	24.15	22.68	20.74	18.81	17.58	16.52	6.49
20℃密度/(kg/L)	0.56	0.63	0.67	0.70	0.72	0.74	0.76	0.77	0.78	0.80	0.80	0.81	0.83	0.84	0.85	0.87	0.90	0.90	0.92	0.93	0.94	0.95	0.95	1.02
20℃运动黏度 cSt	0.35	0.43	0.52	0.61	0.70	0.80	0.97	1.17	1.43	1.81	2.40	2.91	3.75	5.54	7.87	12.62	34.98	56.52	118.98	233.60	444.73	912.09	1651.01	6767900
40℃运动黏度 cSt	0.31	0.37	0.43	0.50	0.56	0.63	0.74	0.88	1.08	1.32	1.68	1.98	2.45	3.37	4.49	6.59	15.77	22.51	41.48	70.55	121.52	220.10	354.87	268793
100℃运动黏度 cSt	0.26	0.29	0.32	0.35	0.37	0.41	0.45	0.51	0.57	0.66	0.73	0.78	0.77	1.12	1.45	1.93	3.39	4.22	6.02	8.25	12.06	17.81	22.76	892.13
20℃折光率	1.36	1.36	1.38	1.40	1.41	1.42	1.43	1.43	1.44	1.44	1.45	1.46	1.46	1.47	1.48	1.49	1.52	1.56	1.58	1.60	1.63	1.65	1.67	1.80
70℃折光率	1.32	1.33	1.37	1.48	1.48	1.48	1.48	1.48	1.48	1.48	1.48	1.48	1.48	1.48	1.48	1.48	1.48	1.49	1.49	1.50	1.51	1.51	1.52	1.55
苯胺点/℃	109.00	80.00	80.00	72.00	65.00	59.00	54.00	54.00	57.00	60.00	65.00	66.00	67.00	68.00	73.00	73.00	75.00	79.00	80.00	82.00	83.00	84.00	85.00	88.00
硫含量/%(质)	0.01	0.05	0.05	0.05	0.04	0.04	0.03	0.04	0.04	0.13	0.23	0.40	0.81	1.19	1.50	1.90	2.50	2.55	2.60	2.72	2.90	3.10	3.30	4.40
硫醇硫含量/(μg/g)	1.00	20.00	37.00	39.00	31.00	18.00	16.00	39.00	70.00	91.00	90.00	79.00	61.00	40.00	27.00	19.00	13.00	10.00	8.00	6.00	4.00	3.00	2.00	0.00
总氮含量/(μg/g)	0.00	0.00	0.00	0.00	0.00	0.00	0.00	1.00	1.00	1.00	1.00	3.00	6.00	73.00	127.00	208.00	329.00	371.00	406.00	482.00	596.00	848.00	1100.00	3800.00
碱性氮含量/(μg/g)	0.00	0.00	0.00	0.00	1.00	3.00	7.00	13.00	18.00	26.00	34.00	41.00	50.00	65.00	79.00	96.00	125.00	155.00	178.00	198.00	220.00	243.00	262.00	396.00
凝点/℃	-179.00	-157.00	-140.00	-126.00	-116.00	-107.00	-95.00	-84.00	-50.00	-48.00	-38.00	-26.00	-22.00	-12.00	-6.00	2.00	16.00	22.00	28.00	32.00	36.00	28.00	40.00	42.00
倾点/℃	-176.00	-154.00	-137.00	-123.00	-113.00	-104.00	-92.00	-81.00	-70.00	-58.00	-46.00	-38.00	-28.00	-17.00	-7.00	2.00	14.00	24.00	29.00	33.00	36.00	40.00	42.00	45.00
雷氏蒸气压/kPa	25.40	18.94	14.13	9.85	6.40	3.04	0.39	0.00	0.00	0.00	0.00	0.00	0.00	0.00	0.00	0.00	0.00	0.00	0.00	0.00	0.00	0.00	0.00	0.00
酸值/(mgKoH/g)	0.00	0.00	0.00	0.00	0.00	0.00	0.00	0.00	0.00	0.00	0.00	0.00	0.00	0.00	0.00	0.00	0.03	0.02	0.02	0.02	0.02	0.02	0.03	0.01
研究法辛烷值	99.38	77.43	58.94	47.05	54.12	6.08	21.87	31.41	7.07															

续表

原油编号	SAL	SAL	SAL	SAL	SAL	SAL	SAL	SAL	SAL	SAL	SAL	SAL	SAL	SAL	SAL	SAL	SAL	SAL	SAL	SAL	SAL	SAL	SAL	SAL
十六烷指数	141.47	66.44	47.98	41.96	37.44	39.22	39.85	43.49	45.66	49.79	52.44	53.44	54.06	55.55	57.83	57.44	55.91	61.54	64.07	63.83	62.89	64.93	65.55	4.58
链烷烃体积含量/%	100.00	97.36	83.92	82.30	64.95	60.23	59.91	65.60	63.72	58.86	53.42	49.81	46.25	41.41	36.75	31.35	23.21	16.73	13.70	12.00	10.91	10.30	9.99	6.65
环烷烃体积含量/%	0.00	2.64	16.08	15.01	28.42	12.95	9.78	18.59	22.98	25.59	26.84	27.38	27.72	27.59	26.89	26.00	24.80	23.88	24.03	24.98	26.86	29.18	31.00	33.57
芳烃体积含量/%	0.00	0.00	0.00	2.69	6.63	26.82	30.31	15.67	13.23	15.29	18.80	21.06	23.02	25.69	28.77	32.89	40.11	46.85	49.95	51.10	50.96	50.18	49.62	57.00
H 含量/%(质)	17.52	16.68	16.01	15.53	14.87	14.40	14.19	14.34	14.24	14.12	13.94	13.77	13.56	13.31	13.13	12.89	12.39	11.95	11.75	11.63	11.53	11.43	11.33	10.08
C 含量/%(质)	82.49	83.32	83.99	84.47	85.13	85.65	85.82	85.59	85.64	85.68	85.71	85.72	85.70	85.62	85.52	85.44	85.41	85.41	85.40	85.39	85.36	85.29	85.20	84.69
碳氢比	4.71	5.00	5.25	5.44	5.72	5.95	6.05	5.97	6.01	6.07	6.15	6.23	6.32	6.43	6.51	6.63	6.89	7.15	7.27	7.34	7.40	7.46	7.52	8.40
K 值	13.83	12.90	12.50	12.30	12.20	12.00	12.00	11.90	11.90	11.90	12.00	11.90	11.90	11.80	11.90	11.80	11.70	11.80	11.80	11.80	11.80	11.80	11.80	11.62
相关指数	-4.03	2.61	6.81	12.33	14.24	17.36	19.75	21.21	21.28	22.58	22.59	24.73	27.93	31.84	31.37	37.69	44.97	43.54	46.94	50.02	52.73	54.83	56.39	80.65
平均相对分子质量	54.90	72.49	85.94	98.00	108.47	117.11	132.38	146.18	157.56	171.77	186.51	197.95	211.64	232.67	253.13	275.34	311.77	354.35	385.01	409.92	437.80	468.70	493.10	625.54

表 2-3 沙轻原油实沸点切割数据

原油编号	SAH	SAH	SAH	SAH	SAH	SAH	SAH	SAH	SAH	SAH	SAH	SAH	SAH	SAH	SAH	SAH	SAH	SAH	SAH	SAH	SAH	SAH	SAH	SAH
评价日期	2008.12	2008.12	2008.12	2008.12	2008.12	2008.12	2008.12	2008.12	2008.12	2008.12	2008.12	2008.12	2008.12	2008.12	2008.12	2008.12	2008.12	2008.12	2008.12	2008.12	2008.12	2008.12	2008.12	2008.12
序号	1	2	3	4	5	6	7	8	9	10	11	12	13	14	15	16	17	18	19	20	21	22	23	24
初馏点/℃	0	15	60	80	100	120	140	165	180	200	220	240	250	275	300	320	350	395	425	450	470	500	520	540
终馏点/℃	15	60	80	100	120	140	165	180	200	220	240	250	275	300	320	350	395	425	450	470	500	520	540	999
馏分段体积收率/%(体)	1.77	2.73	2.66	2.82	2.14	3	3.79	2.24	3	2.99	2.96	1.48	3.77	3.98	3.37	4.66	5.25	4.86	3.75	2.71	3.61	2.15	1.99	28.3
馏分段质量收率/%(体)	1.2	2.19	1.79	2.09	2.04	2.33	3.2	2.01	2.58	3.04	2.37	1.34	3.72	3.84	3.04	4.62	5.19	5.08	3.32	3.59	3.91	2.07	2.25	33.15
API	117.3	91.89	78.71	70.06	61.82	58.94	54.75	51.24	48.3	46.11	43.44	41.11	38.39	35.16	33.08	30.09	25.27	23.5	21.87	19.87	17.92	16.73	15.91	4.61
20℃密度/(kg/L)	0.5645	0.6348	0.6699	0.6976	0.7162	0.7356	0.7545	0.7696	0.7807	0.7954	0.804	0.8143	0.828	0.8491	0.8523	0.8726	0.9002	0.9052	0.9206	0.9312	0.9414	0.9509	0.9559	1.0376
20℃运动黏度 cSt	0.342974	0.412832	0.485678	0.57349	0.658481	0.760909	0.91	1.14	1.41	1.83	2.46	2.95	3.78	5.66	8.42	13.73	43.602	67.7408	182.195	455.668	920.397	1428.59	1683.72	509971
40℃运动黏度 cSt	0.31	0.36	0.42	0.48	0.54	0.61	0.73	0.88	1.08	1.37	1.75	2.05	2.5	3.45	4.78	7.1	18.53	25.3	55.57	112.18	200.09	306.28	385.22	161575
100℃运动黏度 cSt	0.26	0.28	0.31	0.34	0.37	0.41	0.46	0.52	0.6	0.7	0.81	0.9	1	1.27	1.6	2.05	3.68	4.41	6.89	9.61	14.3	20.17	26.43	12144.6

续表

原油编号	SAH	SAH	SAH	SAH	SAH	SAH	SAH	SAH	SAH	SAH	SAH	SAH	SAH	SAH	SAH	SAH	SAH	SAH	SAH	SAH	SAH	SAH	SAH	SAH
20℃折光率	1.3569	1.3623	1.3796	1.3931	1.4032	1.4138	1.4237	1.4322	1.438	1.445	1.4494	1.4545	1.4628	1.474	1.4752	1.4866	1.5312	1.5714	1.6017	1.6268	1.6543	1.6823	1.7046	1.9395
70℃折光率	1.3233	1.3313	1.3625	1.4775	1.478	1.4784	1.4789	1.4794	1.4798	1.4804	1.4809	1.4813	1.4817	1.4825	1.4831	1.4838	1.4833	1.4862	1.4944	1.5001	1.5066	1.512	1.5163	1.56
苯胺点/℃	102	81	81	73	66	59	56	57	58	61	67	67	67	66	72	71	75	78	78	79	80	81	82	86
硫含量/%(质)	0.000433	0.0024	0.0016	0.0022	0.0059	0.017	0.042	0.084	0.13	0.23	0.35	0.55	0.93	1.5	1.5	2.2	2.8	2.8	3	3.2	3.5	3.8	4	6.09543
硫醇硫含量/(μg/g)	1	7	12	15	15	13	10	6	4	3	3	3	3	4	5	5	5	5	4	4	3	2	2	0
总氮含量/(μg/g)	0	0	0	0	1	1	1	1	1	1	2	2	4	12	26	94	375	427	486	579	744	890	1100	3179
碱性氮含量/(μg/g)	0	0	0	0	0	0	0	0	0	0	1	1	2	6	13	31	76	126	172	212	257	304	343	758
凝点/℃	-180	-159	-143	-129	-119	-110	-98	-87	-50	-46	-38	-30	-24	-14	-6	2	16	22	28	30	30	28	26	66
倾点/℃	-177	-156	-140	-126	-116	-107	-95	-84	-73	-60	-47	-39	-30	-18	-9	0	12	21	26	30	33	36	39	69
雷氏蒸气压/kPa	24.9235	18.8744	14.1719	9.7735	6.3122	3.0469	0.4017	0	0	0	0	0	0	0	0	0	0	0	0	0	0	0	0	0
酸值/(mgKoH/g)	0	0.003	0.003	0.003	0.004	0.008	0.008	0.008	0.008	0.01	0.019	0.03	0.052	0.108	0.156	0.21	0.34	0.3	0.28	0.28	0.31	0.32	0.33	0.1593
研究法辛烷值	98.35	76.98	56.9	45.04	52.42	9.69	41.95	34.1				2.14												
十六烷指数	128.04	65.96	51.99	44.59	40.31	41.55	42.84	44.88	46.4	50.28	52.47	53	53.14	54.24	56.62	56.42	54.77	59.53	61.7	61.24	60.21	62.25	63.55	-46.75
链烷烃体积含量/%(体)	100	97.48	89.15	84.82	68.09	63.78	64.9	69.36	68.38	62.5	54.97	50.85	48.02	44.52	39.85	33.62	23.71	17.25	13.71	11.38	9.73	9.53	10.33	8.03
环烷烃体积含量/%(体)	0	2.52	10.85	13.79	26.83	17.96	9.62	14.71	22.29	26.38	26.8	27.55	29.37	31.01	30.14	28.32	27.15	28.24	29.73	31.01	32.74	35.47	38.3	40.29
芳烃体积含量/%(体)	0	0	0	1.4	5.08	18.26	25.48	15.93	9.15	10.44	16.97	19.52	18.77	16.85	18.71	23.52	31.03	34.43	36.59	39.21	41.98	42.41	40.8	50.27
H含量/%(质)	17.45	16.67	16.13	15.69	15.02	14.5	14.31	14.4	14.29	14.13	13.93	13.74	13.51	13.23	13.04	12.86	12.53	12.21	11.99	11.86	11.76	11.65	11.54	9.92
C含量/%(质)	82.55	83.33	83.87	84.31	84.98	85.6	85.75	85.52	85.51	85.5	85.48	85.46	85.39	85.24	85.06	84.92	84.87	84.91	84.91	84.87	84.77	84.62	84.48	83.32
碳氢比	4.73	5	5.2	5.37	5.66	5.9	5.99	5.94	5.99	6.05	6.14	6.22	6.32	6.44	6.53	6.6	6.77	6.96	7.08	7.16	7.21	7.26	7.32	8.4
K值	13.72	12.97	12.61	12.4	12.1	12.1	12.04	12	11.96	11.98	11.96	11.92	11.86	11.82	11.82	11.76	11.66	11.74	11.76	11.73	11.71	11.75	11.78	11.72
相关指数	-3.27	1.24	5.34	8.36	15.84	15.55	17.42	19.14	21.03	21.27	23.03	25.39	28.52	32.12	33.88	38.1	45.85	46.85	48.72	52.38	55.98	57.5	58.49	84.01
平均相对分子质量	56	72.62	86.06	98.66	109.36	117.69	133.11	146.5	157.75	171.91	186.55	197.83	211.42	232.28	252.68	274.65	313.01	352.29	383.31	407.93	435.54	466.19	491.1	692.18

2 原油调和结果

根据调和试算结果，当沙重原油：沙轻原油为 66：34 时，两种原油的调和结果与科威特原油评价数据比较接近，具体调和结果见表 2-4，调和原油与科威特原油偏差见表 2-5。

表 2-4 类科威特原油调和表与科威特原油对比表

项目	沙重	沙轻	调和原油	科威特
	2008. 12	2009. 12	（类科威特原油）	2004. 10
	中国石化原油数据库		调和数据	提供数据
调和比例/%(质)	66%	34%	100%	
调和比例/%(体)	65%	35%	100%	
API	27. 5	33. 4	30. 19	30. 20
原油相对密度(60℉/60℉)	0. 8862	0. 8544	0. 8751	0. 8752
硫含量/%(质)	3. 1	2	2. 726	2. 64
氮含量/(μg/g)	1300	1000	1196	956. 20
原油酸值/(mgKOH/g)	0. 24	0. 05	0. 18	0. 18
原油类别	中间基	中间基	中间基	中间基
切割温度/℃				
石脑油	165	165	165	165
煤油	240	240	240	240
柴油	350	350	350	350
蜡油	460	460	460	460
渣油	460+	460+	460+	460+
质量收率/%				
气体+液化气	0. 012	0. 030	0. 018	0. 014
石脑油	0. 136	0. 154	0. 142	0. 159
煤油	0. 100	0. 129	0. 110	0. 106
柴油	0. 166	0. 192	0. 175	0. 166
蜡油	0. 154	0. 165	0. 158	0. 165
渣油	0. 432	0. 330	0. 398	0. 390
煤油				
烟点/mm	25. 0391	23. 0715		25. 6
冰点/℃	-50. 2784	-52. 4812		-47
柴油				
十六烷指数	51. 7	52. 7	52. 1	50. 7
总氮含量/(μg/g)	42. 3	84. 6	56. 7	40. 4

续表

项目	沙重	沙轻	调和原油	科威特
	2008. 12	2009. 12	（类科威特原油）	2004. 10
	中国石化原油数据库		调和数据	提供数据
蜡油				
总氮含量/(μg/g)	360. 5	272. 2	330. 5	562. 9
康氏残炭/%(质)	0. 01	0. 01	0. 01	0. 01
镍/(μg/g)	<0. 01	<0. 01	<0. 01	<0. 01
钒/(μg/g)	<0. 01	<0. 01	<0. 01	<0. 01
渣油				
总氮含量/(μg/g)	2589. 55	2784. 08	2655. 69	2185
康氏残炭/%(质)	19. 15	13. 95	17. 38	15. 89
镍/(μg/g)	39. 83	10. 23	29. 77	27. 93
钒/(μg/g)	125. 63	33. 88	94. 44	80. 71

表 2-5　调和原油与科威特性质及收率偏差表

项目	调和原油	科威特	偏差值=调和原油-科威特	偏差值/科威特
API	30. 19	30. 20	-0. 01	-0. 03%
原油相对密度(60℉/60℉)	0. 8751	0. 8752	0. 000	-0. 01%
硫含量/%(质)	2. 726	2. 64	0. 09	3. 26%
原油酸值/(mgKOH/g)	0. 18	0. 18	0. 00	-2. 56%
原油类别	中间基	中间基		
切割温度/℃				
石脑油	165	165	0. 00	0. 00%
煤油	240	240	0. 00	0. 00%
柴油	350	350	0. 00	0. 00%
蜡油	460	460	0. 00	0. 00%
渣油	460+	460+	0. 00	0. 00%
质量收率/%				
气体+液化气	0. 013	0. 014	-0. 001	-8. 19%
石脑油	0. 153	0. 159	-0. 006	-3. 96%
煤油	0. 110	0. 106	0. 004	3. 48%
柴油	0. 173	0. 166	0. 007	4. 11%
蜡油	0. 158	0. 165	-0. 007	-4. 29%
渣油	0. 394	0. 390	0. 004	1. 03%

从表 2-5 中偏差数值可以看出，调和原油的 API、相对密度、硫含量、酸值以及石脑油、煤油、柴油、蜡油和渣油的收率偏差全部在±5%范围之内，只有气体和液化气收率偏差稍大，为-8.19%。

因此，沙轻原油和沙重原油参照 34：66 的比例(质量)调和，调和原油可以代替科威特原油进行加工。

第三部分　本企业优化思路研究

1　企业基本情况分析

1.1　全厂总流程特点

九江石化设计加工原油以鲁宁管输油为主，目前原油一次加工能力为 10.0Mt/a，九江石化全厂实际原油加工 8.0Mt/a，有两套 5.0Mt/a 常减压蒸馏装置，减压渣油由 0.50Mt/a 溶剂脱沥青装置、1.0Mt/a 延迟焦化装置和 1.70Mt/a 渣油加氢装置加工，直馏蜡油主要由 2.0Mt/a 加氢裂化装置加工。1.20Mt/a 1#催化裂化装置和 1.0Mt/a2#催化裂化装置主要加工加氢重油及部分轻蜡油。直馏石脑油经加氢后作为连续重整的进料。直馏柴油由柴油加氢装置加工，煤油由航煤加氢装置加工生产航煤，催化汽油由 S-Zorb 装置加工。另外，还有(0.13+0.30)Mt/a 气体分馏、0.10Mt/a 聚丙烯、0.02Mt/a MTBE、0.30Mt/a 烷基化、(4+2)$\times10^4m^3/h$ PSA 装置、0.08Mt/a 乙苯装置、0.08Mt/a 苯乙烯装置，以及硫黄回收装置和 $10\times10^4m^3/h$(标)煤制氢装置，0.89Mt/a PX 装置为在建装置。

九江石化全厂汽油的产量为 $179\times10^4t/a$，柴油产量 $302\times10^4t/a$，柴汽比为 1.68，柴汽比较高；全厂轻质油收率只有 76%，收率偏低，重油二次转化能力不足；同时，全厂还需运行延迟焦化装置，生产低附加值产品沥石油焦约 $30\times10^4t/a$，不能最大化生产轻质清洁产品，实现企业利益最大化。

1.2　重油加工路线分析

目前全厂总流程中重油加工路线为延迟焦化+渣油加氢+催化裂化+加氢裂化组合的加工路线。

由于重油加氢转化能力不足，所以部分减压渣油需要通过延迟焦化装置加工，生产石油焦等低附加值产品，造成全厂效益的损失。

1.3　产品结构及产品质量分析

全厂加工原油 $800.0\times10^4t/a$，主要生产汽油总量 $179.72\times10^4t/a$，其中 95#汽油 $30.0\times10^4t/a$，92#汽油 $149.72\times10^4t/a$；柴油产品 $302.35\times10^4t/a$，航煤产品 $100.0\times10^4t/a$，化工轻油 $22.26\times10^4t/a$，对二甲苯 $90.0\times10^4t/a$，苯乙烯 $6.41\times10^4t/a$，聚丙烯 $11.30\times10^4t/a$，石油焦 $29.95\times10^4t/a$，硫黄 $7.52\times10^4t/a$。

具体的原料和产品方案见表 3-1。

1.4　总体效益分析

九江石化全厂 2018 年的总体效益情况见表 3-2。

表 3-1　原料和产品方案

10^4t/a

原(料)油名称	加工量	产品名称	生产量
合计	929. 67	石脑油	6. 98
原油小计	800. 00	戊烷油	15. 28
管输混合油	800. 00	石油芳烃	109. 54
外购原料油小计	129. 67	苯	12. 05
外购天然气	9. 85	苯乙烯	6. 41
煤	44. 27	对二甲苯	90. 00
MTBE 未反应 C_4	33. 35	重芳烃	1. 08
外购混合二甲苯	22. 20	商品液化气	52. 53
外购石脑油	20. 00	聚丙烯	11. 30
产品名称	生产量	聚丙烯	11. 30
合计	929. 67	其他产品	11. 21
商品小计	800. 97	丙烷	2. 45
自用小计	92. 03	丙烯	0. 35
损失小计	36. 68	硫黄	7. 52
汽煤柴小计	582. 06	氨	0. 89
汽油	179. 72	石油沥青	12. 07
92#国Ⅵ汽油	149. 72	沥青	12. 07
95#国Ⅵ汽油	30. 00	自用小计	92. 03
煤油	100. 00	催化烧焦	17. 13
航煤	100. 00	自用干气	44. 93
柴油	302. 35	自用石油焦	29. 95
国Ⅵ柴油	302. 35	苯乙烯用焦油	0. 02
化工轻油	22. 26	损失	36. 68

表 3-2　总体效益表

序号	项目	指标值/万元	原料利润/(元/t)
1	营业收入	4556955	5207
2	营业税金及附加	1046118	1195
3	总成本费用	3339810	3816
4	利润总额	171028	195
5	应纳所得税额	171028	195
6	所得税	42757	49
7	净利润	128271	147

从表 3-2 中可以看出，九江石化的吨原料利润比较低，只有 147 元/吨原料，比中国石化 2018 年平均吨原料利润低约 100 元/t。

2 优化方案

2.1 优化方案内容

2.1.1 新建催柴加裂装置+加氢裂化改造+1#重整扩能改造(方案一)

新建 100.0×10⁴t/a 催化柴油加氢裂化，加工 36.63×10⁴t/a 催化柴油、19.13×10⁴t/a 焦化柴油、19.43×10⁴t/a 渣油加氢柴油及 20.0×10⁴t/a 直馏柴油，生产的重石脑油作为重整原料，重石脑油收率 40.64%。加氢裂化装置加工量 200×10⁴t/a，包括 20×10⁴t/a 催化柴油、151.06×10⁴t/a 直馏蜡油及 28.94×10⁴t/a 直馏柴油，加氢裂化装置需更换多产重石脑油催化剂并进行改造，重石脑油收率 53.73%。1#重整扩能改造至 100×10⁴t/a。

方案一的总流程详见附图 3。

2.1.2 加氢裂化最大化生产重石脑油改造+1#重整扩能改造(方案二)

加氢裂化装置需更换为最大化生产重石脑油催化剂并进行改造，最大化生产重石脑油，加工原料 200×10⁴t/a，包括 57.39×10⁴t/a 催化柴油、142.61×10⁴t/a 减压蜡油，重石脑油(重整原料)收率 68.20%，不出航空煤油和柴油。1#重整需进行扩能改造至 100×10⁴t/a。

方案二的总流程详见附图 4。

2.1.3 新建沸腾床渣油加氢装置(方案三)

由于目前沿江原油管输复线已建成投用，本方案利用九江石化两条原油管输管道的有利条件，在一条原油管道提供 600×10⁴t/a 管输原油的同时，另一条管道提供 200×10⁴t/a 沙重原油，使全厂原油重质化劣质化，降低原油采购成本。解决现有工艺装置加工劣质原油能力不足的缺陷，并多产石脑油，满足重整原料的需求，降低延迟焦化装置的负荷及进料的硫含量，在减少石油焦产量的同时，使石油焦满足低硫焦的产品要求。

新增 200×10⁴t/a 沸腾床加氢装置加工减压渣油和催化油浆，沸腾床生产的石脑油和柴油经现有汽柴油加氢装置精制后，精制石脑油作为重整原料，精制柴油作为柴油产品调和组分，沸腾床蜡油、直馏重蜡油及部分减压渣油经固定床渣油加氢装置加工处理后作为现有两套催化裂化装置的原料，沸腾床未转化重油作为现有延迟焦化装置的原料，两套催化裂化装置加工固定床渣油加氢装置生产加氢重油和部分轻蜡油。

方案三的总流程详见附图 5。

2.2 各方案工艺装置组成

各方案新建及改造工艺装置组成详见表 3-3。

表 3-3 工艺装置组成

10⁴t/a

序号	装置名称	方案一	方案二	方案三
1	催化柴油加氢裂化	100		100
2	加氢裂化改造	多产石脑油改造	最大化生产石脑油改造	多产石脑油改造
3	1#重整扩能改造	100	100	100
4	气体分馏扩能改造			
5	PSA 扩能改造	4+4	4+4	4+6
6	沸腾床渣油加氢			200

2.3 原料及产品结构

全厂原料及产品结构详见表 3-4。

表 3-4　全厂原料及产品结构表　　10^4t/a

原料产品名称/方案	基础流程	方案一	方案二	方案三
原料				
合计	929.67	897.52	881.10	929.42
原油小计	800.00	800.00	800.00	800.00
管输混合油	800.00	800.00	800.00	600.00
沙重原油	0.00	0.00	0.00	200.00
外购原料油小计	129.67	97.52	81.10	129.42
外购天然气	9.85	15.32	15.31	6.12
煤	44.27	51.37	37.79	67.75
MTBE 未反应 C_4	33.35	30.84	28.00	33.35
外购混合二甲苯	22.20	0.00	0.00	22.20
外购石脑油	20.00	0.00	0.00	0.00
产品				
商品小计	830.92	780.33	775.17	811.80
汽煤柴小计	582.06	469.49	444.80	563.63
汽油	179.72	215.78	206.55	187.56
92#国Ⅵ乙醇基础油	149.72	155.78	146.55	151.56
95#国Ⅵ乙醇基础油	30.00	60.00	60.00	36.00
航煤	100.00	91.94	60.53	99.19
国Ⅵ柴油	302.35	161.77	177.73	276.88
化工轻油	22.26	57.58	65.73	39.24
沥青	12.07	27.70	27.80	0.00
石油芳烃	109.54	125.11	125.13	109.64
苯	12.05	16.87	16.80	11.66
苯乙烯	6.41	6.70	6.78	6.90
对二甲苯	90.00	100.00	100.00	90.00
重芳烃	1.08	1.54	1.54	1.08
商品液化气	52.53	59.80	68.63	59.33
聚丙烯	11.30	11.30	11.30	11.30
其他产品	11.21	12.87	12.85	14.49
丙烷	2.45	2.57	2.59	2.61
丙烯	0.35	0.91	1.00	1.13
硫黄	7.52	8.44	8.37	9.94
氨	0.89	0.96	0.90	0.81
石油焦	29.95	16.47	18.91	14.17
自用小计	62.07	74.70	74.47	61.71
催化烧焦	17.13	17.93	17.78	16.00
自用干气	44.93	56.75	56.68	45.70

续表

原料产品名称/方案	基础流程	方案一	方案二	方案三
苯乙烯用焦油	0.02	0.02	0.02	0.02
损失	36.68	42.50	31.46	55.91
技术经济指标				
轻油总量	713.86	652.18	635.66	712.52
轻油收率	76.79%	72.58%	72.06%	76.66%
(柴+煤)/汽	2.24	1.18	1.15	2.01
柴/汽	1.68	0.75	0.86	1.48

2.4 氢气平衡

全厂氢气平衡见表3-5。

表3-5 全厂氢气平衡表 $10^4 t/a$

氢气平衡	方案一		方案二		方案三	
	重整氢	氢气	重整氢	氢气	重整氢	氢气
产氢						
1#重整	8.57		8.57			
2#重整	10.71		10.54		12.85	
煤制氢		8.88		6.53		11.71
1#PSA		1.8		1.8		1.80
2#PSA		6.93		6.4		3.57
合计	19.28	17.61	19.11	14.73	12.85	17.08
用氢						
渣油加氢		4.2		4.2		3.82
沸腾床加氢						5.65
加氢裂化		7.85		9.71		7.04
催柴加氢裂化		4.73				
连续重整		0.79		0.78		0.53
烷基化		0.04		0.04		0.04
汽柴油加氢	1.7		1.42		1.97	
柴油加氢			1.80		1.93	
航煤加氢	0.22		0.22		0.23	
重整预加氢	0.3		0.27		0.31	
PX装置	2.7		2.70		2.15	
PSA	14.1		12.44		5.99	
S-Zorb	0.26		0.26		0.27	
合计	19.28	17.61	19.11	14.73	12.85	17.08

3 建设投资估算

3.1 投资估算

3.1.1 建设投资估算范围

本项目建设投资估算范围包括优化方案涉及的工艺生产装置及需要的配套系统工程建设所需要的固定资产投资、无形资产投资、其他资产投资和预备费。

主要工程范围及内容如下：

1）工艺生产装置：

主要包括新建 1.0Mt/a 催化柴油加氢裂化、1[#]重整扩能改造、气体分馏扩能改造、PSA 扩能改造以及新建 2.0Mt/a 沸腾床渣油加氢装置改造等装置。

2）配套系统工程：包括由于新建装置和改造扩能装置引起的配套总图运输、储运工程、给排水工程、供热工程、供配电与电信和辅助设施等工程改造。

3.1.2 投资估算办法

（1）工程费估算

对于新建工艺生产装置参考同类装置概算，按照规模系数进行估算投资，对于改扩建装置按照估算的工程量进行估算投资，配套系统工程按工艺装置改动量估算投资。

（2）固定资产其他费估算

固定资产其他费按照工程费的 12.4%估算。

（3）无形资产投资估算

无形资产投资估算暂按照装置投资的 2.34%估算。

（4）其他资产投资估算

其他资产投资按照固定资产投资的 0.5%估算。

（5）预备费估算

基本预备费按固定资产、无形资产和其他资产投资之和的 6%估算。

（6）抵扣增值税

可抵扣增值税按照建设投资的 9%估算。

3.1.3 投资估算结果

本项目 3 个优化方案的建设投资估算结果详见表 3-6。

表 3-6 建设投资估算表 万元

项目或费用名称	方案一	方案二	方案三
建设投资(含增值税)	201098	129580	248973
建设投资(不含增值税)	184494	118880	228416
固定资产投资	195790	127042	241700
工程费	174190	113430	215200
工艺生产装置	133990	84020	195280
加氢裂化改造	8000	8000	
催化柴油加氢裂化	49970		
沸腾床加氢			195280

续表

项目或费用名称	方案一	方案二	方案三
1#连续重整	70270	70270	
PSA	5750	5750	
配套系统工程	40200	29410	19920
固定资产其他费	21600	13612	26500
无形资产投资	3130	1130	4580
其他资产投资	979	635	1209
预备费	1199	773	1485
增值税抵扣额	16604	10700	20557

3.2 总投资估算

3.2.1 建设期利息估算

本项目建设投资中自有资金比例为30%，其余按银行贷款考虑。银行贷款名义年利率为4.99%。

3.2.2 流动资金估算

由于本项目是局部优化改造项目，故暂不考虑流动资金的变化。

3.2.3 总投资估算

本项目总投资包括建设投资和建设期利息，总投资估算结果详见表3-7。

表3-7 总投资估算表 万元

序号	工程或费用名称	方案一	方案二	方案三
1	总投资(含税)	204321	131656	252963
2	总投资(不含税)	187717	120957	232406
3	建设投资(含增值税)	201098	129580	248973
4	建设投资(不含增值税)	184494	118880	228416
5	建设期利息	3223	2077	3990

3.2.4 资金使用计划

本项目是局部改造，方案优化项目，故按照建设期1a考虑，建设投资第1年全部投入使用。

4 财务评价

4.1 财务评价依据、基础数据与参数

1）项目建设期为1a，生产期为15a。生产期各年生产负荷均为100%。

2）原料产品及公用工程价格：

a)原料产品价格：

本报告以经济技术研究院推荐的布伦特原油60美元/桶测算价格为基准，并结合物料品质确定原料产品价格见表3-8(不含增值税)。

表 3-8　原料产品价格表　　元/t

名称	价格	备注	名称	价格	备注
原料			沥青	2117	
管输混合油	2740	按阿曼：胜利=2：8价格估算	石油芳烃		
			苯	4333	
沙重原油	2572		苯乙烯	7632	
煤	513		对二甲苯	5009	
MTBE 未反应 C_4	3626		重芳烃	3504	
外购混合二甲苯	4393		商品液化气	3626	
外购石脑油	3704		聚丙烯	7162	
产品			其他产品	0	
92#国Ⅵ乙醇基础油	6026		丙烷	3626	
95#国Ⅵ乙醇基础油	6367		丙烯	5538	
航煤	4106		硫黄	780	
国Ⅵ柴油	4918		氨	265	
化工轻油	3704		石油焦	770	

b)辅助材料按照400万元考虑。

c)公用工程采用厂方提供价格（不含增值税）：新鲜水，2.354元/t；电价，0.4783元/(kW·h)；3.5MPa蒸汽，190元/吨。

3）本项目新增20人，人均工资及附加按180000元/(人·a)计列。

4）固定资产折旧年限按15a考虑，净残值率为3%，修理费率为固定资产原值(不含建设期利息)的3%。

5）除折旧费、修理费以外的其他制造费用，以项目总定员为基数，按30000元/人·a计取。

6）无形资产和其他资产分别按10a、5a平均摊销。

7）土地使用税暂不考虑。

8）固定资产保险费按照固定资产原值(不含建设期利息)的0.4%计取，其他管理费按50000元/人·a计取。

9）安全生产费用按照建筑安装工程费(建筑安装费用按照建设投资的25%计取)的1.5%计取。

10）生产期内发生的长期借款和流动资金借款利息，计入当年财务成本费用。

11）营业费用按营业收入的0.05%计取。

12）营业税金及附加：

a)增值税：除水、蒸汽、天然气的税率为9%外，其余均为13%。

b)消费税：汽油2109.8元/t、柴油1411.2元/t。

c）城市维护建设税和教育费附加之和按增值税和消费税之和的12%计取。

13）损益估算：

本项目企业所得税税率25%。

14）项目所得税后财务基准内部收益率为12%。

4.2 财务分析结果

本项目主要技术经济指标见表3-9。

表3-9 主要技术经济指标汇总表(60美元价格体系) 万元

项目	方案一	方案二	方案三	备注
总投资	204321	131656	252963	含税价
建设投资	201098	129580	248973	含税价
建设期利息	3223	2077	3990	
盈利能力				
营业收入	-237926	-278920	-8447	生产期内平均
营业税金及附加	-140455	-136838	-22957	生产期内平均
增值税	-28955	0	-10223	生产期内平均
总成本	-124384	-153102	-44733	生产期内平均
经营成本	-138304	-163091	-64016	生产期内平均
总操作费用	-124384	-153102	-44733	生产期内平均
利润总额	26912	11019	59242	生产期内平均
所得税	6728	2755	14811	生产期内平均
税后利润	20184	8265	44432	生产期内平均
评价指标				
财务净现值(税前)	433407	199771	956140	
财务净现值(税后)	332487	158448	733982	
内部收益率(税前)	14.71%	11.49%	21.96%	
内部收益率(税后)	12.22%	9.73%	18.49%	

从表3-9中可以看出，优化方案一和方案三的税后收益率大于基准收益率(12%)的要求，方案二的税后收益率没有达到基准收益率的要求。

各个优化方案下的原料投入预测见表3-10；各个优化方案下的产品收入预测见表3-11；各个优化方案下的公用工程成本预测见表3-12；各个优化方案下的营业税及附加预测见表3-13；各个优化方案下的利息计算表见表3-14；各个优化方案下的成本费用表见表3-15；各个优化方案下的利润表见表3-16；各个优化方案下的现金流量表见表3-17。

表3-10 原料成本预测(方案一)

项目	价格(不含税价)/(元/t)	消耗量/10^4t	增值税率/%	金额(不含税)/万元	进项税额/万元
管输混合油	2740	0.00	13	0	0
外购天然气		0.00	13	0	0
煤	513	7.10	13	3644	474
MTBE未反应C_4	3626	-2.51	9	-9100	-819
外购混合二甲苯	4393	-22.2	13	-97528	-12679

续表

项目	价格(不含税价)/(元/t)	消耗量/10^4t	增值税率/%	金额(不含税)/万元	进项税额/万元
外购石脑油	3704	-20	13	-74084	-9631
合计		-37.61		-177069	-22655

续表 3-10 原料成本预测(方案二)

项目	价格(不含税价)/(元/t)	消耗量/10^4t	增值税率/%	金额(不含税)/万元	进项税额/万元
管输混合油	2740		13	0	0
外购天然气			13	0	0
煤	513	-6.48	13	-3326	-432
MTBE 未反应 C4	3626	-5.35	9	-19397	-1746
外购混合二甲苯	4393	-22.2	13	-97528	-12679
外购石脑油	3704	-20	13	-74084	-9631
合计		-54.03		-194336	-24488

续表 3-10 原料成本预测(方案三)

项目	价格(不含税价)/(元/t)	消耗量/10^4t	增值税率/%	金额(不含税)/万元	进项税额/万元
管输混合油	2740	-200.00	13.00	-548039	-71245
沙重原油	2572	200.00	13.00	514362	66867
外购天然气			13.00	0	0
煤	513	23.48	13.00	12052	1567
MTBE 未反应 C_4	0	0.00	9.00	0	0
外购石脑油	3704	-20.00	13.00	-74084	-9631
合计		3.48		-95709	-12442

表 3-11 产品收入预测(方案一)

产品名称	价格(不含税价)/(元/t)	消耗量/10^4t	增值税率/%	金额(不含税)/万元	销项税额/万元	含税价/(元/t)	增值税/(元/t)	消费税/(元/t)
92#国Ⅵ乙醇油	6026	6.06	13	36520	4748	6810	783	2109.9
95#国Ⅵ乙醇油	6367	30	13	191025	24833	7195	828	2109.9
航煤	4106	-8.06	13	-33092	-4302	4639	534	1495.2
国Ⅵ柴油	4918	-140.58	13	-691347	-89875	5557	639	1411.2
化工轻油	3704	35.32	13	130833	17008	4186	482	
沥青	2117	15.63	13	33082	4301	2392	275	
石油芳烃	0		13	0	0			
苯	4333	4.82	13	20887	2715	4897	563	
苯乙烯	7632	0.29	13	2213	288	7958	326	

续表

产品名称	价格(不含税价)/(元/t)	消耗量/10^4t	增值税率/%	金额(不含税)/万元	销项税额/万元	含税价/(元/t)	增值税/(元/t)	消费税/(元/t)
对二甲苯	5009	10	13	50085	6511	5660	651	
重芳烃	3504	0.46	13	1612	210	3960	456	
商品液化气	3626	7.27	9	26359	2372	3952	326	
聚丙烯	7162	0	13	0	0	8094	931	
其他产品	0		13	0	0			
丙烷	3626	0.12	9	435	39	3952	326	
丙烯	5538	0.56	13	3102	403	6258	720	
硫黄	780	0.92	13	717	93	881	101	
氨	265	0.07	13	19	2	300	35	
石油焦	770	-13.48	13	-10375	-1349	870	100	
合计		-57		-237926	-32002			

续表 3-11　产品收入预测(方案二)

产品名称	价格(不含税价)/(元/t)	消耗量/10^4t	增值税率/%	金额(不含税)/万元	销项税额/万元	含税价/(元/t)	增值税/(元/t)	消费税/(元/t)
92#国Ⅵ乙醇油	6026	-3.17	13	-19104	-2483	6810	783	2109.9
95#国Ⅵ乙醇油	6367	30	13	191025	24833	7195	828	2109.9
航煤	4106	-39.47	13	-162052	-21067	4639	534	1495.2
国Ⅵ柴油	4918	-124.62	13	-612858	-79672	5557	639	1411.2
化工轻油	3704	43.47	13	161022	20933	4186	482	
沥青	2117	15.73	13	33293	4328	2392	275	
石油芳烃	0	15.59	13	0	0	0	0	
苯	4333	4.75	13	20583	2676	4897	563	
苯乙烯	7632	0.37	13	2824	367	7958	326	
对二甲苯	5009	10	13	50085	6511	5660	651	
重芳烃	3504	0.46	13	1612	210	3960	456	
商品液化气	3626	16.1	9	58373	5254	3952	326	
聚丙烯	7162	0	13	0	0	8094	931	
其他产品	0	1.64	13	0	0	0	0	
丙烷	3626	0.14	9	508	46	3952	326	
丙烯	5538	0.65	13	3600	468	6258	720	
硫黄	780	0.85	13	663	86	881	101	
氨	265	0.01	13	3	0	300	35	
石油焦	770	-11.04	13	-8497	-1105	870	100	
合计		-35		-278920	-38615			

续表 3-11　产品收入预测(方案三)

产品名称	价格(不含税价)/(元/t)	消耗量/10^4t	增值税率/%	金额(不含税)/万元	销项税额/万元	含税价/(元/t)	增值税/(元/t)	消费税/(元/t)
92#国Ⅵ乙醇油	6026	1.84	13	11089	1442	6810	783	2109.9
95#国Ⅵ乙醇油	6367	6	13	38205	4967	7195	828	2109.9
航煤	4106	-0.81	13	-3326	-432	4639	534	1495.2
国Ⅵ柴油	4918	-25.47	13	-125257	-16283	5557	639	1411.2
化工轻油	3704	16.98	13	62898	8177	4186	482	
沥青	2117	-12.07	13	-25547	-3321	2392	275	
石油芳烃	0	0.1	13	0	0	0	0	
苯	4333	-0.39	13	-1690	-220	4897	563	
苯乙烯	7632	0.49	13	3740	486	7958	326	
对二甲苯	5009	0	13	0	0	5660	651	
重芳烃	3504	0	13	0	0	3960	456	
商品液化气	3626	6.8	9	24655	2219	3952	326	
聚丙烯	7162	0	13	0	0	8094	931	
其他产品	0	3.28	13	0	0	0	0	
丙烷	3626	0.16	9	580	52	3952	326	
丙烯	5538	0.78	13	4320	562	6258	720	
硫黄	780	2.42	13	1887	245	881	101	
氨	265	0	13	0	0	300	35	
石油焦	770	0	13	0	0	870	100	
合计		-2		-8447	-2107			

表 3-12　公用工程成本预测(方案一)

名称	价格(不含税价)	消耗量	增值税率/%	金额(不含税)/万元	进项税额/万元
外购动力				13635	1428
水	2.354 元/t	47.00 10^4t	9	111	10
电	0.4783 元/kW·h	10503.00 10^4kW·h	13	5024	653
蒸汽	190 元/t	44.74 10^4t	9	8500	765
外购燃料				17504	1575
天然气	3200 元/t	5.47 10^4t	9	17504	1575
合计				31139	3003

续表 3-12 公用工程成本预测(方案二)

名称	价格(不含税价)	消耗量	增值税率/%	金额(不含税)/万元	进项税额/万元
外购动力				8564	870
水	2. 354 元/t	44. 00 10^4t	9	104	9
电	0. 4783 元/kW · h	5208. 00 10^4kW · h	13	2491	324
蒸汽	190 元/t	31. 42 10^4kW	9	5970	537
外购燃料				17472	1572
天然气	3200 元/t	5. 46 10^4kW	9	17472	1572
合计				26036	2443

续表 3-12 公用工程成本预测(方案三)

名称	价格(不含税价)	消耗量	增值税率/%	金额(不含税)/万元	进项税额/万元
外购动力				11063	1259
水	2. 354 元/t	44. 00 10^4t	9	104	9
电	0. 4783 元/kW · h	13776. 00 10^4/kW · h	13	6589	857
蒸汽	190 元/t	23. 00 10^4t	9	4370	393
天然气	3200 元/t	3. 53 10^4t	9	11290	1016
合计				22352	2275

表 3-13 营业税及附加预测(方案一)

序号	负荷率	第一年	第二年	第三年及以后	生产期平均
		100. 00%	100. 00%	100. 00%	
1	增值税计算				
2	产品销项税	(32002)	(32002)	(32002)	
3	原料进项税	(22655)	(22655)	(22655)	
4	公用工程进项税	3003	3003	3003	
5	投资可抵扣的增值税	16604	16604	16604	
6	增值税净值	(28955)	(28955)	(28955)	(28955)
7	营业税金及附加	(140455)	(140455)	(140455)	(140455)

注：带括号的数据表示此数据为负数，下同。

续表 3-13　营业税及附加预测(方案二)

序号	负荷率	第一年	第二年	第三年及以后	生产期平均
		100.00%	100.00%	100.00%	
1	增值税计算				
2	产品销项税	(38615)	(38615)	(38615)	
3	原料进项税	(24488)	(24488)	(24488)	
4	公用工程进项税	2443	2443	2443	
5	投资可抵扣的增值税	10699	10699	10699	
6	增值税净值	(27269)	(27269)	(27269)	
7	营业税金及附加	(136838)	(136838)	(136838)	(136838)

续表 3-13　营业税及附加预测(方案三)

序号	负荷率	第一年	第二年	第三年及以后	生产期平均
		100.00%	100.00%	100.00%	
1	增值税计算				
2	产品销项税	(2107)	(2107)	(2107)	
3	原料进项税	(12442)	(12442)	(12442)	
4	公用工程进项税	0	0	0	
5	投资可抵扣的增值税	20557	20557	20557	
6	增值税净值	(10223)	(10223)	(10223)	(10223)
7	营业税金及附加	(22957)	(22957)	(22957)	(22957)

5　研究结论

根据上述优化方案的测算结果，优化方案一的总投资为 204321 万元(含税)，其中建设投资 201098 万元(含税)，建设期利息 3223 万元；优化方案二的总投资为 131656 万元(含税)，其中建设投资 129580 万元(含税)，建设期利息 2077 万元；优化方案三的总投资估算值为 252963 万元，其中建设投资 248973 万元(含税)，建设期利息 3990 万元。

优化方案一的税后利润为 20184 万元，税后财务内部收益率为 12.22%；优化方案二的税后利润为 8265 万元，税后财务内部收益率为 9.73%；优化方案三的税后利润为 44432 万元，税后财务内部收益率为 18.49%。

从优化方案的投资额大小比较：方案三>方案一>方案二；

从优化方案税后内部收益率比较：方案三>方案一>方案二。

因此，建议优先按照方案三进行实施全厂优化改造。

表 3-14　利息计算(方案一)

万元

项目	实际利率	合计	建设期			项目	生产期														
			第 1 年				第 2 年	第 3 年	第 4 年	第 5 年	第 6 年	第 7 年	第 8 年	第 9 年	第 10 年	第 11 年	第 12 年	第 13 年	第 14 年	第 15 年	第 16 年
建设投资		184493.9	100%	0%	0%	财务费用	5946	5285	4624	3964	3303	2642	1982	1321	661	0	0	0	0	0	0
			投资额各年分配																		
分年投资额		184494	184494	0	0																
长期贷款利率	4.99%																				
本金		129146	129146	0	0	偿还贷款	13237	13237	13237	13237	13237	13237	13237	13237	13237	13237					
						借款余额	119132	105895	92658	79421	66184	52947	39711	26474	13237						
利息		3223	3223			长期投资利息	5946	5285	4624	3964	3303	2642	1982	1321	661						
本息合计		132368	132368																		
短期贷款利率	4.35%					生产负荷															
		100%	70%				100%	100%	100%	100%	100%	100%	100%	100%	100%	100%	100%	100%	100%	100%	100%
流动资金利息		0	0			流动资金利息	0	0	0	0	0	0	0	0	0	0	0	0	0	0	0

续表 3-14　利息计算(方案二)

万元

项目	实际利率	合计	建设期			项目	生产期														
			第 1 年				第 2 年	第 3 年	第 4 年	第 5 年	第 6 年	第 7 年	第 8 年	第 9 年	第 10 年	第 11 年	第 12 年	第 13 年	第 14 年	第 15 年	第 16 年
建设投资		118880	100%	0%	0%	财务费用	3831	3831	3831	3831	3831	3831	3831	3831	3831	0	0	0	0	0	0
			投资额各年分配																		
分年投资额		118880	118880	0	0																
长期贷款利率	0.00%																				
本金		83216	83216	0	0	偿还贷款	8529	8529	8529	8529	8529	8529	8529	8529	8529	8529					
						借款余额	76764	76764	76764	76764	76764	76764	76764	76764	76764						
利息		2077	2077			长期投资利息	3831	3831	3831	3831	3831	3831	3831	3831	3831						
本息合计		85293	85293																		
短期贷款利率	0.00%					生产负荷															
		100%	70%				100%	100%	100%	100%	100%	100%	100%	100%	100%	100%	100%	100%	100%	100%	100%
流动资金利息		0	0			流动资金利息	0	0	0	0	0	0	0	0	0	0	0	0	0	0	0

续表 3-14　利息计算(方案三)

万元

项目	实际利率	合计	建设期			项目	生产期														
			第 1 年				第 2 年	第 3 年	第 4 年	第 5 年	第 6 年	第 7 年	第 8 年	第 9 年	第 10 年	第 11 年	第 12 年	第 13 年	第 14 年	第 15 年	第 16 年
建设投资	228416	0	100%	0%	0%	财务费用	7361	7518	7518	7518	7518	7518	7518	7518	7518	0	0	0	0	0	0
			投资额各年分配																		
分年投资额		228416	228416	0	0																
长期贷款利率	0.00%																				
本金		159891	159891	0	0	偿还贷款	16388	13237	13237	13237	13237	13237	13237	13237	13237	13237					
						借款余额	147493	150644	150644	150644	150644	150644	150644	150644	150644						
利息		3990	3990			长期投资利息	7361	7518	7518	7518	7518	7518	7518	7518	7518						
本息合计		163881	163881																		
短期贷款利率	0.00%							生产负荷													
		100%	70%				100%	100%	100%	100%	100%	100%	100%	100%	100%	100%	100%	100%	100%	100%	100%
流动资金		0	0			流动资金利息	0	0	0	0	0	0	0	0	0	0	0	0	0	0	0
利息																					

表 3-15　成本费用表(方案一)

万元

项目	生产期平均	第 2 年	第 3 年	第 4 年	第 5 年	第 6 年	第 7 年	第 8 年	第 9 年	第 10 年	第 11 年	第 12 年	第 13 年	第 14 年	第 15 年	第 16 年
负荷率		100.0%	100.0%	100.0%	100.0%	100.0%	100.0%	100.0%	100.0%	100.0%	100.0%	100.0%	100.0%	100.0%	100.0%	100.0%
原材料	(177069)	(177069)	(177069)	(177069)	(177069)	(177069)	(177069)	(177069)	(177069)	(177069)	(177069)	(177069)	(177069)	(177069)	(177069)	(177069)
辅助材料	400	400	400	400	400	400	400	400	400	400	400	400	400	400	400	400
外购动力及燃料	31139	31139	31139	31139	31139	31139	31139	31139	31139	31139	31139	31139	31139	31139	31139	31139
工资及福利费	360	360	360	360	360	360	360	360	360	360	360	360	360	360	360	360
制造费用	17136	17136	17136	17136	17136	17136	17136	17136	17136	17136	17136	17136	17136	17136	17136	17136

续表

项目	生产期平均	第2年	第3年	第4年	第5年	第6年	第7年	第8年	第9年	第10年	第11年	第12年	第13年	第14年	第15年	第16年
折旧费	11665	11665	11665	11665	11665	11665	11665	11665	11665	11665	11665	11665	11665	11665	11665	11665
修理费	5412	5412	5412	5412	5412	5412	5412	5412	5412	5412	5412	5412	5412	5412	5412	5412
其他制造费用	60	60	60	60	60	60	60	60	60	60	60	60	60	60	60	60
管理费用	1787	2022	2022	2022	2022	2022	1826	1826	1826	1826	1826	1513	1513	1513	1513	1513
无形资产摊销	209	313	313	313	313	313	313	313	313	313	313					
其他资产摊销	65	196	196	196	196	196										
土地使用税	0	0	0	0	0	0	0	0	0	0	0	0	0	0	0	0
固定资产保险费	722	722	722	722	722	722	722	722	722	722	722	722	722	722	722	722
其他管理费	100	100	100	100	100	100	100	100	100	100	100	100	100	100	100	100
安全生产费用	692	692	692	692	692	692	692	692	692	692	692	692	692	692	692	692
财务费用	1982	5946	5285	4624	3964	3303	2642	1982	1321	661	0	0	0	0	0	0
利息	1982	5946	5285	4624	3964	3303	2642	1982	1321	661	0	0	0	0	0	0
其他财务费用																
营业费用	（119）	（119）	（119）	（119）	（119）	（119）	（119）	（119）	（119）	（119）	（119）	（119）	（119）	（119）	（119）	（119）
总成本费用	（124384）	（120185）	（120846）	（121506）	（122167）	（122828）	（123684）	（124345）	（125005）	（125666）	（126326）	（126639）	（126639）	（126639）	（126639）	（126639）
其中：可变成本	（145530）	（145530）	（145530）	（145530）	（145530）	（145530）	（145530）	（145530）	（145530）	（145530）	（145530）	（145530）	（145530）	（145530）	（145530）	（145530）
固定成本	21147	25345	24685	24024	23363	22703	21846	21186	20525	19864	19204	18891	18891	18891	18891	18891
经营成本	（138304）	（138304）	（138304）	（138304）	（138304）	（138304）	（138304）	（138304）	（138304）	（138304）	（138304）	（138304）	（138304）	（138304）	（138304）	（138304）

续表 3-15　成本费用表(方案二)

万元

项目	生产期平均	第2年	第3年	第4年	第5年	第6年	第7年	第8年	第9年	第10年	第11年	第12年	第13年	第14年	第15年	第16年
负荷率		100.0%	100.0%	100.0%	100.0%	100.0%	100.0%	100.0%	100.0%	100.0%	100.0%	100.0%	100.0%	100.0%	100.0%	100.0%
原材料	(194336)	(194336)	(194336)	(194336)	(194336)	(194336)	(194336)	(194336)	(194336)	(194336)	(194336)	(194336)	(194336)	(194336)	(194336)	(194336)
辅助材料	400	400	400	400	400	400	400	400	400	400	400	400	400	400	400	400
外购动力及燃料	26036	26036	26036	26036	26036	26036	26036	26036	26036	26036	26036	26036	26036	26036	26036	26036
工资及福利费	360	360	360	360	360	360	360	360	360	360	360	360	360	360	360	360
制造费用	11147	11147	11147	11147	11147	11147	11147	11147	11147	11147	11147	11147	11147	11147	11147	11147
折旧费	7573	7573	7573	7573	7573	7573	7573	7573	7573	7573	7573	7573	7573	7573	7573	7573
修理费	3513	3513	3513	3513	3513	3513	3513	3513	3513	3513	3513	3513	3513	3513	3513	3513
其他制造费用	60	60	60	60	60	60	60	60	60	60	60	60	60	60	60	60
管理费用	1132	1254	1254	1254	1254	1254	1127	1127	1127	1127	1127	1014	1014	1014	1014	1014
无形资产摊销	75	113	113	113	113	113	113	113	113	113	113					
其他资产摊销	42	127	127	127	127	127										
土地使用税	0	0	0	0	0	0	0	0	0	0	0	0	0	0	0	0
固定资产保险费	468	468	468	468	468	468	468	468	468	468	468	468	468	468	468	468
其他管理费	100	100	100	100	100	100	100	100	100	100	100	100	100	100	100	100
安全生产费用	446	446	446	446	446	446	446	446	446	446	446	446	446	446	446	446
财务费用	2299	3831	3831	3831	3831	3831	3831	3831	3831	3831	0	0	0	0	0	0
利息	2299	3831	3831	3831	3831	3831	3831	3831	3831	3831	0	0	0	0	0	0
其他财务费用																
营业费用	(139)	(139)	(139)	(139)	(139)	(139)	(139)	(139)	(139)	(139)	(139)	(139)	(139)	(139)	(139)	(139)
总成本费用	(153102)	(151447)	(151447)	(151447)	(151447)	(151447)	(151574)	(151574)	(151574)	(151574)	(155405)	(155518)	(155518)	(155518)	(155518)	(155518)
可变成本	(167900)	(167900)	(167900)	(167900)	(167900)	(167900)	(167900)	(167900)	(167900)	(167900)	(167900)	(167900)	(167900)	(167900)	(167900)	(167900)
固定成本	14798	16453	16453	16453	16453	16453	16326	16326	16326	16326	12495	12382	12382	12382	12382	12382
经营成本	(163091)	(163091)	(163091)	(163091)	(163091)	(163091)	(163091)	(163091)	(163091)	(163091)	(163091)	(163091)	(163091)	(163091)	(163091)	(163091)

续表 3-15　成本费用表(方案三)

万元

项目	生产期平均	第2年	第3年	第4年	第5年	第6年	第7年	第8年	第9年	第10年	第11年	第12年	第13年	第14年	第15年	第16年
负荷率		100.0%	100.0%	100.0%	100.0%	100.0%	100.0%	100.0%	100.0%	100.0%	100.0%	100.0%	100.0%	100.0%	100.0%	100.0%
原材料	(95709)	(95709)	(95709)	(95709)	(95709)	(95709)	(95709)	(95709)	(95709)	(95709)	(95709)	(95709)	(95709)	(95709)	(95709)	(95709)
辅助材料	400	400	400	400	400	400	400	400	400	400	400	400	400	400	400	400
外购动力及燃料	22352	22352	22352	22352	22352	22352	22352	22352	22352	22352	22352	22352	22352	22352	22352	22352
工资及福利费	360	360	360	360	360	360	360	360	360	360	360	360	360	360	360	360
制造费用	21135	21135	21135	21135	21135	21135	21135	21135	21135	21135	21135	21135	21135	21135	21135	21135
折旧费	14397	14397	14397	14397	14397	14397	14397	14397	14397	14397	14397	14397	14397	14397	14397	14397
修理费	6679	6679	6679	6679	6679	6679	6679	6679	6679	6679	6679	6679	6679	6679	6679	6679
其他制造费用	60	60	60	60	60	60	60	60	60	60	60	60	60	60	60	60
管理费用	2233	2547	2547	2547	2547	2547	2305	2305	2305	2305	2305	1847	1847	1847	1847	1847
无形资产摊销	305	458	458	458	458	458	458	458	458	458	458					
其他资产摊销	81	242	242	242	242	242										
土地使用税	0	0	0	0	0	0	0	0	0	0	0	0	0	0	0	0
固定资产保险费	891	891	891	891	891	891	891	891	891	891	891	891	891	891	891	891
其他管理费	100	100	100	100	100	100	100	100	100	100	100	100	100	100	100	100
安全生产费用	857	857	857	857	857	857	857	857	857	857	857	857	857	857	857	857
财务费用	4501	7361	7518	7518	7518	7518	7518	7518	7518	7518	0	0	0	0	0	0
利息	4501	7361	7518	7518	7518	7518	7518	7518	7518	7518	0	0	0	0	0	0
其他财务费用																
营业费用	(4)	(4)	(4)	(4)	(4)	(4)	(4)	(4)	(4)	(4)	(4)	(4)	(4)	(4)	(4)	(4)
总成本费用	(44733)	(41558)	(41401)	(41401)	(41401)	(41401)	(41643)	(41643)	(41643)	(41643)	(49161)	(49619)	(49619)	(49619)	(49619)	(49619)
可变成本	(72957)	(72957)	(72957)	(72957)	(72957)	(72957)	(72957)	(72957)	(72957)	(72957)	(72957)	(72957)	(72957)	(72957)	(72957)	(72957)
固定成本	28225	31399	31556	31556	31556	31556	31315	31315	31315	31315	23796	23338	23338	23338	23338	23338
经营成本	(64016)	(64016)	(64016)	(64016)	(64016)	(64016)	(64016)	(64016)	(64016)	(64016)	(64016)	(64016)	(64016)	(64016)	(64016)	(64016)

表 3-16　利润表(方案一)

万元

项目	生产期平均	第 2 年	第 3 年	第 4 年	第 5 年	第 6 年	第 7 年	第 8 年	第 9 年	第 10 年	第 11 年	第 12 年	第 13 年	第 14 年	第 15 年	第 16 年
负荷率		100%	100%	100%	100%	100%	100%	100%	100%	100%	100%	100%	100%	100%	100%	100%
营业收入	-237926	-237926	-237926	-237926	-237926	-237926	-237926	-237926	-237926	-237926	-237926	-237926	-237926	-237926	-237926	-237926
总成本费用	-124384	-120185	-120846	-121506	-122167	-122828	-123684	-124345	-125005	-125666	-126326	-126639	-126639	-126639	-126639	-126639
营业税金及附加	-140455	-140455	-140455	-140455	-140455	-140455	-140455	-140455	-140455	-140455	-140455	-140455	-140455	-140455	-140455	-140455
利润总额	26912	22713	23374	24035	24695	25356	26212	26873	27533	28194	28855	29168	29168	29168	29168	29168
所得税	6728	5678	5843	6009	6174	6339	6553	6718	6883	7049	7214	7292	7292	7292	7292	7292
税后利润	20184	17035	17530	18026	18521	19017	19659	20155	20650	21146	21641	21876	21876	21876	21876	21876

续表 3-16　利润表(方案二)

万元

项目	生产期平均	第 2 年	第 3 年	第 4 年	第 5 年	第 6 年	第 7 年	第 8 年	第 9 年	第 10 年	第 11 年	第 12 年	第 13 年	第 14 年	第 15 年	第 16 年
负荷率		100%	100%	100%	100%	100%	100%	100%	100%	100%	100%	100%	100%	100%	100%	100%
营业收入	-278920	-278920	-278920	-278920	-278920	-278920	-278920	-278920	-278920	-278920	-278920	-278920	-278920	-278920	-278920	-278920
总成本费用	-153102	-151447	-151447	-151447	-151447	-151447	-151574	-151574	-151574	-151574	-155405	-155518	-155518	-155518	-155518	-155518
营业税金及附加	-136838	-136838	-136838	-136838	-136838	-136838	-136838	-136838	-136838	-136838	-136838	-136838	-136838	-136838	-136838	-136838
利润总额	11019	9365	9365	9365	9365	9365	9492	9492	9492	9492	13323	13436	13436	13436	13436	13436
所得税	2755	2341	2341	2341	2341	2341	2373	2373	2373	2373	3331	3359	3359	3359	3359	3359
税后利润	8265	7023	7023	7023	7023	7023	7119	7119	7119	7119	9992	10077	10077	10077	10077	10077

续表 3-16　利润表(方案三)

万元

项目	生产期平均	第 2 年	第 3 年	第 4 年	第 5 年	第 6 年	第 7 年	第 8 年	第 9 年	第 10 年	第 11 年	第 12 年	第 13 年	第 14 年	第 15 年	第 16 年
负荷率		100%	100%	100%	100%	100%	100%	100%	100%	100%	100%	100%	100%	100%	100%	100%
营业收入	-8447	-8447	-8447	-8447	-8447	-8447	-8447	-8447	-8447	-8447	-8447	-8447	-8447	-8447	-8447	-8447
总成本费用	-44733	-41558	-41401	-41401	-41401	-41401	-41643	-41643	-41643	-41643	-49161	-49619	-49619	-49619	-49619	-49619
营业税金及附加	-22957	-22957	-22957	-22957	-22957	-22957	-22957	-22957	-22957	-22957	-22957	-22957	-22957	-22957	-22957	-22957
利润总额	59242	56068	55911	55911	55911	55911	56152	56152	56152	56152	63671	64129	64129	64129	64129	64129
所得税	14811	14017	13978	13978	13978	13978	14038	14038	14038	14038	15918	16032	16032	16032	16032	16032
税后利润	44432	42051	41933	41933	41933	41933	42114	42114	42114	42114	47753	48096	48096	48096	48096	48096

表 3-17　现金流量表(方案一)

项目	合计	第 1 年	第 2 年	第 3 年	第 4 年	第 5 年	第 6 年	第 7 年	第 8 年	第 9 年	第 10 年	第 11 年	第 12 年	第 13 年	第 14 年	第 15 年	第 16 年
现金流入																	
销售收入/万元	(3568894)	0	(237926)	(237926)	(237926)	(237926)	(237926)	(237926)	(237926)	(237926)	(237926)	(237926)	(237926)	(237926)	(237926)	(237926)	(237926)
残值回收/万元	5412																5412
回收流动资金/万元	0																0
现金流入小计/万元	(3563482)	0	(237926)	(237926)	(237926)	(237926)	(237926)	(237926)	(237926)	(237926)	(237926)	(237926)	(237926)	(237926)	(237926)	(237926)	(232515)
现金流出																	
建设投资/万元	184494	184494															
流动资金/万元	0		0	0													
经营成本/万元	(2074565)	0	(138304)	(138304)	(138304)	(138304)	(138304)	(138304)	(138304)	(138304)	(138304)	(138304)	(138304)	(138304)	(138304)	(138304)	(138304)
营业税金及附加/万元	(2106818)		(140455)	(140455)	(140455)	(140455)	(140455)	(140455)	(140455)	(140455)	(140455)	(140455)	(140455)	(140455)	(140455)	(140455)	(140455)
税前现金流出/万元	(3996889)	184494	(278759)	(278759)	(278759)	(278759)	(278759)	(278759)	(278759)	(278759)	(278759)	(278759)	(278759)	(278759)	(278759)	(278759)	(278759)
所得税/万元	100920		5678	5843	6009	6174	6339	6553	6718	6883	7049	7214	7292	7292	7292	7292	7292
税后现金流出/万元	(3895969)	184494	(273081)	(272915)	(272750)	(272585)	(272420)	(272206)	(272041)	(271875)	(271710)	(271545)	(271467)	(271467)	(271467)	(271467)	(271467)

续表

项目	合计	第1年	第2年	第3年	第4年	第5年	第6年	第7年	第8年	第9年	第10年	第11年	第12年	第13年	第14年	第15年	第16年
税前现金流量																	
税前净现金流量/万元	433407	(184494)	40833	40833	40833	40833	40833	40833	40833	40833	40833	40833	40833	40833	40833	40833	46244
累计税前净现金流量/万元		(184494)	(143661)	(102829)	(61996)	(21163)	19669	60502	101334	142167	183000	223832	264665	305497	346330	387163	433407
税前投资回收期(静态)/a	7.5		7.5	7.5	7.5	7.5	7.5	8.5	10.5	11.5	13.5	15.5	17.5	19.5	21.5	23.5	24.4
税前财务内部收益率/%	14.7																
折现现金流量率/%	12.0																
折现现金流量/万元	37998	(184494)	29064	25950	23170	20687	18471	16492	14725	13147	11738	10481	9358	8355	7460	6661	6735
累计折现现金流量/万元		(184494)	(155430)	(129480)	(106311)	(85624)	(67153)	(50661)	(35937)	(22790)	(11051)	(571)	8787	17142	24602	31263	37998
税前投资回收期(动态)/a	12.1		12.1	12.1	12.1	12.1	12.1	12.1	12.1	12.1	12.1	12.1	12.1	14.1	16.3	18.7	20.6
税后现金流量																	
税后净现金流量/万元	332487	(184494)	35154	34989	34824	34659	34494	34280	34114	33949	33784	33619	33541	33541	33541	33541	38952
累计税后净现金流量/万元		(184494)	(149340)	(114351)	(79527)	(44868)	(10374)	23905	58020	91969	125753	159372	192913	226453	259994	293535	332487
税后投资回收期(静态)/a	8.3		8.3	8.3	8.3	8.3	8.3	8.3	9.7	10.7	12.7	14.7	16.8	18.8	20.8	22.8	23.5
税后财务内部收益率/%	12.2																
折现现金流量率/%	12.0																
折现现金流量/万元	2928	(184494)	25022	22236	19760	17559	15603	13845	12302	10931	9712	8629	7687	6863	6128	5471	5673
累计折现现金流量/万元		(184494)	(159472)	(137236)	(117476)	(99916)	(84313)	(70468)	(58166)	(47235)	(37523)	(28894)	(21208)	(14344)	(8217)	(2745)	2928
税后投资回收期(动态)/a	16.5		16.5	16.5	16.5	16.5	16.5	16.5	16.5	16.5	16.5	16.5	16.5	16.5	16.5	16.5	16.5

续表 3-17 现金流量表(方案二)

项目	合计	第1年	第2年	第3年	第4年	第5年	第6年	第7年	第8年	第9年	第10年	第11年	第12年	第13年	第14年	第15年	第16年
现金流入																	
销售收入/万元	(4183804)	0	(278920)	(278920)	(278920)	(278920)	(278920)	(278920)	(278920)	(278920)	(278920)	(278920)	(278920)	(278920)	(278920)	(278920)	(278920)
残值回收/万元	3513																3513
回收流动资金/万元	0																0
现金流入小计/万元	(4180290)	0	(278920)	(278920)	(278920)	(278920)	(278920)	(278920)	(278920)	(278920)	(278920)	(278920)	(278920)	(278920)	(278920)	(278920)	(275407)

续表

项目	合计	第1年	第2年	第3年	第4年	第5年	第6年	第7年	第8年	第9年	第10年	第11年	第12年	第13年	第14年	第15年	第16年
现金流出																	
建设投资/万元	118880	118880															
流动资金/万元	0		0	0													
经营成本/万元	(2446370)	0	(163091)	(163091)	(163091)	(163091)	(163091)	(163091)	(163091)	(163091)	(163091)	(163091)	(163091)	(163091)	(163091)	(163091)	(163091)
营业税金及附加/万元	(2052571)		(136838)	(136838)	(136838)	(136838)	(136838)	(136838)	(136838)	(136838)	(136838)	(136838)	(136838)	(136838)	(136838)	(136838)	(136838)
税前现金流出/万元	(4380061)	118880	(299929)	(299929)	(299929)	(299929)	(299929)	(299929)	(299929)	(299929)	(299929)	(299929)	(299929)	(299929)	(299929)	(299929)	(299929)
所得税/万元	41323		2341	2341	2341	2341	2341	2373	2373	2373	2373	3331	3359	3359	3359	3359	3359
税后现金流出/万元	(4338738)	118880	(297588)	(297588)	(297588)	(297588)	(297588)	(297557)	(297557)	(297557)	(297557)	(296599)	(296570)	(296570)	(296570)	(296570)	(296570)
税前现金流量																	
税前净现金流量/万元	199771	(118880)	21009	21009	21009	21009	21009	21009	21009	21009	21009	21009	21009	21009	21009	21009	24523
累计税前净现金流量/万元		(118880)	(97871)	(76862)	(55853)	(34844)	(13835)	7175	28184	49193	70202	91211	112221	133230	154239	175248	199771
税前投资回收期(静态)/a	8.7		8.7	8.7	8.7	8.7	8.7	8.7	9.3	10.3	12.3	14.3	16.3	18.3	20.3	22.3	23.1
税前财务内部收益率/%	11.5																
折现现金流量率/%	12.0																
折现现金流量/万元	(4298)	(118880)	14954	13352	11921	10644	9503	8485	7576	6764	6040	5393	4815	4299	3838	3427	3572
累计折现现金流量/万元		(118880)	(103926)	(90575)	(78654)	(68010)	(58506)	(50021)	(42445)	(35680)	(29641)	(24248)	(19434)	(15135)	(11296)	(7869)	(4298)
税前投资回收期(动态)/a	超过18		超过18	超过18	超过18	超过18	超过18	超过18	超过18	超过18	超过18	超过18	超过18	超过18	超过18	超过18	超过18
税后现金流量																	
税后净现金流量/万元	158448	(118880)	18668	18668	18668	18668	18668	18636	18636	18636	18636	17678	17650	17650	17650	17650	21164
累计税后净现金流量/万元		(118880)	(100212)	(81544)	(62876)	(44208)	(25540)	(6904)	11732	30369	49005	66683	84334	101984	119634	137284	158448
税后投资回收期(静态)/a	9.4		9.4	9.4	9.4	9.4	9.4	9.4	9.4	9.6	11.6	13.8	15.8	17.8	19.8	21.8	22.5
税后财务内部收益率/%	9.7																
折现现金流量率/%	12.0																
折现现金流量/万元	(18248)	(118880)	13288	11864	10593	9458	8444	7527	6720	6000	5357	4538	4045	3612	3225	2879	3082
累计折现现金流量/万元		(118880)	(105593)	(93729)	(83136)	(73678)	(65234)	(57707)	(50987)	(44986)	(39629)	(35091)	(31046)	(27435)	(24210)	(21331)	(18248)
税后投资回收期(动态)/a	超过18		超过18	超过18	超过18	超过18	超过18	超过18	超过18	超过18	超过18	超过18	超过18	超过18	超过18	超过18	超过18

续表 3-17　现金流量表(方案三)

项目名称	合计	第1年	第2年	第3年	第4年	第5年	第6年	第7年	第8年	第9年	第10年	第11年	第12年	第13年	第14年	第15年	第16年
现金流入																	
销售收入/万元	(126705)	0	(8447)	(8447)	(8447)	(8447)	(8447)	(8447)	(8447)	(8447)	(8447)	(8447)	(8447)	(8447)	(8447)	(8447)	(8447)
残值回收/万元	6679																6679
回收流动资金/万元	0																0
现金流入小计/万元	(120026)	0	(8447)	(8447)	(8447)	(8447)	(8447)	(8447)	(8447)	(8447)	(8447)	(8447)	(8447)	(8447)	(8447)	(8447)	(1768)
现金流出																	
建设投资/万元	228416	228416															
流动资金/万元	0		0	0													
经营成本/万元	(960233)	0	(64016)	(64016)	(64016)	(64016)	(64016)	(64016)	(64016)	(64016)	(64016)	(64016)	(64016)	(64016)	(64016)	(64016)	(64016)
营业税金及附加/万元	(344349)		(22957)	(22957)	(22957)	(22957)	(22957)	(22957)	(22957)	(22957)	(22957)	(22957)	(22957)	(22957)	(22957)	(22957)	(22957)
税前现金流出/万元	(1076166)	228416	(86972)	(86972)	(86972)	(86972)	(86972)	(86972)	(86972)	(86972)	(86972)	(86972)	(86972)	(86972)	(86972)	(86972)	(86972)
所得税/万元	222158		14017	13978	13978	13978	13978	14038	14038	14038	14038	15918	16032	16032	16032	16032	16032
税后现金流出/万元	(854008)	228416	(72955)	(72995)	(72995)	(72995)	(72995)	(72934)	(72934)	(72934)	(72934)	(71054)	(70940)	(70940)	(70940)	(70940)	(70940)
税前现金流量																	
税前净现金流量/万元	956140	(228416)	78525	78525	78525	78525	78525	78525	78525	78525	78525	78525	78525	78525	78525	78525	85204
累计税前净现金流量/万元		(228416)	(149891)	(71366)	7159	85685	164210	242735	321260	399785	478310	556835	635360	713886	792411	870936	956140
税前投资回收期(静态)/a	3.9		3.9	3.9	3.9	4.1	6.1	8.1	10.1	11.1	13.1	15.1	17.1	19.1	21.1	23.1	24.2
税前财务内部收益率/%	22.0																
折现现金流量率/%	12.0																
折现现金流量/万元	198915	(228416)	55893	49904	44557	39783	35521	31715	28317	25283	22574	20155	17996	16068	14346	12809	12409
累计折现现金流量/万元		(228416)	(172523)	(122619)	(78062)	(38279)	(2758)	28957	57274	82557	105131	125287	143283	159350	173697	186506	198915
税前投资回收期(动态)/a	6.1		6.1	6.1	6.1	6.1	6.1	6.1	8.0	9.3	11.7	14.2	17.0	19.9	23.1	26.6	29.0
税后现金流量																	
税后净现金流量/万元	733982	(228416)	64508	64547	64547	64547	64547	64487	64487	64487	64487	62607	62493	62493	62493	62493	69172
累计税后净现金流量/万元		(228416)	(163908)	(99360)	(34813)	29735	94282	158769	223256	287743	352230	414838	477331	539824	602317	664810	733982
税后投资回收期(静态)/a	4.5		4.5	4.5	4.5	4.5	5.5	7.5	9.5	10.5	12.5	14.6	16.6	18.6	20.6	22.6	23.6
税后财务内部收益率/%	18.5																
折现现金流量率/%	12.0																
折现现金流量/万元	120513	(228416)	45916	41021	36626	32702	29198	26045	23255	20763	18538	16070	14322	12787	11417	10194	10074
累计折现现金流量/万元		(228416)	(182500)	(141479)	(104853)	(72151)	(42953)	(16908)	6346	27110	45648	61718	76040	88827	100244	110438	120513
税后投资回收期(动态)/a	7.7		7.7	7.7	7.7	7.7	7.7	7.7	7.7	7.3	9.5	11.8	14.3	16.9	19.8	22.8	25.0

附图：

常减压蒸馏 1000

进料	加工量
科威特原油	1000.00
合计：	1000.00
性质：	数值
平均API	30.20
平均硫含量	2.64%
平均酸值	0.18%
平均残炭	6.21%
镍含量	10.90%
钒含量	31.50%

产品/侧线	收率/%	产量	硫含量/%
酸性气	0.00	0.02	94.12
三顶气	0.22	2.16	0.00
初常顶油	11.91	119.10	0.03
常顶一级油165℃	5.21	52.10	0.03
直馏煤油240℃	10.61	106.10	0.21
直馏柴油350℃	16.57	165.73	1.54
直馏蜡油460℃	16.48	164.80	2.65
减压渣油460℃+	39.00	390.00	4.93
合计	100.0000	1000.00	2.64

轻烃回收 150

进料	加工量
RDS塔顶气	8.12
HC塔顶气	1.59
HC液化气	5.15
RDS石脑油	5.29
初常顶油	119.10
预处理干气	0.36
重整液化气	3.06
柴油加氢干气	1.81
轻烃	6.03
合计	150.51
性质：	数值
平均硫含量	1.94%

产品/侧线	收率/%	产量	硫含量/%
酸性气	2.03	3.06	94.12
脱乙烷干气	1.21	1.82	0.00
吸收塔顶气体	1.07	1.61	0.00
丙烷	7.20	10.84	0.00
异丁烷	5.89	8.86	0.00
正丁烷	10.28	15.47	0.00
轻烃回收石脑油	72.32	108.85	0.03
合计	100.00	150.51	1.94

航煤加氢 120

进料	加工量
直馏煤油240	106.10
进料合计	106.10
重整氢	0.89
重整氢	0.84%
合计	106.99
性质：	数值
硫含量	0.211%

产品/侧线	收率/%	产量	硫含量/%
酸性气	0.06	0.07	94.12
航煤加氢干气	0.56	0.59	9.20
航煤加氢石脑油	0.91	0.96	0.06
精制航煤	99.31	105.37	0.10
合计	100.84	106.99	0.211

柴油加氢 180

进料	加工量
直馏柴油350	165.73
进料合计	165.73
重整氢	3.86
重整氢	2.33%
合计	169.59
性质：	数值
硫含量	1.54%
十六烷指数	50.70

产品/侧线	收率/%	产量	硫含量/%
酸性气	1.51	2.51	94.12
柴油加氢干气	1.09	1.81	10.20
柴油加氢低分气	0.67	1.11	0.00
柴油加氢石脑油	2.23	3.69	0.00
精制柴油	96.83	160.47	0.00
合计	102.33	169.59	1.54

加氢裂化 200

进料	加工量
直馏蜡油460	164.80
催化柴油	24.32
进料合计	189.12
纯氢	6.11
纯氢	3.23%
合计	195.22
性质：	数值
硫含量	2.37%
氮含量	547.76μg/g

产品/侧线	收率/%	产量	硫含量/%
酸性气	2.28	4.31	94.00
HC低分气	0.96	1.82	0.00
HC塔顶气	0.84	1.59	16.00
HC液化气	2.72	5.15	3.50
HC轻石脑油	7.62	14.41	0.00
HC重石脑油	22.28	42.14	0.00
HC煤油	25.87	48.92	0.00
HC柴油	9.56	18.08	0.00
HC尾油	31.10	58.82	0.00
合计	103.23	195.22	2.37

渣油加氢 440

进料	加工量
减压渣油460℃+	390.00
催化重柴	40.03
进料合计	430.03
纯氢	9.25
纯氢	2.15%
合计	439.28
性质：	数值
硫含量	4.53%
残炭	14.42%
镍含量	25.33μg/g
钒含量	73.20μg/g
氮含量	2037μg/g

产品/侧线	收率/%	产量	硫含量/%
酸性气	3.74	16.06	94.12
RDS塔顶气	1.89	8.12	30.00
RDS低分气	0.99	4.24	0.00
RDS石脑油	1.23	5.29	0.01
RDS柴油	10.23	43.99	0.03
RDS重油	84.08	361.57	0.53
合计	102.15	439.28	4.53

催化裂化 320

进料	加工量
RDS重油	301.36
RDS柴油	21.99
进料合计	323.35
三顶气	2.16
航煤加氢干气	0.59
合计：	326.11
性质：	数值
硫含量	0.51%
残炭	6.40%
Ni	4.21μg/g
V	12.17μg/g
氮含量	1454μg/g

产品/侧线	收率/%	产量	硫含量/%
酸性气	0.05	0.15	94.12
催化干气	3.65	14.57	1.58
催化液化气	15.57	50.35	0.51
催化汽油	46.13	149.16	0.04
催化轻柴	7.52	24.32	0.50
催化重柴	12.38	40.03	0.71
催化油浆	5.50	17.79	0.93
催化烧焦	9.20	29.75	1.49
合计	100.00	326.11	0.51

包含烟气脱硫脱硝和油浆脱固

S-zorb 150

进料	加工量
催化汽油	149.16
进料合计	149.16
重整氢	0.45
重整氢	0.30%
合计	149.61
性质：	数值
硫含量	0.04%

产品/侧线	收率/%	产量	硫含量/%
酸性气	0.04	0.06	94.12
S-zorb干气	0.25	0.38	0.00
S-zorb汽油	100.01	149.18	0.00
合计	100.30	149.61	0.04

气体分馏 50

进料	加工量
催化脱硫液化气	50.06
合计	50.06

产品/侧线	收率/%	产量
气分干气	1.08	0.54
丙烯	33.40	16.72
丙烷	7.54	3.77
混合碳四	57.98	29.02
合计	100.00	50.06

产品精制 70

进料	加工量
催化干气	14.57
催化液化气	50.35
合计	64.91
性质：	数值
硫含量	0.75%

产品/侧线	收率/%	产量	硫含量/%
酸性气	0.80	0.52	94.12
催化脱硫干气	22.09	14.34	0.00
催化脱硫液化气	77.12	50.06	0.00
合计	100.00	64.91	0.75

烷基化 50

进料	加工量
混合碳四	29.02
外购碳四	8.90
异丁烷	8.86
进料合计	46.78
纯氢	0.05
纯氢	0.10%
合计	46.83

产品/侧线	收率/%	产量
烷基化干气	0.75	0.35
烷基化液化气	5.27	2.46
烷基化油	94.08	44.01
合计	100.10	46.83

石脑油加氢 180

进料	加工量
常顶一级油	52.10
轻烃回收石脑油	108.85
航煤加氢石脑油	0.96
柴油加氢石脑油	3.69
进料合计	165.606
重整氢	0.44
重整氢	0.26%
合计	166.04
性质：	数值
硫含量	0.03%

产品/侧线	收率/%	产量	硫含量/%
酸性气	0.03	0.06	94.12
预处理干气	0.22	0.36	0.00
拔头油	30.58	50.65	0.00
精制石脑油	69.42	114.97	0.00
合计	100.26	166.04	0.03

连续重整 160

进料	加工量
精制石脑油	114.97
HC重石脑油	42.14
进料合计	157.11
合计	157.11

产品/侧线	收率/%	产量
重整氢	7.17	11.26
重整干气	1.21	1.90
重整液化气	1.95	3.06
戊烷油	1.83	2.88
混合二甲苯	24.75	38.89
重整汽油	63.09	99.12
合计	100.00	157.11

PSA 8

进料	加工量
柴油加氢低分气	1.11
HC低分气	1.82
RDS低分气	4.24
重整氢	5.63
吸收塔顶气体	1.61
乙烯氢	2.62
合计	17.02

产品/侧线	收率/%	产量
纯氢	34.12	5.81
PSA尾气	65.88	11.21
合计	100.00	17.02

轻石脑油分离 50

进料	加工量
HC轻石脑油	14.41
戊烷油	2.88
拔头油	25.65
合计	42.93

产品/侧线	收率/%	产量
异戊烷	19.02	8.17
正戊烷	23.31	10.01
异己烷	23.36	10.03
正己烷	34.31	14.73
合计	100.00	42.93

干气分离 30

进料	加工量
重整干气	1.90
PSA尾气	11.21
催化干气	14.34
脱乙烷干气	1.82
合计	29.27

产品/侧线	收率/%	产量
氢气	3.15	0.92
干气	39.22	11.48
富乙烯气体	11.39	3.33
富乙烷气体	25.65	7.51
轻烃	20.60	6.03
合计	100.01	29.27

硫磺回收 3×13

进料	加工量
酸性气	26.81
合计	26.81

产品/侧线	收率/%	产量
硫黄	94.02	25.20
损失	5.98	1.60
合计	100.00	26.81

.	
原(料)油名称	加工量
合计	1032.04
原油小计	1000.00
科威特原油	1000.00
外购原料小计	32.04
天然气	11.85
外购碳四	8.90
乙烯氢	2.62
纯氢	8.67
二产品汇总	
产品名称	生产量
合计	1032.04
商品小计	976.09
自用小计	54.35
损失小计	1.60
汽煤柴小计	643.35
95#国VI汽油	310.50
航煤	154.29
柴油	178.55
蒸汽裂解原料	151.94
富乙烯气体	3.33
富乙烷气体	7.51
丙烷	14.61
正丁烷	17.94
正戊烷	10.01
正己烷	14.73
拔头油	25.00
加裂尾油	58.82
低硫船燃	100.00
其他产品	80.81
混合二甲苯	38.89
丙烯	16.72
硫黄	25.20
自用小计	54.35
催化烧焦	29.75
自用干气	12.75
自用天然气	11.85
损失	1.60
三　技术经济指标	
指标名称	指标值
商品总量	976.09%
综合商品率	95.68%
轻油总量	753.97%
轻油收率	73.90%
柴汽	0.58%

附图1　10.0Mt/a炼油厂规划工艺总流程图(单位：Mt/a)

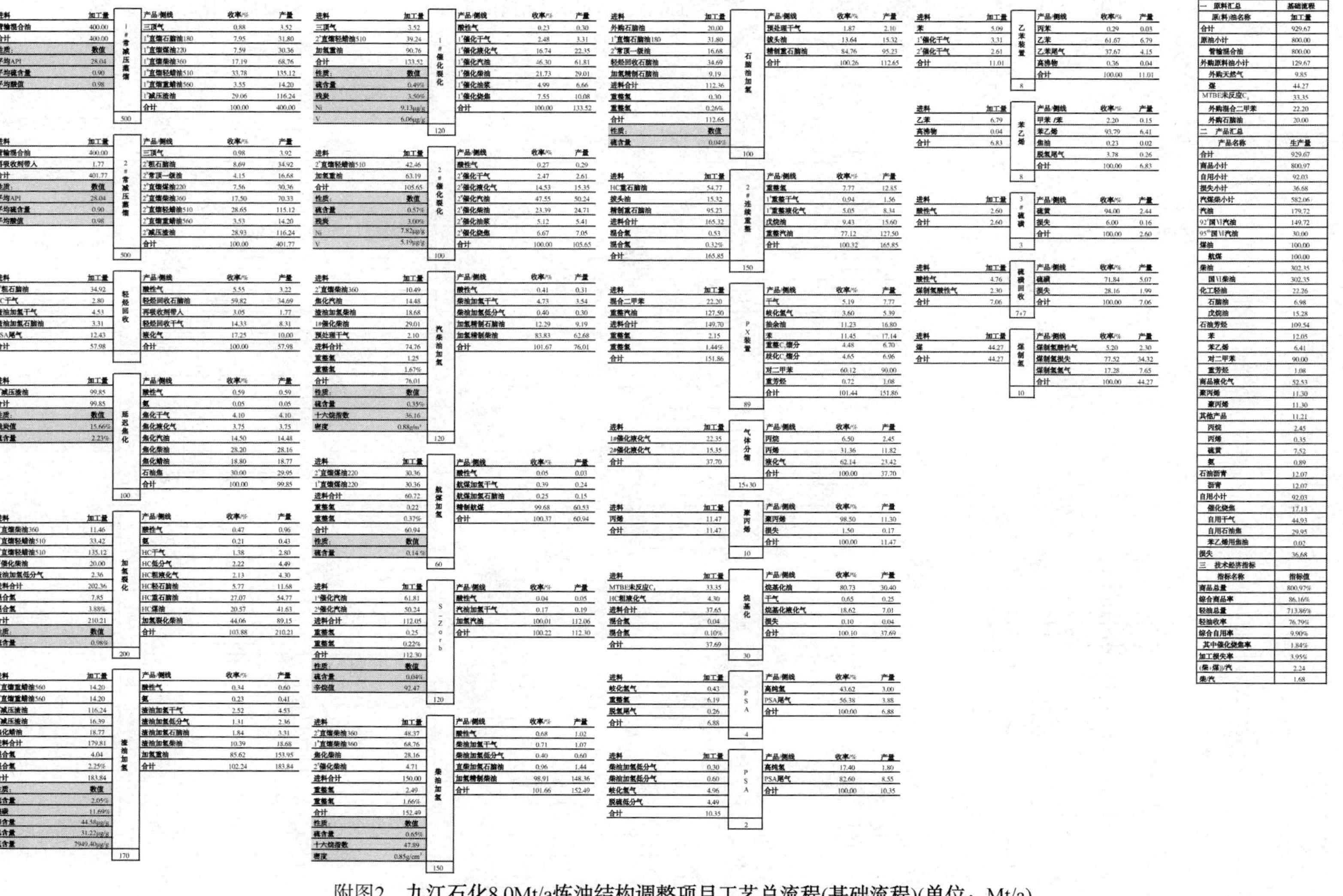

附图2　九江石化8.0Mt/a炼油结构调整项目工艺总流程(基础流程)(单位：Mt/a)

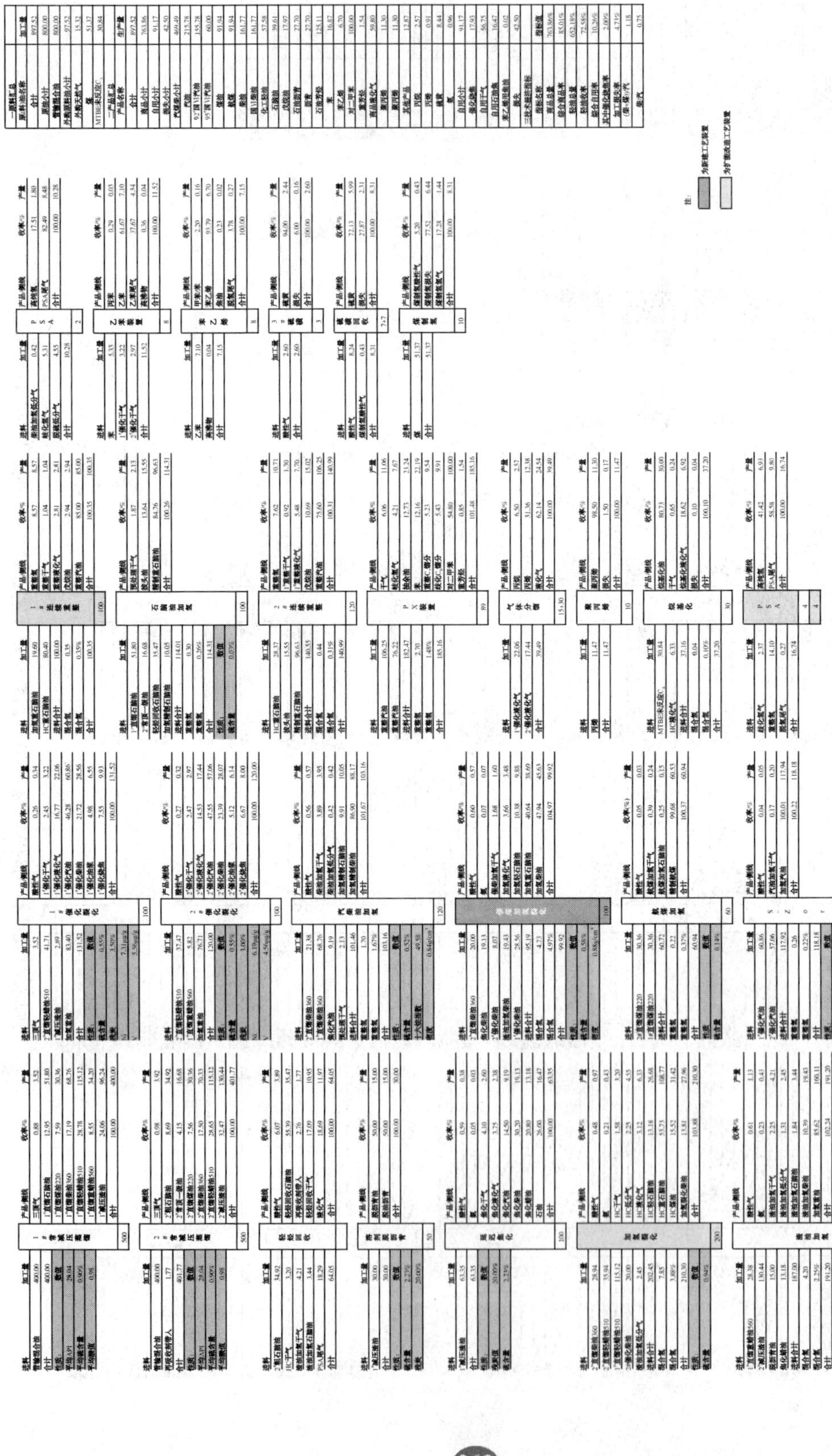

1#常减压蒸馏（500）

进料	加工量	产品/侧线	收率/%	产量
管输混合油	400.00	三顶气	0.88	3.52
合计	400.00	1#直馏石脑油	12.95	51.80
性质：	数值	1#直馏煤油220	7.59	30.36
平均API	28.04	1#直馏柴油360	17.19	68.76
平均硫含量	0.90%	1#直馏轻蜡油510	28.78	115.12
平均酸值	0.98	1#直馏重蜡油560	8.55	34.20
		1#减压渣油	24.06	96.24
		合计	100.00	400.00

2#常减压蒸馏（500）

进料	加工量	产品/侧线	收率/%	产量
管输混合油	400.00	三顶气	0.98	3.92
再吸收剂带入	1.77	2#粗石脑油	8.69	34.92
合计	401.77	2#常顶一级油	4.15	16.68
性质：	数值	2#直馏煤油220	7.56	30.36
平均API	28.04	2#直馏柴油360	17.50	70.33
平均硫含量	0.90%	2#直馏轻蜡油510	28.65	115.12
平均酸值	0.98	2#减压渣油	32.47	130.44
		合计	100.00	401.77

轻烃回收

进料	加工量	产品/侧线	收率/%	产量
2#粗石脑油	34.92	酸性气	6.07	3.89
HC干气	3.20	轻烃回收石脑油	55.39	35.47
渣油加氢干气	4.21	再吸收剂带入	2.76	1.77
渣油加氢石脑油	3.44	轻烃回收干气	17.09	10.95
PSA尾气	18.29	液化气	18.69	11.97
合计	64.05	合计	100.00	64.05

溶剂脱沥青（50）

进料	加工量	产品/侧线	收率/%	产量
1#减压渣油	30.00	脱沥青油	50.00	15.00
合计	30.00	脱油沥青	50.00	15.00
性质：	数值	合计	100.00	30.00
硫含量	2.23%			
残炭	20.00%			

延迟焦化（100）

进料	加工量	产品/侧线	收率/%	产量
1#减压渣油	63.35	酸性气	0.59	0.38
合计	63.35	氨	0.05	0.03
性质：	数值	焦化干气	4.10	2.60
残炭值	20.00%	焦化液化气	3.75	2.38
硫含量	2.23%	焦化汽油	14.50	9.19
		焦化柴油	30.20	19.13
		焦化蜡油	20.80	13.18
		石油	26.00	16.47
		合计	100.00	63.35

加氢裂化（200）

进料	加工量	产品/侧线	收率/%	产量
2#直馏柴油360	28.94	酸性气	0.48	0.97
2#直馏轻蜡油510	35.94	氨	0.21	0.43
1#直馏轻蜡油510	115.12	HC干气	1.58	3.20
2#催化柴油	20.00	HC低分气	2.25	4.55
渣油加氢低分气	2.45	HC液化气	3.12	6.33
进料合计	202.45	HC轻石脑油	13.18	26.68
混合氢	7.85	HC重石脑油	53.73	108.77
混合氢	3.88%	HC煤油	15.52	31.42
合计	210.30	加氢裂化柴油	13.81	27.96
性质	数值	合计	103.88	210.30
硫含量	0.94%			

渣油加氢（170）

进料	加工量	产品/侧线	收率/%	产量
1#直馏重蜡油560	28.38	酸性气	0.61	1.13
2#减压渣油	130.44	氨	0.23	0.43
脱沥青油	15.00	渣油加氢干气	2.25	4.21
焦化蜡油	13.18	渣油加氢低分气	1.31	2.45
进料合计	187.00	渣油加氢石脑油	1.84	3.44
混合氢	4.20	渣油加氢柴油	10.39	19.43
混合氢	2.25%	加氢重油	85.62	160.11
合计	191.20	合计	102.24	191.20
性质	数值			
硫含量	2.00%			
残碳	10.90%			
镍含量	33.00μg/g			
钒含量	25.63μg/g			
氮含量	7941.73μg/g			

1#催化裂化（100）

进料	加工量	产品/侧线	收率/%	产量
三顶气	3.52	酸性气	0.26	0.34
2#直馏轻蜡油510	41.71	1#催化干气	2.45	3.22
1#减压渣油	2.89	1#催化液化气	16.77	22.06
加氢重油	83.40	1#催化汽油	46.28	60.86
合计	131.52	1#催化柴油	21.72	28.56
性质：	数值	1#催化油浆	4.98	6.55
硫含量	0.55%	1#催化烧焦	7.55	9.93
残炭	3.50%	合计	100.00	131.52
Ni	7.31μg/g			
V	5.56μg/g			

2#催化裂化（100）

进料	加工量	产品/侧线	收率/%	产量
2#直馏轻蜡油510	37.47	酸性气	0.27	0.32
1#直馏重蜡油560	5.82	2#催化干气	2.47	2.97
加氢重油	76.71	2#催化液化气	14.53	17.44
合计	120.00	2#催化汽油	47.55	57.06
性质：	数值	2#催化柴油	23.39	28.07
硫含量	0.55%	2#催化油浆	5.12	6.14
残炭	3.00%	2#催化烧焦	6.67	8.00
Ni	6.19μg/g	合计	100.00	120.00
V	4.56μg/g			

汽柴油加氢（120）

进料	加工量	产品/侧线	收率/%	产量
2#直馏柴油360	21.38	酸性气	0.56	0.57
1#直馏柴油360	68.76	柴油加氢干气	3.89	3.95
焦化汽油	9.19	柴油加氢低分气	0.42	0.42
预处理干气	2.13	加氢精制石脑油	9.91	10.05
进料合计	101.46	加氢精制柴油	86.90	88.17
重整氢	1.70	合计	101.67	103.16
重整氢	1.67%			
合计	103.16			
性质：	数值			
硫含量	0.52%			
十六烷指数	49.58			
密度	$0.84g/cm^3$			

催柴加氢裂化（100）

进料	加工量	产品/侧线	收率/%	产量
2#直馏柴油360	20.00	酸性气	0.60	0.57
焦化柴油	19.13	氨	0.07	0.07
2#催化柴油	8.07	催柴加氢干气	1.68	1.60
渣油加氢柴油	19.43	加氢液化气	3.66	3.48
1#催化柴油	28.56	加氢轻石脑油	10.38	9.88
进料合计	95.19	加氢重石脑油	40.64	38.69
混合氢	4.73	加氢柴油	47.94	45.63
混合氢	4.97%	合计	104.97	99.92
合计	99.92			
性质：	数值			
硫含量	0.58%			
密度	$0.88g/cm^3$			

航煤加氢（60）

进料	加工量	产品/侧线	收率(%)	产量
2#直馏煤油220	30.36	酸性气	0.05	0.03
1#直馏煤油220	30.36	航煤加氢干气	0.39	0.24
进料合计	60.72	航煤加氢石脑油	0.25	0.15
重整氢	0.22	精制航煤	99.68	60.53
重整氢	0.37%	合计	100.37	60.94
合计	60.94			
性质	数值			
硫含量	0.14%			

S-Zorb（120）

进料	加工量	产品/侧线	收率/%	产量
1#催化汽油	60.86	酸性气	0.04	0.05
2#催化汽油	57.06	汽油加氢干气	0.17	0.20
进料合计	117.92	加氢汽油	100.01	117.94
重整氢	0.26	合计	100.22	118.18
重整氢	0.22%			
合计	118.18			
性质：	数值			
硫含量	0.04%			
辛烷值	92.48			

1#连续重整（100）

进料	加工量	产品/侧线	收率/%	产量
加氢重石脑油	19.60	重整氢	8.57	8.57
HC重石脑油	80.40	重整干气	1.04	1.04
进料合计	100.00	重整液化气	2.81	2.81
混合氢	0.35	戊烷油	2.94	2.94
混合氢	0.35%	重整汽油	85.00	85.00
合计	100.35	合计	100.35	100.35

石脑油加氢（100）

进料	加工量	产品/侧线	收率/%	产量
1#直馏石脑油	51.80	预处理干气	1.87	2.13
2#常顶一级油	16.68	拔头油	13.64	15.55
轻烃回收石脑油	35.47	精制重石脑油	84.76	96.63
加氢精制石脑油	10.05	合计	100.26	114.31
进料合计	114.01			
重整氢	0.30			
重整氢	0.26%			
合计	114.31			
性质：	数值			
硫含量	0.03%			

2#连续重整（120）

进料	加工量	产品/侧线	收率/%	产量
HC重石脑油	28.37	重整氢	7.62	10.71
拔头油	15.55	1#重整干气	0.92	1.30
精制重石脑油	96.63	重整液化气	5.48	7.70
进料合计	140.55	戊烷油	10.69	15.02
混合氢	0.44	重整汽油	75.60	106.25
混合氢	0.31%	合计	100.31	140.99
合计	140.99			

PX装置（89）

进料	加工量	产品/侧线	收率/%	产量
重整汽油	106.25	干气	6.06	11.06
重整汽油	76.22	歧化氢气	4.21	7.67
进料合计	182.47	抽余油	12.73	23.24
重整氢	2.70	苯	12.16	22.19
重整氢	1.48%	重整C_9馏分	5.23	9.54
合计	185.16	歧化C_9馏分	5.43	9.91
		对二甲苯	54.80	100.00
		重芳烃	0.85	1.54
		合计	101.48	185.16

气体分馏（15+30）

进料	加工量	产品/侧线	收率/%	产量
1#催化液化气	22.06	丙烷	6.50	2.57
2#催化液化气	17.44	丙烯	31.36	12.38
合计	39.49	液化气	62.14	24.54
		合计	100.00	39.49

聚丙烯（10）

进料	加工量	产品/侧线	收率/%	产量
丙烯	11.47	聚丙烯	98.50	11.30
合计	11.47	损失	1.50	0.17
		合计	100.00	11.47

烷基化（30）

进料	加工量	产品/侧线	收率/%	产量
MTBE未反应C_4	30.84	烷基化油	80.73	30.00
HC液化气	6.33	干气	0.65	0.24
进料合计	37.16	烷基化液化气	18.62	6.92
混合氢	0.04	损失	0.10	0.04
混合氢	0.10%	合计	100.10	37.20
合计	37.20			

PSA（4）

进料	加工量	产品/侧线	收率/%	产量
歧化氢气	2.37	高纯氢	41.42	6.93
重整氢	14.10	PSA尾气	58.58	9.80
脱氢尾气	0.27	合计	100.00	16.74
合计	16.74			

PSA（2）

进料	加工量	产品/侧线	收率/%	产量
柴油加氢低分气	0.42	高纯氢	17.51	1.80
歧化氢气	5.31	PSA尾气	82.49	8.48
脱硫低分气	4.55	合计	100.00	10.28
合计	10.28			

乙苯装置（8）

进料	加工量	产品/侧线	收率/%	产量
苯	5.33	丙苯	0.29	0.03
1#催化干气	3.22	乙苯	61.67	7.10
2#催化干气	2.97	乙苯尾气	37.67	4.34
合计	11.52	高沸物	0.36	0.04
		合计	100.00	11.52

苯乙烯（8）

进料	加工量	产品/侧线	收率/%	产量
乙苯	7.10	甲苯/苯	2.20	0.16
高沸物	0.04	苯乙烯	93.79	6.70
合计	7.15	焦油	0.23	0.02
		脱氢尾气	3.78	0.27
		合计	100.00	7.15

3#硫磺（3）

进料	加工量	产品/侧线	收率/%	产量
酸性气	2.60	硫黄	94.00	2.44
合计	2.60	损失	6.00	0.16
		合计	100.00	2.60

硫磺回收（7+7）

进料	加工量	产品/侧线	收率/%	产量
酸性气	8.24	硫黄	72.13	5.99
煤制氢酸性气	0.43	损失	27.87	2.31
合计	8.31	合计	100.00	8.31

煤制氢（10）

进料	加工量	产品/侧线	收率/%	产量
煤	51.37	煤制氢酸性气	5.20	0.43
合计	51.37	煤制氢损失	77.52	6.44
		煤制氢氢气	17.28	1.44
		合计	100.00	8.31

一原料汇总	
原(料)油名称	加工量
合计	897.52
原油小计	800.00
管输混合油	800.00
外购原料油小计	97.52
外购天然气	15.32
煤	51.37
MTBE未反应C_4	30.84
二产品汇总	
产品名称	生产量
合计	897.52
商品小计	763.86
自用小计	91.17
损失小计	42.50
汽煤柴小计	469.49
汽油	215.78
92#国Ⅵ汽油	155.78
95#国Ⅵ汽油	60.00
煤油	91.94
航煤	91.94
柴油	161.77
国Ⅵ柴油	161.77
化工轻油	57.58
石脑油	39.61
戊烷油	17.97
石油沥青	27.70
沥青	27.70
石油芳烃	125.11
苯	16.87
苯乙烯	6.70
对二甲苯	100.00
重芳烃	1.54
商品液化气	59.80
聚丙烯	11.30
聚丙烯	11.30
其他产品	12.87
丙烷	2.57
丙烯	0.91
硫黄	8.44
氨	0.96
自用小计	91.17
催化烧焦	17.93
自用干气	56.75
自用石油焦	16.47
苯乙烯用焦油	0.02
损失	42.50
三技术经济指标	
指标名称	指标值
商品总量	763.86%
综合商品率	85.01%
轻油总量	652.18%
轻油收率	72.58%
综合自用率	10.26%
其中催化烧焦率	2.00%
加工损失率	4.73%
(柴+煤)/汽	1.18
柴/汽	0.75

注：
为新建工艺装置
为扩能改造工艺装置

附图3 九江石化原油加工量为8.0Mt/a炼油结构调整项目工艺总流程(方案一：新建催柴加裂+加裂改造+1#重整扩能)(单位：Mt/a)

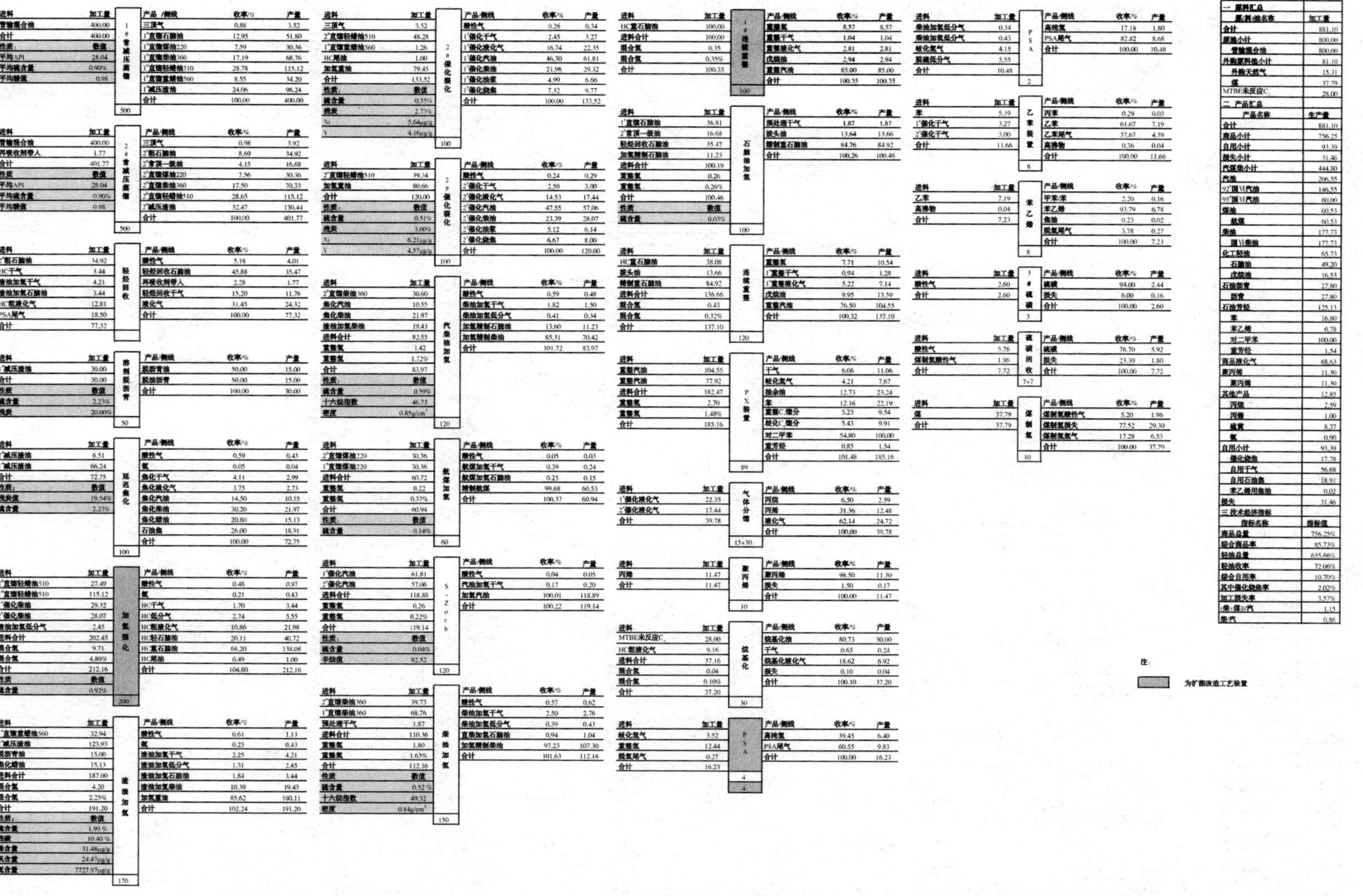

附图4　九江石化原油加工量为8.0Mt/a炼油结构调整项目工艺总流程(方案二：加裂改造+重整扩能)(单位：Mt/a)

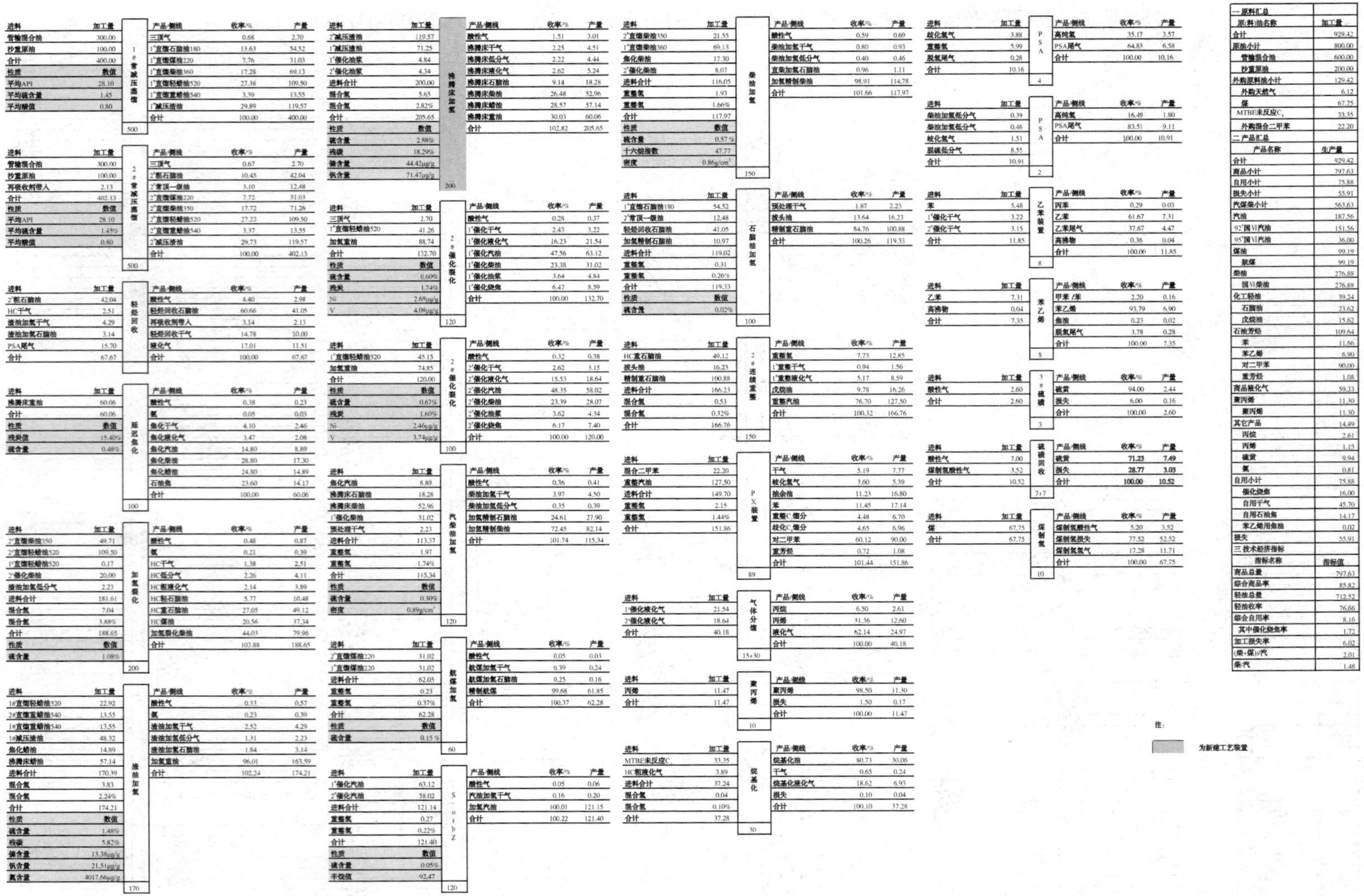

1#常减压蒸馏（500）

进料	加工量	产品/侧线	收率/%	产量
管输混合油	300.00	三顶气	0.68	2.70
沙重原油	100.00	1#直馏石脑油180	13.63	54.52
合计	400.00	1#直馏煤油220	7.76	31.03
性质	数值	1#直馏柴油360	17.28	69.13
平均API	28.10	1#直馏轻蜡油520	27.38	109.50
平均硫含量	1.45	1#直馏重蜡油540	3.39	13.55
平均酸值	0.80	1#减压渣油	29.89	119.57
		合计	100.00	400.00

2#常减压蒸馏（500）

进料	加工量	产品/侧线	收率/%	产量
管输混合油	300.00	三顶气	0.67	2.70
沙重原油	100.00	2#粗石脑油	10.45	42.04
再吸收剂带入	2.13	2#常顶一级油	3.10	12.48
合计	402.13	2#直馏煤油220	7.72	31.03
性质	数值	2#直馏柴油350	17.72	71.26
平均API	28.10	2#直馏轻蜡油520	27.23	109.50
平均硫含量	1.45%	2#直馏重蜡油540	3.37	13.55
平均酸值	0.80	2#减压渣油	29.73	119.57
		合计	100.00	402.13

轻烃回收

进料	加工量	产品/侧线	收率/%	产量
2#粗石脑油	42.04	酸性气	4.40	2.98
HC干气	2.51	轻烃回收石脑油	60.66	41.05
渣油加氢干气	4.29	再吸收剂带入	3.14	2.13
渣油加氢石脑油	3.14	轻烃回收干气	14.78	10.00
PSA尾气	15.70	液化气	17.01	11.51
合计	67.67	合计	100.00	67.67

延迟焦化（100）

进料	加工量	产品/侧线	收率/%	产量
沸腾床重油	60.06	酸性气	0.38	0.23
合计	60.06	氨	0.05	0.03
性质	数值	焦化干气	4.10	2.46
残炭值	15.40%	焦化液化气	3.47	2.08
硫含量	0.48%	焦化汽油	14.80	8.89
		焦化柴油	28.80	17.30
		焦化蜡油	24.80	14.89
		石油焦	23.60	14.17
		合计	100.00	60.06

加氢裂化（200）

进料	加工量	产品/侧线	收率/%	产量
2#直馏柴油350	49.71	酸性气	0.48	0.87
2#直馏轻蜡油520	109.50	氨	0.21	0.39
1#直馏轻蜡油520	0.17	HC干气	1.38	2.51
2#催化柴油	20.00	HC低分气	2.26	4.11
渣油加氢低分气	2.23	HC粗液化气	2.14	3.89
进料合计	181.61	HC轻石脑油	5.77	10.48
混合氢	7.04	HC重石脑油	27.05	49.12
混合氢	3.88%	HC煤油	20.56	37.34
合计	188.65	加氢裂化柴油	44.03	79.96
性质	数值	合计	103.88	188.65
硫含量	1.08%			

渣油加氢（170）

进料	加工量	产品/侧线	收率/%	产量
1#直馏轻蜡油520	22.92	酸性气	0.33	0.57
2#直馏重蜡油540	13.55	氨	0.23	0.39
1#直馏重蜡油540	13.55	渣油加氢干气	2.52	4.29
1#减压渣油	48.32	渣油加氢低分气	1.31	2.23
焦化蜡油	14.89	渣油加氢石脑油	1.84	3.14
沸腾床蜡油	57.14	加氢重油	96.01	163.59
进料合计	170.39	合计	102.24	174.21
混合氢	3.83			
混合氢	2.24%			
合计	174.21			
性质	数值			
硫含量	1.48%			
残碳	5.82%			
镍含量	13.38μg/g			
钒含量	21.51μg/g			
氮含量	4017.66μg/g			

沸腾床加氢（200）

进料	加工量	产品/侧线	收率/%	产量
2#减压渣油	119.57	酸性气	1.51	3.01
1#减压渣油	71.25	沸腾床干气	2.25	4.51
1#催化油浆	4.84	沸腾床低分气	2.22	4.44
2#催化油浆	4.34	沸腾床液化气	2.62	5.24
进料合计	200.00	沸腾床石脑油	9.14	18.28
混合氢	5.65	沸腾床柴油	26.48	52.96
混合氢	2.82%	沸腾床蜡油	28.57	57.14
合计	205.65	沸腾床重油	30.03	60.06
性质	数值	合计	102.82	205.65
硫含量	2.88%			
残碳	18.29%			
镍含量	44.42μg/g			
钒含量	71.47μg/g			

1#催化裂化（120）

进料	加工量	产品/侧线	收率/%	产量
三顶气	2.70	酸性气	0.28	0.37
1#直馏轻蜡油520	41.26	1#催化干气	2.43	3.22
加氢重油	88.74	1#催化液化气	16.23	21.54
合计	132.70	1#催化汽油	47.56	63.12
性质	数值	1#催化柴油	23.38	31.02
硫含量	0.60%	1#催化油浆	3.64	4.84
残炭	1.74%	1#催化烧焦	6.47	8.59
Ni	2.69μg/g	合计	100.00	132.70
V	4.09μg/g			

2#催化裂化（100）

进料	加工量	产品/侧线	收率/%	产量
1#直馏轻蜡油520	45.15	酸性气	0.32	0.38
加氢重油	74.85	2#催化干气	2.62	3.15
合计	120.00	2#催化液化气	15.53	18.64
性质	数值	2#催化汽油	48.35	58.02
硫含量	0.67%	2#催化柴油	23.39	28.07
残炭	1.60%	2#催化油浆	3.62	4.34
Ni	2.46μg/g	2#催化烧焦	6.17	7.40
V	3.74μg/g	合计	100.00	120.00

汽柴油加氢（120）

进料	加工量	产品/侧线	收率/%	产量
焦化汽油	8.89	酸性气	0.36	0.41
沸腾床石脑油	18.28	柴油加氢干气	3.97	4.50
沸腾床柴油	52.96	柴油加氢低分气	0.35	0.39
1#催化柴油	31.02	加氢精制石脑油	24.61	27.90
预处理干气	2.23	加氢精制柴油	72.45	82.14
进料合计	113.37	合计	101.74	115.34
重整氢	1.97			
重整氢	1.74%			
合计	115.34			
性质	数值			
硫含量	0.30%			
密度	0.89g/cm³			

航煤加氢（60）

进料	加工量	产品/侧线	收率/%	产量
2#直馏煤油220	31.02	酸性气	0.05	0.03
1#直馏煤油220	31.02	航煤加氢干气	0.39	0.24
进料合计	62.05	航煤加氢石脑油	0.25	0.16
重整氢	0.23	精制航煤	99.68	61.85
重整氢	0.37%	合计	100.37	62.28
合计	62.28			
性质	数值			
硫含量	0.15%			

S Zorb（120）

进料	加工量	产品/侧线	收率/%	产量
1#催化汽油	63.12	酸性气	0.05	0.06
2#催化汽油	58.02	汽油加氢干气	0.16	0.20
进料合计	121.14	加氢汽油	100.01	121.15
重整氢	0.27	合计	100.22	121.40
重整氢	0.22%			
合计	121.40			
性质	数值			
硫含量	0.05%			
辛烷值	92.47			

柴油加氢（150）

进料	加工量	产品/侧线	收率/%	产量
2#直馏柴油350	21.55	酸性气	0.59	0.69
1#直馏柴油360	69.13	柴油加氢干气	0.80	0.93
焦化柴油	17.30	柴油加氢低分气	0.40	0.46
2#催化柴油	8.07	直柴加氢石脑油	0.96	1.11
进料合计	116.05	加氢精制柴油	98.91	114.78
重整氢	1.93	合计	101.66	117.97
重整氢	1.66%			
合计	117.97			
性质	数值			
硫含量	0.57%			
十六烷指数	47.77			
密度	0.86g/cm³			

石脑油加氢（100）

进料	加工量	产品/侧线	收率/%	产量
1#直馏石脑油180	54.52	预处理干气	1.87	2.23
2#常顶一级油	12.48	拔头油	13.64	16.23
轻烃回收石脑油	41.05	精制重石脑油	84.76	100.88
加氢精制石脑油	10.97	合计	100.26	119.33
进料合计	119.02			
重整氢	0.31			
重整氢	0.26%			
合计	119.33			
性质	数值			
硫含量	0.02%			

2#连续重整（150）

进料	加工量	产品/侧线	收率/%	产量
HC重石脑油	49.12	重整氢	7.73	12.85
拔头油	16.23	1#重整干气	0.94	1.56
精制重石脑油	100.88	1#重整液化气	5.17	8.59
进料合计	166.23	戊烷油	9.78	16.26
混合氢	0.53	重整汽油	76.70	127.50
混合氢	0.32%	合计	100.32	166.76
合计	166.76			

PX装置（89）

进料	加工量	产品/侧线	收率/%	产量
混合二甲苯	22.20	干气	5.19	7.77
重整汽油	127.50	歧化氢气	3.60	5.39
进料合计	149.70	抽余油	11.23	16.80
重整氢	2.15	苯	11.45	17.14
重整氢	1.44%	重整C_9馏分	4.48	6.70
合计	151.86	歧化C_9馏分	4.65	6.96
		对二甲苯	60.12	90.00
		重芳烃	0.72	1.08
		合计	101.44	151.86

气体分馏（15+30）

进料	加工量	产品/侧线	收率/%	产量
1#催化液化气	21.54	丙烷	6.50	2.61
2#催化液化气	18.64	丙烯	31.36	12.60
合计	40.18	液化气	62.14	24.97
		合计	100.00	40.18

聚丙烯（10）

进料	加工量	产品/侧线	收率/%	产量
丙烯	11.47	聚丙烯	98.50	11.30
合计	11.47	损失	1.50	0.17
		合计	100.00	11.47

烷基化（30）

进料	加工量	产品/侧线	收率/%	产量
MTBE未反应C_4	33.35	烷基化油	80.73	30.06
HC粗液化气	3.89	干气	0.65	0.24
进料合计	37.24	烷基化液化气	18.62	6.93
混合氢	0.04	损失	0.10	0.04
混合氢	0.10%	合计	100.10	37.28
合计	37.28			

PSA（4）

进料	加工量	产品/侧线	收率/%	产量
歧化氢气	3.88	高纯氢	35.17	3.57
重整氢	5.99	PSA尾气	64.83	6.58
脱氢尾气	0.28	合计	100.00	10.16
合计	10.16			

PSA（2）

进料	加工量	产品/侧线	收率/%	产量
柴油加氢低分气	0.39	高纯氢	16.49	1.80
柴油加氢低分气	0.46	PSA尾气	83.51	9.11
歧化氢气	1.51	合计	100.00	10.91
脱硫低分气	8.55			
合计	10.91			

乙苯装置（8）

进料	加工量	产品/侧线	收率/%	产量
苯	5.48	丙苯	0.29	0.03
1#催化干气	3.22	乙苯	61.67	7.31
2#催化干气	3.15	乙苯尾气	37.67	4.47
合计	11.85	高沸物	0.36	0.04
		合计	100.00	11.85

苯乙烯（8）

进料	加工量	产品/侧线	收率/%	产量
乙苯	7.31	甲苯/苯	2.20	0.16
高沸物	0.04	苯乙烯	93.79	6.90
合计	7.35	焦油	0.23	0.02
		脱氢尾气	3.78	0.28
		合计	100.00	7.35

3#硫磺（3）

进料	加工量	产品/侧线	收率/%	产量
酸性气	2.60	硫黄	94.00	2.44
合计	2.60	损失	6.00	0.16
		合计	100.00	2.60

硫磺回收（7+7）

进料	加工量	产品/侧线	收率/%	产量
酸性气	7.00	硫黄	71.23	7.49
煤制氢酸性气	3.52	损失	28.77	3.03
合计	10.52	合计	100.00	10.52

煤制氢（10）

进料	加工量	产品/侧线	收率/%	产量
煤	67.75	煤制氢酸性气	5.20	3.52
合计	67.75	煤制氢损失	77.52	52.52
		煤制氢氢气	17.28	11.71
		合计	100.00	67.75

一 原料汇总	
原(料)油名称	加工量
合计	929.42
原油小计	800.00
管输混合油	600.00
沙重原油	200.00
外购原料油小计	129.42
外购天然气	6.12
煤	67.75
MTBE未反应C_4	33.35
外购混合二甲苯	22.20
二 产品汇总	
产品名称	生产量
合计	929.42
商品小计	797.63
自用小计	75.88
损失小计	55.91
汽煤柴小计	563.63
汽油	187.56
92#国Ⅵ汽油	151.56
95#国Ⅵ汽油	36.00
煤油	99.19
航煤	99.19
柴油	276.88
国Ⅵ柴油	276.88
化工轻油	39.24
石脑油	23.62
戊烷油	15.62
石油芳烃	109.64
苯	11.66
苯乙烯	6.90
对二甲苯	90.00
重芳烃	1.08
商品液化气	59.33
聚丙烯	11.30
聚丙烯	11.30
其它产品	14.49
丙烷	2.61
丙烯	1.13
硫黄	9.94
氨	0.81
自用小计	75.88
催化烧焦	16.00
自用干气	45.70
自用石油焦	14.17
苯乙烯用焦油	0.02
损失	55.91
三 技术经济指标	
指标名称	指标值
商品总量	797.63
综合商品率	85.82
轻油总量	712.52
轻油收率	76.66
综合自用率	8.16
其中催化烧焦率	1.72
加工损失率	6.02
(柴+煤)/汽	2.01
柴/汽	1.48

注：（灰色）为新建工艺装置

附图5　九江石化原油加工量为8.0Mt/a炼油结构调整项目工艺总流程(方案三：新建沸腾床加氢方案)(单位：Mt/a)

10.0Mt/a炼油厂规划方案和镇海炼化总流程优化方案研究

完成人：张忠海
单　位：中国石化镇海炼化公司

目　　录

第一部分 10.0Mt/a炼油厂规划

1 设计原则

1.1 原则

本方案坚持安全、环保、可持续，坚持节约投资、借鉴国内外先进经验的原则，努力做到工艺合理、技术先进、成熟可靠，合理利用能源，降低能耗，为装置的安全、平稳、满负荷、长周期、优化高效运转创造条件，从而提高社会效益和经济效益。

1）适应性强的原则。项目设计要结合主要目标产品要求，选择有代表性的原油作为设计原油，优化设计方案，使总工艺流程对原油加工具有一定的灵活性和适应性；按照清洁燃料生产的要求，合理确定总工艺流程和控制投资，做到少投入多产出。

2）充分利用国外原油资源，合理配套资源、产业协同发展，实现效益最大化。本项目按照炼油化工一体化的模式进行规划，实现装置和物料的统一配置，以利于减少用地、节省资源、降低运营成本、提高经济效益和环境的有效治理。

3）坚持环保安全原则。做到三废治理和安全卫生保障措施与工程建设同时进行。

4）本项目炼油工程原油加工量按10.0Mt/a考虑，设计基础原油以中东科威特原油为主，产品方案在满足乙烯原料1.5Mt/a的同时兼顾1.5Mt/a低硫船燃的需求。炼油工程主要生产满足国Ⅵ标准的车用乙醇汽油调和组分油、国Ⅵ标准的车用柴油及符合现行国家标准的喷气燃料。考虑到石油是不可再生资源，特别是我国石油资源相对匮乏，需要最大限度地生产其他能源难以取代的运输燃料和化工原料，提高轻质油收率，因此本方案未考虑焦化装置。

1.2 总流程设计思路

结合原油特点，考虑要同时满足低硫船燃和国Ⅵ柴油质量标准，重点从重油加工路线进行工艺选择，因此为充分有效合理地利用资源，本项目新建10.0Mt/a的常减压蒸馏装置，加工科威特原油，生产石脑油、直馏煤油、直馏柴油、直馏轻蜡油和减压渣油，作为下游工艺装置的加工原料。

根据科威特原油评价，石脑油馏分可作为乙烯裂解用石脑油；150~240℃航煤料烟点等合格，可以经精制脱硫后生产3#喷气燃料；240~345℃柴油馏分精制脱硫后可生产轻柴油；科威特原油345~460℃蜡油馏分可作为催化裂化蜡油混合原料或加氢裂化混合原料；科威特原油>460℃渣油馏分可作为固定床加氢原料。

原油切割基于总流程安排，满足以下要求：

1）石脑油经催化重整后生产的重整汽油满足汽油产品干点的要求，同时部分石脑油作为乙烯原料；

2）直馏煤油在原油评价的切割点为150~245℃中，冰点卡边指标为-47℃，因此对终馏点进行调整，按照150~240℃进行切割，其他性质参考评价值，收率按照差值法计算，调整航煤料后满足航煤密度、烟点及冰点的要求，其主要性质见表1-1。

柴油馏分经加氢精制后满足柴油调和组分密度及馏程的要求，其主要性质见表1-2。

直馏轻蜡油经加氢裂化后满足乙烯裂解装置对尾油原料的要求和连续重整对重石脑油的质量要求，其主要性质见表1-3。

表 1-1 直馏煤油馏分

项目	150~240℃馏分	150~245℃馏分	项目	150~240℃馏分	150~245℃馏分
馏程收率/%(质)	12.6	13.32	总氮/(μg/g)	<1	<1
密度(15℃)/(kg/dm^3)	0.7908	0.7908	烟点/mm	>25.6	25.6
总硫/%(质)	0.198	0.198	闪点/℃	45	45
硫醇硫/(μg/g)	58.8	58.8	冰点/℃	<-47	-46.8
H_2S/(μL/L)	0.6	0.6			

表 1-2 直馏柴油性质

苯胺点/℃	70.3	芳烃	22.9
闪点/℃	125	十六烷值	50.7
冷滤点/℃	-19.5	柴油指数	55.4

表 1-3 直馏蜡油性质

项目	345~460℃馏分	项目	345~460℃馏分
馏程收率/%(体)	16.59	铁/(μg/g)	<0.01
馏程收率/%(质)	17.24	镍/(μg/g)	<0.01
密度(15℃)/(kg/dm^3)	0.9093	钒/(μg/g)	<0.01
总硫/%(质)	2.63	康式残炭/%(质)	0.01
总氮/(μg/g)	562.9	酸值/(mgKOH/g)	0.17
运动黏度(40℃)/cSt	21		

渣油进入固定床加氢后，分别作为催化原料以及低硫船燃调和组分，其馏分性质见表1-4。

表 1-4 渣油性质

项目	460℃以上馏分性质	项目	460℃以上馏分性质
馏程收率/%(体)	33.7	倾点/℃	31
馏程收率/%(质)	30.03	铁/(μg/g)	2.26
密度(15℃)/(kg/dm^3)	1.0115	镍/(μg/g)	27.93
总硫/%(质)	4.92	钒/(μg/g)	80.71
总氮/(μg/g)	2185	钠/(μg/g)	8.88
运动黏度(135℃)/cSt	86.8	康式残炭/%(质)	15.84

本方案原油切割方案见表1-5。

表 1-5 原油切割方案

馏分	切割温度/℃	收率/%	馏分	切割温度/℃	收率/%
石脑油	C_5~150	13.96	蜡油	345~460	17.25
煤油	150~240	12.6	渣油	460+	39.03
柴油	240~345	15.8			

本项目确定全厂加工流程采用以固定床渣油加氢-重油催化组合工艺为主，配套建设加氢裂化的方案，无焦化装置，由于科威特原油的特殊性，油性本身可以出一部分沥青，本方案按照不产沥青考虑，主要生产装置见表1-6。

表1-6　装置规模汇总表

项　目		单元名称	备　注
生产装置		10.0Mt/a 常压蒸馏装置	塔顶设置一、二级石脑油分离
		1.0Mt/a 饱和轻烃回收装置	含脱硫和饱和轻烃回收
		4.2Mt/a 渣油加氢装置	
		1.5Mt/a 煤油加氢装置	
		2.0Mt/a 加氢裂化装置	
		3.2Mt/a 催化裂化装置	含油浆脱固
		0.65Mt/a 气分装置	含双脱、气分
		1.5Mt/a 催化汽油吸附脱硫装置	
		0.10Mt/a 碳四叠合装置	
		1.3Mt/a/年连续重整装置	含氢提纯
		2.0Mt/a 柴油加氢装置	
		0.3Mt/a 烷基化装置	
		0.14Mt/aPSA 装置	
		0.39Mt/a 硫黄回收装置	3×0.13Mt/a
		溶剂再生装置	三套
		(1.2+0.6)Mt/a 酸性水汽提装置	
		$10\times10^4m^3/a$ 天然气制氢装置	
		0.11Mt/a 催化干气回收装置	
公用工程及辅助设施	码头	0.3Mt/a 原油码头1座	
		0.10Mt/a 成品油码头1座	
		0.07Mt/a 煤码头码头1座	
		0.02Mt/a 成品油码头1座	
		0.01Mt/a 化工品码头1座	
	外路、外水、外电	最大供水量 $8000m^3/h$	
		供电条件：双220kV 电源各两回路供电	
		公路运输条件：2.0Mt/a 成品油及化工品出厂能力	
		铁路运输条件：2.0Mt/a 成品油及化工品出厂能力	
		管道运输条件：汽、柴油顺序输送，能力5Mt/a	

1.3　系统流程图

本方案在选择流程时，尽量减少装置长流程，以便减少复杂系数，尽量用最短流程加工合格产品，主要装置产品流向见图1-1。

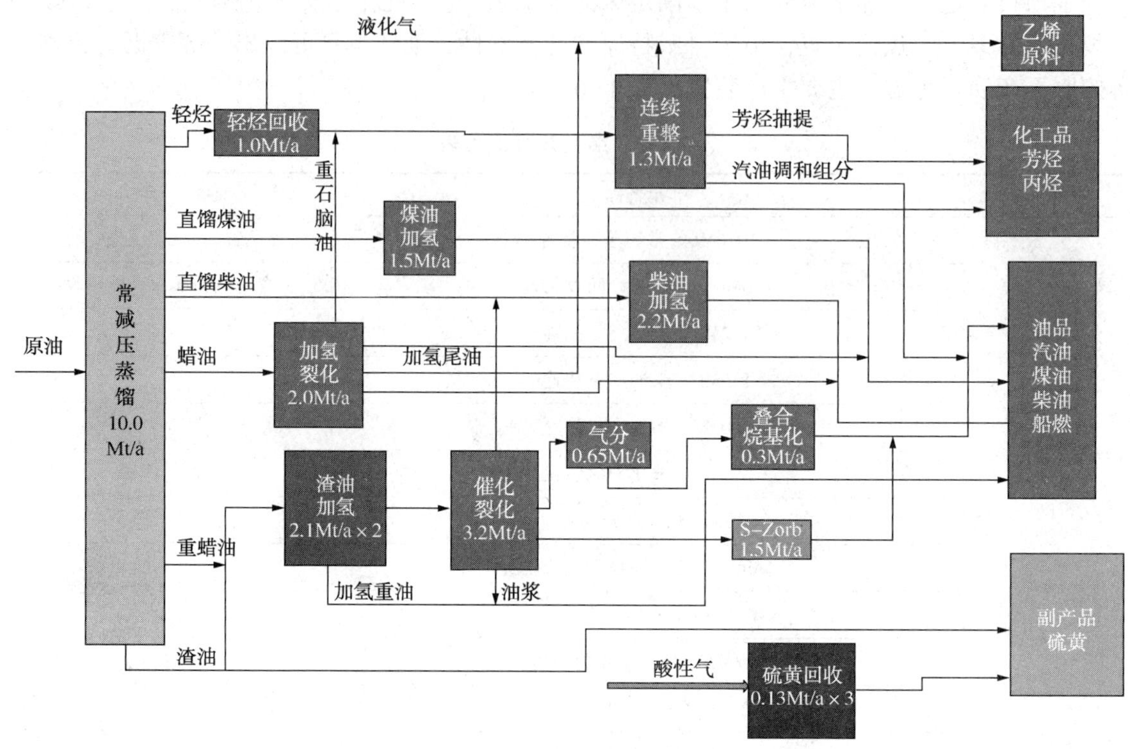

图 1-1　总流程简图

1.4　主要装置原料性质

本方案常减压主要性质根据原油评价而定，因此常减压的设计选材等要参考高硫介质进行。固定床加氢主要控制指标为残炭、重金属、黏度等，固定床加氢主要原料为常减压渣油和催化重柴油，通过拟合计算两种物料性质，计算主要性质见表 1-7。

加氢裂化主要控制总氮小于 2000μg/g，为满足航煤质量要求柴油比例小于 15%，通过拟合计算直馏蜡油和催化轻柴油，计算主要性质见表 1-7。

催化装置主要控制总硫、残炭、重金属等指标，主要取决于重油加氢的脱硫、脱碳、脱金属率，本方案要求相应脱除率较高，其中脱硫率需要达到 90%，以便更好满足催化的指标要求。通过计算主要装置原料性质见表 1-7。

表 1-7　主要装置原料性质

项目	密度/(kg/cm^3)	硫/%(质)	氮/(μg/g)	残炭/%(质)	铁/(μg/g)	镍/(μg/g)	钒/(μg/g)	钠/(μg/g)
常压蒸馏	0.876	2.65	930	6.11	0.7	10.1	31.1	3.3
渣油加氢	1.01	4.63	2042.5	14.81	2.11	26.11	75.45	8.30
加氢裂化	0.91	2.34	593.8					
催化裂化	0.857	0.38		5.18	1.24	4.02	5.46	3.32

柴油加氢的进料有直馏柴油、渣油加氢柴油、催化轻柴油，由于柴油产品全部需要达到国Ⅵ标准，因此按照柴油加氢十六烷值提高 4 个单位计算，进料十六烷值需要在 46.63 左右，计算加氢精制原料密度、硫、十六烷值数据，见表 1-8。

表 1-8　加氢精制原料指标

项目	质量/10^4t	密度/(kg/cm^3)	体积/10^4m^3	体积比例/%	质量比例/%	硫/%(质)	十六烷值
渣加柴油	26.90	0.87	30.921	0.135	0.137	0.044	30
直馏柴油	157.95	0.85	185.824	0.811	0.804	1.56	51.6
催化轻柴油	11.62	0.93	12.493	0.054	0.059	0.4	18
计算		0.857				0.0297	46.66

2　物料加工平衡

2.1　渣油、蜡油、柴油加工

1）常减压蒸馏装置减压渣油、部分蜡油和部分催化重柴油作为4.2Mt/a渣油加氢处理装置原料，部分重柴油可以有效调节原料黏度，改善产品分布，渣油加氢装置主要生产石脑油、渣油加氢柴油和加氢重油，其中加氢后重油与脱固后油浆、催化重柴调和产低硫船用燃料油。

2）加氢重油和加裂尾油作为催化裂化装置原料，催化原料要适当控制残炭、金属、硫含量等，为后续生产创造好的条件，催化装置主要生产催化液化气、催化汽油、催化轻柴油、催化重柴油、催化油浆，并副产催化干气。在结合汽油和柴油产品指标需要满足国Ⅵ组分的情况下，柴油池中催化柴油量不能过大，因此在选择催化装置加工能力时要结合柴油质量进行核算，同时考虑催化柴油后续加氢改质。

3）常减压蒸馏装置蜡油和催化轻柴油作为2.0Mt/a加氢裂化装置原料，主要选择好加氢裂化的能力配置，在本方案中加氢裂化装置在设计时，同步考虑蜡油和柴油的裂化功能，使得加氢裂化要具有灵活性，为以后柴油池的调配留有余地。加裂装置生产液化气、加氢裂化轻石脑油、加氢裂化重石脑油、加氢裂化煤油、加氢裂化柴油和加氢裂化尾油。渣油、蜡油平衡见表1-9。

4）直馏柴油、渣加柴油和催化轻柴油作为2.0Mt/a柴油加氢精制装置原料，生产的精制柴油和加氢裂化柴油调和，本方案的柴油总量偏高，设计主要考虑在不增加装置复杂系数的情况下，提高高品质柴油的产量。本方案柴油加氢压力等级可采用10.0MPa，让柴油有更好的改质适应性，以便生产满足国Ⅵ质量标准的柴油产品。柴油平衡见表1-10。

表 1-9　渣油、蜡油平衡表　　10^4t/a

产出		去向		合计
		渣加进料	加裂原料	
	172.50	0.00	172.50	172.50
常减压蜡油		0.00	172.50	172.50
		沥青	渣油加氢进料	合计
	390.30		390.30	390.30
渣加渣油	390.30			
		催化原料	调燃料油	
加氢渣油	368.87	288.87	80.00	368.87

表 1-10　柴油平衡表　　10^4t/a

项目	产出	去向				合计
		加裂原料	柴油精制	低硫船燃	渣油加氢	
直馏柴油	157.95		157.95			157.95
催化重柴油	20.83			3.60	27.23	30.83
催化轻柴油	47.49	25.88	11.62			37.49
渣加柴油	29.30		25.70	3.60		29.30
加裂柴油	21.62		21.62	0.00		21.62
小计	277.20	25.88	216.89	7.20	27.23	277.20

2.2　煤油加工

直馏煤油馏分 125.95×10^4t/a，经 1.5Mt/a 的煤油加氢精制后，生产的精制煤油和加氢裂化煤油调和，生产满足质量标准要求的航煤产品。航煤平衡见表 1-11。

表 1-11　航煤平衡表

项目	产量/(10^4t/a)	项目	产量/(10^4t/a)
航煤加氢	125.95	合计	177.79
加裂煤油	51.84		

2.3　石脑油、汽油加工

常减压部分石脑油作为乙烯料，轻烃回收石脑油、加氢精制石脑油和常顶二级冷凝油作为重整预加氢原料，预加氢拔头油和重整石脑油作为乙烯裂解原料。预加氢精制石脑油与加氢裂化重石脑油作为 1.3Mt/a 连续重整原料，重整生成油分离出混合苯、二甲苯、重芳烃作为产品，C_7 和 C_9 作为汽油调和组分。本项目汽油池主要组分为催化汽油、烷基化油、叠合汽油、重整汽油、非芳、加裂石脑油，石脑油平衡见表 1-12。

表 1-12　石脑油平衡表　　10^4t/a

项目	产出	去向			合计
		重整原料	调和汽油	乙烯原料	
常顶一级油	69.80			69.80	
轻烃回收轻石脑油	6.12	6.12		0.00	6.12
轻烃回收重石脑油	79.80	79.80		0.00	79.80
加裂轻石脑油	6.64		6.64	0.00	6.64
加裂重石脑油	49.34	49.34			49.34
重整轻石脑油	5.96			5.96	5.96
重整拔头油	9.73			9.73	
精制非芳油	14.28		14.28		14.28
加氢汽油	11.37	11.37			11.37
小计	253.06	146.64	20.93	85.49	253.06

2.4 轻烃回收及气体加工

1）全厂统一设置轻烃回收，回收常减压蒸馏装置、加氢裂化装置、渣油加氢脱硫装置和柴油加氢精制装置的轻烃，回收的液化气经精制后和连续重整液化气一起作为乙烯裂解原料。

2）催化干气回收分离装置富乙烯气作为乙烯原料，脱乙烯气进入 PSA 进行氢气回收。

3）加氢裂化、渣油加氢处理和柴油加氢精制装置的低分气送精制脱硫后，与外购乙烯氢气、催化干气脱乙烯气一起作为 PSA 装置原料提浓氢气，解析气作为瓦斯。

4）催化液化气的脱硫、脱硫醇集中在产品精制，精制催化液化气作为气体分馏装置原料，分馏出的丙烷作为乙烯裂解原料。

5）气体分馏装置生产的混合碳四以及外购碳四进入叠合装置，进行选择性叠合生产高标号汽油，在叠合过程中主要对异丁烯进行反应，减少未反应 C_4 中异丁烯在烷基化反应中的副作用。未反碳四作为烷基化装置原料，通过烷烯比调节反应。

2.5 其他装置

1）加氢装置消耗氢气除连续重整装置副产的重整氢气和外购乙烯氢外，其中重整自带 PSA，加氢低分气与乙烯氢进行ⅡPSA 进行氢气回收，全厂氢气不足的由煤制氢装置提供。

2）本项目根据全厂溶剂特点设置三个溶剂再生装置，分别为催化胺液再生、渣加胺液再生和其他装置胺液再生，根据硫含量设置三套 0.13Mt/a 的硫黄装置。

① 催化胺液再生能力核算：根据催化装置气体中硫化氢为 0.56×10^4t/a、贫富胺液差值为 12g/L，计算胺液量为 55t/h，根据实际操作经验，本方案胺液再生能力适当放大一倍，为 110t/h。

② 渣油加氢胺液再生能力核算：气体中硫化氢流量为 18.1×10^4t/a，贫富胺液浓度差为 20g/L，计算胺液量为 1076t/h，本方案取值为 1000t/h。

③ 其他装置胺液再生能力核算：气体中硫化氢流量为 7.12×10^4t/a，贫富胺液浓度差为 20g/L，计算胺液量为 424t/h。

本方案结合三套胺液再生装置负荷，取值为 1600t/h 进行设计，但从以往胺液脱硫实际运行情况看，胺液理论量有可能会偏大。

3）根据全厂总流程的安排，同时设置临氢和非临氢酸性水汽提两套，本方案的设计公称规模为 120t/h+60t/h 含硫污水汽提装置，临氢系统汽提装置主要有渣油加氢、加裂、柴油加氢等酸性水组成，临氢系统污水量主要根据各装置溶解硫化氢铵为准核算注入水量，计算结果为 120t/h；非临氢系统污水汽提主要有常减压、催化等装置，污水量主要是装置的外排水，装置负荷核算为 60t/h。根据装置酸性水汽提酸性气和溶剂再生酸性气统一回收硫黄。

3 经济技术指标

本项目加工原油 10.0Mt/a，汽柴油产品可全部满足国Ⅵ质量标准要求，其中汽油产量为 245×10^4t/a，柴油产量为 203.57×10^4t/a，煤油产量 177.48×10^4t/a，乙烯原料 152.12×10^4t/a，芳烃产品为 51.99×10^4t/a，低硫船燃为 101.8×10^4t/a，柴汽比为 0.83，商品总量为 977.02×10^4t/a，商品收率为 95.56%，轻油收率为 74.26%，主要经济技术指标见表 1-13。

表 1-13　原料及产品总表　　10^4t/a

序号	名称	数量	备注
1	原料	1022. 41	
1. 1	原油	1000. 00	
1. 1. 1	科威特	1000. 00	
1. 2	其他原料	22. 41	
1. 2. 1	外购 POX 氢气	9. 20	
1. 2. 2	外购天然气	1. 57	
1. 2. 3	外购 C_4	10. 59	
1. 2. 4	POX 酸性气	8. 34	
1. 2. 5	外购乙烯氢气	2. 62	
1. 2. 6	煤	61. 00	
1. 2. 7	氧	61. 00	
2	产品	977. 02	
2. 1	国Ⅵ乙醇汽油基础油	244. 69	
2. 1. 1	98#	45. 80	
2. 1. 2	95#	68. 50	
2. 1. 3	92#	130. 39	
2. 2	航煤	177. 48	
2. 3	柴油	203. 57	
2. 3. 1	国Ⅵ柴油	203. 57	
2. 3. 2	出口柴油	0. 00	
2. 4	船燃	101. 80	
2. 4. 1	渣加重油	80. 00	
2. 4. 2	催化油浆	15. 80	脱固
2. 4. 3	重柴油	6. 00	
2. 5	芳烃	51. 99	
2. 5. 1	苯	9. 72	
2. 5. 2	混合碳八	38. 37	
2. 5. 3	重芳烃	3. 90	
2. 6	LPG	0. 00	
2. 7	丙烯	19. 81	
2. 8	硫黄	25. 57	
2. 9	乙烯料	152. 12	
2. 9. 1	富乙烯气	2. 75	
2. 9. 2	丙烷	4. 61	
2. 9. 3	轻烃回收液化气	14. 24	
2. 9. 4	重整液化气	4. 86	
2. 9. 5	加裂液化气	4. 39	

续表

序号	名称	数量	备注
2.9.6	烷基化液化气和丁烷	10.82	
2.9.7	重整非芳油	0.00	
2.9.8	预加氢液化气	1.03	
2.9.9	重整拔头油	9.73	
2.9.10	轻烃回收轻石脑油	0.00	
2.9.11	加裂轻石脑油	0.00	
2.9.12	重整轻石脑油	5.96	
2.9.13	柴加石脑油	0.00	去重整
2.9.14	加裂尾油	33.93	
2.9.15	直馏重石脑油	0.00	
2.9.16	常减压一级油	59.80	
3	自用燃料	24.64	
3.1	PSA 尾气	10.64	
3.2	轻烃回收干气	3.33	
3.3	烷基化燃料气	0.12	
3.4	重整解析气	3.25	
3.5	加裂燃料气	1.94	
3.5.1	自产燃料气	19.28	
3.5.2	外购天然气	5.36	
4	烧焦	23.43	
4.1	催化烧焦	23.43	
5	加工损失	2.7	
5.1	损失合计	2.7	0.26%
6	产品、燃料烧焦、损失合计	1022.41	
7	主要技术经济指标		
7.1	商品收率	95.56	
7.2	柴/汽比	0.83	
7.3	汽煤柴合计	625.74	
7.4	船燃	101.80	
7.5	乙烯原料合计	152.12	
7.6	商品总量	977.02	
7.7	轻油收率	74.26%	

4 原料、产品性质

4.1 原油性质

本项目设计原油为科威特原油，K 值为 11.8，20℃时的密度为 876.0kg/m^3，属于轻质原油；倾点<-36℃，比较低；50℃时黏度为 8.79mm^2/s，黏度小；硫含量高达 2.640%；氮

含量为930μg/g；残炭为6.11%；酸值为0.18mgKOH/g；金属镍、钒含量分别为10.1μg/g和31.1μg/g。根据原油分析评价标准，科威特原油属高硫低酸中间基原油，其基本性质见表1-14。

表1-14　科威特原油基本性质

项目	分析结果	项目	分析结果
密度/(kg/dm^3)	0.8760	蒸气压/kPa	26.2
API	29.9	碱性氮/(μg/g)	394.6
*K*值	11.8	盐含量PTB	10.5
运动黏度/cSt		残炭/%(质)	6.11
20℃	22.73	沥青质含量/%(质)	2.50
40℃	11.41	灰分/%(质)	0.00
50℃	8.88	酸值/(mg KOH/g)	0.18
倾点/℃	<-36	铁/(μg/g)	0.7
硫含量/%(质)	2.64	镍/(μg/g)	10.1
硫醇硫/(μg/g)	135.0	钒/(μg/g)	31.1
氮含量/(μg/g)	930	钠/(μg/g)	3.3

4.2　外购物料性质

根据全厂设计，需要外购部分乙烯氢和碳四，其性质分别见表1-15和表1-16。

表1-15　乙烯氢性质

组分	比例/%(体)	组分	比例/%(体)
H_2	95	H_2O	≤2μL/L
CH_4	4.9	H_2S	≤1μg/g
$C_2H_4+C_2H_6$	0.1	合计	100
$CO+CO_2$	≤5μL/L		

表1-16　外购碳四性质

组分	含量/%(质)	组分	含量/%(质)
丙烷	0.56	反丁烯-2	8.86
异丁烷	6	顺丁烯-2	5.53
异丁烯	46	1,3-丁二烯	<30μg/g
正丁烯-1	30.09	水	500μg/g
正丁烷	2.91	合计	10.591

4.3　产品指标

本项目实施后，生产满足GB 30220—2017质量标准的乙醇汽油组分油，主要指标见表1-17；车用柴油产品满足GB 19147—2016质量标准，主要指标见表1-18；煤油满足GB 6537—2018质量标准的3#喷气燃料，主要指标见表1-19；低硫船燃满足GB 17411—2015质量标准，主要指标见表1-20；工业硫黄要达到GB/T 2449.1—2014固体硫黄质量标准要求；苯要达到GB/T 3405—2011质量标准要求；甲苯要达到GB/T 3406—2010质量标准要求；混合二甲苯要达到 GB/T 3407—2010 质量标准要求。

表 1-17　国Ⅵ乙醇汽油调和组分主要质量标准

项目	ⅥB 指标	项目	ⅥB 指标
RON	≥92　≥93.5　≥96.5	50%馏出温度/℃	≤113/115
抗爆指数	≥85.5　≥89　≥92	90%馏出温度/℃	≤190
铅含量/(g/L)	≤0.005	终馏点/℃	≤205
硫/(μg/g)	≤10	氧/%(质)	≤0.5
苯/%(体)	≤0.8	密度(20℃)/(kg/m³)	720~772
烯烃/%(体)	≤16	蒸汽压/kPa	冬季 40~78 夏季 35~58
芳烃/%(体)	≤38		
10%馏出温度/℃	≤70	锰/(g/L)	0.002

表 1-18　国Ⅵ柴油指标

项目	国Ⅵ车用柴油质量标准	项目	国Ⅵ车用柴油质量标准
十六烷值	≥51(-10、0、5)	T_{95}/℃	≤365
十六烷指数	≥46(5、0、-10、-20)	多环芳烃含量/%(质)	≤7
密度/(kg/m³)	820~845(-10、0、5)	50%馏出温度/℃	≤300
	800~840(-50、-35、-20)	90%馏出温度/℃	≤355
硫含量/%(质)	≤0.0010	95%馏出温度/℃	≤365

表 1-19　3#航煤质量指标

项目	质量标准	项目	质量标准
总酸值/(mgKOH/g)	≤0.015	密度(20℃)/(g/cm³)	775~830
芳烃含量/%(体)	≤20.0	冰点/℃	≤-47
烯烃含量/%(体)	≤5.0	黏度/(mm²/s)	
总硫含量/%(质)	≤0.20	20℃	≥1.25
硫醇性硫/%(质)	≤0.002	-20℃	≤8.0
闪点/℃	≥38	烟点/mm	≥25

表 1-20　180#低硫船燃指标

项目	质量标准	项目	质量标准
硫含量/%(质)	≤0.5	闪点/℃	≥60
密度(20℃)/(kg/m³)	≤987.6	钠/(mg/kg)	≤350
碳芳指数	≤870	钒/(mg/kg)	≤100
残炭	≤18	灰分/%(质)	≤0.1
酸值	≤2.5		

5　产品调和及系统平衡

5.1　汽油调和

本方案汽油调和池主要组分为 S-Zorb 汽油、烷基化油、叠合汽油、重整汽油、加裂轻石以及非芳，通过调和达到国ⅥB乙醇汽油组分油标准，调和原则主要对各质量指标达到组分油内控指标以内，主要按照尽量增产高标号汽油的原则进行调和考虑。总调和的主要汽油组分催化汽油、烷基化油、重整汽油分别为135.53×10^4t、39×10^4t、49×10^4t，有效平衡了各馏段的辛烷值。通过调和，其中92#汽油130.4×10^4t，95#汽油68.5×10^4t，98#汽油45.8×10^4t。各组分调和量以及调和质量见表1-21。

表1-21 汽油池调和表

组分	数量/(10^4t/a)				辛烷值 RON	硫/%(质)	芳烃/%(体)	烯烃/%(体)	马达 MON	蒸气压/kPa	密度/(t/m^3)	抗暴指数 DON
	总量	95#	98#	92#								
烷基化油	27.95	10.0	17.00	0.95	96.00	4	0	0	93	35	0.70	94.50
S-Zorb	135.53	40.0	7.00	88.53	91.40	7	25	19	80	62	0.73	85.70
重整汽油(C_9)	22.82	7.50	10.30	5.02	102.00	2	90	0	93	25	0.873	97.50
重整汽油(甲苯)	26.23	7.00	7.00	12.23	108.00	2	100	0	99	15	0.867	103.50
加裂轻石脑油	6.64	1.50	0.50	4.64	81.00	0	0	0	72	120	0.64	76.50
非芳	14.28	1.50	1.50	11.28	65.00	0	0	0	60	40	0.67	62.50
叠合汽油	11.23	1.00	2.50	7.73	96.00	4	0	0	93	35	0.70	94.50
合计	244.69											
95#汽油		68.5			93.73	5.15	32.16	11.36	84.42	51.78	0.747	89.08
98#汽油			45.80		96.71	3.53	34.95	3.03	90.24	36.82	0.759	93.47
92#汽油				130.4	90.46	5.28	27.93	13.01	80.62	56.42	0.734	85.54
国ⅥB标准内控					93.7/96.7/90.2	8.00	36.00	14.00			720~772	89/92/85.5
国ⅥB标准						10.0	38.00	16.00		35~58		

5.2 柴油调和

本项目柴油调和组分主要是加裂柴油和加氢精制柴油，其中通过原料预测进入柴油加氢后的十六烷值为50.63，未达到国Ⅵ标准，通过和加裂柴油进行调和，使得柴油十六烷值更好满足产品需求。在柴油加氢装置进料中对催化柴油比例适当控制，同时加氢精制选择低空速，调和组分见表1-22。

表1-22 柴油调和表

项目	产量/(10^4t/a)	体积/(10^4m^3/a)	密度/(kg/cm^3)	十六烷值	硫含量/(μg/g)
柴油加氢	181.95	216.60	0.84	50.63	7.00
加氢裂化柴油	21.62	26.11	0.83	60.00	1.00
调和小计	203.57	242.71	0.839	51.63	6.36
内控				≥51.5	
国Ⅵ柴油指标			0.79~0.845	≥51	10

5.3 航煤调和

本项目产品航空煤油主要来自加氢裂化航煤及航煤精制，同时加氢裂化进料二次油比例控制在15%以下，调和组分见表1-23。

表 1-23　航煤调和表

项目	产量/(10^4t/a)	烟点/mm	总硫/(μg/g)	银片腐蚀/级
航煤加氢	125.95	26.00	0.100	1.00
加裂煤油	51.84	28.00	0.000	1.00
合计	177.79	28.00	0.072	1.00
3#航煤指标		25	0.2	1.00

5.4　低硫船燃调和

本项目低硫船燃主要由固定床渣油加氢重油、催化脱固油浆、催化重柴油和渣加柴油调和而成，整体调和质量比例为 79：16：4：2，调和的主要控制点为硫含量、黏度、碳芳指数和密度，调和组分见表 1-24。

表 1-24　低硫船燃调和表

序号	项目	渣加重油	催化油浆	催化重柴	渣加重柴	180#燃料油	指标
1	调和量/(10^4t/a)	80.00	15.80	3.60	2.40	102	
2	调和比例/%(质)	0.79	0.16	0.04	0.02		
3	体积量/(10^4m^3/a)	86.49	14.50	3.79	2.76	108	
4	调和比例/%(体)	0.80	0.13	0.04	0.03		
5	密度(20℃)/(kg/m^3)	925	1090	950	870	947	<987.6
6	黏度(50℃)/(mm^2/s)	135	1000	2	2	144	<180.0
7	硫含量/%(质)	0.42	0.98	0.4	0.04	0.49	<0.5
8	密度(15℃)/(kg/m^3)	929	1093	954	874	950	
9	芳碳指数	801	945	921	841	822	<870

5.4.1　计算船燃需要的罐容

本项目低硫船燃通过水运出厂，方案按国内水运，按照 15~20d 储存量计算，本次计算取值 15d，储罐不平衡系数为 1.2，储罐有效利用系数为 0.9，因此按照全年 350d 计算，需要按照罐容公式(1-1)和式(1-2)计算。

计算为 $108\times10^4m^3/a/350d\times15\times1.2/0.9\times10000$，结果为 $6.1\times10^4m^3$，归一化为$6\times10^4m^3$，因此本项目设置 $3\times20000m^3$ 燃料油成品罐，不包括调和罐。

$$E=\frac{Q_h K_{BK}}{T_{yk}\gamma\eta}t_{dc} \tag{1-1}$$

$$K_{BK}=\frac{H_{max}}{\overline{H}} \tag{1-2}$$

式中　E——码头库区储罐容量，m^3；

Q_h——年货运量，t；

K_{BK}——储存不平衡系数，参考类似码头统计资料确定，当无统计资料时，可取 1.2~1.4；

T_{yk}——库区年营运天，d，取 350d；

t_{dc}——石油化工品平均储存期，d，中转用储罐宜取 6~10d，仓储用储罐宜取 30~

60d，或根据储存要求确定；

γ——所储石油化工品的密度，t/m^3；

η——储罐容积利用系数，取 0.85~0.95；

H_{max}——最大月货物储存吨天，t·d；

$\overline{H}$——平均月货物储存吨天，t·d。

5.4.2 计算装船的管道直径和压降

本项目低硫船燃通过管道从厂区输送到码头，输送温度为 50℃，使用 5×10^4t 的船型，本方案按照选择 16h 装满船，根据公式(1-3)：

$$\rho_{50}=\rho_{20}-(50-20)\times0.00057 \tag{1-3}$$

计算 50℃密度为 946.7kg/m³，计算装满船需要的流量为 50000/16/ρ=3300m³/h，本方案考虑液体燃料油的黏度和温度损失，流速控制在 2.0~3.0m/s，此方案初步选择计算流速为 3m/s，计算管道直径为 R=0.624m，计算雷诺数得出摩擦系数为 0.031，因此通过此内径反计算压降公式(1-4)：

$$\Delta p_f=\lambda\,\frac{L\rho u^2}{2d_i} \tag{1-4}$$

本方案管道当量为 2500m，通过计算压降为 0.513MPa，有所偏大，因此管道直径根据 *DN*700 的基础上反计算流速为 2.38m/s。根据 *DN*800 管线反算流速为 1.82m/s，有所偏低，因此本方案液体流速取为 2.4m/s，流速在要求范围之内，计算 2.4m/s 流速下的管道压降为 0.3MPa。

5.4.3 计算装船泵的功率和扬程

本方案从泵的能耗和流速综合考虑，选择流速为 2.4m/s，设定装船高度为 20m，根据装船高度和压降计算泵扬程高度为 53m，通过公式 $\rho QgH/\eta$，计算泵的轴功率为 567kW，根据公式 $P=N_e\times K$ 求得电机功率为 680kW。

5.5 氢气平衡

1）全厂设置三个系统性氢气管网系统，分别为 PSA 氢气管网、重整氢管网和 POX 氢管网(4.8MPa)，PSA 氢气与重整氢压力为 2.4MPa，为一个压力等级管网。

2）POX 氢气压力为 4.8MPa 压力等级管网。其中 POX 氢气压力较高，可利用此压力直接进入 S-Zorb 和航煤加氢，同时结合氢量作为柴油加氢氢气来源，可以节省压缩机能耗，多余氢气减压到 2.4MPa 管网，与重整氢管网合并。

3）PSA 氢气管网可以直接进入叠合、烷基化、硫黄等装置，多余氢气与重整氢气管网联通；重整氢气管网主要作为渣加氢气来源。全厂氢气平衡见表 1-25，氢气流程简图见图 1-2。

表 1-25 氢气平衡表

	项目	处理量/(10^4t/a)	产率/%(质)	数量/(10^4t/a)	数量/(10^4Nm³/h)	比例/%
产氢	连续重整装置	130.00	4.07	5.29	7.05	29.10
	PSA 回收氢气	14.30	0.26	1.84	2.46	10.14
	外购 POX 氢			9.20	12.27	50.66
	外购乙烯氢	1.83		1.83	2.45	10.10
	产出合计			18.17	24.22	100.00

续表

	项目	处理量万吨/年	氢耗/%(质)	数量/(10^4t/a)	数量/(10^4Nm^3/h)	比例/%
耗氢	渣油加氢	420.00	2.150	8.98	11.97	49.42
	加氢裂化	200.00	3.000	5.95	7.94	32.76
	柴油加氢	200.00	1.200	2.36	3.14	12.98
	煤油加氢	150.00	0.300	0.38	0.50	2.08
	S-Zorb	150.00	0.200	0.27	0.36	1.50
	烷基化	38.79	0.039	0.02	0.02	0.08
	硫黄回收	30.00	0.003	0.00	0.02	0.01
	叠合加氢	11.23	1.900	0.21	0.28	1.17
	并入燃料气			0.00	0.00	0.00
	消耗合计			18.17	24.22	100.00

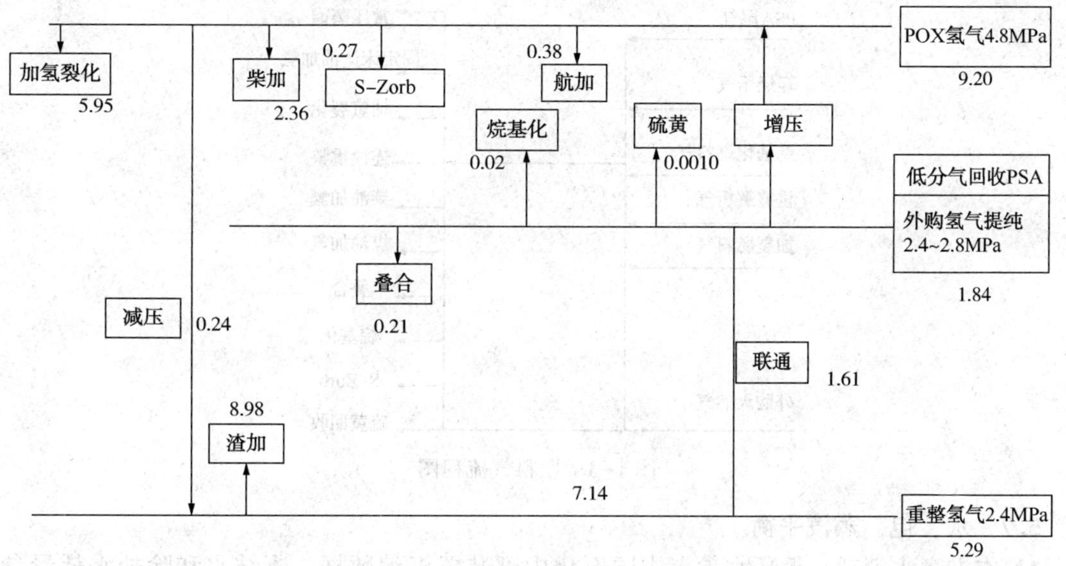

图 1-2　氢气流程简图(单位：MPa)

5.6　瓦斯平衡

炼油部分各装置所用燃料为轻烃回收干气、PSA 的解析气、重整 PSA 解析气以及加裂燃料气，不足部分引入天然气补充，为进一步降低加热炉排烟温度，瓦斯气的硫含量要严格控制。瓦斯平衡和流向图见表 1-26 和图 1-3。

表 1-26　系统瓦斯平衡表

项目	装置规模/(Mt/a)	流量/(10^4t/a)
常压蒸馏	1000.00	7.08
固定床渣油加氢	420.00	3.78
加氢裂化	200.00	2.2
连续重整	130.00	6.46
柴油加氢	200.00	0.88
煤油加氢	150.00	0.45
硫黄回收	30.00	3.41

续表

项目	装置规模/(Mt/a)	流量/(10^4t/a)
烷基化	30.00	0.21
S-Zorb	150.00	0.18
合计		24.64
PSA 尾气		10.64
轻烃干气		3.33
烷基化燃料气		0.12
重整解析气		3.25
加裂燃料气		1.94
外购天然气		5.36
合计		24.64

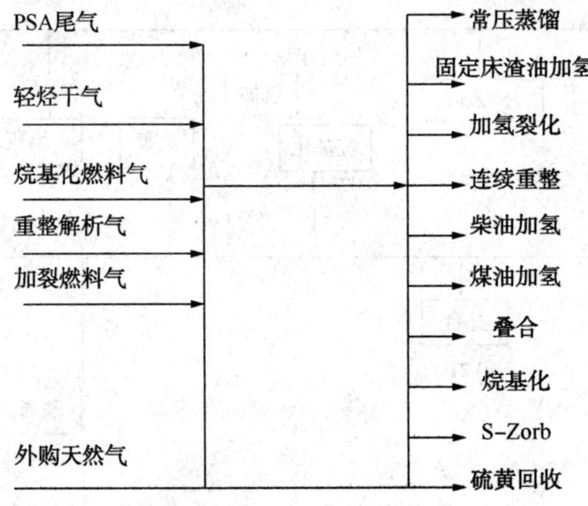

图 1-3 燃料气流程图

5.7 水、电、蒸汽平衡

1）本方案水消耗、循环水参考中国石化内部装置汇编数据，凝结水和除盐水耗量参考蒸汽平衡数据，凝结水回收率按照96%计算，循环水自然蒸发量按照0.8%(质)计算，装置用水平衡见表 1-27。

表 1-27 水平衡表

装置	处理量/(10^4t/a)	新鲜水/(t/h)	含硫污水/(t/h)	除盐水/(t/h)	循环水/(t/h)	凝结水/(t/h)	参考装置
常压蒸馏	1000	1.19	23.00		3810		镇海
固定床渣油氢油加氢	420	0.50	71.33		2975		上海
加氢裂化	200	4.76	34.99		2350	-2	镇海
连续重整	130	2.17		45.35	5277	-108	镇海
催化裂化	320	30.48	33.00	328.76	8114		金陵
柴油加氢	200	0.48	18.54		598	-13	镇海
轻烃回收	100	0.12		0.00	486	-25.00	镇海
煤油加氢	150	1.20		0.00	334		镇海

续表

装置	处理量/(10^4t/a)	新鲜水/(t/h)	含硫污水/(t/h)	除盐水/(t/h)	循环水/(t/h)	凝结水/(t/h)	参考装置
硫黄回收	30	6.43		80.00	1391	-60	镇海
叠合	10	0.00		0.00	381		镇海
烷基化	30	0.00		0.00	750	-33.00	镇海
碳二回收	8	0.00		0.00	489	-40	
气分	65	0.00	2.00	0.00	1148		镇海
S-Zorb	150	0.18	1.79		382	-2.00	镇海
Ⅰ PSA	6				300		镇海
Ⅱ PSA	14	0.17			715		镇海
溶剂再生、汽提					1500	-147	估计
伴热						-59	
含硫污水回用			-178				
外输蒸汽				100.89			
合计		47.66	4.94	566.10	31001	-489	
年合计/t		400379	41531	4755216	260405680	-4103400	
理论补水/(t/a)	3839275	400379	41531	4992976	2343651	-3939264	
补水率/%	0.384			(蒸汽折算)	自然蒸发 0.009	96%回收率	

2）本方案电量计算参考实际运行装置，用规模对比法进行估算，循环水厂用电根据水平衡表中循环水量估算用电量，数据见表 1-28。

表 1-28 电平衡表

装置	装置规模/(10^4t/a)	用电单耗/(kW·h/t)	电消耗/10^4kW·h	参考装置
常压蒸馏	1000	5.84	5840	镇海
固定床渣油加氢	427	34.83	14855	上海
加氢裂化	204	47.17	9638	镇海
连续重整	135	47.54	6412	镇海
催化裂化	317	30.00	9499	镇海
柴油加氢	199	11.63	2312	镇海
轻烃回收	104	7.31	757	镇海
煤油加氢	126	8.19	1035	系统
硫黄回收	26	130.03	3429	镇海
叠合	10	28.00	280	
烷基化	30	70.00	2100	镇海
碳二回收	10	30.00	300	
气分	65	5.30	345	
S-Zorb	150	7.17	1076	
PSA	14	260	3718	镇海
再生 1600t/h			320	
汽提	180t/h	1.7t/h	150t/h	镇海
其他电(循环水场)			6424	按循环水量估计
合计			68489	

3）本方案的蒸汽等级分为三个等级，分别为3.5MPa、1.0MPa、0.5MPa，其中3.5MPa的来源主要有三个来源分别为催化、重整、硫黄，不足部分从外系统电站输入；考虑蒸汽的等级利用，对3.5MPa的蒸汽的使用主要分布在主要装置的机组上，分别设置3.5MPa背压到1.0MPa，3.5MPa凝汽，3.5MPa抽背到0.5MPa；同时优化设置1.0MPa蒸汽凝汽机，以便减少1.0MPa蒸汽的多余放空；0.4MPa蒸汽主要使用在溶剂再生等装置，其中不足部分为1.0MPa减压，蒸汽平衡和流程图见表1-29和图1-4。

表1-29　蒸汽平衡表

序号	装置	加工能力/(10^4t/a)	10.0MPa蒸汽/(t/h)	3.5MPa蒸汽/(t/h)				1.0MPa蒸汽/(t/h)			0.4MPa蒸汽/(t/h)		参考对象
				汽包产汽	背压用汽	凝汽用汽	工艺用汽	产汽	凝汽用汽	工艺用汽	产汽	用汽	
1	催化裂化	320.00		329	-90.00			90.00		-33.00			设计
2	连续重整	130.00		45			-70.00			-8.00			设计
			循环机			-30.00							
			增压机			-100.00		100.00					
3	硫黄回收	30.00		80.00						-10.00	24	-50.00	设计
4	固定床渣油加氢	420.00			-90					-6.00	90.00		上海
5	加氢裂化	200.00				-35.00				-1.50	35.00		设计
6	常压蒸馏	1000.00								-12		-9	镇海
7	柴油加氢	200.00							-10.00	-3.00			镇海
8	VPSA	11.51			-40.00			40.00					镇海
9	烷基化				-53.00			53.00		-33.00			镇海
10	轻烃回收	100.00					-15.00		-10.00				镇海
11	干气回收								-40				
12	煤油加氢	150.00											
13	催化胺液再生											-10	镇海
14	渣加胺液再生											-65.00	上海
15	其他胺液再生											-50.00	
16	汽提1									-12.00			
17	汽提2									-10			
18	S-Zorb	136.42								-2.00			
19	炼油除氧器									-24.00			
20	减温减压						-25.50	25.50		-44.00	44.00		
21	动力站输入			101									
22	伴热+损失						-6.50			-50.00		-9.00	
	合计		0.00	555.00	-273.00	-165.00	-117.00	308.50	-60.00	-248.50	193.00	-193.00	

3.8MPa，400℃，560t/h
1.0MPa，270℃，375t/h
0.4MPa，170℃
工艺用汽85t/h
催化气压机90t/h
动力站101t/h
催化329t/h
重整45t/h
硫黄80.00t/h
减温减压25.50t/h
加裂机35t/h
烷基化冷却机53t/h
VPSA解析气机40t/h
渣加循环机90t/h
重整增压机100t/h
重整机30t/h
工艺用汽-130.5t/h
干气回收凝汽40t/h
轻烃凝汽10t/h
柴加凝汽10t/h
伴热损失50t/h
减温减压44.00t/h
硫黄用汽50t/h
胺液再生125t/h
除氧器用汽24t/h
工艺用汽18t/h
图1-4 蒸汽流程简图

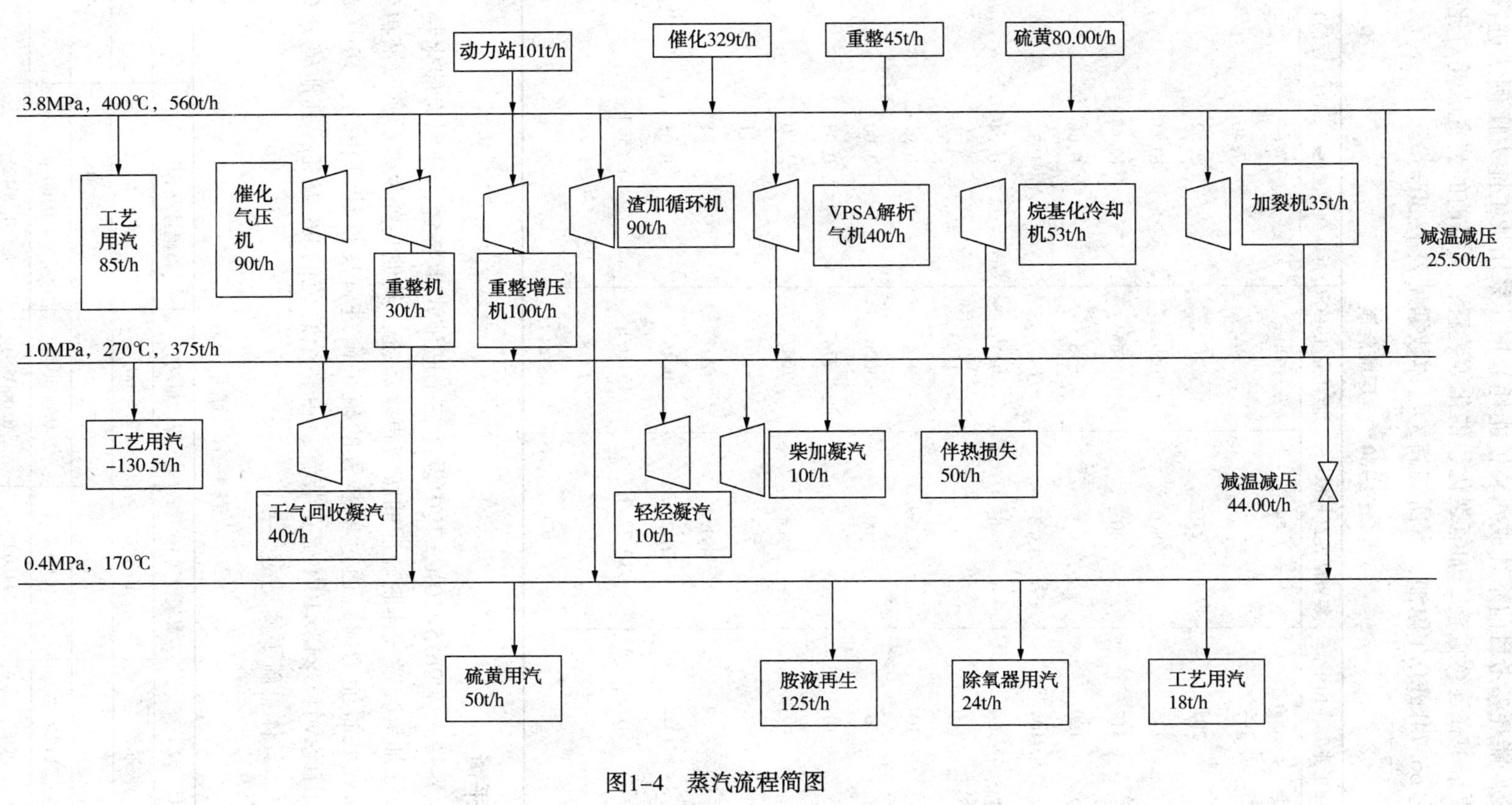

5.8 全厂能耗

本方案全厂能耗参考目前系统成熟装置能耗数据，采用加工能力比例法进行初步估算，其中能耗主要集中在连续重整、加氢裂化、催化等装置，从目前的装置能耗对比看，本方案的总体能耗为66.74kgEO/t 原油，有所偏高，具体数据见表1-30。

表1-30 全厂能耗表

装置	加工能力/(10^4t/a)	装置能耗/(kgEO/t)	能耗值/kgEO	折算全厂能耗/(kgEO/t 原油)	参考装置
常压蒸馏	1000	7.64	7640	7.64	镇海
固定床渣加	427	17.34	7396	7.40	上海
加氢裂化	204	27	5517	5.52	镇海
连续重整	135	78.6	10601	10.60	镇海
催化裂化	317	40	12665	12.67	镇海
柴油加氢	199	3.3	656	0.66	镇海
轻烃回收	104	13.38	1385	1.38	镇海
煤油加氢	126	7.46	942	0.94	
硫黄回收	26	-68	-1793	-1.79	镇海
叠合	10	97.39	974	0.97	
烷基化	30	100	3000	3.00	镇海
碳二回收	10		77	0.08	电和蒸汽
气分	65	41.49	2697	2.70	
S-Zorb	150	7.4	1110	1.11	
PSA	3.68	491.5	1807	1.81	镇海
溶剂再生	1344	6.73	9045	9.05	估算
汽提	151t/h	10.22t/h	1545t/h	1.55t/h	镇海
其他用电			1478	1.48	
合计			66741	66.74	

5.9 硫平衡

本方案原料带入硫26.5×10^4t，其中设计三个胺液再生装置，分别为催化装置干气、液化气脱硫；渣油加氢装置气体脱硫后的胺液再生系统，其他装置脱硫后富胺液再生系统，计算全厂硫黄回收装置能力时，通过单装置的硫平衡进行反推计算得出，其中硫黄回收为25.57×10^4t，因此设计3×13×10^4t 硫黄装置，占整个总硫的96.48%，其他硫分布在其他产品或者排放中，具体总硫平衡见表1-31。

表1-31 硫平衡表

项目		装置规模/(10^4t/a)	硫含量/%	总硫量/(10^4t/a)	硫含量/%
入方	原油	1000	2.6500	26.50	100
	合计			26.50	
出方	LPG	0.00	0.0050	0.00	0.00
	汽油	244.69	0.0005	0.0012	0.00
	喷气燃料	177.48	0.1000	0.1775	0.67

续表

项目		装置规模/(10^4t/a)	硫含量/%	总硫量/(10^4t/a)	硫含量/%
出方	乙烯原料	152.12	0.0500	0.08	0.29
	柴油	203.57	0.0007	0.0014	0.01
	工艺加热炉	20.85	0.0020	0.00042	0.00
	催化再生烟气	23.43	0.90	0.21	0.79
	硫黄	25.57	100.00	25.57	96.48
	低硫燃料油	101.80	0.49	0.50	1.90
	误差			0.04	(0.14)
	合计			26.50	

6 相关分析

6.1 原油适应性

本方案设计原油为科威特原油，其 *API* 为 29.9，平均硫含量为 2.65%(质)，酸值为 0.18mgKOH/g，目前可获得的原油资源中，首先根据 *K* 值相近选择结构组成类似的中东原油，本方案选出一种、两种和三种原油的组合，主要选择沙中、巴士拉、阿曼等原油与科威特原油进行对比，现分别从常减压蒸馏装置侧线产量、渣油加氢装置加工量和渣油加氢金属含量等方面进行说明。调和物料性质对比见表 1-32。

表 1-32 原油调和性质表

项目	科威特	沙中：巴士拉=9：1（拟合数据）	沙中：巴士拉：阿曼=650：100：250（拟合数据）
质量/10^4t	1000	1000.0	1000
API	29.9	29.4	30.2
硫含量/%(质)	2.65	2.54	2.53
酸值/(mgKOH/g)	0.18	0.2	0.2
密度 20℃/(kg/m^3)	872	875	871
密度 15.6℃/(kg/m^3)	876	879.3	875.1
氮/%(质)	930	782.4	877.2
盐/%(质)	10.5	4.5	5.5
铁/%(质)	0.7	6.9	7.6
镍/%(质)	10.1	11.8	16.2
钒/%(质)	31.1	35.2	32.7
康式残炭/%(质)	6.11	5.6	5.4
沥青质/%(质)	2.5	1.6	2.0
运动黏度 50℃/cSt	8.88	7.6	8.0
	塔顶油气		
馏程收率/%(质)	13.92	14.3	14.3
密度/(kg/m^3)	0.706	0.72	0.72
硫含量/%(质)	0.032	0.1	0.1

续表

项目	科威特	沙中：巴士拉=9：1 （拟合数据）	沙中：巴士拉：阿曼=650：100：250 （拟合数据）
	常一线		
馏程收率/%(质)	13.32	14.8	14.5
密度/(kg/m^3)	0.7908	0.78	0.78
总硫/%(质)	0.198	0.173	0.160
硫醇硫/(μg/g)	58.8	105.2	107.2
	柴油		
馏程收率/%(质)	15.08	13.9	13.7
密度/(kg/m^3)	0.8498	0.83	0.83
总硫/%(质)	1.56	1.09	0.94
馏分/ ℃	轻蜡油		
馏程收率/%(质)	17.25	17.3	17.5
密度/(kg/m^3)	0.9093	0.920	0.915
总硫/%(质)	2.63	2.96	2.49
总氮/(μg/g)	562.9	656.4	637.9
运动黏度(40℃)/cSt	21	31.1	32.1
	重蜡以上		
馏程收率/%(质)	39.03	38.65	38.95
密度/(kg/m^3)	1.0	1.022	1.012
总硫/%(质)	4.9	3.7	3.3
总氮/(μg/g)	2185.0	3636.4	3369.4
铁/(μg/g)	2.3	8.8	9.1
镍/(μg/g)	27.9	31.2	29.7
钒/(μg/g)	80.7	92.6	74.1
总金属/(μg/g)	110.9	132.6	112.9
康式残炭/%(质)	8.9	3.1	2.6

从调和数据看，方案1为沙中和巴士拉调和，API、硫、密度等各类数据较好，渣油金属较高，需要在生产中调整固定床加氢的蜡渣油比例。方案2为沙中、巴士拉、阿曼三种原油调和，各项指标都较理想，性质接近原来设计的油种，从调和后的各侧线收率看，航煤收率有所增加，柴油收率有所下降，蜡油收率有所增加，能够满足装置设计需求。因此从原油选择性看，本方案的原油具有较好适应性和替代性，原油调和收率见表1-33。

表1-33　原油调和收率　　%(质)

项目	拟合对象(科威特)	沙中：巴士拉=9：1 （拟合数据）	沙中：巴士拉：阿曼=650：100：250 （拟合数据）
塔顶油气	13.92	14.3	14.3
常一线	13.32	14.8	14.5
柴油	15.08	13.9	13.7
蜡油	17.25	17.3	17.5
重蜡以上	39.03	38.65	38.95

6.2 用能策略

1）利用高效率加热炉技术、污水回用技术等，并合理选择节能的电气设备、换热器和机泵等，以降低项目的设计能耗，提高资源的利用率，达到节能、降耗、减排的目的，实现清洁化生产。

2）完善能源资源节约型总加工流程，广泛应用窄点技术，优化换热网络，降低能源消耗，同时实现低温位热源的优化利用。

3）设备及管道布置尽量紧凑合理，以减少散热损失和压力损失，蒸汽管线首先采用良好保温材料，从而减少温度损失。

4）结构性节能措施，优化全厂总工艺流程，合理配置各工艺装置的进料组成，提高目的产品收率，降低损耗。项目补充氢气由煤制氢装置提供，利用煤制氢装置产氢成本较低的优势，提高企业的经济效益。

6.2.1 主要节能方案

6.2.1.1 装置之间热联合

主要表现在常减压蒸馏与渣油加氢脱硫、催化裂化、加氢裂化、柴油加氢精制及煤油加氢精制装置之间的物料及热量互供，从而避免物流在上游装置冷却而在下游装置又加热的状况，热联合情况如下：

1）常减压蒸馏的减压渣油热料出装置送渣油加氢脱硫；

2）常减压蒸馏装置减压轻蜡油以热料热出料送加氢裂化装置；

3）常减压蒸馏装置直馏煤油以热料送煤油加氢装置；

4）常减压蒸馏装置直馏柴油分别以热料送柴油加氢精制装置；

5）渣油加氢装置重油直供部分可以热进料进催化裂化装置；

6）催化裂化装置向气体分馏装置提供分馏顶循作为脱丙烷塔重沸器的热源；

7）催化重柴油热料出装置送渣油加氢；

8）催化汽油75℃出装置进S-Zorb装置；

9）催化轻柴油热料送加氢裂化装置；

10）加氢裂化装置重石脑油直供送连续重整装置；

11）催化轻柴油热料出装置送柴油加氢。

6.2.1.2 水节能

1）降低循环水供水压力，降低能耗。炼油部分循环水系统供水压力降低至0.35MPa，局部如常减压水冷器较高处需要升压的部分单独设置管道泵满足生产需要。

2）常减压电脱盐注水、加氢装置的高、低压分离器前的注水正常情况下均采用酸性水脱硫后的净化水。

3）常减压、催化等塔顶注水均使用自身产生的含硫污水，达到替代利用。

4）循环冷水尽可能二次利用串级利用。

5）设置统一的凝结水回收装置。

6.2.1.3 提高加热炉热效率，减少瓦斯使用

1）选择较好的空气预热器，排烟温度尽量达到100℃以下。本方案使用天然气为1.57×10^4t，由于基本不含硫，可以在使用天然气附近的加热炉尝试超低排放温度，进一步提高加热炉效率，节约瓦斯。

2）通过低温热水加热空气预热器，提高炉子空气预热温度，有效利用热联合，减少炉子瓦斯使用。

3）减少塔底重沸炉使用，芳烃抽重沸器使用蒸汽加热，取消热油循环；重整分馏加热炉使用1.6MPa或者3.5MPa蒸汽取代加热炉。

4）使用换热效率高的绕管换热器，如重整进料换热器等，提高进料温度。

5）部分大型加热炉可以采用贫氧燃烧，进一步降低氧含量，提高加热炉效率。

6）本方案的蜡油切割点较轻，由于渣油直接去渣油加氢装置，因此减压塔可以设计浅拔，从而减少炉子负荷。

6.2.1.4 低温热利用

1）催化装置塔顶热水作为气分塔底重沸器热源。

2）柴加分馏塔顶热源可以先加热除盐水，再去空冷，在减少电耗的同时多发蒸汽。

3）热水取代部分蒸汽去轻质油罐区作为伴热。

4）对大型除氧器乏汽进行回收。

5）目前炼油厂在分馏塔顶会产生较多低温热源，主要集中在催化、加氢、加裂等，为避免空冷直接冷却，除了本身装置的换热网络优化外，可考虑全厂低温热水统一回收直接发电来进一步利用。

6.2.1.5 蒸汽利用

本项目蒸汽系统设3.8MPa、1.2MPa、0.4MPa四个等级的蒸汽管网，高压蒸汽主要用于各装置驱动工艺汽轮机和工艺加热。中压蒸汽来自工艺汽轮机的抽汽或排汽及装置内余热产生的蒸汽，主要用于各装置工艺加热。低压蒸汽来自各汽轮机排汽和各装置内利用余热或多余的热量产生的蒸汽，主要用于除氧器、硫黄、胺液再生。

6.2.1.6 氢气系统的等级利用

其中，POX氢气压力较高，可利用此压力直接进入S-Zorb和航煤加氢，同时作为柴油加氢氢气来源，可以节省压缩机能耗。

6.2.1.7 利用好透平泵

加氢裂化原料泵采用高分压力能做透，胺液再生泵可以利用高压富胺液压力能回收。

6.3 环保措施

1）为了保护环境，减少挥发性油气的排放和对大气的污染，加强储罐区、装车栈和码头区域的环境保护。在炼油油品罐区设计RTO装置，装车和装船设施设置油气收集和回收设施，根据油气量选择TO或者CO。同时在重质油罐区和污油罐区设置尾气收集和除臭设施。

2）催化装置烟气设计脱硫脱硝，采用碱液钠法脱硫，同时使用SCR技术进行脱硝，满足GB 31570的排放指标；催化液化气脱硫尾气进入催化再生器进行焚烧。

3）重整含氯废气进入脱氯罐，再生烟气进入加热炉焚烧来减少非甲烷总烃。

4）硫黄尾气采用胺液脱硫+后碱液工艺，保证日常和开停工排放指标合格。

5）加热炉使用低氮火嘴燃烧器，使得排放烟气NO_x合格，同时加热炉使用瓦斯硫含量必须满足加热炉烟气排放指标。工艺加热炉满足环保排放要求$SO_2 \leq 50mg/m^3$，$NO_x \leq 100mg/m^3$，粉尘≤20mg/m³。

6）含油污水系统进行统一预处理，含盐污水、含硫污水、废油、有机溶剂不得排入含油污水管道。

7）炼油碱渣污水采用高温湿式氧化进行预处理，处理后污水单独提升排往污水处理场高含盐污水处理。

8）固定床催化剂，以及催化催化剂按照要求进行回收以及外委有资质单位进行处理。

6.4 投资和技术经济

6.4.1 估算工程费用

本方案装置投资采用装置规模指数法进行估算，装置总投资约 68.3435 亿元，具体见表 1-34。

表 1-34 工艺装置投资费用估算表

项目	规划规模	估算金额/万元	参考规模	装置投资/万元	规模指数
炼油装置		683435			
常减压装置	1000×10^4t/a	66800	1000×10^4t/a	66800	0.7
催化裂化装置	320×10^4t/a	83914	400×10^4t/a	98760	0.73
加氢裂化装置	200×10^4t/a	79000	200×10^4t/a	79000	0.75
轻烃回收装置	100×10^4t/a	10465	200×10^4t/a	17000	0.7
连续重整装置	130×10^4t/a	70639	200×10^4t/a	95500	0.7
柴油加氢装置	200×10^4t/a	32950	200×10^4t/a	32950	0.7
渣油加氢装置	420×10^4t/a	165017	400×10^4t/a	158700	0.8
气体分馏装置	65×10^4t/a	12376	50×10^4t/a	10300	0.7
烷基化装置	30×10^4t/a	43650	30×10^4t/a	43650	0.63
叠合	10×10^4t/a	4461	20×10^4t/a	7000	0.65
煤油加氢装置	150×10^4t/a	13320	150×10^4t/a	13320	0.7
硫黄回收装置	30×10^4t/a	24590	15×10^4t/a	16000	0.62
汽油吸附脱硫	150×10^4t/a	23302	200×10^4t/a	28500	0.7
干气回收分离	11×10^4t/a	11383	40×10^4t/a	28100	0.7
气体、液化气精制装置	72×10^4t/a	7560	120×10^4t/a	10810	0.7
酸性水汽提	180t/h	9280	200t/h	9990	0.7
溶剂再生装置	1600t/h	16415	1500t/h	15690	0.7
Ⅱ PSA	$9\times10^4m^3$/h(标)	8314	$10\times10^4m^3$/h(标)	8950	0.7
Ⅰ PSA(重整)	$7\times10^4m^3$/h(标)	6973	$10\times10^4m^3$/h(标)	8950	0.7

其中，系统配套费用按照工艺装置和 75%计费，为 51.2726 亿元，因此总工程费用为 68.3435+51.2726=119.6011(亿元)。

6.4.2 固定资产其他费用

1）固定资产其他费用按照工程费用的 18%计费，为 119.6011×0.18=21.5258(亿元)。

因此固定资产总投资费用为 1196011+215358=1411291(万元)。

2）无形资产按 7000 万元计算，其他资产按固定资产总投资 0.5%计算，为 1411291×0.005=7056(万元)。

3）预备费按照(固定资产+无形资产+其他资产)的6%计算，结果为89301万元。

6.4.3 利息计算

资金按照30%自筹，长期贷款利率为4.99%，短期贷款利率为4.35%，按15a还清，三年建设期，建设期利息为71857万元。建设期利息见表1-35。

表1-35 建设期利息表

项目	合计/万元	建设期		
		1	2	3
建设投资	1435662	20%	50%	30%
		投资额各年分配/万元		
分年投资额	1435662	287132	717831	430699
本金	703475	200993	502482	301489
利息	71857	5016	22820	44021
本息合计	1076821	206008	525302	345510

注：长期贷款实际利率为4.99%。

生产期还款按照等额本金法进行，流动资金按80美元的营业成本进行计算利息。生产期利息见表1-36。

表1-36 生产期利息表

生产期/a	4	5	6	7	8	9
生产负荷/%	90	100	100	100	100	100
财务费用/万元	57986	55337	51826	48315	44804	41293
偿还贷款/万元	70347	70347	70347	70347	70347	70347
借款余额/万元	1006473	936126	865779	795431	725084	654736
长期投资利息/万元	50231	46720	43209	39698	36187	32676
流动资金利息/万元	7731	8590	8590	8590	8590	8590
生产期/a	10	11	12	13	14	15
财务费用/万元	37782	34271	30760	27249	8617	8617
偿还贷款/万元	70347	70347	70347	70347	373346	0
借款余额/万元	584389	514041	443694	373346	0	0
长期投资利息/万元	29166	25655	22144	18633	0	0
生产负荷/%	100	100	100	100	100	100
流动资金利息/万元	8590	8590	8590	8590	8590	8590

6.4.4 建设投资

建设投资分为含税建设投资和非含税建设投资，其中含税建设投资为工程费用+其他资产+无形资产+预备费，计算结果为1577651万元。其中不含税建设投资需要扣除相应抵扣增值税141989万元，计算结果为1435662万元。相应费用汇总见表1-37。

表 1-37 费用汇总表

工程或费用名称	合计/万元	备注
总投资(含税)	1931598	建设投资+建设期利息+流动资金
报批总投资(不含税)	1592147	建设投资+建设期利息+铺底流动资金
建设投资(含增值税)	1577651	固定资产+无形资产+其他资产+预备费
建设投资(不含增值税)	1435662	
建设期利息	71857	
流动资金	282090	
铺底流动资金	84627	30%流动资金
固定资产投资	1411294	工程费用+固定资产其他费用
工程费	1196011	工艺生产装置+系统配套工程及其他
工艺生产装置		
炼油装置部分	683435	来自装置投资估算
系统配套工程及其他	512576	按照装置投资的75%计算
固定资产其他费	215282	按照工程费用的18%计算
无形资产投资	70000	
专利及专有技术使用费	70000	无形资产估算70000万元
其他资产投资	7056	按照固定资产投资0.5%计算
预备费	89301	
基本预备费	89301	
国内部分	89301	按(固定资产+无形资产+其他资产)的6%计算
可抵扣增值税额	141989	取建设投资的9%
建设期利息		
流动资金	282090	流动资金按照25d考虑，流动资金=经营成本×(流动资金周转天数/360)
30%自有资金	84627	
70%贷款	197463	

6.4.5 项目收入

本方案按照40美元、60美元、80美元原油价格进行收入测算，其中低硫船燃价格按照预测价3765元/t、4906元/t、6145元/t均为(含税价)进行测算，其他参考价格见表1-38。

表 1-38 原料和产品价格体系 元/t

40美元价格体系		60美元价格体系		80美元价格体系		原(料)油名称
含税价	增值税	含税价	增值税	含税价	增值税	
						外购原油
2108	243	3126	360	4237	487	科威特原油
						其他原料
9040	1040	9040	1040	9040	1040	原料煤制氢
2667	220	3952	326	5005	413	外购碳四
3616	416	3616	416	3616	416	外购燃料天然气

续表

40美元价格体系		60美元价格体系		80美元价格体系		原(料)油名称
含税价	增值税	含税价	增值税	含税价	增值税	
7345	845	7345	845	7345	845	外购氢气
						二产品汇总
						汽油
5549	638	6810	783	8166	939	92#乙醇汽油调和组分油
5863	675	7195	828	8628	993	95#乙醇汽油调和组分油
6020	693	7388	850	8860	1019	98#乙醇汽油调和组分油
3255	374	4639	534	5873	676	喷气燃料
4353	501	5557	639	6768	779	柴油(国Ⅵ)
3765	433	4906	564	6145	707	180#船用燃料油
						乙烯原料
2601	299	3829	440	5063	582	加裂轻石脑油
2601	299	3829	440	5063	582	C_5、C_6轻烃
2549	293	3752	432	4962	571	加裂尾油
2493	206	3778	312	4832	399	丙烷
2493	206	3778	312	4832	399	正丁烷
2493	206	3778	312	4832	399	轻烃
2493	206	3778	312	4832	399	富乙烷气
2997	345	4372	503	5308	611	富乙烯气
4105	472	4897	563	6843	672	石油苯
4143	477	4964	571	5882	677	混合二甲苯
						其他产品
4530	521	6258	720	7369	848	丙烯
3537	407	3537	407	3537	407	商品干气
2667	220	3952	326	5005	413	商品液化气
3448	397	3960	456	4810	553	重芳烃
1803	207	2730	314	3881	446	沥青
720	83	881	101	1017	117	硫黄

通过计算得到三个价格体系的产品收入，见表1-39。原油几个体系增加，产品营业收入增幅较大，说明在高价位时，全加氢工艺的整体效益优势较好，营业收入测算见表1-39。

表1-39　营业收入测算表　　万元

项目	40美元价格体系	60美元价格体系	80美元价格体系
营业收入	3506918	4564750	5625367

6.4.6　项目成本

计算80美元体系下本方案的成本，其中无形资产按照10年摊销，其他资产按照5年摊销，具体成本计算汇总见表1-40。

表 1-40　各项成本汇总表

万元

项目	第4年	第5年	第6年	第7年	第8年	第9年	第10年	第11年	第12年	第13年	第14年	第15年
负荷率	90%	100%	100%	100%	100%	100%	100%	100%	100%	100%	100%	100%
原材料	3500075	3888972	3888972	3888972	3888972	3888972	3888972	3888972	3888972	3888972	3888972	3888972
辅助材料	36000	40000	40000	40000	40000	40000	40000	40000	40000	40000	40000	40000
外购动力及燃料	62653	69615	69615	69615	69615	69615	69615	69615	69615	69615	69615	69615
工资及福利费	14400	14400	14400	14400	14400	14400	14400	14400	14400	14400	14400	14400
制造费用	131015	131015	131015	131015	131015	131015	131015	131015	131015	131015	131015	131015
折旧费	87857	87857	87857	87857	87857	87857	87857	87857	87857	87857	87857	87857
修理费	40758	40758	40758	40758	40758	40758	40758	40758	40758	40758	40758	40758
其他制造费用	2400	2400	2400	2400	2400	2400	2400	2400	2400	2400	2400	2400
管理费用	24309	24309	24309	24309	24309	22898	22898	22898	22898	22898	15898	15898
无形资产摊销	7000	7000	7000	7000	7000	7000	7000	7000	7000	7000		
其他资产摊销	1411	1411	1411	1411	1411							
土地使用税	1080	1080	1080	1080	1080	1080	1080	1080	1080	1080	1080	1080
固定资产保险费	5434	5434	5434	5434	5434	5434	5434	5434	5434	5434	5434	5434
其他管理费	4000	4000	4000	4000	4000	4000	4000	4000	4000	4000	4000	4000
安全生产费用	5384	5384	5384	5384	5384	5384	5384	5384	5384	5384	5384	5384
财务费用	57986	55337	51826	48315	44804	41293	37782	34271	30760	27249	8617	8617
利息	57986	55337	51826	48315	44804	41293	37782	34271	30760	27249	8617	8617
其他财务费用												
营业费用	2531	2813	2813	2813	2813	2813	2813	2813	2813	2813	2813	2813
总成本费用	3828969	4226460	4222949	4219438	4215927	4211005	4207494	4203983	4200473	4196962	4171329	4171329
可变成本	3598728	3998587	3998587	3998587	3998587	3998587	3998587	3998587	3998587	3998587	3998587	3998587
固定成本	230241	227873	224362	220852	217341	212419	208908	205397	201886	198375	172742	172742
经营成本	3674716	4074856	4074856	4074856	4074856	4074856	4074856	4074856	4074856	4074856	4074856	4074856
完全费用	328894	337488	333977	330466	326955	322033	318522	315011	311500	307990	282357	282357

6.4.7 应纳税费

本方案预测税费，主要包含内容消费税、城市税及教育附加、增值税，其中消费税主要集中在汽油、柴油、低硫船燃产品中，分别为 2109.9 元/t、1411.2 元/t、1218 元/t。增值税分为进项税和销项税，增值税率为 13%，其中进项税包括原材料、公用工程进项税以及投资可抵扣费税。城市税及教育附加为消费税和增值税的 12%，分别计算三个体系的税收，见表 1-41。

表 1-41 税收汇总表 万元

项目	40 美元价格	60 美元价格	80 美元价格
营业税金及附加	1044414	1046504	1047269
消费税	927535	927535	927535
城建税及教育附加	116879	118969	119734
增值税	46456	63873	70247
销项税	452217	587812	722951
进项税	405761	523939	652704
原料进项税	256678	374855	503621
公用工程进项税	7095	7095	7095
投资可抵扣增值税	141989	141989	141989

6.4.8 经济评价

本方案在三个价格体系下进行，随着原油价格增加，毛利增加较多，数据见表 1-42，其中 40 美元价格体系下税后内部收益率较低，为 11.27%，税后动态投资回收周期较长，超过 18a，吨油税后利润为 121 元，收益效果较差；60 美元价格体系下效益增幅较快，税后内部收益率为 17.39%，税后动态回收周期为 10.37a，吨油税后利润为 223 元；80 美元价格体系下税后内部收益率为 19.54%，税后动态回收周期为 9.08a，吨油税后利润为 269 元，具有良好的效益点，充分体现采用固定床渣油加氢+催化裂化为重油路线的全加氢装置在原油价格增长上的良好效益趋势。各项经济技术指标见表 1-42。

表 1-42 各项经济技术指标

项目	80 美元价格	60 美元价格	40 美元价格
总投资/万元	1592412	1571700	1552670
建设投资/万元	1435662	1435662	1435662
建设期借款利息/万元	71857	71857	71857
铺底流动资金/万元	84893	64181	45151
盈利能力			
营业收入/万元	5578423	4526657	3477657
营业税金及附加/万元	1038542	1037783	1035710
增值税/万元	70247	63873	46456
总成本/万元	4173027	3185043	2277310
经营成本/万元	4041511	3055612	2149795
总操作费用/万元	316463	313852	311412

续表

项目	80美元价格	60美元价格	40美元价格
利润总额/万元	366855	303831	164636
所得税/万元	91714	75958	41159
税后利润/万元	275141	227873	123477
评价指标			
财务净现值(税前)/万元	6074515	63192335	2894469
财务净现值(税后)/万元	4668922	64361190	2248474
内部收益率(所得税前)/%	23.73	21.09	13.65
内部收益率(所得税后)/%	19.54	17.39	11.27
投资回收期税前(静态)/a	6.57	6.98	8.75
投资回收期税后(静态)/a	7.30	7.74	9.59
投资回收期税前(动态)/a	8.40	9.34	13.30
投资回收期税后(动态)/a	9.08	10.37	18.71
吨油收入/(元/t)	5456	4427	3401
吨油原料成本/(元/t)	3804	2832	1939
吨油毛利/(元/t)	1652	1596	1462
吨油操作费用/(元/t)	310	307	305
吨油利润/(元/t)	1343	1289	1158
吨油税后利润/(元/t)	269	223	121

7 结论与建议

7.1 结论

本方案设计的基础原油为科威特油种，属于高硫油种，在设计初期重点考虑重油加工路线的选择，在目前的重油加工路线中主要有催化+焦化路线，催化+焦化+溶剂脱沥青+固定床加氢路线，固定床加氢路线+催化以及渣油沸腾床加氢路线等，鉴于固定床加氢相对沸腾床、浆态床加氢，工艺成熟度和操作稳定性更好，因此选择固定床渣油加氢装置。

本方案对于原油的选择性和替代性较好，原油成本有优化空间，本方案在60美元和80美元价格体系下测算，投资回收周期较短，内部收益率为17.39%~19.54%，具有较好的效益性；三个体系的效益汇总表见表1-43，说明全加氢方案在原油价格较高时，效益增加速度较好，在未来原油价格趋势增长的情况，本方案有一定的优势。

表1-43 三个价格体系下的利润测算(生产期平均)

项目	40美元价格体系	60美元价格体系	80美元价格体系
负荷率/%	100	100	100
营业收入/万元	3477657	4526657	5578423
总成本费用/万元	2277310	3185043	4173027
营业税金及附加/万元	1035710	1037783	1038542
利润总额/万元	164636	303831	366855
所得税/万元	41159	75958	91714
税后利润/万元	123477	227873	275141

7.2 建议

1）本方案核心装置为固定床渣油加氢，原料重金属总体较高，如何优化和提高固定床渣油加氢长周期运行是本方案的核心，因此在原油选择和催化剂级配中要重点考虑。

2）低硫船用燃料油，本方案采用脱固油浆+固定床重油+重柴，在质量调和过程中，硫含量的控制需要固定床加氢的脱硫率保持较高水平，需要渣油加氢催化剂级配考虑。同时对于油浆进入船燃的调和，目前的脱固设施是工艺设计必须重点考虑的，目前大流量的脱固技术需要技术上的进一步论证能否直接进入调和池，另外低硫船燃输送要形成规模效应，以便减少运输成本。

3）本方案的能耗测算是基于目前运行装置基础上进行估算的，整体能耗较高，在单装置能耗优化方面仍有较高的提升空间。

4）本方案由于保证供乙烯量，石脑油量无法对重整负荷进一步提高，建议在常减压设计初期对凝析油的加工留有余地，重整的加工能力可以适当放大，可以进一步降低氢气成本。

5）本方案设计油种为高硫，因此氢气资源是成本中比重较大的成本，如何降低氢气成本是方案中重点要考虑的，对于POX的设计能力可以适当留有余地，在煤的装卸、煤仓余地和转输上要考虑好物流成本。

6）本方案的流程相关度较大，因此对装置操作稳定性提出更高要求，因此油品的中间储运罐配置要适当考虑这方面因素，以便减少效益损失。

第二部分　本企业优化思路研究

1　企业基本情况分析

1.1　总流程特点

1）镇海炼化已经形成2300×10^4t/a原油加工能力，110×10^4t/a乙烯实际生产能力，100×10^4t/a芳烃生产能力，已经形成炼油、芳烃、乙烯相互物料优化、系统相互补充的局面，炼油板块加氢能力为1880×10^4t/a，催化加工能力500×10^4t/a，重整加工能力220×10^4t/a，焦化加工能力410×10^4t/a。

2）镇海炼化已经形成了独具特色的含硫原油加工路线、重油深加工路线。二次加工装置配套齐全，加工流程灵活，适应加工高硫和高酸值原油。结合石脑油、蜡油、渣油的加工路线，Ⅰ常长期加工含硫油，在沥青原油和焦化原油之间切换；Ⅱ常在含硫原油和低硫原油之间切换；Ⅲ常长期加工焦化原油。

3）总流程的另一特性是柴汽比整体偏高，催化和重整的规模整体偏小，所以汽油的产量偏低，柴油的加工几乎全部走的是精制路线，同时2300×10^4t/a的总加工能力要同时满足赛科和自身乙烯的石脑油需要，导致公司柴汽比总体达到1.74。

4）重油加工能力不足是镇海炼化主要生产瓶颈之一，体现在重油消化能力不足，一次加工量提高受限；另一方面体现在重油加工路线几乎没有优化余地，无论焦化效益好或不好，都必须顶足焦化能力。

1.2 重油加工路线分析

1.2.1 蜡油加工路线

蜡油结合硫含量(含硫蜡油和低硫蜡油)走两条加工路线：①含硫蜡油加工。部分含硫蜡油直接进两套加氢裂化加工；另一部分则进两套蜡油加氢装置加氢后，再去两套催化加工。②低硫蜡油加工。低硫石蜡基蜡油不加氢直接进两套催化加工。由于两套蜡油加氢装置能力所限，加氢后的含硫蜡油尚无法满足两套催化需要，仍需低硫石蜡基蜡油进行补充。

1.2.2 渣油加工路线

主要依托两套焦化、一套溶脱还有部分的催化掺渣，由于重油平衡以焦化为主，所以炼油部分整体的轻油收率较兄弟企业都较低，渣油加工则分四类，常减压拔出的渣油进二次装置加工或以沥青出厂，一是焦化、溶脱渣油，为含硫渣油，满足公司两套焦化、一套溶脱装置的加工；二是催化渣油，为低硫石蜡基渣油，满足公司两套催化的掺渣；三是沥青，直接以产品出厂；四是目前新建成的渣油加氢装置为渣油加工增加了灵活性，因此加工路线有焦化、渣加、溶脱、催化掺渣以及生产沥青，重油加工路线有了大幅度提升。

1.3 产品结构及产品质量分析

镇海炼化目前主要的产品结构仍为柴油多，汽油和航煤少的局面，表现出汽油池偏小，炼油产品增值性不强，目前公司有 150×10^4t/a 的Ⅰ套 S-Zorb 和 90×10^4t/a 的Ⅱ套 S-Zorb，汽油已经完全达到国六质量要求，其中 2019 年新建一套 30×10^4t/a 的烷基化装置，能够满足国六乙醇汽油调和油组分，目前油品质量升级的矛盾，主要是柴油产品，镇海炼化的柴油加氢原料中，劣质的催化柴油和焦化柴油的比例已经超过 30%，目前柴油加氢装置的改质能力不足，柴油池的密度整体偏高，因此每年需要出厂 100×10^4t 左右的出口柴油或者轻质燃料油才能满足车用柴油的质量要求。2018 年的产品结构如图 2-1 所示。

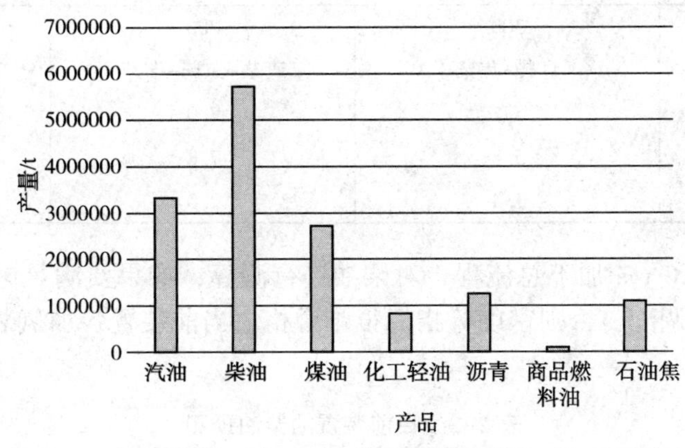

图 2-1　2018 年产品结构图

1.4 总体效益分析

产品营业收入 4556 元/t，说明产品增值能力炼油单元不是很强，公司的原料成本总体处于较低水平，镇海操作费用(含自用)是 229 元/t，操作费用在系统内不是最前列的，靠近平均水平，财务费用目前在成本中具有一定的优势，因此在总体盈利装置的增效点看，由于汽油量偏小，柴油量偏大，影响了整体的增效能力，但是由于各项成本控制较好，表现出的总体效益较好，表 2-1 为 2018 年镇海炼化炼油部分的效益统计。

表 2-1　2018 年镇海炼油单元效益表

序号	项目	镇海/万元	镇海/(元/t)
1	营业收入	10113875	4556
2	营业税金及附加	1617797	729
3	总成本费用	7836710	3530
4	利润总额	659368	297
6	应纳所得税额	659368	297
7	所得税	62974	28
8	净利润	596393	269
9	去税金的收入	8496078	3827
10	含自用操作费用	508092	229
11	原料成本	7518855	3387

2　企业优化方案

2.1　柴油质量升级优化方案

1)镇海炼化 2018 年总的加工量为 2057×10^4t，其中汽油总量为 331.5×10^4t，柴油总量为 574×10^4t，柴汽比达到 1.73(含军柴)，其中由于柴油质量不到位而出口，达到 85×10^4t，造成经济效益损失。目前公司柴油加氢主要生产装置有三套，分别Ⅳ、Ⅵ、Ⅶ加氢，见表 2-2，其中Ⅳ加氢反应压力偏低，Ⅵ加氢反应空速较高，是制约柴油质量升级的主要原因。

表 2-2　柴油装置情况

装置名称	Ⅳ加氢	Ⅵ加氢	Ⅶ加氢
规模/(10^4t/a)	300	300	300
主要加工原料	直柴+焦柴	直柴+焦柴+催柴	直柴+焦柴+催柴
高分压力/MPa	5.2	7.0	8.0
反应入口压力/MPa	5.8	7.8	8.8
体积空速/h^{-1}	1.4	2.0	0.8

基于目前 2300×10^4t/a 加工总流程，对柴油进行测算，如果要满足国六柴油指标，需要大量的出口柴油进行调配，否则密度等指标很难合格，当前装置各加氢装置柴油产品预测见表 2-3。

表 2-3　目前装置的柴油预测

项目	出口柴油/(10^4t/a)	国Ⅵ车柴/(10^4t/a)	密度/(kg/m^3)	十六烷值
Ⅳ加氢柴油	25.00	173.34	834.00	53.83
Ⅵ加氢柴油	0.00	183.33	847.67	50.42
Ⅶ加氢柴油	120.00	49.28	862.18	45.22
加裂柴油		13.00	824.00	61.00
合计				
出口柴油	145.00		857.18	46.70
国Ⅵ车柴		418.95	842.87	51.55

对应措施

1）鉴于Ⅵ加氢反应压力高、空速高，具有较好的改造性，因此对Ⅵ加氢可降低空速改造，增加二反可以达到0.7~0.8的空速，从而提高柴油质量，具体质量预测见表2-4。

表2-4　改造Ⅵ加氢后柴油质量

项目	出口柴油/（10^4t/a）	国Ⅵ车柴/（10^4t/a）	密度/（kg/m^3）	十六烷值
Ⅳ加氢柴油	0.00	198.34	834.00	53.83
Ⅵ加氢柴油	15.00	183.33	843.67	51.42
Ⅶ加氢柴油	80.00	89.28	862.18	45.22
加裂柴油		13.00	824.00	61.00
合计				
出口柴油	95.00		859.20	46.20
国Ⅵ车柴		483.95	842.46	51.52

2）结合Ⅳ加氢反应压力低的特点，可以优化装置生产，通过停用Ⅳ加氢，只开Ⅵ加氢和Ⅶ加氢进行柴油生产，柴油质量预测如下，在保持较低出口柴油量的基础上，可以满足国六柴油标准。停用Ⅳ加氢后柴油质量预测见表2-5。

表2-5　停用Ⅳ加氢柴油预测

项目	出口柴油/（10^4t/a）	国Ⅵ车柴/（10^4t/a）	密度/（kg/m^3）	十六烷值
Ⅳ加氢柴油	0.00	0.00		
Ⅵ加氢柴油	10.00	277.33	841.93	52.67
Ⅶ加氢柴油	80.00	192.51	848.36	49.84
加裂柴油		13.00	824.00	61.00
出口柴油	90.00		847.64	50.16
国Ⅵ车柴		482.84	843.99	51.77

3）对Ⅵ、Ⅶ加氢装置进行微量裂化改造，可以进一步优化柴油质量和柴油量，预测数据见表2-6。

表2-6　柴油适当裂化后预计效果

项目	出口柴油/（10^4t/a）	国Ⅵ车柴/（10^4t/a）	密度/（kg/m^3）	十六烷值
Ⅳ加氢柴油	0.00	0.00		
Ⅵ加氢柴油	10.00	262.58	841.93	52.67
Ⅶ加氢柴油	50.00	213.72	848.36	49.84
加裂柴油		13.00	824.00	61.00
合计				
出口柴油	60.00		847.28	50.31
国Ⅵ车柴		489.29	844.24	51.66
原来未裂化时产量		564.00		
增加石脑油量		14.71		

通过Ⅵ加氢增上二反降低空速，可以减低出口柴油量约 $40\sim50\times10^4$t/a，估计可以增效 5000 万/a，部分柴油裂化可以进一步降低出口柴油量到 60×10^4t，同时可以增加 14×10^4t 石脑油，此部分石脑油芳环较多可以去重整，顶出直馏石脑油可以去乙烯，优化乙烯加裂尾油比例，从而增加催化裂化加工加氢裂化的尾油比例，约增加 6.3×10^4t 汽油和 1×10^4t 丙烯，进一步提升产品产值，增加相应高附加值产品效益，以上措施可以降低柴汽比约 0.2。本次降低柴汽比另一措施为对催化柴油进行彻底改质，目前公司的柴油质量没有全部达到国六标准，一个主要原因是催化柴油的质量太差，因此要彻底改变柴油质量，需要对催化柴油进行改质，未来镇海计划增上 400×10^4t/a 加氢裂化装置，因此就目前全流程而言蜡油不足，Ⅱ加裂可以改为催化柴油改质，通过对催化柴油改制，可以使得催化柴油有将近 50%的转化，对大幅度降低柴汽比和提高柴油质量具有非常好的意义。

2.2 临氢系统燃料气优化

镇海炼化各加氢装置燃料气均富含氢气、C_2及以上组分，其中部分氢气含量较高的组分进入公司燃料气管网，具体组分见表 2-7，由于公司新建 PSA，使得原来膜分离装置暂时停用，可以考虑将这些物料进一步回收，回收部分氢气，C_2以上可以考虑适当进行液化气加氢后进入乙烯作为轻烃料。

表 2-7 加氢装置燃料气组成分析(平均值) %(体)

项目	Ⅰ S-Zorb	Ⅱ S-Zorb	Ⅶ加氢	Ⅱ加氢	Ⅱ加裂	Ⅳ加氢	Ⅵ加氢
氢气	48.74	64.41	53.01	41.72	20.59	39.3	52.5
空气	2.56	2.23	46.26	5.32	2.55	1.02	4.36
甲烷	30.8	5.69	6.18	19.73	18.9	23.3	15.75
乙烷	2.6	1.5	18.95	4.21	14.92	10.81	9.9
乙烯	0.04	0.1	6.28				
丙烷	1.92	0.78		13.43	17.49	13.68	10.69
丙烯	0.21	0.54	11.5				
异丁烷	2.73	3.6		2.43	14.3	2.5	2.76
正丁烷	3.68	6.75	2.33	8.13	6.46	7.28	3.71
反丁烯	1.32	3.61	6.86				
正异丁烯	2.22	6.22					
顺丁烯	0.83	2.28					
C_5	2.19	2.26		5.01	4.79	2.1	0.31
一氧化碳	0.02	0.02	1.62				
二氧化碳	0.16	0.02					
硫化氢	<0.01				1.1		
相对密度	0.56	0.63		0.78		0.74	0.57
总计	100	100.01	0.66	100	100	99.99	99.99
流量	17402	24406	10728	6277	22476	17370	9622

目前膜分离装置负荷为 $15000m^3/h$(标)，具有回收能力，考虑 2 个方案回收，第一个方案考虑全部气体进入膜分离进行氢气分离和 C_2以上回收，第二个方案考虑Ⅱ加氢、Ⅵ加氢、

Ⅰ-S-zorb、Ⅱ-S-zorb 在一个区域，地理位置相对靠近，几套装置部分气体进入膜分离，计算见表 2-14。方案 1 需要补充的天然气作为燃料气量较大，目前不合适，而且管线施工存在局域性困难；方案二容易实施，对天然气需求依赖不大，因此进行局部气体回收更合适，在此方案条件下可以全年回收氢气 7265t，C_{2+}轻烃全年可以回收 3.9×10^4^t，可有效改善乙烯轻烃原料。氢气成本 11000 元/t，全年仅氢气项可节约 8000 万元左右，回收燃料气后的物料测算见表 2-8。

表 2-8　回收燃料气后的物料测算

项目	进入膜量/t	氢气量/t	尾气/t	C_{2+}/t	天然气补充/10^8m^3
方案 1	108281	15515	92766	78998	1.1
方案 2	58813	7265	51548	39190	0.5

2.3　低硫船用燃料油生产优化

2016 年 10 月 IMO 通过了 2020 年将实施全球船舶在排放控制区(ECA)外使用硫含量不高于 0.5%燃油的规定，2017 年 10 月我国交通运输部、国家发展改革委等 13 个部门联合印发了《关于加强船用低硫燃油供应保障和联合监管的指导意见》(交海发[2017]163 号)推进相关工作，低硫船用燃料油的巨大需求量将为炼油企业调整产品结构、释放炼油产能提供新路径、新机遇。

表 2-9 是镇海炼化最早规划的低硫船用燃料油生产调和表，从表 2-9 中可以看出低硫渣油和精制蜡油调和量很大，两项相加达到 50%，这将造成燃料油调和成本过高，将严重影响到公司整体效益，而且在燃料油小调试验中发现如果渣油加氢未转化油调和比例超过 10%，很可能造成燃料油总沉积物不合格。

表 2-9　以低硫减渣和精制蜡油为主的低硫船用燃料油生产调和表

项目	低硫渣油	渣加未转化油	加氢蜡油	催化油浆	加氢催柴	产品 180#
产量/(10^4t/a)	35.0	25.0	40.0	25.0	25.0	150
比例/%	23.3	16.7	26.7	16.7	16.7	100
密度(20℃)/(kg/m^3)	980	1030	945	1090	920	952
硫/%	0.40	1.40	0.1	0.60	0.01	0.45
黏度(50℃)/(mm^2/s)	25000	900	80	100	2	143
CCAI	811	861	824	955	872	824

为了降低船燃生产成本，结合公司实际生产情况和将来发展规划，将公司内部可以作为船用燃料的所有低价值调和组分进行梳理，将价值从低到高依次排序。同时结合催化油浆脱固，在满足低硫船燃硫含量和黏度的要求下，最大化依次将催化油浆(油浆脱固后)、催化重柴油(催化轻重柴油分离)、沸腾床渣油加氢未转化油经溶脱的 DAO 调和作低硫船燃，同样 150×10^4t/a 低硫船燃生产能力下，相比原先规划的调和方案，精制蜡油比例比原先规划下降了 11.7%，炼油厂稀缺的低硫渣油调和量减少了 10×10^4t/a，同时减少了操作成本比较高的催化柴油加氢环节，所产低硫船用燃料油成本将更低，最大化消化催化油浆和重催柴的低硫船用燃料油生产调和见表 2-10。

表 2-10　最大化消化催化油浆和重催柴的低硫船用燃料油生产调和表

序号	项目	渣加蜡油	DAO	催化油浆	低硫渣油	催化重柴	精制蜡油	180#燃料油
1	组分油调和量/10^4t	25	28	30	25	20	22	150
2	组分质量调和比例/%(质)	0.17	0.19	0.2	0.17	0.13	0.15	1
3	组分油体积量/(10^4m^3/a)	27.17	29.63	26.91	26.32	21.05	24.44	155.52
4	组分体积调和比例/%(体)	0.17	0.19	0.17	0.17	0.14	0.16	1
5	密度(20℃)/(kg/m^3)	920	945	1115	980	950	900	964
6	黏度(50℃)/(mm^2/s)	23	310	100	25000	2	28.5	120
7	硫含量/%(质)	0.25	0.6	0.98	0.4	0.4	0.1	0.48
8	密度(15℃)/(kg/m^3)	924	949	1118	954	954	904	968
9	芳碳指数	823	812	994	782	921	799	842

如果沸腾床渣油加氢在不运行的情况下，溶脱的 DAO 因为硫含量过高，不能直接调和船燃，此时低硫船燃的调和组分主要由低硫渣油、精制蜡油和油浆组成，其调和组分见表 2-11。

表 2-11　在渣油加氢装置停工时低硫船用燃料油生产调和表

序号	项目	催化油浆	低硫渣油	催化柴油	精制蜡油	180#燃料油
1	组分油调和量/10^4t	30	50	50	20	150
2	组分质量调和比例/%(质)	0.2	0.33	0.33	0.13	1
3	组分油体积量/(10^4m^3/a)	26.91	52.63	52.63	22.22	154.39
4	组分体积调和比例/%(体)	0.17	0.34	0.34	0.14	1
5	密度(20℃)/(kg/m^3)	1115	980	950	900	972
6	黏度(50℃)/(mm^2/s)	100	25000	2	28.5	145
7	硫含量/%	0.98	0.4	0.4	0.1	0.48
8	密度(15℃)/(kg/m^3)	1118	954	954	904	975
9	芳碳指数	994	782	921	799	847

将以上三种方案根据组分，根据镇海炼化 2019 年产品出入厂价格和调和比例估算，计算调和后的燃料油价格，计算结果见表 2-12，可以看出方案 2 比方案 1 成本下降 0.94%，方案 3 比方案 2 成本上升 2.08%。由此可见，渣加运行有利于低成本生产低硫船燃。

表 2-12　两种调和方案调和价格对比

组分及方案	价格指数	组分及方案	价格指数
渣加蜡油	1664	加氢催柴	1689
DAO	1536	方案 1	1603
催化油浆	1280	方案 2	1588
渣加渣油	1728	方案 3	1621
催化重柴	1602	方案 2 比方案 1 下降	0.94%
精制蜡油	1766	方案 3 比方案 2 上升	2.08%
渣加未转化油	1408		

10.0Mt/a炼油厂规划方案和石家庄炼化总流程优化方案研究

完成人：张永奎
单　位：中国石化石家庄炼化公司

目　　录

第一部分 10.0Mt/a 炼油规划方案

1 项目概述

1.1 简介

某地计划新建 10.0Mt/a 炼油项目，结合当地能够提供的原料、储运以及公用工程的配套设施开展设计规划。

1.2 设计基本原则

1）本项目设计坚持安全、绿色环保、可持续、高质量发展的原则，贯彻国家有关方针政策，执行国家现行的基本建设法规。设计本着节约投资、减少占地、减少定员的原则，借鉴国内外先进经验，努力做到安全可靠、技术先进、经济合理。

2）新建生产装置按联合化、规模化设计，按照“宜油则油、宜芳则芳、宜烯则烯”的原则，兼顾化工部分原料需求，不生产对二甲苯产品，多生产优质汽油、煤油，降低柴汽比。

3）采用成熟、可靠并有工业化装置的技术，装备和技术最大限度地实现国产化，积极稳妥地采用节能降耗、环境友好的新工艺、新技术、新设备、新材料，以利于降低投资，提高回报。渣油加工采用固定床渣油加工路线；不建制氢装置，氢气资源优先使用 2.62×10^4t/a 的乙烯氢气，不足部分外购煤制氢气补充。

4）本工程执行标准、规范包括：国家颁布的强制性规范、一般性规范和标准、行业规范和标准和地方性规范和标准，需要国外采购的设备可采用国外标准，但必须满足国家颁布的强制性规范要求。

5）严格控制设计规模，合理确定设计余量。

6）认真贯彻国家关于环境保护劳动安全的法规和要求，体现环保清洁主题，执行清洁生产标准，做到有组织排放和密闭排放，三废治理和安全卫生保障措施与工程建设同时进行。

7）按照 HSSE 管理体系，全厂建立健全劳动安全卫生管理制度，实现劳动安全卫生的科学化管理。

8）本项目以科威特原油作为设计基础油种；氢气和天然气全部外购，天然气仅用于补充燃料；本项目设计范围为主体装置，不考虑公用工程的配置。

9）本项目生产汽油全部满足 GB 30220—2017 质量标准的乙醇汽油组分油；生产不少于 1.5Mt/a，满足 GB 6537—2018 质量标准的 3#航空煤油；生产满足 GB 19147—2016 质量标准的车用柴油；生产 100×10^4t/a，满足 GB 17411—2015 质量标准的低硫船用燃料油；生产不少于 150×10^4t/a 蒸汽裂解原料（包括但不限于气体、LPG、石脑油等）。

10）动力站只配置抽背汽轮机发电机组；受环保的要求，不采用海水冷却，也不进行海水淡化；供水条件为最大供水量 8000m^3/h；供电条件为双 220kV 电源各两回路供电；排水条件为满足 GB 31570 的要求；低硫船用燃料油出厂采用 50000 吨船型。

11）环保标准执行 GB 31570—2018 中特别限值地区排放标准。

12）本项目年开工时数：8400h。

1.3 设计基本思路

1）按照炼化一体化的总体思路，最大限度地生产蒸汽裂解料供下游乙烯装置，所以设置轻烃回收装置和干气提浓装置。

2）多产高价值产品，少产低价值产品，如催化裂化油浆用于调和低硫船用燃料油。

3）增产三苯，增产高标号汽油，优先调和98#和95#产品，甲苯优先用于调和高标号汽油，剩余部分再作为产品外卖；降低柴油产量，控制柴汽比不大于1。

4）烷基化装置规模确定：根据本项目实际生产碳四中烃类组成与外购碳四中烃类组成的综合烷烯比，确定烷基化装置规模以及外购碳四量。

5）核算项目效益时，公用工程配套的费用按照一定比例核算；产品价格中包含消费税；催化剂、吸附剂和化学品等辅助材料费用按照一定比例估算。

6）根据原油窄馏分实际性质以及经验，保证航煤馏分的冰点满足要求，确定航煤馏分切割范围为150~240℃。

7）物料平衡计算中，常减压装置各侧线收率按照需要馏分范围对原油基础数据进行重新切割后得到；加氢裂化装置和干气提浓装置各侧线收率来自数据汇编并稍做修正；其他装置各侧线收率来自中国石化石家庄炼化分公司（石炼化）运行数据，芳烃抽提装置按照甲苯全部抽出进行折算。

8）脱硫装置仅在流程中示意，未计算详细物料；油浆脱固装置未体现，脱除固体去向未明确；溶剂再生和酸性水汽提装置规模根据石家庄炼化装置规模进行折算，未根据各装置来料进行计算。

2 工程技术方案研究

2.1 原料

2.1.1 原油

（1）原油基本性质

本项目选取科威特原油（原油评价数据见附件）作为设计基础油种，该油种总硫含量为2.65%，酸值为0.18mgKOH/g，属于高硫低酸原油。该原油密度适中，为0.8765g/cm^3，API29.9，20℃、50℃运动黏度分别为22.73mm^2/s、8.88mm^2/s，倾点为<-36℃，蜡含量为3.8%（质），残炭为6.11%（质），硫含量为2.65%（质），硫醇硫为135mg/kg，氮含量为930mg/kg，碱氮含量为372mg/kg，沥青质为2.50%（质），铁含量为0.7mg/kg，钠含量为3.3mg/kg，镍含量为10.1mg/kg，钒含量为31.1mg/kg。该原油残炭较高，轻油收率、总拔一般，金属镍、钒含量较高。该原油硫含量为2.65%（质），特性因数*K*值11.84，为高硫中间基原油。加工时需注意硫腐蚀问题。原油基本性质见表1-1，各窄馏分性质见表1-2。

表1-1 原油基本性质

性质	数值	性质	数值
API	29.9	氮/（mg/kg）	930.0
相对密度（60/60）	0.8765	碱性氮/（mg/kg）	372.0
密度/（kg/m^3）	876	康氏残炭/%（质）	6.11
特性因数	11.84	蓝氏残炭/%（质）	
硫含量/%（质）	2.65	挥发分/%（质）	0
硫醇硫/（mg/kg）	135.0	沥青质/%（质）	2.5
H_2S/（mg/kg）	<1	蜡/%（质）	3.8

续表

性质	数值	性质	数值
铁/(mg/kg)	0.7	盐/PTB	10.5
镍/(mg/kg)	10.1	雷氏蒸气压/kPa	26.2
钒/(mg/kg)	31.1	酸度/(mgKOH/g)	0.18
钠/(mg/kg)	3.3	水/%(体)	0
倾点/℃	<-36		

表 1-2　各窄馏分性质

馏分	轻石脑油馏分	重石脑油馏分	航煤馏分	轻柴油馏分	重柴油馏分	轻蜡油馏分	蜡油馏分	蜡渣油馏分
馏程/℃	C_5~80	80~150	150~240	240~280	280~355	355~400	400~460	460+
组分收率/%(质)	6.65	8.68	12.62	6.47	12.22	6.75	8.99	39.03
API	71.49	54.25	44.91	14.74	24.84	9.39	9.00	8.3
相对密度(60/60)	0.55	0.64	0.75	0.82	0.85	0.89	0.92	1.0122
密度/(kg/m^3)	550	640	750	820	850	890	920	1011
特性因数	10.69	10.56	11.29	11.75	11.70	11.68	11.60	11.53
总硫/%	0.02	0.03	0.19	0.75	1.68	2.17	2.84	4.92
总氮/(mg/kg)	0.00	0.00	0.00	14.14	75.21	220.27	293.69	2185
硫醇硫/(mg/kg)	100.64	91.88	55.71	3.09				
H_2S/(mg/kg)	0.17	0.26	0.57	0.03				
砷/(mg/kg)	71.99	14.88						
汞/(mg/kg)	60.35	97.13						
铅/(mg/kg)	<4	<4						
铁/(mg/kg)					0.00	0.00	0.01	2.28
镍/(mg/kg)					0.00	0.00	0.01	27.93
钒/(mg/kg)					0.00	0.00	0.01	80.71
康氏残炭/%(质)					0.00	0.00	0.01	15.89
雷氏残炭/%(质)					0.00	0.02	0.03	14.95
苯胺点/℃		52.06	56.94	27.77	45.70			
烟点/mm			24.68	1.37	0.00			
辉光值			55.04	3.06	0.00			
烷烃/%(体)	93.66	68.00	59.70	3.14	0.00			
环烷烃/%(体)	5.09	22.20	20.80	1.09	0.00			
芳烃/%(体)	1.25	9.80	19.50	9.04	14.89			
雷氏蒸汽压/kPa	79.17	6.74		0.00	0.00			
RON	56.57	37.80		0.00	0.00			
MON	54.49	36.05		0.00	0.00			
十六烷指数			43.67	45	54			
柴油指数			62.91	22.88	36.01			
闪点/℃			42.63	46.12	81.25			
ASTM 色度			0.00	0.18	0.33			

续表

馏分	轻石脑油馏分	重石脑油馏分	航煤馏分	轻柴油馏分	重柴油馏分	轻蜡油馏分	蜡油馏分	蜡渣油馏分
倾点/℃			<-51.1	-10.2	-4.48	9.67	12.89	31.1
浊点/℃			-44.91	-5.75	-6.05			
冰点/℃			**-48**	-2.46	0.00			
冷滤点/℃			-49.36	-6.70	-7.35			
酸值/(mgKOH/g)			0.02	0.02	0.05	0.08	0.11	

注：根据已知原油窄馏分性质，按照实际切割情况拟合得出；字体加粗数据是根据经验修正后数据。

（2）直馏馏分油基本性质

1）轻石脑油的性质

初馏~80℃馏分油的收率为6.65%(质)，密度为550kg/m^3，蒸汽压为79.17kPa，硫含量为200mg/kg，硫醇硫为100.64mg/kg，辛烷值为55.57，特性因数为10.69，烃类族组成烷烃含量高，为93.66%(质)，环烷烃含量为5.09%(质)，芳烃含量为1.04%(质)。该馏分烷烃含量高，芳烃含量少，是理想的乙烯裂解料。

2）重石脑油的性质

80~150℃馏分油的收率为8.68%(质)，密度为640kg/m^3，蒸汽压为6.74kPa，硫含量为300mg/kg，硫醇硫为91.88mg/kg，辛烷值为37.8，特性因数为11.56，烃类族组成烷烃含量为68.00%(质)，环烷烃含量为22.20%(质)，芳烃含量为9.80%(质)。从烃类族组成看该馏分是一般的乙烯裂解料、一般的催化重整原料。

3）喷气燃料油的性质

150~240℃馏分油的收率为12.62%(质)，密度为750kg/m^3，酸值为0.02mgKOH/g，冰点为-48℃，烟点为24.68mm，硫含量为0.19%，硫醇硫含量为55.71mg/kg，烷烃含量为56.56%(体)，环烷烃含量为19.71%(体)，芳烃含量为18.47%(体)，闪点为42.63℃，辉光值为55.04。该馏分油酸值高、烟点低，精制后可以生产3#喷气燃料。

4）轻柴油馏分油的性质

240~280℃馏分油的收率为6.47%(质)，密度为820kg/m^3，硫含量为0.75%(质)，氮含量为14.14mg/kg，酸值为0.02mgKOH/g，十六烷指数为45，特性因数为11.75。该馏分密度较低，十六烷指数较低，硫含量适中，氮含量低，精制后可作为柴油调和组分。

5）重柴油馏分油的性质

280~355℃馏分油的收率为12.22%(质)，密度为850kg/m^3，硫含量为1.68%(质)，氮含量为75.21mg/kg，酸值为0.05mgKOH/g，十六烷值指数为54，特性因数为11.70。该馏分密度较大、十六烷指数较高，硫含量较高，氮含量低，精制后是理想的柴油调和组分。

6）直馏轻蜡油的性质

355~400℃馏分油的收率为6.75%(质)，密度为890kg/m^3，硫含量为2.17%(质)，氮含量为220.27mg/kg，特性因数为11.68。表明该馏分密度大、硫含量高，氮含量低，不含残炭和金属，是一般催化裂化原料，可作为加氢裂化原料。

7）直馏重蜡油的性质

400~460℃馏分油的收率为8.99%(质)，密度为900kg/m^3，硫含量为2.84%(质)，氮含量为293.69mg/kg，残炭为0.03%(质)，金属铁含量为0.01mg/kg，镍含量为0.01mg/kg，钒含量为0.01mg/kg，特性因数为11.6。表明该馏分密度较大、硫含量高、氮含量低、残炭、金属含量低，是较好的加氢裂化原料，是一般催化裂化原料，也可经过渣油加氢后进催化裂化装置。

8）渣油的性质

>460℃馏分油的收率为39.03%(质)。密度为1011.5kg/m³，硫含量为4.92%(质)，残炭为15.89%(质)。金属镍含量为27.93mg/kg，金属钒含量为80.71mg/kg。该馏分残炭高，金属镍、钒含量高，可进渣油加氢装置处理后进催化裂化装置。但对渣油加氢装置要求较高，装置运转周期约为一年至一年半。

（3）小结

1）该原油为高硫中间基原油，残炭较高，轻油收率、总拔一般，金属镍、钒含量较高，加工时需注意硫腐蚀问题。

2）初馏~80℃馏分油烷烃含量高，芳烃含量少，是理想的乙烯裂解料。

3）80~150℃馏分油是一般的乙烯裂解料、一般的催化重整原料。

4）150~240℃馏分油酸值高、烟点低，精制后可以生产3#喷气燃料。

5）280~355℃馏分油密度较大、十六烷指数较高，硫含量较高，氮含量低，精制后是理想的柴油调和组分。

6）355~400℃馏分油密度大、硫含量高，氮含量低，不含残炭和金属，是一般催化裂化原料，可作为加氢裂化原料。

7）400~460℃馏分油密度较大、硫含量高、氮含量低、残炭、金属含量低，是较好的加氢裂化原料，是一般催化裂化原料，也可经过渣油加氢后进催化裂化装置。

8）>460℃馏分油残炭高，金属镍、钒含量高，可进渣油加氢装置处理后进催化裂化装置。但对渣油加氢装置要求较高，装置运转周期约为一年至一年半。

2.1.2 类科威特油

从原油数据库中选取原油进行类科威特原油拟合，最终选定沙特轻油与沙重原油，比例为0.8∶1.2，拟合性质见表1-3。

表1-3 类科威特原油拟合性质

名称	科威特	拟合油	沙特轻油	沙重原油
数量/10^4t		2	0.80	1.20
质量比例/%(质)		0	40	60
体积比例/%(体)		0	41	59
含硫量/%(质)	2.65	2.66	2	3.1
酸值/(mgKOH/g)	0.15	0.16	0.05	0.24
API	29.9	30.0	33.3	27.44
密度/(kg/m³)	876	873	854.4	886.2
石脑油(15~180℃)	18.33	17.08	19.69	15.34
煤油(140~240℃)	13.89	14.21	16.55	12.66
柴油(240~350℃)	16.94	16.77	18.12	15.88
蜡油(350~540℃)	24.17	24.84	25.55	24.36
渣油(>540℃)	26.67	27.09	20.09	31.76
总量	100	100	100	100

从表1-3可以看出，拟合原油的硫含量为2.66%(质)，接近科威特原油硫含量2.65%(质)；拟合原油的API为30.0，接近科威特原油API为29.9；各组分收率中，石脑油收率

偏差最大，差值为1.25%(质)，煤油收率偏差最小，差值为0.17%(质)。(API计算：对20℃密度和15.6℃密度换算后，按照公式 $API=141.5/D-131.5$ 计算)

2.1.3　各主要装置进料性质

根据各馏分性质拟合得出各主要装置进料性质，详细结果见表1-4。

表1-4　各主要装置进料性质表

项目	原油	渣油加氢	加氢裂化	催化裂化	柴油加氢	航煤加氢
硫含量/%(质)	2.65	4.54	2.30	0.41	0.91	0.18
API	29.9					
酸值/(mgKOH/g)	0.18					
密度/(kg/m^3)		1001.23	882.17	951.23	839.61	749.18
氮含量/(mg/kg)		1831.26	180.50	0.00	54.06	
Ni+V/(mg/kg)		89.90		19.78		
Fe/(mg/kg)		1.89		0.00		
残炭/%(质)		13.04		5.87		
硫醇硫/(mg/kg)						55.71
冰点/℃						-48

2.1.4　外购氢气

温度：40℃；

压力：2.8MPa(表)；

数量：2.62×10^4t/a；

氢气组成见表1-5。

表1-5　氢气组成表

组成	数值	组成	数值
H_2	95.00%(体)	H_2O	≤2mL/m^3
CH_4	4.9%(体)	H_2S	≤1mg/kg
$C_2H_4+C_2H_6$	0.1%(体)	合计	100.00
$CO+CO_2$	≤5mL/m^3		

2.1.5　外购 C_4

外购 C_4 组成见表1-6。

表1-6　外购碳四组成表

组分	数值/%(质)	组分	数值/%(质)
丙烷	0.56	反丁烯-2	8.86
异丁烷	6.00	顺丁烯-2	5.53
异丁烯	46.00	1,3-丁二烯	<30mg/kg
正丁烯-1	30.09	水	500mg/kg
正丁烷	2.91		

2.2 燃料

天然气组成及边界条件(用量不限)：

温度：40℃；

压力：3.0MPa(表)。

组分名称	含量/%(摩)
甲烷	99.87
乙烷	0.02
氮气	0.10
氧气	0.01
硫化氢	<0.1mg/m^3
合计	100.00

2.3 技术路线选择

根据原油性质，结合当前以及未来一段时间的市场情况，经过深入研究，按照炼化一体化的思路，确定“渣油加氢-加氢裂化-催化裂化”路线。各主要装置具体采用的技术路线见表1-7。

表1-7 各主要装置技术路线

序号	装置名称	工艺技术路线	技术来源
1	常减压装置	电脱盐→闪蒸塔→常压塔→减压塔	中国石化技术
2	渣油加氢装置	固定床	中国石化技术
3	催化裂化装置	MIP	中国石化技术
4	加氢裂化装置	固定床	中国石化技术
5	连续重整装置	连续重整技术	中国石化技术
6	双脱装置	醇胺法脱硫 纤维膜脱硫醇	国产技术/美国
7	S-Zorb装置	吸附脱硫	中国石化技术
8	柴油加氢装置	滴流床加氢	中国石化技术
9	航煤加氢装置	固定床	中国石化技术
10	烷基化装置	硫酸法	中国石化技术
11	硫黄装置	制硫：燃烧高温热转化+两级催化转化的常规Claus制硫工艺； 尾气处理：加氢还原吸收工艺	山东三维
12	干气回收提浓装置	浅冷油	中国石化技术

2.4 产品方案

2.4.1 汽油

汽油全部按照满足GB 30220—2017质量标准的车用乙醇汽油组分油(ⅥA、ⅥB均能满足)进行生产，调和组分包括S-Zorb汽油131.91×10^{4}t/a，重整汽油51.10×10^{4}t/a，异辛烷34.27×10^{4}t/a，甲苯7×10^{4}t/a，戊烷油3.99×10^{4}t/a，合计228.26×10^{4}t/a；其中98$^\#$车用乙醇汽油组分油107.70×10^{4}t/a，95$^\#$车用乙醇汽油组分油120.57×10^{4}t/a，不生产92$^\#$车用乙醇汽油组分油。具体调和见表1-8、表1-9。

表 1-8　95#车用乙醇汽油组分调和表

组分	数量/(10^4t/a)	比例/%(质)	数量/%(体)	比例/%(体)	硫含量/(mg/kg)	烯烃含量/%(体)	芳烃含量/%(体)	苯含量/%(体)	辛烷值(RON)	密度/(kg/m^3)	氧含量/%(质)	蒸气压/kPa	蒸气压指数
S-Zorb 汽油	82.91	0.69	0.11	0.69	8	13	27	0.91	91.7	739.2	0	57	156.62
重整汽油	24.90	0.21	0.03	0.19	0	2.34	78.33	0.2	103.1	819.1	0	48	126.34
戊烷油	3.99	0.03	0.01	0.04	0	0.04	0.2	0.2	78	626	0	146	507.51
烷基化油	8.77	0.07	0.01	0.08	0	0	0	0	96.8	697.1	0	50.8	135.62
合计	120.57	1.00	0.16	1.00	5.50	9.47	33.50	0.68	93.70	746.49	0.00	58.11	160.45
指标要求(内控)					8	17	36	0.77	93.7	721~771		43~76	
指标要求					10	19	38	0.80	93.5	720~772	0.5	40~78	

表 1-9　98#车用乙醇汽油组分调和表

组分	数量/(10^4t/a)	比例/%(质)	数量/%(体)	比例/%(体)	硫含量/(mg/kg)	烯烃含量/%(体)	芳烃含量/%(体)	苯含量/%(体)	辛烷值(RON)	密度/(kg/m^3)	氧含量/%(质)	蒸气压/kPa	蒸气压指数
S-Zorb 汽油	49.00	0.45	0.07	0.46	8	13	27	0.91	91.7	739.2	0	57	156.62
甲苯	7.00	0.06	0.01	0.06	0	0	100	0	112	865	0	4.8	7.10
重整汽油	26.20	0.24	0.03	0.22	0	2.34	78.33	0.2	103.1	819.1	0	48	126.34
烷基化油	25.50	0.24	0.04	0.26	0	0	0	0	96.8	697.1	0	50.8	135.62
合计	107.70	1.00	0.14	1.00	3.64	6.55	35.71	0.47	96.71	753.43	0.00	50.48	134.56
指标要求(内控)					8	14	36	0.77	96.7	721~771		43~76	
指标要求					10	16	38	0.80	96.5	720~772	0.5	40~78	

2.4.2　柴油

柴油全部按照满足 GB 19147—2016 质量标准的 0#车用柴油(Ⅵ)进行生产，调和组分包括加氢后柴油 203×10^4t/a，加氢裂化柴油 15.14×10^4t/a，合计 218.19×10^4t/a，具体见表 1-10。

表 1-10　柴油调和组分表

组分	数量/(10^4t/a)	比例/%(质)	数量/%(体)	比例/%(体)	密度/(kg/m^3)	硫含量/(mg/kg)	十六烷值	十六烷指数
加氢后柴油	203.05	0.93	0.24	0.93	839.61	5	51	50.7
加氢裂化柴油	15.14	0.07	0.02	0.07	806	2	67	51
合计	218.19	1.00	0.26	1.00	837.19	4.79	52.11	50.72
指标(内控)					812~843	8	51.5	47
指标					810~845	10	51	46

2.4.3　煤油

煤油全部按照满足 GB 6537—2018 质量标准的 3#航空煤油进行生产，组分包括加氢后煤油 126.62×10^4t/a，加氢裂化煤油 42.39×10^4t/a，合计 169.01×10^4t/a(大于 150×10^4t/a)，两种组分分别满足质量标准要求，不调和，具体见表 1-11。

表 1-11　航煤产品组分表

组分	数量/(10^4t/a)	密度/(kg/m^3)	硫含量/(mg/kg)	烟点/mm	萘系烃含量/%	闪点/℃	冰点/℃	铜片腐蚀
航煤加氢煤油	126.62	790.8	820	24.06	1.1	43	-49	1a
加氢裂化煤油	42.39	793	2	29		42	-60	1a
合计	169.01							
指标(内控)			1900	26	2.9	40~50	-49	
指标		775~830	2000	25	3	38	-47	

2.4.4　燃料油

燃料油全部按照满足 GB 17411—2015 质量标准的 180#低硫船用燃料油进行生产，组分包括加氢后渣油 74.95×10^4t/a、净化后油浆 11.05×10^4t/a、催化柴油 14×10^4t/a，合计 100×10^4t/a，见表 1-12。

表 1-12　燃料油调和组分表

项目	加氢渣油	净化油浆	催化柴油	产品
产量/(10^4t/a)	74.95	11.05	14.00	100.00
质量比例/%(质)	74.95	11.05	14.00	100.00
体积比例/%(体)	76.66	9.75	13.59	100.00
运动黏度(50℃)/(mm^2/s)	420	1000	3	143.30
密度(20℃)/(kg/m^3)	929	1077	979	950.23
硫/%(质)	0.41	1.05	0.50	0.49
CCAI	789	929	931	824.24

2.4.5　蒸汽裂解原料

按照要求生产不少于 150×10^4t/a 蒸汽裂解原料(包括但不限于气体、LPG、石脑油等)。包括：轻烃回收液化气 14.53×10^4t/a、轻烃回收轻石脑油 61.52×10^4t/a、加氢裂化液化气 4.44×10^4t/a、加氢裂化轻石脑油 12.24×10^4t/a、加氢裂化尾油 43.42×10^4t/a、提浓乙烯气 5.95×10^4t/a、重整液化气 4.26×10^4t/a、丙烷 4.51×10^4t/a、正丁烷 3.46×10^4t/a、芳烃抽余油 12.18×10^4t/a，合计 166.50×10^4t/a。

2.5　工艺总流程说明

2.5.1　原油加工

新建 1000×10^4t/a 常减压装置加工科威特原油，实际加工量为 1000×10^4t/a。

2.5.2　构成及负荷

本项目新建装置 19 套，绝大部分装置负荷均在 100%左右，重整和 S-Zorb 装置负荷超过 110%，硫黄装置负荷约 70%，具体见表 1-13。

表 1-13　各装置设计规模及实际运行负荷表

序号	装置	设计规模/(10^4t/a)	实际加工量/(10^4t/a)	负荷/%
1	常减压	1000	1000	100
2	轻烃回收	180	184.20	102.34
3	渣油加氢	450	458.31	101.85

续表

序号	装置	设计规模/(10^4t/a)	实际加工量/(10^4t/a)	负荷/%
4	催化裂化	290	290.92	100.32
5	加氢裂化	140	147.44	105.32
6	航煤加氢	120	126.86	105.72
7	柴油加氢	200	205.54	102.77
8	S-Zorb	120	133.24	111.03
9	重整	120	133.42	111.18
10	抽提	30	32.51	108.38
11	PSA	7	7.21	102.96
12	干气提浓	10	9.89	98.91
13	石脑油预加氢	100	107.56	107.56
14	气分	60	56.15	93.58
15	烷基化	30	34.27	114.23
16	硫黄回收	38	26.47	69.65
17	双脱	80	83.46	104.33
18	酸性水汽提	505t/h	454.72t/h	90
19	溶剂再生	1588t/h	1429.13t/h	90

2.5.3 全厂物料平衡及技术经济指标

全厂物料平衡及技经指标见表1-14。

表1-14 全厂物料平衡及技经指标 10^4t/a

原料	数量	原料	数量
原油	1000	芳烃抽余油	12.18
外购煤制氢气	7.47	丙烯	18.46
乙烯氢	2.62	苯	6.08
外购天然气(燃料)	2.72	甲苯	7.26
外购碳四	5.43	混合二甲苯	28.94
合计	1018.24	**汽油合计**	228.27
产品		95#车用乙醇汽油调和组分	120.57
蒸汽裂解料合计	166.50	98#车用乙醇汽油调和组分	107.7
轻烃回收液化气	14.53	航煤	169.01
轻烃回收轻石脑油	61.52	柴油	218.19
加氢裂化液化气	4.44	船用燃料油	100.00
加氢裂化轻石脑油	12.24	硫黄	26.47
加氢裂化尾油	43.42	碳十粗芳烃	1.00
提浓乙烯气	5.95	**产品合计**	**970.18**
重整液化气	4.26	燃料气	10.02
丙烷	4.51	催化烧焦	22.55
正丁烷	3.46	PSA尾气(燃料气)	7.82

续表

原料	数量	原料	数量
天然气(燃料气)	2.72	综合商品率	95.28%
燃料合计	43.11	汽煤柴收率	60.44%
损失	4.95	轻油收率	76.76%
合计	1018.23	综合能耗	78.98%
柴汽比	0.96	损失率	0.49%

从表1-14中可以看出，原料包括1000×10^{4}t/a科威特原油、外购煤制氢气7.47×10^{4}t/a、乙烯氢气2.62×10^{4}t/a、外购碳四5.43×10^{4}t/a，另外外购天然气2.72×10^{4}t/a作为补充燃料；产品包括蒸汽裂解料166.50×10^{4}t/a、丙烯18.46×10^{4}t/a、苯6.08×10^{4}t/a、甲苯7.26×10^{4}t/a(共生产14.26×10^{4}t/a，其中7×10^{4}t/a用于调和汽油)、混合二甲苯28.94×10^{4}t/a、汽油228.27×10^{4}t/a(其中95$^\#$车用乙醇汽油调和组分120.57×10^{4}t/a、98$^\#$车用乙醇汽油调和组分107.7×10^{4}t/a)、航煤169.01×10^{4}t/a、车用柴油218.19×10^{4}t/a、低硫船用燃料油100×10^{4}t/a、硫黄26.47×10^{4}t/a、碳十粗芳烃1.00×10^{4}t/a；自用包括自产燃料气10.02×10^{4}t/a、外购天然气2.72×10^{4}t/a、PSA尾气7.82×10^{4}t/a、催化烧焦22.55×10^{4}t/a。损失4.95×10^{4}t/a。

从表1-14中可以看出，柴汽比为0.96，综合商品率为95.28%，汽煤柴收率为60.44%，轻油收率为76.76%，综合能耗78.98kgEO/t，损失率为0.49%。

2.5.4 石脑油加工及馏分平衡

为生产高辛烷值调和组分，同时兼顾下游装置对苯、甲苯、乙烯裂解料等化工原料的需求，直馏石脑油、柴油加氢石脑油、渣油加氢石脑油、煤油加氢石脑油经轻烃回收后，进行轻重切割，轻石脑油与加氢裂化装置轻石脑油去下游乙烯装置作为原料，重石脑油去预加氢脱除杂质后，与加氢裂化装置重石脑油，进入重整反应、分离、抽提蒸馏等加工流程生产高辛烷值汽油组分、苯、甲苯、混合二甲苯，并副产氢气，详见表1-15。

表1-15 石脑油及汽油馏分平衡表 10^{4}t/a

产出装置和数量		消耗装置/去向和数量					
名称	合计	轻烃回收	预加氢	连续重整	S-Zorb	蒸汽裂解原料	汽油调和组分
常顶油	165.70	165.70					
柴油加氢石脑油	0.76	0.76					
渣油加氢石脑油	11.46	11.46					
煤油加氢石脑油	0.08	0.08					
轻烃回收轻石脑油	61.52					61.52	
轻烃回收重石脑油	107.56		107.56				
加氢裂化轻石脑油	12.24					12.24	
加氢裂化重石脑油	25.83			25.83			
催化汽油	133.24				133.24		
S-Zorb	131.91						131.91
戊烷油	3.99						3.99
重整汽油	51.10						51.10
异辛烷	34.27						34.27
合计	739.65	178.00	107.56	25.83	133.24	73.76	221.26

2.5.5 汽油加工及馏分平衡

全部生产乙醇汽油组分油，质量满足 GB 30220—2017 标准，汽油调和组分包括：催化汽油、重整汽油、烷基化油。甲苯根据效益情况，部分调入汽油，见表 1-15。

2.5.6 航煤加工及馏分平衡

直馏航煤馏分经过加氢处理，生产 3[#]航空煤油，满足 GB 6537—2018 质量标准；加氢裂化生产煤油馏分满足 3[#]航空煤油标准，直接出厂，详见表 1-16。

表 1-16 煤油馏分平衡表 10^4t/a

产出装置和数量		消耗装置/去向和数量	
名称	合计	航煤加氢	航煤组分
常一线	126.86	126.86	
加氢裂化煤油馏分	42.39		42.39
航煤加氢	126.62		126.62
合计	295.87	126.86	169.01

2.5.7 柴油加工及馏分平衡

直馏柴油馏分与渣油加氢柴油经过柴油加氢处理，催化裂化柴油部分进渣油加氢，部分去调船用燃料油。柴油调和组分包括经过加氢精制的直馏柴油、渣油加氢柴油，加氢裂化柴油，全厂柴油调和后，产品满足车用柴油 GB 19147—2016 质量标准，见表 1-17。

表 1-17 柴油馏分平衡表 10^4t/a

产出装置和数量		消耗装置/去向和数量			
名称	合计	柴油加氢	渣油加氢	调船用燃料油	柴油调和组分
常二线	59.86	59.86			
常三线	113.94	113.94			
柴油加氢柴油	203.05				203.05
加氢裂化柴油	15.14				15.14
渣油加氢柴油	61.73	61.73			
催化裂化柴油	42.82		42.82		
催化裂化柴油	14.00			14.00	
合计	510.55	235.54	42.82	14.00	218.19

2.5.8 蜡油加工及馏分平衡

减一线(含少量柴油)与部分减二线蜡油进加氢裂化装置，部分减二线蜡油和减三线进渣油加氢装置，见表 1-18。

表 1-18 蜡油馏分平衡表 10^4t/a

产出装置和数量		消耗装置/去向和数量		
名称	合计	加氢裂化	渣油加氢	蒸汽裂解原料
减一线	67.45	67.45		
减二线	50.00	50.00		

续表

产出装置和数量		消耗装置/去向和数量		
名称	合计	加氢裂化	渣油加氢	蒸汽裂解原料
减二线	36.25		36.25	
减三线	97.70		97.70	
加氢裂化尾油	43.42			43.42
合计	294.81	117.44	133.95	43.42

2.5.9 渣油加工及馏分平衡

减压渣油进渣油加氢装置处理后，大部分进入催化裂化装置，少量去调和船用燃料油，见表1-19。

表1-19 渣油馏分平衡表 $10^4t/a$

产出装置和数量		消耗装置/去向和数量		
名称	合计	渣油加氢	催化裂化	调船用燃料油
减四线>535℃	281.54	281.54		
渣油加氢重油	290.92		290.92	
渣油加氢重油	74.95			74.95
合计	647.41	281.54	290.92	74.95

2.5.10 气体/轻烃加工

为实现效益最大化，最大限度地回收利用气体中的有效组分，各装置排放气根据其特点分别处理。

常减压的常顶气、减顶气，石脑油预加氢干气，柴油加氢、航煤加氢、渣油加氢的富气通过轻烃回收后，干气进入燃料气管网，液化气去下游乙烯作为原料。

催化裂化装置干气经过脱硫化氢后进入干气提浓装置后，提浓乙烯气去乙烯作为原料，吸附干气去燃料气管网；催化裂化装置液化气经过脱硫化氢、脱硫醇后进入气分装置，分离出的丙烷去下游乙烯装置作为原料，丙烯外卖，混合碳四与外购部分碳四一起去烷基化装置(根据装置自产 C_4 和外购 C_4 中烷烯比，确定烷基化装置规模以及外购 C_4 的量)，少量燃料气去燃料气管网，正丁烷去下游乙烯装置作为原料，生成的异辛烷去调和汽油。

渣油加氢的低分气和加氢裂化的低分气[柴油加氢低分气经过内部脱硫后并入新氢压缩机入口自己回用，航煤加氢低分气量很少，间歇外排，每天排1~2h，每次约200m^3(标)，本项目不再考虑回收]经过脱硫后，与乙烯氢一起进入PSA提纯后，氢气并入纯氢管网，PSA尾气进燃料气管网。

2.6 全厂燃料平衡

全厂燃料主要用于各装置加热炉的消耗，各装置加热炉燃料以自产清洁燃料气为主，不足量由天然气补充。各装置消耗的燃料气为20.56×$10^4t/a$，各装置产出的燃料气为17.84×$10^4t/a$，需外购天然气2.72×$10^4t/a$，见表1-20，图1-1。

表 1-20　燃料平衡表　　10^4t/a

序号	装置名称	产出	消耗	备注
1	常减压		7.01	
2	轻烃回收	0.59		产出含渣油加氢干气、柴油加氢、煤油加氢、石脑油预加氢干气
3	渣油加氢		2.44	
4	催化裂化			
5	加氢裂化	2.30	1.37	
6	航煤加氢		0.46	
7	柴油加氢		0.87	
8	S-Zorb	2.01	0.46	
9	重整	0.76	6.93	含石脑油预加氢部分
10	抽提			
11	PSA	7.82		
12	干气提浓	3.89		
13	气分	0.44		
14	烷基化	0.02		
15	硫黄回收		1.02	
16	外购天然气	2.72		
17	合计	20.56	20.56	

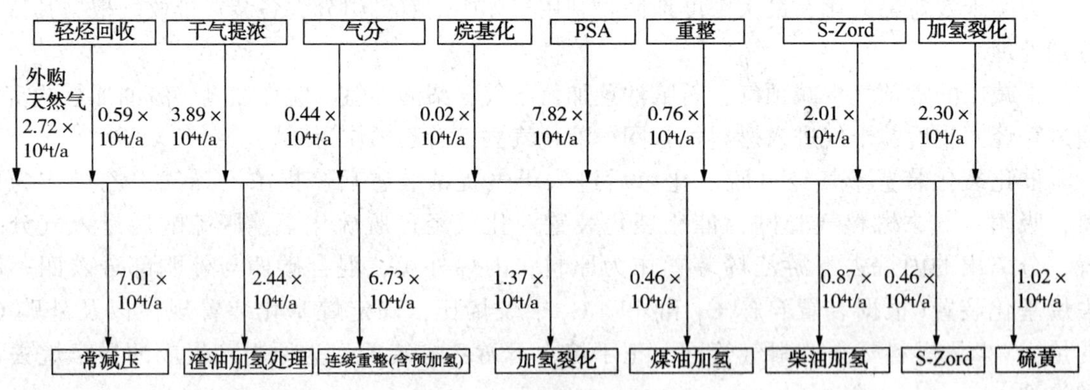

图 1-1　燃料平衡图

2.7　全厂硫平衡及各装置硫传递

本项目各装置排放气[干气、含氢低分气(渣油加氢、加氢裂化)]及液化气均进行统一再生，脱除的硫化氢直接去硫黄回收装置。

原油硫含量按照2.65%(质)计算，带入的硫量为26.5×10^4t/a，根据全厂的硫平衡，回收硫黄产品的数量达到26.464×10^4t/a，各种产品带走的硫为0.026×10^4t/a，排放包括：以硫酸钠形式带走的硫为0.0019×10^4t/a，自用干气带走的硫为0.0002×10^4t/a，硫黄尾气带走硫为0.0032×10^4t/a，见表1-21。

表 1-21　硫平衡表

项目		物料量/(10^4t/a)	硫含量/%(质)	硫量/(10^4t/a)	所占百分数/%(质)
带入	原油	1000	2.65	26.5	100.00
	带入硫总量			26.5	100.00
带出	产品带出				
	95#车用乙醇汽油调和组分	120.57	0.000462	0.000557011	0.002102334
	98#车用乙醇汽油调和组分	107.70	0.000457	0.000492189	0.001857675
	航煤	169.01	0.00107	0.001808378	0.006825386
	柴油	218.19	0.0005	0.001090971	0.004117666
	船用燃料油	100.00	0.0049	0.00490024	0.01849504
	蒸汽裂解料	166.50	0.01	0.016650227	0.062843163
	丙烯	18.46	0	0	0
	苯	6.08	0	0	0
	混合二甲苯	28.94	0	0	0
	回收				0
	硫黄	26.47	99.995	26.46408209	99.88372275
	排放				0
	硫酸钠	0.008467186		0.001908098	0.007201759
	自用干气	10.02077702	0.002	0.000200416	0.000756431
	硫黄尾气排放	3.715379186		0.0032	0.012077801
					0
	带出硫总量			26.49488962	100

2.8　全厂氢气平衡

本项目氢气不足部分优先考虑外购乙烯氢气，不足部分外购煤制氢气。为高效利用氢气，采用梯级利用，全厂氢气设置两个管网，一个为重整氢管网，一个为纯氢管网，重整氢气供给航煤加氢、S-Zorb、石脑油预加氢、硫黄装置使用外，剩余的重整氢气 PSA 单元提纯，另外 PSA 还回收渣油加氢、加氢裂化装置的低分气中的氢气[柴油加氢低分气经过内部脱硫后并入新氢压缩机入口自己回用，航煤加氢低分气量很少，间歇外排，每天排 1~2h，每次约 100m^3(标)，本项目不再考虑回收]，外购的乙烯氢也进入 PSA 单元提纯。经过 PSA 提纯后的氢气与外购的煤制氢气进入全厂纯氢管网，用于渣油加氢装置、加氢裂化装置、柴油加氢装置、烷基化装置，见表 1-22，图 1-2。

表 1-22　氢气平衡表　10^4t/a

装置名称	耗氢量	装置名称	供氢量
柴油加氢	1.07	连续重整	4.88
加氢裂化	3.61	PSA 回收氢*	1.28

续表

装置名称	耗氢量	装置名称	供氢量
渣油加氢	9.99	煤制氢气	7.47
S-Zorb	0.31	乙烯氢	1.83
航煤加氢	0.11		
石脑油预加氢	0.19		
7 烷基化	0.001		
硫黄回收	0.17		
合计	15.46	合计	15.46

注：本表中数据均以纯氢计算，进入 PSA 单元的重整氢气和乙烯氢气分别单独计算，PSA 回收氢气仅包括渣油加氢和加氢裂化低分气中的氢气。

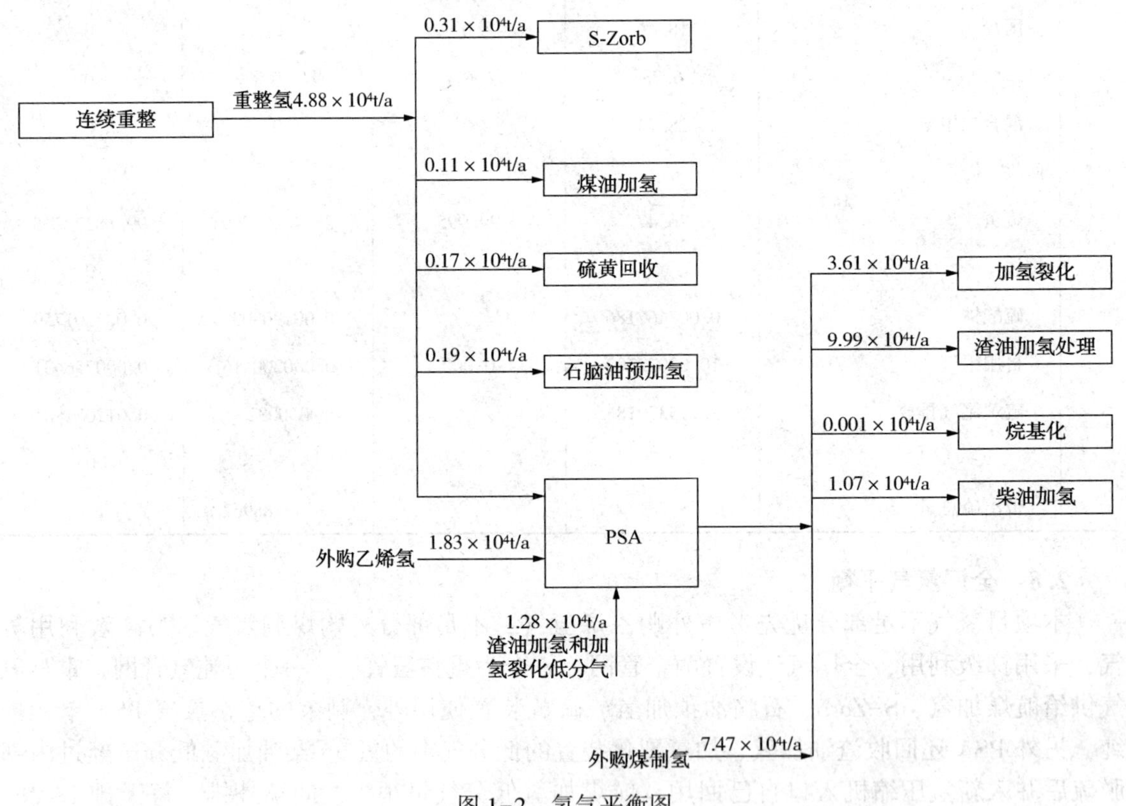

图 1-2　氢气平衡图

2.9　运输及储运设施

（1）运输条件

水路运输条件（工厂距离码头的管道当量距离 2.5km）：

30×10^4t/a 原油码头 1 座；

10×10^4t/a 成品油码头 1 座；

7×10^4t/a 煤码头码头 1 座；

2×10^4t/a 成品油码头 1 座；

1×10^4t/a 化工品码头 1 座；

管道运输条件：汽、柴油顺序输送，能力 500×10^4t/a；

铁路运输条件：200×10^4t/a 成品油及化工品出厂能力；

公路运输条件：200×10^4t/a 成品油及化工品出厂能力。

（2）储运设施

计算原则：开工天数按照 350d 计算，储罐储存系数取 0.9，储存天数按照 20d 考虑，泵的流量和扬程的裕量，分别取流量的 10%和扬程的 10%。

2.9.1 燃料油罐容及个数

罐容及个数计算见表 1-23，储存温度按照 50℃考虑，由表 1-23 中可以看出，年产量 100×10^4t/a 燃料油，需新建 4 个 20000m^{3}的储罐。

表 1-23 罐容及个数计算表

物料	产量/(10^4t/a)	设计储存天数/d	20℃密度/(kg/m^3)	50℃密度/(kg/m^3)	需要罐容/(10^4m^3)	新建储罐	罐型	储罐装填系数	实际有效罐容/(10^4m^3)	实际储存天数/d
燃料油	100.00	20	950.229	933.129	6.124092458	20000m^3×4 台	固定顶+氮封	0.9	**7.2**	23.51

表 1-24 装船管道直径和管道压降计算表

物料	输送量/t	设计输船时间/h	50℃密度/(kg/m^3)	小时输送量/(m^3/h)	管道直径/mm	管道长度/m	管道压降/kPa
燃料油	50000	16	933.129	3349	800	2500	187.6

2.9.2 燃料油装船管道压降和管径

装船管道直径和管道压降计算见表 1-24，燃料油装船管道压降和管径计算见表 1-25，由表 1-24 和表 1-25 可以计算得出，燃料油装船管道的压降为 187.6kPa，管径为 800mm。

表 1-25 燃料油装船管道压降和管径计算表

项目	数值	项目	数值
流量/(m^3/h)	3684	雷诺数 1	353655
黏度/cP	141	雷诺数 2	6380576
密度/(kg/m^3)	933	水力摩擦系数	0.031
管道公称直径/mm	800	百米管线压损/(kPa/100m)	8
绝对粗糙度/mm	0.20	直线长度/m	1000
液体流速/(m/s)	2.04	当量长度/m	2500
雷诺数指数	10784	管线压降/kPa	187.6
系数	0.001		

2.9.3 燃料油装船泵扬程和功率

燃料油装船泵扬程和功率计算见表 1-26，由表 1-26 计算结果得出，燃料油装船泵的扬程为 22.1m，装船泵的电机功率为 300kW。

表 1-26 燃料油装船泵扬程和功率计算表

项目	数值	项目	数值
流量/(m^3/h)	3684	机泵效率	0.85
计算压差/kPa	187.6	轴功率/kW	243.7
密度/(kg/m^3)	933.1	安全裕量	1.2
计算扬程/m	20.1	需要功率/m	292.4
安全裕量	1.1	选用电机功率/kW	300.0
需要扬程/m	22.1		

2.10 公用工程消耗

项目投产后，需外购天然气作为燃料补充；除了自发电，仍需要外购电；外购 3.5MPa 蒸汽满足生产需求；新鲜水需从外部购买。风和氮气不在本项目考虑范围之内。

2.10.1 蒸汽平衡

本项目蒸汽系统设三个等级蒸汽管网：3.5MPa、1.0MPa 和一个局部管网 0.4MPa。其中，3.5MPa 蒸汽用于渣油加氢、催化裂化、加氢裂化、柴油加氢、连续重整、烷基化、干气提浓装置的压缩机背压透平驱动，1.0MPa 蒸汽用于装置内加热用汽、工艺用汽、伴热等，0.4MPa 蒸汽仅用于溶剂再生装置。根据蒸汽平衡，仍需外购 3.5MPa 蒸汽 150.73×10^4t/a，其中 16.85×10^4t/a 蒸汽用于补充透平机组用汽，133.88×10^4t/a 蒸汽用于抽背汽轮机发电机组发电后降压至 0.4MPa，补充管网，该机组发电量为 13622.3kW·h，同时动力站仍需配备一台 1.0MPa 蒸汽背压至 0.4MPa 蒸汽的背压机组发电，把多余 1.0MPa 蒸汽降压至 0.4MPa 蒸汽，用于补充管网，发电量为 1044.538kW·h，见表 1-27，图 1-3。

表 1-27 蒸汽平衡表 10^4t/a

序号	装置名称	产出			消耗			备注
		3.5MPa	1.0MPa	0.4MPa	3.5MPa	1.0MPa	0.4MPa	
1	常减压					60.00		
2	轻烃回收					1.84		
3	渣油加氢		-55.00	-13.75	68.29			背压机组，3.5MPa 备 1.0MPa
4	催化裂化	-250.19	-34.91					扣除自用后数据，背压机组 3.5MPa 备 1.0MPa
5	加氢裂化		-13.42		22.85			背压机组，3.5MPa 备 1.0MPa
6	航煤加氢							
7	柴油加氢		-10.28		24.66			
8	S-Zorb							
9	重整		-62.49		39.09			含芳烃抽提，背压机组 3.5MPa 备 1.0MPa
10	抽提							
11	PSA							
12	干气提浓				5.04	3.76		
13	石脑油预加氢							

续表

序号	装置名称	产出			消耗			备注
		3.5MPa	1.0MPa	0.4MPa	3.5MPa	1.0MPa	0.4MPa	
14	气分							
15	烷基化		-8.05		38.06			
16	硫黄回收	-64.84				27.79		
17	煤制氢							
18	污水汽提					53.48		
19	溶剂再生						184.92	
20	外购蒸汽	-16.85						外购 16.85×10^{4}t/a3.5MPa 蒸汽
21	背压机组			-37.29		37.29		动力站配备 44.39t/h 背压机组，1.0MPa 备 0.4MPa
				-133.88	133.88			外购 133.88×10^{4}t/a 蒸汽，配备 159.38t/h 机组，3.5MPa 备 0.4MPa
	合计	-331.88	-184.15	-184.92	331.88	184.15	184.92	

注：本平衡中工艺用汽、装置加热用汽未全部体现，在考虑装置产、耗时已扣除掉。

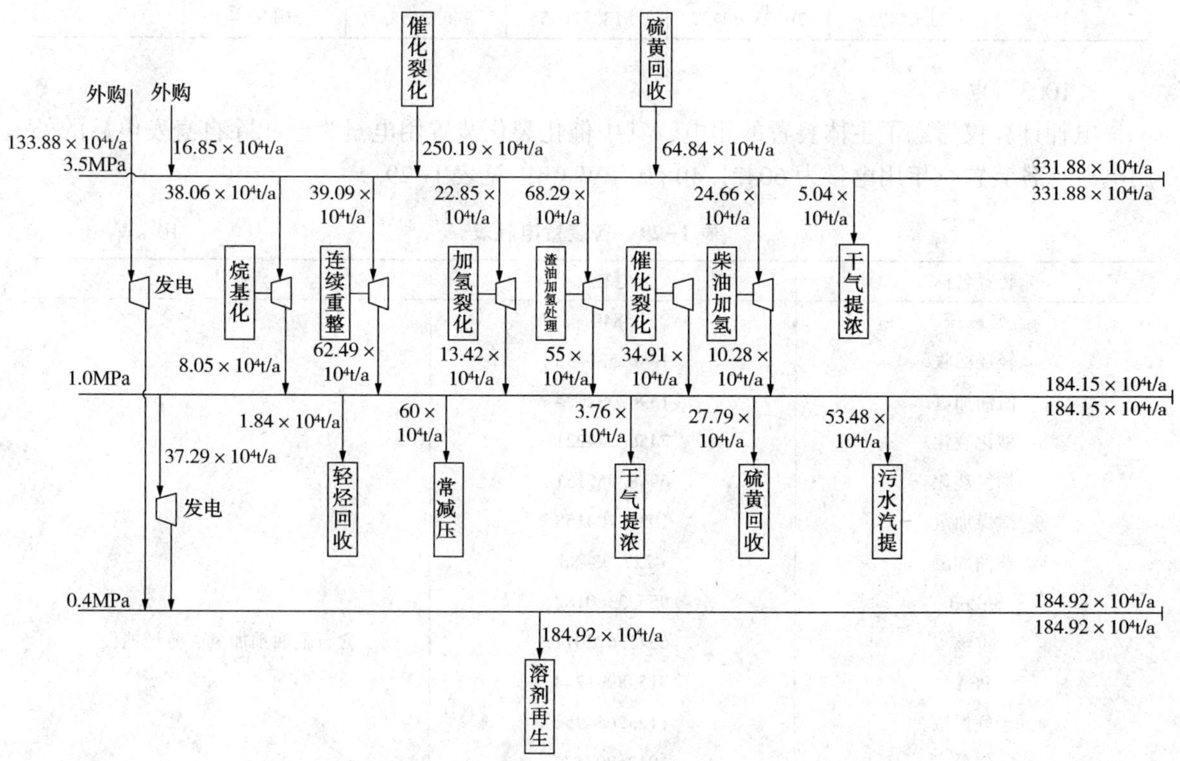

图 1-3　蒸汽平衡图

2.10.2　水耗

水耗计算仅考虑了主体装置的用水，全年合计用水量为 30116.4×10^{4}t/a，其中用新鲜水 53.04×10^{4}t/a、循环水 29303.40×10^{4}t/a、除氧水 513.73×10^{4}t/a、软化水 246.24×10^{4}t/a，具体见表 1-28。

表 1-28 各装置水耗表 $10^4t/a$

装置名称	新鲜水	循环水	除氧水	软化水	累计	
常减压	0	2600	0	20	2620	
轻烃回收	0	751.55	0	1.84	753.39	
渣油加氢	0.46	3290.66	68.75	27.50	3387.37	
催化裂化	23.27	6720.22	285.10	90.18	7118.779	
加氢裂化	17.69	1673.47	13.42	11.80	1716.376	
航煤加氢	0.85	364.08	0.00	0.00	364.9344	
柴油加氢	0.41	937.26	10.28	8.22	956.1669	
S-Zorb	0.13	285.14	0.00	1.47	286.734	
重整	1.87	2566.95	62.49	25.35	2656.664	含芳烃抽提
干气提浓	0.30	105.24	0.00	0.00	105.5395	
气分	0.84	2120.12	0.00	11.79	2132.755	
烷基化	2.46	4942.81	8.05	30.12	4983.438	
硫黄回收	4.76	1732.43	64.84	0.00	1802.029	
酸性水汽提	0.00	18.19	0.00	0.00	18.18895	
溶剂再生	0.00	1195.27	0.80	17.97	1214.046	
合计	53.04475	29303.40437	513.72665	246.23583	30116.4	

2.10.3 电耗

电耗计算仅考虑了主体装置的用电，其中催化裂化装置用电量为已扣除自身发电后的外用电量。各装置全年用电量为 60421.40×10^4kW·h，见表 1-29。

表 1-29 各装置电耗表 10^4kW·h

装置名称	电耗	备注
常减压	5840	
轻烃回收	1346.530493	
渣油加氢	15962.92624	
催化裂化	7456.244221	
加氢裂化	6948.955151	
航煤加氢	1037.704158	
柴油加氢	4227.93488	
S-Zorb	955.3360182	
重整	6342.672014	含石脑油预加氢、芳烃抽提
PSA	315.8991244	
干气提浓	112.2654953	
气分	1012.897176	
烷基化	2144.068627	
硫黄回收	3440.502697	
污水汽提	836.5098712	
溶剂再生	2440.957267	
合计	60421.40344	

3 能耗及用能分析

3.1 用能策略

本项目严格执行国家、地方和行业的有关节能法规和规范，采纳石化行业已经广泛应用的成熟节能技术，如换热网络的夹点技术、催化裂化与气体分馏的热联合技术、低温热回收与利用技术、高效率加热炉技术、污水回用技术等，并合理选择节能的电气设备、换热器和机泵等，以降低项目的设计能耗，提高资源的利用率，以达到节能、降耗、减排的目的，实现清洁化生产。

能耗计算范围：本报告只计算炼油部分的能耗，配套系统能耗按照装置占比 10%进行估算。能耗计算包括生产装置加热炉消耗的燃料气、催化烧焦以及需外购的蒸汽、新鲜水、电、天然气。能耗构成见表 1-30。

表 1-30 能耗构成表

项目	消耗量/(10^4tkW·h/a)	能源折算值	总能耗/(10^4kgEO/a)	单位能耗		占总能耗比例/%
				MJ/t	kgEO/t	
工艺燃料气	20.56	1100kg/t	22615.15	946.8512371	22.62	0.32
烧焦	22.55	950kg/t	21418.88	896.7658089	21.42	0.30
3.5MPa 蒸汽	150.73	88kg/t	13264.24	555.3472003	13.26	0.19
电	60421.40	0.228kg/kW·h	13776.08	576.7769168	13.78	0.19
新鲜水	53.04	0.17kg/t	9.02	0.377549204	0.01	0.00
装置综合能耗				2976.118712	71.08	1.00
全厂综合能耗					78.98	

从表 1-30 中可以看出，主体装置能耗为 71.08kgEO/t，全厂综合能耗为 78.98kgEO/t。较 2018 年集团公司平均能耗 59.71kgEO/t 高 19.27kgEO/t，所以，降低全厂能耗在炼油厂的设计和运行期间将是一项重要工作。从全厂能耗构成分析，燃料气消耗和催化烧焦占比较大，分别占 32%、30%，其次为 3.5MPa 蒸汽和电，分别占 19%、19%。因此解决好工艺装置的燃料和动力的利用，对降低全厂能耗会起到重要的作用。

造成燃料气消耗和催化烧焦占比较大的主要原因是：

项目设计加工原油品种性质较差，原油含硫量达到了 2.65%(质)，API 达到了 29.9，加工流程比较复杂，这些都将造成燃料消耗占比大；催化裂化的烧焦量达到了 22.55×10^4t/a，占原油加工量的 2.26%(质)，因此全厂能耗中催化烧焦所占比例也较高，达到 30%。

3.2 节能方案

工艺装置是全厂的用能大户，因此也是全厂的节能重点和关键。工艺装置的节能，首先强调要采用新技术，其次是通过合理的手段进行能量的回收和利用，尽可能减少能量转化过程中的损失。

本项目各主要工艺装置采用较为先进的工艺技术，从技术上创造了提高能量效率的条件。同时均考虑了能量的综合利用，采用先进的节能措施和节能设备，优化换热流程，减少水、电、汽及燃料的消耗。

3.2.1 全厂总体用能原则

(1) 加热炉系统优化

1) 全厂的工艺炉燃料以洁净的气体燃料为主。所有的燃料气均经过脱硫处理，净化后

的燃料气中的 H_2S 含量降低到 10mg/m^3(标) 以下，为加热炉提供清洁的气体燃料，从而为降低加热炉排烟温度、提高加热炉热效率创造条件。

2) 针对不同工艺装置，以及同一装置不同类型加热炉的设计要求和特点，设置单独的或联合的余热回收设施，通过优化换热方案提高加热炉热效率。

3) 加热炉采用传热效率较高的热管空气预热器，或新型的板式换热器以及新型高效节能燃烧器，进一步回收烟气余热，减少燃料的耗量。

4) 另外利用一些装置的低温余热，合理优化温位和热量，作为其他装置塔底重沸器的热源，如催化与气分，常减压与轻烃，前者物流直接作为后者的塔底重沸器热源，既可降低上游装置的冷却水用量，也可减少下游装置的蒸汽用量，达到双效节能的效果。

5) 采用低温空气预热器，提高空气入口温度，改善烟气露点腐蚀条件；采用新型高效节能火嘴、新型高效吹灰器，使加热炉的热效率达到93%以上，减少燃料油的耗量。

(2) 强化装置之间的联合，提高能量利用率

利用新建装置联合布置的优势，强化装置间的紧密联合。所有装置间全部采用热出料与热进料，上游装置的出料经过装置的换热流程后不经空冷和水冷，直接以热进料方式送到下游装置，避免了物流在上游装置冷却，而在下游装置又加热的情况，实现了装置物料间温度的最优匹配。物料实现直供，取消了经过中间罐区的转罐操作，既可降低物耗，也减少了储运系统水、电、汽、气等公用工程的消耗量。

(3) 合理确定工艺装置余热发汽参数，做好蒸汽逐级利用

1) 为减少能耗，合理利用蒸汽能量，项目设计中充分利用装置内油品及烟气的余热来加热给水或发生蒸汽。

2) 在各装置的余热回收设计中，产汽设备根据热源温位，尽量发生高参数蒸汽；用汽设备在工艺条件允许的前提下，尽量采用较低参数的蒸汽。

3) 各等级的蒸汽管网之间尽可能选用背压式汽轮机发电或驱动较大功率的压缩机，背压透平排出的蒸汽供下一级管网使用，实现蒸汽能量的逐级利用并降低能耗。

(4) 低温余热的回收与利用

充分考虑装置内部能量梯级利用，减少蒸汽用量，降低循环水用量和减少空冷台数，装置的低温热首先应尽可能在装置内回收利用，多余部分再考虑送出装置。

1) 催化裂化装置的低温热用作气分装置的热源，催化裂化装置的低温热来自分馏塔顶的顶循环及分馏塔顶气，其中顶循环温位较高，直接送气分装置脱丙烷塔塔底重沸器和脱乙烷塔塔底重沸器；分馏塔顶气先与换热水进行换热(加热换热水温度至90℃)，换热水送至气分装置的丙烯塔，用作塔底重沸器加热。

2) 加热发生蒸汽用除盐水，各中压产汽装置所需除氧水，由除盐水站送出的50℃除盐水首先送至常减压装置/渣油加氢装置，利用常顶油气的低温热/分馏塔顶和柴油的低温热，加热至90℃后再送至压力除氧器进行除氧，回收低温热。

(5) 凝结水低温余热的回收与利用

工艺凝结水与除盐水站的新鲜水进行换热，将新鲜水由15℃加热至40℃，此措施不但有利于随后的离子交换处理，还使凝结水由90℃冷却至50℃，利于凝结水随后的回收、处理；除盐水在送至系统除盐水管网前，首先与高温凝结水换热至50℃后再送出除盐水站，此措施将系统管网送来的高温凝结水温度由105℃冷却至90℃。

3.2.2 各主要装置用能方案

（1）常减压装置

根据设计方案，实际运行时，部分减二线需进入渣油加氢装置，大于460℃的馏分全部进渣油加氢装置，所以，换热网络以减压塔满足拔出460℃以上组分要求为原则进行设计，以实现最小量用能。减压塔实际运行时，减二线的拔出量可根据加氢裂化的处理量灵活调整，减三线的拔出量根据实际情况少拔或不拔直接并入减压渣油馏分一起去渣油加氢装置。具体节能措施如下：

1）应用能量利用系统综合分析技术，优化全装置的操作条件，进而优化本装置的换热网络，并结合对全装置稳定性的分析合理给出换热器的选型，达到最大限度回收全装置余热的同时，提高进常压炉的换热终温（大于315℃），降低炉子热负荷。

2）利用低温热源初常顶油气与原油换热；利用系统热水与初常顶油气换热。

3）利用电脱盐排水与电脱盐的注水进行换热，使电脱盐的注水温度达到110℃以上，降低循环水的消耗。

4）抽真空系统节能：减顶抽真空系统采用二级蒸汽喷射器及一级机械抽空器的型式，同时，优化各级抽空设备的压缩比，最大限度地减少工作蒸汽的消耗；采用湿式空冷器，减少循环水消耗。

5）利用装置热联合的优势，协调下游装置，合理的选择常压柴油、减压蜡油及减压渣油热出料温度，降低能耗。常压柴油热出料温度为130℃，减压蜡油热出料温度为130℃，减压渣油热出料温度为160℃。

6）合理选择石脑油稳定塔和吸收解吸塔的塔板效率、分离精度、最小回流比及操作稳定性和余量的关系，在满足产品精度和生产操作稳定性的前提下降低塔顶冷却器和塔底重沸器的负荷，有效降低装置的加工能耗。

（2）加氢裂化装置/渣油加氢装置/柴油加氢装置

1）反应进料泵采用电机和液力透平联合驱动方式，利用液力透平回收热高分油的压力能，节省电量。

2）利用装置的余热发生蒸汽，如柴油和加氢尾油发生1.0MPa蒸汽。

3）在装置内设置低温热回收系统：用分馏塔顶油气、柴油与热水换热，回收热量。

4）在保证冷却效果的前提下，尽可能多用空冷器，少用水冷器，尽量降低循环水的用量。

5）正常生产时，装置间采用热进、出料方式操作，加氢裂化原料蜡油从上游装置130~150℃热进料，加氢尾油以130℃去下游乙烯装置，节省冷却和加热负荷。

6）反应系统采用热高分流程，减少冷却负荷和换热负荷，达到既节能，又节省投资的目的。

7）反应部分采用高效的双壳程换热器，减少了换热器的台数，减少了系统压降。

8）优化反应系统的配置，合理设计反应系统压降，减少循环氢压缩机的压缩比，从而达到节能的目的。

（3）催化裂化装置

1）利用循环油浆加热原料油并发生中压蒸汽，分馏塔中段回流作为稳定塔、脱吸塔底重沸器热源，稳定汽油加热稳定塔和脱吸塔的进料，用贫吸收油加热富吸收油。

2）设置换热水循环取热系统：用分馏塔顶油气、轻柴油、一中段回流和稳定汽油加热热水，为气分装置提供热源。

3）分馏塔顶循环回流直接抽出，给气分装置作热源，然后返回分馏塔。

4）装置内外取热器和油浆蒸汽发生器均按产中压蒸汽考虑，经过余热锅炉过热后，首先供背压式富气压缩机使用，背压出的低压蒸汽供装置低压蒸汽用户利用，以达到蒸汽逐级利用，节约能耗的目的。

5）吸收稳定系统塔类采用高效塔板，在提高分离效率的同时也可以降低回流比，从而达到降低塔顶冷却负荷的作用。

6）装置在保证冷凝冷却效果的情况下，采用干空冷代替湿空冷或水冷器，以降低循环水的消耗。

7）装置内气压机级间注水采用净化水回用措施，以便于降低除盐水耗量。

8）利用烟气轮机回收再生烟气中的压力能和部分热能；利用余热锅炉充分回收再生烟气中的能量，产生并过热中压饱和蒸汽。

（4）气体分馏装置

1）装置与催化裂化装置作热联合，催化装置的热量可作为本装置的热源，正常操作时不需要消耗蒸汽。减少催化装置循环水用量或空冷消耗电量。

2）脱丙烷塔底碳四馏分与原料换热，回收热量减少循环水用量。

3）塔顶采用表面蒸发空冷。

4）采用高效浮阀塔板，降低各塔回流比。

（5）重整抽提装置

1）甲苯塔、二甲苯塔塔顶物冷凝热量大，采用加压操作后，塔顶馏出物温位增高，可用作苯塔和重整油塔重沸器热源。

2）在加热炉顶设计一套蒸汽发生系统，以回收余热，产生3.5MPa蒸汽，使加热炉总效率达93%以上。

3）重整“四合一”炉采用立式炉，以降低重整临氢系统压降，降低能耗。

4）重整进料换热器采用纯逆流焊板式换热器，预加氢进料换热器采用双壳程换热器，以提高传热效率，减小冷热端温差，减少进料加热炉的热负荷。

（6）硫黄回收装置

1）一级转化器入口过程气加热采用高温掺和阀；二级转化器入口过程气加热采用气-气换热器；利用蒸汽过热器出口的高温烟气作为加氢反应器入口尾气的加热热源。

2）利用废热锅炉充分回收制硫燃烧炉出口高温过程气中的能量，产生饱和中压蒸汽，并利用尾气焚烧炉出口的高温烟气对饱和中压蒸汽进行过热。

4 环保措施

4.1 废气

4.1.1 有组织排放废气防治措施

全厂有组织排放源主要有燃料燃烧废气和工艺废气两部分。其中燃料燃烧废气包括蒸汽锅炉和各装置工艺加热炉产生的烟气等，工艺废气主要包括催化再生烟气、重整再生烟气、硫黄回收尾气等。本项目所有排放执行环保标准GB 31570—2018中特别限值地区排放标准。

（1）加热炉烟气

装置加热炉采用公司自产的经脱硫后的清洁燃料气作为燃料，因此加热炉排放的烟气中SO_2、NO_x、烟尘等均能满足要求。

（2）催化再生烟气

催化再生烟气采用钠法脱硫脱硝方法，最终烟气中的SO_2以硫酸钠的形式排出。

（3）重整再生烟气

再生烟气的主要成分是CO_2，还含有微量HCl、Cl_2，采用Chlorsorb技术处理后，高点排入大气，污染物的浓度符合执行GB 31570—2018中特别限值地区排放标准。

（4）硫黄回收尾气

硫黄回收尾气处理部分采用加氢还原吸收工艺，装置总硫回收率可达到99.8%(质)以上。尾气焚烧为热焚烧工艺，将尾气中微量的H_2S和其他硫化物氧化成SO_2后排放以减少对环境的污染，焚烧后的烟气经烟囱排放。经过处理后的尾气符合要求。

4.1.2　无组织排放废气防治措施

全厂的无组织排放废气主要来自装置的跑冒滴漏，污水处理场恶臭气体，油罐储存的轻质油品挥发和呼吸损失，油品装车损失等。

（1）烃类气体

无组织排放主要来自储运的呼吸和装卸过程中的泄漏，以及装置的无组织泄漏。为减少储罐无组织排放气体，液化气采用球罐，轻质油采用浮顶罐，不易挥发的重质油采用拱顶罐，大部分油品通过管道运输，以减少烃类气体的损失。生产装置内易泄漏部位(如阀门等)选用低泄漏率的设备。

（2）恶臭气体

H_2S等是恶臭刺激性气体。为了减少无组织排放，减少恶臭气体对周边环境的影响，装置的生产和运行中应按规范要求定期对设备进行检测，按规范设置可燃气体检测报警仪，并要做到投运率、校验率、准确率都是100%，以保证可及时检测到可燃物料的泄漏，迅速进行现场处理。

污水处理场隔油池、气浮池、气浮设备等处产生废气经加盖密闭收集装置汇集，经引风管道、离心风机与污泥干化废气送至生物除臭装置进行处理。

新建酸性水汽提装置原料水罐水封尾气，经过引风系统进入处理系统，经膜吸收、溶解、化学吸收和催化氧化后达标排放。H_2S去除率≥98.5%、其他臭气的脱除≥90%，脱臭后厂界浓度满足要求。

4.1.3　火炬及火炬气回收系统

本项目为装置设置高、低压两个可燃气体排放管网及酸性气管网。

各装置根据放空油气的压力接入相应的放空管网，液化气储罐的安全阀放空线引入高压放空管网。高、低压管网分别设置相应的分液罐，在水封罐后引入同一火炬中。H_2S如果不能及时点燃，放入大气中将引起污染，危及人的生命安全，为满足制硫装置的放空要求，设置单独的酸性气放空管网。

各装置生产和放空的低压瓦斯全部进入低压瓦斯管网，首先进入气柜贮存，再由压缩机加压后，送入高压瓦斯系统，经脱硫处理后供各装置加热炉作燃料用。酸性气放空管网经水封罐后，沿火炬塔架引至火炬顶部烧掉。

4.2 废水

4.2.1 废水处理

选用先进工艺节约新鲜水用量、增加污水回用率、减少污水外排量并加强计量管理。对装置单元外排的污水按其性质进行清污分流、污污分流、分质处理。本项目设计含油污水、初期雨水、含硫污水、雨水排水、含盐污水、含碱污水、生产废水及生活污水系统。按不同水质分别进行预处理及后续处理，含硫污水预处理后大部分回用，不回用部分与其他低浓度污水一同进污水处理场低浓度系列进行后续处理，低浓度污水系列出水回用。含盐污水、含碱污水进入污水处理场高浓度系列进行后续处理，污水处理场的出水达标后外排。

4.2.2 酸性水汽提

各装置酸性水经过酸性水汽提装置处理后的净化水，大部分送至各装置回用，剩余部分净化水送往污水处理场。

4.2.3 污水处理场

污水处理场含盐污水和含油污水两个系列，含盐污水系列碱渣污水处理流程为：均质调节—电化学反应—隔油—涡凹气浮—溶气气浮—生物倍增—混凝沉淀—砂滤—生物活性炭—电化学净化一体机—监控。

含盐污水系列电脱盐污水处理流程为：均质调节—电化学反应—隔油—涡凹气浮—溶气气浮—生物倍增—混凝沉淀—砂滤—监控。含油污水系列采用均质调节—隔油—涡凹气浮—溶气气浮—均质—氧化沟—曝气生物滤池。

4.2.4 中水处理

本项目为减少新鲜水消耗，新建中水处理设施，根据处理水源及处理要求的不同分为含油污水、市政中水两个处理系列。含油污水经污水处理场隔油、气浮、生化等工艺处理后，提升进入中水处理装置，经机械加速澄清池、砂滤单元处理去除水中部分硬度后回用于循环水补充水；市政中水经机械加速澄清+砂滤+活性炭吸附+超滤+反渗透处理后回用作为水处理站原水及循环水补充水。反渗透浓水及不能回用的生产废水排至污水处理场含盐污水系列的监控排放池，达标后排放。

4.2.5 事故水处理

当发生一般事故时，事故排水主要通过装置区或罐区的围堰收集，通过污染雨水排水系统进入污染雨水收集池，然后由泵提升后送污水处理厂处理；当发生较大事故时，会产出大量的事故排水，这些排水部分经污染雨水收集池收集，剩余部分的事故排水则通过清净雨水管道进入事故水池(雨水监控池)。在非污染区，当意外事故发生时，事故排水通过雨水系统进入事故水池(雨水监控池)，避免污染水体的事故发生。

4.2.6 防渗措施

根据环保要求，各新建装置内应划分污染区与非污染区。对于部分公用工程区、办公区、绿化区域划分为非污染区。将毒性小的炼油工艺装置、装置区外管廊区、厂外污水管道划分为一般污染防治区，将危害性大、毒性较大的炼油工艺装置区、物料储罐区、化学品库、铁路及汽车液体产品装卸区及固体废物临时贮存库划分为重点污染防治区，将污水收集池、储存池、循环冷却水池划分为特殊污染防治区。污染区设置围堰或围堤，以切断泄漏物料流入非污染区的途径，围堰/围堤采用防渗混凝土。

4.3 废渣

各装置采用先进的工艺和技术，尽量减少固体废物的排放。排放的固体废物首先进行分类，本着尽量回收和综合利用的原则，不能利用的进行填埋、焚烧或其他有效处理。本项目新建危险废物临时储存库，以满足废渣临时储存的要求。

4.3.1 废催化剂回收

凡含贵重金属的废催化剂，以及催化剂提供商可以回收的废催化剂，均送回制造厂回收处理。

4.3.2 废溶剂

由重整抽提装置排出的废溶剂，其热值较高且属危险废物，拟委托有资质单位焚烧处置。

4.3.3 “三泥”处置措施

油泥、浮渣与活性污泥分别收集处理，其中油泥、浮渣经过收集、浓缩后，经离心脱水后外运。

活性污泥经过收集、浓缩、离心脱水后送污泥干化装置。

4.3.4 其他固体废物

废白土、废瓷球、废脱氯剂、废分子筛等送危险废物处置中心进行安全填埋处置。

4.4 噪声控制

本项目的噪声主要来自机泵、加热炉、空冷器、压缩机和风机等。设计中对噪声源进行控制的主要措施包括：

1）对空冷器类采用低噪声风机、电机；

2）加热炉烧嘴采用低噪声火嘴；

3）机泵采用低噪声电机；

4）对高噪声设备加消声器；对大型的压缩机、风机等设备采取减振措施；

5）蒸汽放空口、空气放空口、引风机入口加设消声器；

6）在平面布置中，尽可能将高噪声设备布置在远离敏感目标的位置；

7）厂界绿化时宜选择种植对减缓噪声有帮助的植物。

5 投资及技术经济分析

5.1 评价基础及价格体系

经济分析采用的计算期按 18a 考虑，其中工程建设期 3a，生产运营期 15a，第 4 年(生产期第 1 年)按照 90%负荷计算，第 5 年之后按照 100%负荷计算。

原料、产品及公用工程价格采用统一测算价格体系，原油分别按照 40 美元、60 美元、80 美元进行计算，产品价格对应进行调整，个别产品价格参照兄弟单位实际价格确定。

5.2 评价参数费用的计取原则

辅助材料：参照海南炼化全加氢流程的实际辅材费用确定。

燃料动力：根据作业要求及本企业实际确定。以下价格均为不含增值税价格。按照外购量进行计算，氮气未考虑在内，燃动单价见表 1-31，燃动费用见表 1-32。

表 1-31 燃动单价表

天然气/(元/t)	3200	风/(元/m^3)(标准)	0.20
电/(元/kW·h)	0.4783	蒸汽/(元/t)	130
水/(元/t)	2.354		

注：蒸汽单价较低。

表 1-32　燃动费用表

燃动费用				金额(不含税)/万元	进项税额/万元
项目	价格(不含税价)	消耗量	增值税率/%		
外购动力				121587.8	12186.86
水	2.354 元/t	30116.4116/10^4t	9.00	70894.03	6380.46
电	0.4783 元/kW·h	60419.93675/10^4kW·h	13.00	28898.86	3756.85
蒸汽	130 元/t	150.73/10^4t	9.00	19594.90	1763.54
风	0.2 元/t	11000/10^4t	13.00%	2200.00	286.00
天然气	3200 元/t	2.72/10^4t	9.00%	8704.00	783.36
合计				130291.79	12970.22

工资福利：职工平均年工资及福利费按 18 万元/人·a 计取，定员 800 人。

折旧费：固定资产折旧费按生产期内 15a 直线折旧，残值率考虑为 3%。

修理费：固定资产修理费按其固定资产原值的 3%计取。

其他制造费：其他制造费用按定额 3 万元/人·a 计取，定员 800 人。

保险费：按固定资产原值的 0.4%计取。

摊销费：无形资产按生产期 10a 等额摊销，其他资产按生产期 5a 等额摊销。

其他管理费：其他管理费用按照定额 5 万元/人·a 计取，定员 800 人。

增值税：除液化气、新鲜水、蒸汽执行 9%的增值税税率以外，其余均为 13%。

消费税：包含在价格中。

城建维护税：以增值税和消费税之和为基数，税率 7%。

教育费附加：以增值税和消费税之和为基数，税率 5%。

财务费用：项目财务费用主要为利息支出，包括建设投资贷款利息支出和流动资金贷款利息，生产期人民币贷款按名义年利率 4.99%计算；流动资金贷款年利率为 4.35%。

营业费用：项目营业费用按照营业收入的 0.05%计取。

企业所得税：以应纳税所得额为计税基数，税率为 25%。

5.3　工程费用

各主体装置的投资按照规模指数法进行估算，为 681971.36 万元，系统配套工程的投资按照主体装置投资的 75%计算，为 511478.52 万元，工程费用为 1193449.89 万元。

5.4　估算固定资产其他费用

固定资产其他费用按照工程费用的 18%计算，为 214820.98 万元。

5.5　建设投资

固定资产投资为 1408270.87 万元，无形资产投资按照 70000 万元估算，其他资产投资按照固定资产投资的 0.5%计算，预备费按照固定资产、无形资产、其他资产费用之和的 6%计算，为 89118.73 万元，可抵扣增值税额按照建设投资的 9%计算，所以，建设投资(含增值税)为 1574430.95 万元，建设投资(不含增值税)为 1432732.17 万元。各项目费用明细见表 1-33。

表 1-33　各项目费用明细表

序号	工程或费用名称	合计/万元	序号	工程或费用名称	合计/万元
1	总投资(含税)	1805582.62	7	固定资产其他费	214820.9795
2	报批总投资(不含税)	1552275.048	8	无形资产投资	70000
3	建设投资(含增值税)	1574430.953	9	其他资产投资	7041.35
4	建设投资(不含增值税)	1432732.167	10	预备费	89118.7332
5	固定资产投资	1408270.866	11	可抵扣增值税额	141698.7858
6	工程费	1193449.886			

5.6　项目收入

根据计算得出：原油 40 美元时，所有产品的收入为 3494951.06 万元；原油 60 美元时，所有产品的收入为 4548610.31 万元；原油 80 美元时，所有产品的收入为 5595284.32 万元。

5.7　项目所有成本

成本费用计算时，在生产期仅考虑工资及福利费按照每年 4%递增，其他成本费用不变。原油 40 美元时，第 4 年 90%负荷时，总成本费用为 2137522.5 万元，第 5 年 100%负荷时总成本费用为 2345793.5 万元；原油 60 美元时，第 4 年 90%负荷时，总成本费用为 2951400.365 万元，第 5 年 100%负荷时总成本费用为 3250043.688 万元；原油 80 美元时，第 4 年 90%负荷时，总成本费用为 3840200.4 万元，第 5 年 100%负荷时总成本费用为 4237541.1 万元。

5.8　应纳税费

计算得出：原油 40 美元时，第 4 年 90%负荷时，营业税金及附加为 921479.83 万元，第 5 年至第 18 年 100%负荷时每年均为 1042759.65 万元；原油 60 美元时，第 4 年 90%负荷时，营业税金及附加为 923459.1454 万元，第 5 年至第 18 年 100%负荷时每年均为 1044958.889 万元；原油 80 美元时，第 4 年 90%负荷时，营业税金及附加为 924203.64 万元，第 5 年至第 18 年 100%负荷时每年均为 1045786.10 万元。

5.9　项目利润

计算得出：原油 40 美元时，第 4 年 90%负荷时，税后利润为 64840.21074 万元，第 5 年 100%负荷时为 79798.43521 万元；原油 60 美元时，第 4 年 90%负荷时，税后利润为 164167.3247 万元，第 5 年 100%负荷时为 190205.7976 万元；原油 80 美元时，第 4 年 90%负荷时，税后利润为 203513.9054 万元，第 5 年 100%负荷时为 233967.832 万元。利润构成明细见表 1-34。

表 1-34　利润构成明细表

项目	40 美元价格体系		60 美元价格体系		80 美元价格体系	
	第 4 年	第 5 年	第 4 年	第 5 年	第 4 年	第 5 年
负荷率/%	90	100	90	100	90	100
营业收入/万元	3145455.951	3494951.056	4093749	4548610	5035755.888	5595284.32
总成本费用/万元	2137522.509	2345793.496	2951400	3250044	3840200.374	4237541.106
营业税金及附加/万元	921479.8272	1042759.646	923459.1	1044959	924203.6393	1045786.104
利润总额/万元	86453.61432	106397.9136	218889.8	253607.7	271351.8738	311957.1093
所得税/万元	21613.40358	26599.4784	54722.44	63401.93	67837.96845	77989.27733
税后利润/万元	64840.21074	79798.43521	164167.3	190205.8	203513.9054	233967.832

5.10 主要指标对比分析

主要指标明细见表 1-35。

表 1-35 主要指标明细表

项目	40 美元价格体系	60 美元价格体系	80 美元价格体系	备注
总投资/万元	1552275.048	1571056.856	1591567.759	
建设投资/万元	1432732.167	1432732.167	1432732.167	
建设期借款利息/万元	71710.54273	71710.54273	71710.54273	
铺底流动资金/万元	47832.33733	66614.14628	87125.04913	
盈利能力				
营业收入/万元	3471651.382	4518286.238	5557982.424	生产期内平均
营业税金及附加/万元	1034674.325	1036858.906	1037680.606	生产期内平均
增值税/万元	97858.86851	111145.9583	116143.7181	生产期内平均
总成本/万元	2305583.261	3203808.631	4184726.222	生产期内平均
经营成本/万元	2282604.205	3178124.368	4156087.705	生产期内平均
总操作费用/万元	346468.8453	343694.2148	340611.8055	生产期内平均
利润总额/万元	131393.7961	277618.7017	335575.5961	生产期内平均
所得税/万元	32848.44903	69404.67542	83893.89902	生产期内平均
税后利润/万元	98545.34709	208214.0263	251681.6971	生产期内平均
评价指标				
财务净现值(税前)/万元	-519173.1232	249225.4663	539598.8067	
财务净现值(税后)/万元	-685359.298	-114153.6573	98064.14625	
内部收益率(所得税前)/%	5.3437859	14.6917152	17.4651	
内部收益率(所得税后)/%	2.6868422	10.6846226	13.0582662	
投资回收期税前(静态)/a	12.38351299	8.517106322	7.796892799	
投资回收期税后(静态)/a	15.05114504	9.0079985	9.104119614	
投资回收期税前(动态)/a	超过 18	13.0381504	10.45341584	
投资回收期税后(动态)/a	超过 18	超过 18	15.7945366	
吨油收入/元	3418.604263	4449.246453	5473.055995	
吨油原料成本/元	1929.178987	2816.411632	3785.376031	
吨油毛利/元	1489.425277	1632.83482	1687.679964	
吨油操作费用/元	341.1747728	338.4425389	335.4072291	
吨油利润/元	1148.250504	1294.392281	1352.272735	
吨油税后利润/元	97.03956607	205.0324988	247.83598	

从表 1-35 中可以看出，在 40 美元价格体系下，税后吨油利润为 97.04 元/t，税后内部收益率为 2.69%，财务净现值为-685359.298 万元，税后投资回收期(动态)已超过 18a

(含建设期 3a)；在 60 美元价格体系下，税后吨油利润为 205.03 元/t，税后内部收益率为 10.68%，财务净现值为-114153.6573 万元，税后投资回收期(动态)已超过 18a(含建设期 3a)；在 80 美元价格体系下，税后吨油利润为 247.84 元/t，税后内部收益率为 13.06%，财务净现值为 98064.14625 万元，税后投资回收期(动态)为 15.79a(含建设期 3a)。

所以，本设计流程在高油价下是可行的，具有较好的经济效益，在低油价时，经济效益较差。

6 方案的优劣势

(1) 优势

1) 本项目采用全加氢流程，最大限度地生产高附加值产品，低附加值产品少，原油利用率较高。

2) 按照炼化一体化思路设计，为下一步炼油向化工转型奠定了基础。

3) 在高油价下，经济效益显著，有较强的竞争力。

(2) 劣势

1) 根据效益测算结果：在低油价(低于 60 美元)时，项目投资回收期较长，超过了 18a，税后内部收益率较低，低于 12%。

2) 该流程重油加工手段单一，渣油加氢装置运行苛刻度高，催化剂换剂周期在一年至一年半，换剂期间，全厂将被迫购买轻质低硫原油，或出部分沥青，影响全厂效益。

7 研究结论及建议

1) 通过对原油资源和成品油市场的研究，认为本项目在原油保障上是有条件的，产品结构符合市场需求。

2) 本项目按照炼化一体化思路设计，采用全加氢流程，能够最大限度地生产高附加值产品，全厂在产品结构、质量、环境保护等方面要求较高。本项目完成后汽油产品全部满足乙醇汽油调和组分油国Ⅵ标准，柴油产品满足国Ⅵ车用柴油标准，其他产品也均满足国家标准。

3) 工艺装置及系统工程通过流程和平面布置优化，采用先进节能技术与设备，降低加工过程中的能量消耗。

4) 本项目在低油价(低于 60 美元)时，经济效益较差。项目投资回收期较长，超过了 18a，税后内部收益率较低，低于 12%。在高油价下，具有较强的竞争力。具体如下：在 40 美元价格体系下，税后吨油利润为 97.04 元/t，税后内部收益率为 2.69%，税后投资回收期(动态)已超过 18a(含建设期 3a)；在 60 美元价格体系下，税后吨油利润为 205.03 元/t，税后内部收益率为 10.68%，税后投资回收期(动态)已超过 18a(含建设期 3a)；在 80 美元价格体系下，税后吨油利润为 247.84 元/t，税后内部收益率为 13.06%，税后投资回收期(动态)为 15.79a(含建设期 3a)。

5) 建议：设计时充分考虑未来转型时装置间的匹配。

10.0Mt/a 炼油规划总流程图见图 1-4。

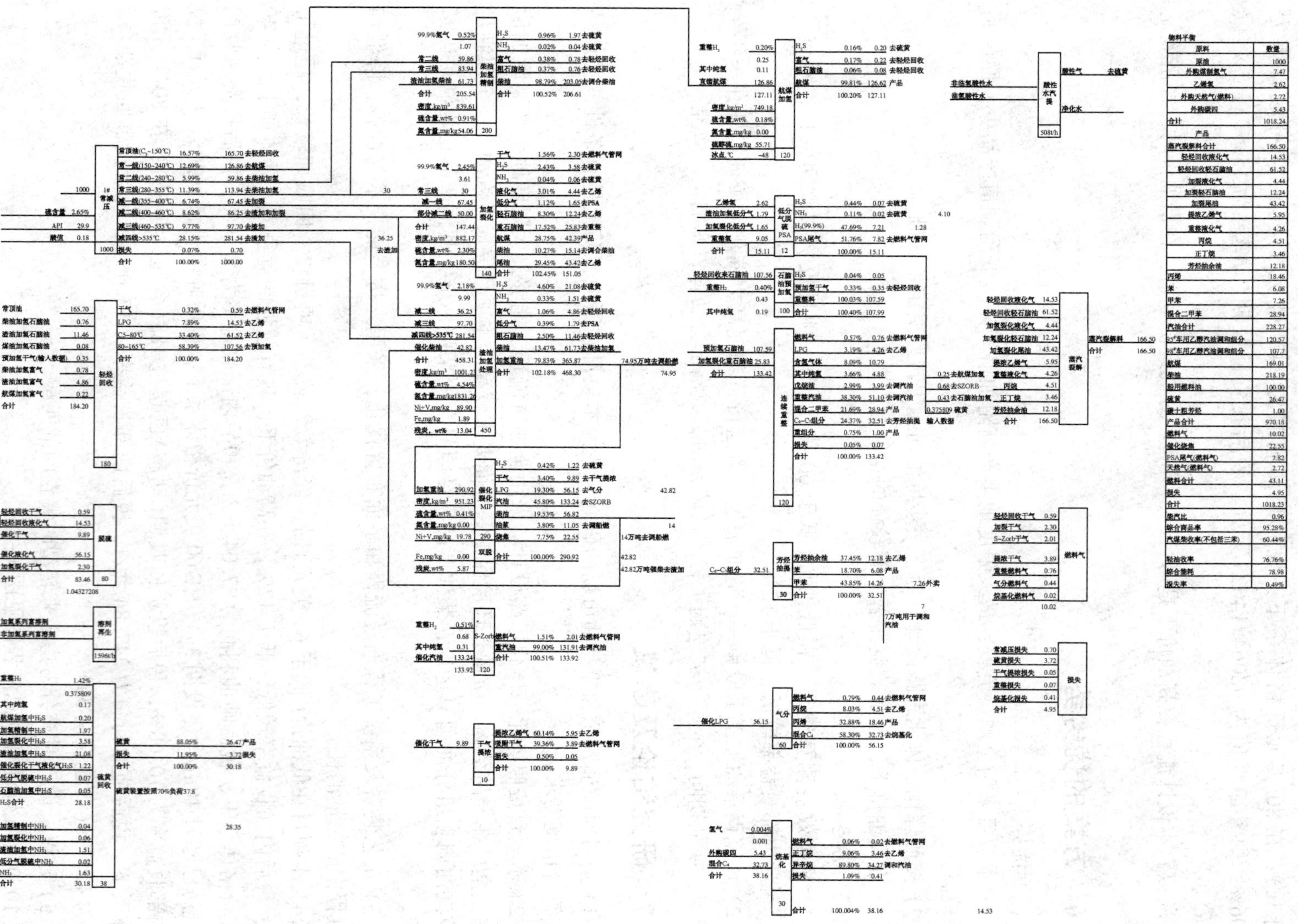

物料平衡

原料	数量
原油	1000
外购煤制氢气	7.47
乙烯氢	2.62
外购天然气(燃料)	2.72
外购碳四	5.43
合计	1018.24
产品	
蒸汽裂解料合计	166.50
轻烃回收液化气	14.53
轻烃回收轻石脑油	61.52
加裂液化气	4.44
加裂轻石脑油	12.24
加裂尾油	43.42
提浓乙烯气	5.95
重整液化气	4.26
丙烷	4.51
正丁烷	3.46
芳烃抽余油	12.18
丙烯	18.46
苯	6.08
甲苯	7.26
混合二甲苯	28.94
汽油合计	228.27
95[#]车用乙醇汽油调和组分	120.57
98[#]车用乙醇汽油调和组分	107.7
航煤	169.01
柴油	218.19
船用燃料油	100.00
硫黄	26.47
碳十粗芳烃	1.00
产品合计	970.18
燃料气	10.02
催化烧焦	22.55
PSA尾气(燃料气)	7.82
天然气(燃料气)	2.72
燃料合计	43.11
损失	4.95
合计	1018.23
柴汽比	0.96
综合商品率	95.28%
汽煤柴收率(不包括三苯)	60.44%
轻油收率	76.76%
综合能耗	78.98
损失率	0.49%

图1-4 总流程图(单位：10^4t/a)

第二部分　本企业优化思路建议

1　企业基本情况分析

1.1　总流程特点

石家庄炼化 800×10^4t/a 油品质量升级及原油劣质化改造工程采用的是大催化(渣油加氢-蜡油加氢-催化裂化)、小焦化流程，于 2014 年 9 月投产后，由于受市场、原油等因素的影响，始终未能达产。2019 年 8 月，受环评影响，焦化装置停运。焦化装置停运后，重油加工能力不足的矛盾进一步凸显，装置加工能力由 640×10^4t/a 降低至 550×10^4t/a。具体物料平衡见表 2-1，各装置负荷见表 2-2。

表 2-1　物料平衡表　　10^4t/a

项目	加工量	项目	加工量
合计	555.29	0#车用柴油(Ⅵ)	160.72
原油小计	550.00	化工轻油	8.22
阿曼	130.00	石脑油	8.22
巴士拉轻油	104.00	商品燃料油	18.62
科威特	78.00	250#燃料油	12.42
塞巴	156.00	轻燃	6.20
卡伦	55.00	商品原料油	1.20
埃斯坡	13.00	发泡剂	1.20
华北	14.00	石油沥青	24.00
外购原料油小计	5.29	沥青	24.00
外购天然气	4.02	石油芳烃	24.53
外购氢气	1.09	苯	4.57
外购丁烯-1	0.17	甲苯	8.53
产品名称		二甲苯	11.43
合计	555.29	商品液化气	33.28
商品小计	510.56	液化气	33.28
自用小计	41.71	聚丙烯	14.29
损失小计	3.02	聚丙烯	14.29
汽煤柴小计	378.95	其他产品	6.26
汽油	167.27	硫黄	6.26
92#国Ⅵ乙醇	120.27	自用小计	42.90
95#国Ⅵ乙醇	47.00	催化烧焦	22.63
煤油	50.96	自用干气	20.27
航煤	50.96	损失	3.02
柴油	160.72		

表 2-2 各装置负荷表

序号	装置	设计规模/(10^4t/a)	实际加工量/(10^4t/a)	负荷/%
1	1#常减压	500	273.75	54.75
2	2#常减压	500	276.25	55.25
3	轻烃回收	90	61.94	68.82
4	蜡油加氢	180	68.13	37.85
5	渣油加氢	150	182.02	121.34
6	1#催化裂化	90	89.10	99.00
7	3#催化裂化	220	153.77	69.89
8	航煤加氢	80	51.86	64.83
9	2#柴油加氢	100	42.45	42.45
10	3#柴油加氢	260	140.76	54.14
11	S-Zorb	150	107.20	71.46
12	重整	120	79.78	66.49
13	抽提	35	28.46	81.33
14	1#制氢	1	0.80	80.00
15	2#制氢	1	0.80	80.00
16	石脑油预加氢	150	100.26	66.84
17	2#气分	28	20.00	71.43
18	3#气分	30	29.87	99.56
19	烷基化	20	13.39	66.93
20	硫黄回收	11	7.38	67.06
21	聚丙烯	20	14.30	71.51

从表 2-2 中可以看出，仅有渣油加氢装置负荷在 120%，其余大部分装置负荷在 60%~80%，两套常减压装置负荷在 55%左右，造成装置各种消耗较高。

1.2 重油加工路线分析

全厂渣油加工路线：1#常减压渣油共 72.92×10^4t/a，其中 64.62×10^4t/a 去渣油加氢、8.31×10^4t/a 以常渣的方式去 1#催化；2#常减压重蜡共 14.53×10^4t/a，全部去渣油加氢；2#常减压渣油共 58.38×10^4t/a，其中 34.38×10^4t/a 去渣油加氢，剩余 24×10^4t/a 以沥青出厂；渣油加氢后渣油供两套催化装置作为原料。渣油平衡见表 2-3。

表 2-3 渣油平衡表 10^4t/a

产出装置和数量		消耗装置/去向和数量			
名称	合计	渣油加氢	1#催化	3#催化	沥青
1#常渣油	72.92	64.62	8.31		
2#常重蜡	14.53	14.53			
2#常渣油	58.38	34.38			24.00
加氢重油	161.01		50.04	110.97	
合计	306.85	113.53	58.35	110.97	24.00

从表2-2中和表2-3中可以看出，全厂重油加工能力不足，尤其在焦化装置停运后，手段更加单一，只能用渣油加氢和出沥青的方式平衡全厂渣油。

1.3 产品结构及产品质量分析

从表2-1中可以看出，目前情况下，在原油加工量550×10^4t/a时，需出部分低价值产品，燃料油18.62×10^4t/a、轻石脑油8.22×10^4t/a、沥青24×10^4t/a，占比分别为3.39%、1.50%、4.36%，合计占比9.24%，效益损失严重。汽油调和见表2-4，柴油调和见表2-5。

从表2-4中可以看出，公司目前实际生产汽油有四种牌号，分别是92#国Ⅵ车用汽油、95#国Ⅵ汽油、92#国Ⅵ乙醇汽油调和组分油、95#国Ⅵ乙醇汽油调和组分油；从表2-5中可以看出，柴油产品满足国Ⅵ标准车用柴油。油品均能满足国家最新标准要求。

表2-4 汽油调和表

项目	数量/(10^4t/a)	调和比例/%(质)	硫含量/%(质)	研究法辛烷值	抗爆指数	芳烃含量/%(体)	烯烃含量/%(体)	苯含量/%(体)
92#国Ⅵ汽油	90.00		0.0001	92.2000	88.32	33.00	6.63	0.56
质量标准			0.0008	92.2000	87.20	33.00	17.00	0.70
工业异辛烷	6.13	6.81	0.0001	96.5000	95.25	0.10	5.00	0.00
抽余油	7.06	7.85	0.0003	75.7000	75.50	0.30	0.10	0.10
重整芳烃汽油	12.57	13.96	0.0000	105.0000	103.50	89.50	1.00	0.00
S-Zorb汽油	64.24	71.38	0.0001	91.3390	86.38	30.00	8.50	0.77
95#国Ⅵ汽油	29.00		0.0001	95.2000	91.47	33.00	5.59	0.39
质量标准			0.0008	95.2000	90.20	33.00	17.00	0.70
二甲苯	1.89	6.52	0.0001	110.0000	105.00	100.00	0.00	0.00
工业异辛烷	5.76	19.85	0.0001	96.5000	95.25	0.10	5.00	0.00
重整异戊烷油	2.62	9.02	0.0005	90.0000	85.00	0.10	1.00	0.00
重整芳烃汽油	4.33	14.94	0.0000	105.0000	103.50	89.50	1.00	0.00
S-Zorb汽油	14.40	49.67	0.0001	91.3390	86.38	30.00	8.50	0.77
92#国Ⅵ乙醇	30.27		0.0001	90.5000	87.78	36.00	4.18	0.38
质量标准			0.0008	90.5000	85.80	36.00	19.00	0.70
重整戊烷油	3.98	13.15	0.0000	105.0000	103.50	81.50	1.00	0.00
抽余油	8.30	27.43	0.0003	75.7000	75.50	0.30	0.10	0.10
重整芳烃汽油	4.25	14.04	0.0000	105.0000	103.50	89.50	1.00	0.00
S-Zorb汽油	13.74	45.38	0.0001	91.3390	86.38	30.00	8.50	0.77
95#国Ⅵ乙醇	18.00		0.0001	93.8000	89.66	36.00	7.12	0.59
质量标准			0.0008	93.8000	89.30	36.00	19.00	0.70
工业异辛烷	1.50	8.34	0.0001	96.5000	95.25	0.10	5.00	0.00
重整芳烃汽油	2.86	15.90	0.0000	105.0000	103.50	89.50	1.00	0.00
S-Zorb汽油	13.64	75.77	0.0001	91.3390	86.38	30.00	8.50	0.77

表 2-5　柴油调和表

项目	数量/(10^4t/a)	比例/%(质)	数量/%(体)	比例/%(体)	密度/(kg/m^3)	硫含量/(mg/kg)	十六烷值	十六烷指数
2#柴油加氢柴油	25.60	0.16	0.03	0.15	876	8	35	32.01
3#柴油加氢柴油	135.12	0.84	0.17	0.85	806	3	55	55.2
合计	160.72	1.00	0.20	1.00	816.39	3.80	51.81	51.51
指标要求(内控)					812~843	8	51.5	47
指标要求					810~845	10	51	46

1.4　总体效益分析

在目前情况下，公司整体效益较差，在集团公司中排名靠后，尤其在停运焦化装置后，原油处理量下降，各装置费用上升，每月盈利能力降低约4000万元。

1.5　工艺流程说明

1.5.1　石脑油加工及馏分平衡

为生产高辛烷值调和组分，同时兼顾下游装置对苯、甲苯、乙烯裂解料等化工原料的需求，2#常减压常顶油、渣油加氢石脑油、煤油加氢石脑油、蜡油加氢石脑油、2#加氢石脑油、3#加氢石脑油经轻烃回收后，石脑油与1#常减压常顶油一起去预加氢脱除杂质后，进入重整反应、分离、抽提蒸馏等加工流程生产高辛烷值汽油组分、苯、甲苯、混合二甲苯，并副产氢气。石脑油及汽油馏分平衡见表2-6。

表 2-6　石脑油及汽油馏分平衡表　10^4t/a

产出装置和数量		消耗装置/去向和数量							
项目	合计	轻烃回收	预加氢	连续重整	3#催化裂化	S-Zorb	汽油调和组分	化工轻油	发泡剂
1#常减压常顶油	44.40		44.40						
2#常减压常顶油	48.07	48.07							
渣油加氢石脑油	3.09	3.09							
航煤加氢石脑油	0.76	0.76							
蜡油加氢石脑油	0.18	0.18							
3#加氢石脑油	2.38	2.38							
轻烃回收石脑油	54.60		54.60						
重整进料	79.78			79.78					
重整拔头油	12.93				3.50			8.22	1.2
1#催化汽油	40.33					40.33			
3#催化汽油	66.72					66.72			
S-Zorb汽油	106.02						106.02		
2#加氢石脑油	1.26		1.26						
异戊烷油	2.62						2.62		
戊烷油	3.98						3.98		
抽余油	15.36						15.36		
重整汽油	24.01						24.01		
异辛烷	13.39						13.39		
合计	519.87	54.47	100.26	79.78	3.50	107.05	165.38	8.22	1.2

1.5.2 汽油加工及馏分平衡

重整拔头油分为三部分：其中一部分去3#催化裂化装置，一部分以化工轻油外卖，少量作为发泡剂外卖；1#催化汽油和3#催化汽油经S-Zorb脱硫后去汽油调和，戊烷油、芳烃抽余油、重整汽油和异辛烷去汽油调和。详见表2-6。

1.5.3 航煤加工及馏分平衡

1#常常一线和2#常常一线一起去航煤加氢处理后，生产3#航空煤油，煤油馏分平衡见表2-7。

表2-7 煤油馏分平衡表 $10^4t/a$

产出装置和数量		消耗装置/去向和数量	
名称	合计	航煤加氢	航煤组分
1#常常一线	27.10	27.10	
2#常常一线	24.63	24.63	
航煤加氢	50.96		50.96
合计	102.69	51.74	50.96

1.5.4 柴油加工及馏分平衡

1#常减压的常二线、常三线、常四线，2#常减压的常二线、常三线、常四线与蜡油加氢柴油、渣油加氢柴油一并进入3#柴油加氢装置，加氢后柴油去调和池调和；1#催化柴油和3#催化柴油一起去2#加氢装置加工，2#加氢后的柴油分为三部分：一部分作柴油调和组分、一部分去3#催化装置、剩余部分作为轻质燃料油出厂；重整装置的重汽油作为轻质燃料油出厂。柴油馏分平衡见表2-8。

表2-8 柴油馏分平衡表 $10^4t/a$

产出装置和数量		消耗装置/去向和数量				
名称	合计	2#柴油加氢	3#柴油加氢	轻质燃料油	柴油调和组分	3#催化
1#常常二线	27.03		27.03			
1#常常三线	22.11		22.11			
1#常常四线	7.74		7.74			
2#常常二线	38.47		38.47			
2#常常三线	12.70		12.70			
2#常常四线	11.71		11.71			
蜡油加氢柴油	5.86		5.86			
渣油加氢柴油	13.96		13.96			
3#加氢柴油	135.12				135.12	
1#催化柴油	11.98	11.98				
3#催化柴油	29.25	29.25				
2#加氢催柴	40.41			4.81	25.60	10
重整重汽油	1.40			1.40		
合计	357.76	41.24	139.60	6.20	160.72	10.0

1.5.5 蜡油加工及馏分平衡

1#常减压蜡油大部分去渣油加氢装置，少量和2#常减压蜡油一并去蜡油加氢装置；加氢后的蜡油分为两部分分别去1#催化和3#催化装置。蜡油馏分平衡见表2-9。

表2-9 蜡油馏分平衡表　10^4t/a

产出装置和数量		消耗装置/去向和数量			
名称	合计	蜡油加氢	渣油加氢	1#催化	3#催化
1#常减压蜡油	69.53	3.06	66.47		
2#常减压蜡油	64.37	64.37			
加氢蜡油	60.04			30.75	29.29
合计	193.95	67.43	66.47	30.75	29.29

1.5.6 渣油加工及馏分平衡

1#常减压少量渣油去1#催化装置，大部分渣油与2#常减压重蜡和部分渣油一起去渣油加氢装置，2#常减压装置出部分沥青；加氢后重油分别去1#催化装置和3#催化装置。渣油馏分平衡见表2-10。

表2-10 渣油馏分平衡表　10^4t/a

产出装置和数量		消耗装置/去向和数量			
名称	合计	渣油加氢	1#催化	3#催化	沥青
1#常渣油	72.92	64.62	8.31		
2#常重蜡	14.53	14.53			
2#常渣油	58.38	34.38			24.00
加氢重油	161.01		50.04	110.97	
合计	306.85	113.53	58.35	110.97	24.00

1.5.7 气体/轻烃加工

为实现效益最大化，最大限度地回收利用气体中的有效组分，各装置排放气根据其特点分别处理。

常减压的常顶气、减顶气，石脑油预加氢干气、重整干气、3#柴油加氢、航煤加氢、渣油加氢的富气通过轻烃回收后，干气进入燃料气管网，液化气作为产品外卖。

两套催化裂化装置的干气经过脱硫化氢后去燃料气管网；液化气经过脱硫化氢、脱硫醇后进入2#气分装置和3#气分装置，分离出的丙烷作为产品外卖，丙烯供聚丙烯装置作为原料，混合碳四部分作为烷基化装置原料，剩余部分作为产品外卖，烷基化装置的正丁烷和异丁烷作为产品外卖，生成的异辛烷去调和汽油。

蜡油加氢的低分气[柴油加氢低分气经过内部脱硫后并入新氢压缩机入口自己回用，航煤加氢低分气量很少，间歇外排，每天排1~2h，每次约100m^3(标)，本项目不再考虑回收]经过脱硫后，与重整氢一起进入PSA提纯后，氢气并入纯氢管网，PSA尾气进燃料气管网。

2#加氢干气经过去富氢气体回收装置提纯，氢气并入纯氢管网，尾气进燃料气管网。

1.6 全厂燃料平衡

全厂燃料主要用于各装置加热炉的消耗，各装置加热炉燃料以自产清洁燃料气为主。各装置消耗的燃料气和产出的燃料气持平，均为20.28×10^4t/a。燃料气平衡见表2-11。

表 2-11 燃料气平衡表 10^4t/a

装置	产出	消耗	备注
1#常减压		3.18	
2#常减压		3.48	
轻烃回收	3.42		
渣油加氢		1.69	
1#催化裂化	4.65		
3#催化裂化	4.54		
2#柴油加氢		1.00	
航煤加氢		0.22	
3#柴油加氢		1.11	
S-Zorb	0.51	0.52	
重整		3.90	含石脑油预加氢部分
PSA	1.81		
蜡油加氢		1.19	
富氢回收尾气	2.93		
硫黄回收		0.48	
1#制氢	1.21	1.82	
2#制氢	1.21	1.69	
合计	20.28	20.28	

1.7 全厂氢气平衡

全厂氢气设置两个管网，一个为重整氢管网，一个为纯氢管网，重整氢气供给航煤加氢、S-Zorb、2#柴油加氢、蜡油加氢、石脑油预加氢、硫黄装置使用外，剩余的重整氢气经PSA单元提纯，另外PSA还回收蜡油加氢装置低分气中的氢气。经过PSA提纯后的氢气并入全厂纯氢管网，用于渣油加氢装置、3#柴油加氢装置、烷基化装置。氢气来源主要有：两套制氢装置、膜分离装置、PSA单元提纯氢气以及外购晋煤金石氢气。外购氢气量和制氢装置负荷根据效益情况平衡。氢气平衡具体见表2-12。

表 2-12 氢气平衡表 10^4t/a

耗氢		供氢	
装置	耗氢量	装置	供氢量
2#柴油加氢	1.20	1#制氢	0.80
3#柴油加氢	1.06	2#制氢	0.80
渣油加氢	2.02	膜分离	0.40
蜡油加氢	0.70	PSA	2.15
S-Zorb	0.06	外购	1.09
航煤加氢	0.10		
石脑油预加氢	0.002		
烷基化	0.001		
硫黄回收	0.10		
合计	5.24	合计	5.24

1.8 全厂蒸汽平衡

蒸汽系统设三个等级蒸汽管网：3.5MPa、1.0MPa 和一个局部管网 0.4MPa。其中，3.5MPa 蒸汽用于渣油加氢、催化裂化、连续重整、烷基化装置的压缩机背压透平驱动，3.5MPa 蒸汽共消耗 382t/h；1.0MPa 蒸汽用于装置内加热用汽、工艺用汽、伴热等，共消耗 216t/h；0.4MPa 蒸汽用于蜡油加氢和溶剂再生装置，共消耗 35t/h。3.5MPa 蒸汽平衡见表 2-13，1.0MPa 蒸汽平衡表 2-14，0.4MPa 蒸汽平衡表 2-15。

表 2-13 3.5MPa 蒸汽平衡表

3.5MPa 蒸汽产量	数量/(t/h)	3.5 蒸汽消耗	数量/(t/h)
连续重整装置	22	化纤新线	65
1#催化	60	1#催化气压机	38
8×10^4t/a 硫黄	15	重整背压机	65
3×10^4t/a 硫黄	3	重整凝汽机	20
2#焚烧炉	20	渣油加氢	5
3#CO 锅炉	20	1#汽机	45
1#制氢输出	3	2#汽机	0
2#制氢输出	4	3#汽机	45
3#催化	170	煤炉减温减压	0
3#燃气锅炉	0	3#催化减温减压	2
外购蒸汽	65	CO 减温减压	2
		芳烃抽提	13
		3#催化	45
		蜡油	10
		硫酸烷基化	21
		偏差+损失	6
合计	382	合计	382

表 2-14 1.0MPa 蒸汽平衡表 10^4t/a

1.0MPa 蒸汽产量	数量/(t/h)	1.0MPa 蒸汽消耗	数量/(t/h)
1#发电机抽汽	45	加氢稳定	1
2#发电机抽汽	0	1#常减压	5
3#发电机抽汽	0	1#催化	32
硫酸烷基化	21	1#催化脱硫	3
煤炉减温减压	0	2#焚烧炉(CO 除氧器)	3
3#催化减温减压	2	2#气分	11
CO 减温减压	2	1#制氢	0
1#催化汽压机	38	2#制氢	0
260 加氢产汽	13	100×10^4t/a 加氢	0
3#催化机组	45	3#加氢	0
重整背压机	40	航煤	0

续表

1.0MPa 蒸汽产量	数量/(t/h)	1.0MPa 蒸汽消耗	数量/(t/h)
蜡油产汽	5	聚丙烯	5
渣油产汽	5	2#常减压	10
		蜡油	2
		渣油	0
		重整	0
		芳烃	3
		S-Zorb	1
		3#催化(含烟脱)	41
		3#气分双脱	0
		1#溶剂再生	5
		8×10⁴t/a 硫黄	12
		1#酸性水汽提	9
		2#酸性水汽提	17
		2#溶剂再生	11
		轻重石脑油	0
		储运	5
		系统伴热	4
		水务	1
		硫酸烷基化	15
		外供	1
		损失	19
合计	216	消耗合计	216

表 2-15 0.4MPa 蒸汽平衡表

0.4MPa 蒸汽产量	数量/(t/h)	0.4MPa 蒸汽消耗	数量/(t/h)
蜡油	16	1#溶剂再生	18
渣油	4	蜡油加氢	4
8×10^4t/a 硫黄(机组+产汽)	15	2#溶剂再生	13
合计	35	合计	35

2 优化措施及效果

2.1 芳烃扩能改造

2.1.1 问题现状

金陵石化公司芳烃抽提装置建设时按照国Ⅲ汽油质量要求，原设计能力为 35×10^4t/a 苯(设计为 6.76×10^4t/a)和部分甲苯(设计为 7.12×10^4t/a)分离装置，重整生成油中原设计有部分甲苯作为汽油调和组分进入汽油池。

2018 年芳烃抽提装置实际加工量为 35.3×10^4t/a，生产苯 5.5×10^4t/a，甲苯 10.5×10^4t/a，

甲苯产量比设计值高 3. 38×10^4t/a(甲苯塔负荷已达到 147%)，抽余油 19. 3×10^4t/a。

由于芳烃抽提装置原设计负荷偏小，甲苯组分只有部分拔出，剩余甲苯组分需要调和汽油。目前重整装置 100%负荷时，重整汽油产量为 48. 46×10^4t/a，汽油池中重整汽油用量为 36. 45×10^4t/a，由于芳烃含量限制，需要外卖重整汽油 12. 01×10^4t/a。按照 65 美元价格体系测算，重整汽油较 92#汽油价格低 802 元/t，效益损失 0. 96 亿元/a。

2. 1. 2　采取措施

与上游 120×10^4t/a 重整装置相匹配，芳烃装置处理能力需由 35×10^4t/a 提高到 47. 5×10^4t/a。具体如下：

1）抽提蒸馏塔和溶剂回收塔需更换壳体及塔盘；非芳烃蒸馏塔塔径不变，需要更换塔盘；苯塔改造为第二甲苯塔，与现有甲苯塔并列生产甲苯；新建一座苯塔。

2）抽提蒸馏塔塔顶、非芳烃塔塔顶负荷有所增加，溶剂回收塔塔顶负荷增加较多，相应的设备需要增加或更换，如空冷器、水冷器、回流罐、回流泵、气相管线、阀等等。

3）抽提蒸馏塔中段再沸器、抽提蒸馏塔塔底再沸器热负荷增大；溶剂回收塔再沸器热负荷增加较多，需要更换一台热虹吸式再沸器。

4）新建苯塔系包括塔、空冷、回流罐、回流泵、抽出泵、塔底泵等相应设备及控制系统。

装置扩能改造后，12. 24×10^4t/a 重整生成油可进入该单元加工，进一步降低汽油产量，分离为 0. 80×10^4t/a 芳烃抽余油，1. 64×10^4t/a 苯、9. 54×10^4t/a 甲苯、0. 26×10^4t/aC^8 馏分。增量部分物料平衡见表 2-16。

表 2-16　增量部分物料平衡表

C_6~C_7 馏分(重整生成油)	12. 24	芳烃抽余油	0. 80
		苯	1. 64
		甲苯	9. 54
		C_8 馏分	0. 26
合计	12. 24	合计	12. 24

2. 1. 3　预计达到效果

装置扩能改造后，产能预计达到 48×10^4t/a。重整 100%负荷时，可增产甲苯约 13×10^4t/a，重整汽油总量下降至约 37. 8×10^4t/a，可满足汽油池的调和要求。

经济分析采用的计算期按 16a 考虑，其中工程建设期 1a，生产运营期 15a，第 2 年(生产期第 1 年)按照 90%负荷计算，第 3 年之后按照 100%负荷计算。

原料、产品及公用工程价格按照 60 美元价格体系对应价格。

装置改造投资 2900 万元，参照其他项目估值。主要指标明细见表 2-17。

表 2-17　主要指标明细表

项目	数值	备注
总投资/万元	5385. 751273	
建设投资	4270. 218607	
建设期借款利息	132. 1646606	
铺底流动资金	983. 3680049	

续表

项目	数值	备注
盈利能力/万元		
营业收入	51817.51385	生产期内平均
营业税金及附加	102	生产期内平均
增值税	448.7935618	生产期内平均
总成本	47023.59322	生产期内平均
经营成本	46877.35517	生产期内平均
总操作费用	1686.633217	生产期内平均
利润总额	4736.005703	生产期内平均
所得税	1184.001426	生产期内平均
税后利润	3552.004277	生产期内平均
评价指标		
财务净现值(税前)/万元	26492.50376	
财务净现值(税后)/万元	18488.15213	
内部收益率(所得税前)/%	77.46	
内部收益率(所得税后)/%	56.92	
投资回收期税前(静态)/a	2.6	
投资回收期税后(静态)/a	3.1	
投资回收期税前(动态)/a	2.8	
投资回收期税后(动态)/a	3.46	
吨油收入/元	51.03	
吨油原料成本/元	44.64	
吨油毛利/元	6.38	
吨油操作费用/元	1.66	
吨油利润/元	4.72	
吨油税后利润/元	3.50	

从表2-17中可以看出，该改造项目总投资为5385.75万元，总成本47023.59万元，总操作费用1686.63万元，在60美元价格体系下测算，税后利润为3552.00万元，税后财务净现值为18488.15万元，税后内部收益率为56.92%，项目投资回收期为3.46a(含建设期1a)，项目在经济上可行。

2.2 稀乙烯资源利用

2.2.1 问题现状

公司两套催化裂化装置满负荷运行时，每年可产干气约16.03×10^4t，其中乙烯浓度约10%~12%(体)，目前作为燃料使用，造成乙烯资源的浪费，合理利用干气中的稀乙烯资源，提高全厂经济效益很有必要。

2.2.2 采取措施

推荐采用国内自行开发的干气制乙苯和乙苯负压绝热脱氢制苯乙烯的工艺技术，新建10×10^4t/a乙苯-苯乙烯联合装置，为后续向化工转型奠定基础。新建联合装置的原料由两套催化裂化装置和芳烃抽提装置提供，产品：苯乙烯直接作为产品外售，苯/甲苯的混合物重新回到芳烃抽提单元分离，丙苯去调和汽油，脱氢尾气送至PSA单元提纯，焦油送至苯乙烯单元自用，烷基化尾气送至燃料气管网当燃料，富丙烯干气回到催化裂化装置提纯丙烯。物料平衡表见表2-18。

表2-18　物料平衡表　　10^4t/a

项目	数量	备注
原料		
苯	7.94	自抽提装置
催化干气	16.03	来自两套催化装置
合计	23.97	
产品		
苯乙烯	10.00	外售
苯/甲苯	0.34	回芳烃抽提
丙苯	0.18	调和汽油
脱氢尾气	0.46	送至PSA提纯
焦油	0.18	苯乙烯单元自用
烷基化尾气	11.98	燃料气管网
富丙烯干气	0.84	回催化装置
合计	23.97	

2.2.3　预计达到效果

经济分析采用的计算期按16a考虑，其中工程建设期1a，生产运营期15a，第2年(生产期第1年)按照90%负荷计算，第3年之后按照100%负荷计算。

原料、产品及公用工程价格按照2016~2018年均价。

装置投资按照规模指数法进行计算。主要指标明细见表2-19。

表2-19　主要指标明细表

项目	数值	备注
总投资/万元	107902.7627	
建设投资/万元	105081.9185	
建设期借款利息	1626.159849	
铺底流动资金	1194.684312	
盈利能力/万元		
营业收入	119439.0011	生产期内平均
营业税金及附加	102	生产期内平均
增值税	4320.818293	生产期内平均
总成本	57217.94193	生产期内平均
经营成本	56935.06023	生产期内平均
总操作费用	14342.09489	生产期内平均
利润总额	62119.05922	生产期内平均

续表

项目	数值	备注
所得税	15529.7648	生产期内平均
税后利润	46589.29441	生产期内平均
评价指标		
财务净现值(税前)/万元	314251.8668	
财务净现值(税后)/万元	209525.9189	
内部收益率(所得税前)/%	55.88	
内部收益率(所得税后)/%	42.13	
投资回收期税前(静态)/a	2.9	
投资回收期税后(静态)/a	3.4	
投资回收期税前(动态)/a	3.2	
投资回收期税后(动态)/a	4.00	
吨油收入/元	117.61	
吨油原料成本/元	42.22	
吨油毛利/元	75.39	
吨油操作费用/元	14.12	
吨油利润/元	61.27	
吨油税后利润/元	45.88	

从表2-19中可以看出，该项目总投资为107902.76万元，总成本57217.94万元，总操作费用14342.09万元，在该价格体系下测算，税后利润为46589.29万元，税后财务净现值为209525.92万元，税后内部收益率为42.13%，项目投资回收期为4.00a(含建设期1a)，项目在经济上可行。

2.3 外购原料油提高装置负荷

2.3.1 问题现状

公司焦化装置停运后，装置处理量下降，3#催化装置的负荷仅有70%左右，影响全厂经济效益。

2.3.2 采取措施

外购部分催化原料，把催化装置负荷开满。需增加处理量 66×10^4t/a，分布到各产品(PIMS测算物料结果)见表2-20。

表2-20 物料平衡表 10^4t/a

项目	数值	项目	数值
蜡油	66	炼油干气	1.13
		液化气	7.09
		丙烯	5.80
		汽油	36.53
		柴油	13.84
		轻石脑油	0.06

续表

项目	数值	项目	数值
		苯	0.08
		甲苯	0.53
		二甲苯	0.44
		硫黄	0.50
合计	66	合计	66

2.3.3 预计达到效果

外购蜡油按照4000元/t计算，各种产品按照原油60美元价格体系下的价格计算，其中汽油和柴油扣除消费税。效益测算见表2-21，全年可增加效益6287.75万元。

表2-21 效益测算表

项目	数量/(10^4t/a)	单价/(元/t)	金额/万元	项目	数量/(10^4t/a)	单价/(元/t)	金额/万元	备注
蜡油	66	4000	264000	炼油干气	1.13	3013	3404.69	
				液化气	7.09	3626	25708.34	
				丙烯	5.8	5538	32120.40	
				汽油	36.53	4257	155511.86	扣除消费税
				柴油	13.84	3507	48534.11	扣除消费税
				轻石脑油	0.06	3388	203.28	
				苯	0.08	4333	346.67	
				甲苯	0.53	4325	2292.14	
				二甲苯	0.44	4393	1932.99	
				硫黄	0.5	780	390.00	
合计	66		264000	合计	66		270444.48	
操作费用							156.73万元/a	
效益							6287.75万元/a	